지구표층환경의 진화

태고에서 근 미래까지

지구표층환경의 진화

태고에서 근 미래까지

가와하타 호다까(川幡穂高) 저
현상민, 김성렬 역

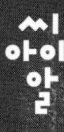

씨
아이
알

현생대의 환경인자 변화

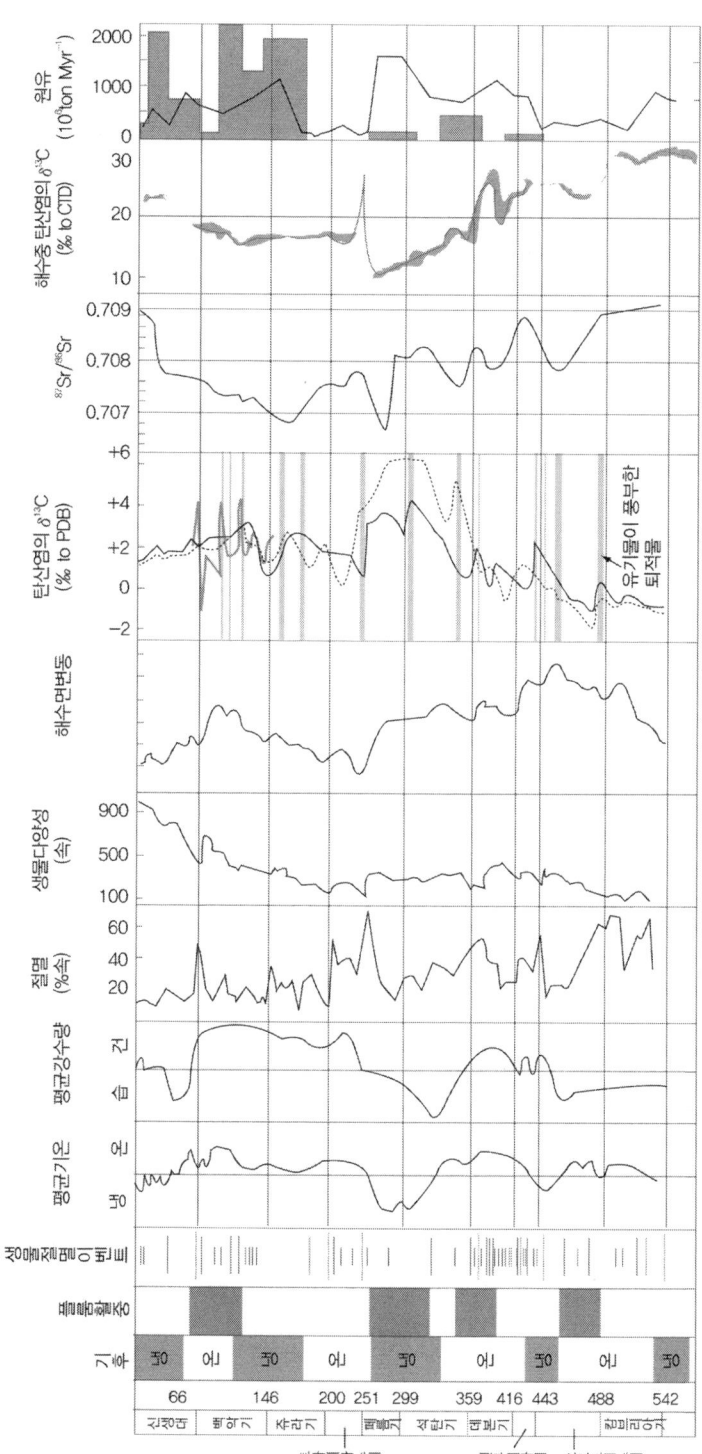

기후(Frakes et al., 1992), 태평양 수퍼 플룸활동(Maruyama, 1994), 생물절멸 이벤트(Brances et al., 1995;
Morrow et al., 1995), 평균기온(Frakes, 1995), 평균강수량(Frakes, 1992), 생물절멸(속 수준)(Sepkoski,
1995), 해수면 변동(Hallam, 1984, 1992), 탄산염의 δ¹³C 값(현생대의 접선: Holser, 1984, 현생대의 점선:
Kump, 1989, 중생대만 있는 굵은 선 : Waissert, 1989), ⁸⁷Sr/⁸⁶Sr 비(Burke et al., 1982; Keto와 Jacosen,
1987), 해수 중 유산염의 δ³⁴S 값(Holser와 Magaritz, 1987), 원유(Tissot, 1979), 증발암의 차지하는 면적
(Bluth와 Kump, 1991)

사진 1. 캐나다 동부 뉴펀들랜드에 나타난 캄브리아.
고생대의 경계(가로선)와 트레피치너스(Treptichinus)
(Phycodes) 생흔화석(望月貴文 씨 제공)

사진 2. 삼엽충 엘라티아(Elrathia)(守屋和佳 박사 제공)

사진 3. 완족류 사이토스피리퍼(Cyrtospirifer sp.)(중국, 고생대 데본기 산출)(椎野勇太 박사 제공)

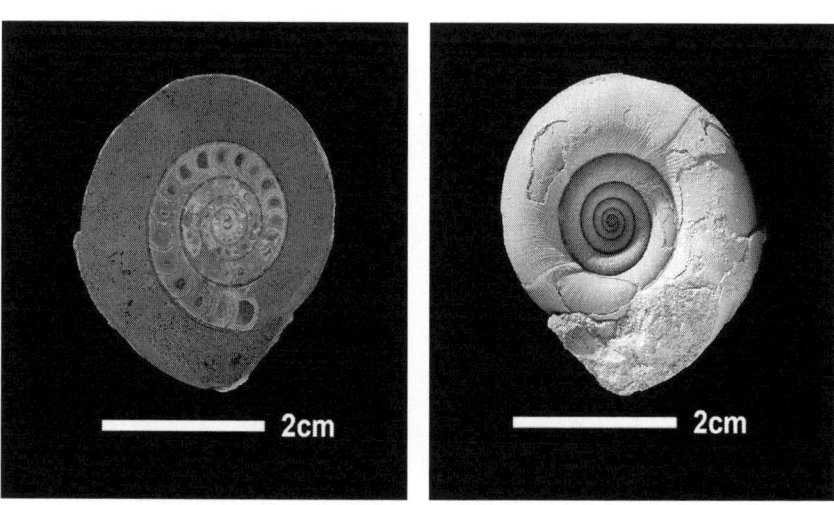

사진 4. 암모나이트 가우드리세라스 테뉴일리아템(Gaudryceras tenuiliratum)(일본, 홋카이도 지역)
　　　　(守屋和佳 박사 제공)

2cm

2cm

사진 5. 암모나이트 호플오스카피테스 니콜레티(Hoploscaphites nicolletii)(미국, 백악기 산출) (守屋和佳 박사 제공)

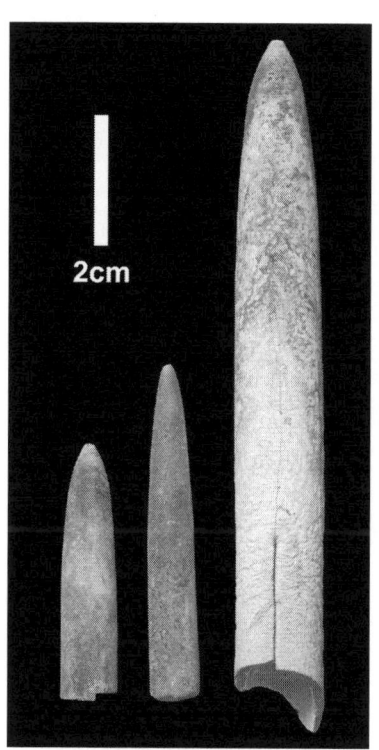

2cm

2cm

사진 7. 이노세라무스(Inoceramus) 플라테세라무스
자포니카스(일본, 홋까이도 지역)
(守屋和佳 박사 제공)

사진 6. 벨름나이트 벨루미텔라 아메리카나
(Belemunitella americana)
(미국, Peedee층 산출)
(守屋和佳 박사 제공)

저자 서문

    지구표층환경시스템은 다양한 영향력과 시간범위를 가진 4개의 서브시스템(대기권, 수권, 생물권, 암석권)으로 구성되어 있다. 현대라고 하는 하나의 시간단면에서 지구표층환경을 본 것이 이전에 출간된 책『해양 지구환경학 - 생물지구화학순환에서 읽음』(동경대학출판회, 2008)이다. 그러한 '환경이 미래에 어떻게 변화할 것인가?'라는 문제를 생각하기 위해서는 먼저 현재의 환경이 어떻게 형성되어왔는지를 이해하는 것이 중요하다. 이것은 우리가 생활하는 세계에도 적용된다. 즉, 정치, 경제, 문화 등 인간생활의 모든 행위가 축적된 것에 대한 결과가 반영되어 미래에까지 연결된다. 단 하루의 변화만을 놓고 본다면 작은 것일지도 모르지만 그러한 것들이 누적되어 쌓인 결과는 상당히 큰 것이 된다.

    현재 지구표층환경 시스템 속에는 과거의 지구표층환경 시스템을 거친 것이 내재되어 있다. 즉, 어떠한 과거의 경위가 매우 중요한 역할을 하게 되는 경우가 많다. 예를 들면 30억 년 전 당시에는 대기 중에 산소가 거의 존재하지 않았다. 당시 고세균 등의 생물은 그와 같은 환경에서 화학물질을 산화·환원함으로써 생활 에너지를 얻었다. 그러나 현재 대기 중에는 산소가 충분히 포함되어 있고 우리 인간이나 동식물의 생활 에너지(호흡)는 유기물을 산화시켜 에너지를 얻기 때문에 고세균과는 아주 다른 것으로 여겨질 수도 있다. 그러나 토양이나 퇴적물 중에는 현재도 유리산소가 거의 없는 환원환경이므로, 여기서는 고세균과 같이 비슷한 과정을 통해 생활 에너지를 얻고 있는 미생물이 많이 있으며, 유기물을 끊임없이 분해하여 지구규모의 생지화학순환의 근간을 이루고 있다.

제1장에서는 지구표층환경 시스템을 이해하기 위해 (1) 지구환경 시스템에 대한 총론, (2) 암석권·수권·대기권·생물권에 대한 구체적인 내용, (3) 물질순환과 시간스케일, (4) 열 수지와 기후모델에 대해 소개한 다음, 지구표층환경 시스템에서 각각의 역할에 대해 설명한다. 또한 지구환경을 시계열 변화로 간주했을 때 가장 중요하게 다뤄지는 연대에 대해 설명하기로 한다. 제2장에서 제6장까지는 선캄브리아 시대, 고생대, 중생대, 신생대, 제4기의 지구환경과 암석권·수권·대기권·생물권과의 관계에 대해 이제까지 얻은 지식과 견해를 기술하고, 진화의 역사와 그 배경에 있는 매개변수에 대해 소개한다. 제7장에서는 이러한 물질순환 또는 환경 매개변수의 중요한 항목에 대해 초장기의 환경변동에 대해 정리했다. 마지막 제8장에서는 지구환경 시스템의 전체적인 역사를 조명한 다음 가까운 미래에 지구환경을 좌우할 만한 현대 환경의 대표적인 현상에 대해 거론하고, 46억 년이라는 시간의 흐름 속에서 지구환경 시스템이 어떻게 진화되었는지 생각해보고자 한다. 이 책과 이전에 출간된『해양지구환경학-생물지구화학순환에서 읽음』은 자매본이라 할 수 있으며, 이 두 권의 책을 통해 과거에서 가까운 미래까지 지구환경 시스템을 체계적으로 망라할 수 있을 것으로 생각된다.

오래전부터 '지구'를 '생명의 별'이라고 부르고 있지만 '생'과 '사'는 동전의 앞뒤와 같은 관계에 있다. 예를 들면, 광합성에 의해 유기물과 산소가 생산되지만 호흡에 의해 모든 유기물이 산화되어버리면 산소는 사실상 없어져버리게 된다. 광합성으로 생성된 유기물이 산화되지 않고 매몰되기 때문에 최종적으로는 산소가 대기 중에 남게 되고 그것을 우리가 이용할 수 있게 되는 것이다. 또 현재 지구상에 있는 생물종의 총 수는 기재된 종수만 150만 종에 이르며 미기재된 종을 포함하면 약 450만 종이 된다. 한편 현생누대에 지속적으로 존재한 종의 총 수는 9억 8,200만 종으로 생각되고 있으며 긴 시간 동안에 멸종된 종이 많았을 것으로 추정되고 있다. 암석 등과 같이 생명이 없는 것에서는 생명이 탄생되지 못하고, 생명이 있는 것에서만 생명이 탄생된다는 사실을 인정한다면, 척색동물인 활유어(lancelets)에서 인간의 탄생까지 수억 년이 경과했다는 결과가 나온다. 양서류·파충류 등이 수 년 만에 성숙한 단계에 이른다는 점을 생각한다면 1세대는 평균 수 년 만에 다음 세대로 생명이 이어졌다는 것이 된다. 약 1억 세대에 걸쳐 이러한 생명의 진화가 계속되어왔으며 마침내 지금의 인간에 이르게 된 것이다. 생명은 지구표층환경과 결코 단절될 수 없는 밀접한 관계에 있다고 생각된다.

가와하타 호다까(川幡穂高)

역자 서문

이 책은 저자가 2008년에 발간한 『해양지구환경학−생물지구화학순환에서 읽음』의 자매본으로 "지구표층환경의 진화−선캄브리아부터 근 미래까지"라는 주제를 가지고 지구탄생에서 현재까지 지구환경이 어떻게 진화해왔으며 그 과정에는 어떤 요인과 변화가 있었는지를 명쾌하게 기술하고 있다. 특히 이 책은 지구의 탄생에서부터 현재 및 가까운 미래에 이르기까지 각 시대별로 방대한 자료를 이용해서 지구환경변화를 지질−화학−생물 등 각 분야의 주요성과를 포괄적으로 다루고 있다. 이런 점에서 이 책은 지구표층환경에 대한 교양서이자 지구과학 분야의 입문서이기도 하다. 따라서 현장에서 얻어지는 각종 자료를 해석하는 데 중요한 지침서가 될 수 있을 것이다.

최근 환경문제가 심각하게 대두되고 있으며 특히 기후변화나 지구환경변화를 해석하는 데 있어서는 학문적 성격을 달리하는 다양한 분야의 융복합적인 연구를 필요로 하고 있다. 이 책에서도 저자는 최근 다분화되고 융합화되는 학문영역과 충분히 다루어져야 할 분야를 포함하여 새로운 시각에서 지구환경을 다루고 있다. 예를 들어, 퇴적물 중에 존재하는 유공충 화석에 대해 동위원소 분석은 과거의 기후변동이나 해양환경변동을 복원하고 앞으로의 변화예측에 유용한 정보를 제공하고 있다. 그러나 이와 더불어 유공충이 살았던 시대에 퇴적된 퇴적물에는 생물생산으로 각종 유기물들이 포함되어 있기 때문에 이들 유기물이나 생체지표를 통해서도 유익한 정보를 얻을 수 있다. 따라서 보다 정확한 과학적 해석과 예측을 위해서는 다양한 접근방법을 통한 연구가 병행될 필요가 있으며 이런 과정과 해석을 통해서 보다 신뢰할 수 있는 미래예측이 가능할 것으로 여겨진다.

이 번역서는 지구를 하나의 큰 시스템으로 간주하고, 이 시스템의 변화와 연결된 여러 환경인자를 시대별로 다루고 있다. 비록 전통적으로 지질학에서 다루어지는 시대, 즉 선캄브리아기-캄브리아기-고생대-중생대-신생대의 순서로 지구표층환경의 변화를 소개하고 있지만, 구분된 각 시대에서는 다양한 환경인자 변화를 쉽게 알아볼 수 있도록 정리하여 소개하고 있는 특징이 있다. 따라서 지구환경변화를 연구하는 전문가나 이에 관심을 가진 연구자들이 변화의 근거로 제시되는 각종 환경인자를 연구함에 있어 유익한 참고서적이 될 것으로 기대한다. 이는 지구과학의 다양한 학문분야를 연결해줄 뿐만 아니라 지구환경변화와 깊이 관련된 과거의 기후변화나 고해양 해석을 위한 중요한 수단이 될 수 있을 것으로 생각한다.

이 번역서는 원문에 충실하면서 그 뜻을 명확히 전달하는 데 역점을 두었으며 또한 지구환경, 장기적인 기후 및 해양환경 변화를 다룬다는 것을 감안하여 가급적 이해하기 쉽게 번역하려고 노력했다. 이 책의 번역을 허락해주었을 뿐만 아니라 특히 한글로 옮기기 어려운 일본의 지명, 인명에 대한 일본어음에 대한 조언을 주신 저자에게 깊은 감사의 뜻을 전한다. 또한 편집과정에서 세심한 배려와 아낌없는 지원을 주신 씨아이알 출판부 및 출판사 관계자 여러분들께 깊이 감사드린다.

2012년 12월
역자 일동

추천의 글

　이 책은 동경대학 대기해양연구소의 가와하타 호다까 교수가 동경대학
출판사에서 2011년에 출간한 일본어로 쓰인 원저를 한국해양과학기술원
의 현상민 박사와 김성렬 박사가 번역한 것이다. 이 책의 제목에서 그 내
용을 어림잡을 수 있듯이 우리 푸른 행성 지구의 표층환경 변화에 대하여
과거에서부터 향후 예상되는 변화에 이르기까지 폭넓은 지식을 쉽게 풀어
서 지질학, 해양학, 기상학을 전공하고 있는 학부와 대학원 학생뿐 아니라
일반 대중들도 어느 정도 이해할 수 있도록 배려한 과학서이기도 하다.
우주를 향한 과학의 관심으로 개발된 인공위성을 통하여 바라본 우리의
푸른 행성은 이를 구성하고 있는 다양한 구성원들이 지구라는 하나의 시
스템에서 복합적으로 작용을 하고 있다는 새로운 과학적 시각을 제시하였
다. 이전까지는 지구를 구성하는 대기, 해양, 고체지구 등을 각각 별개의
연구 주제로 연구가 진행되었으나, 이제는 이들 구성원들이 별개로 존재
하는 것이 아니라 상호간에 밀접한 상호작용을 하며 우리가 보는 지표의
자연환경과 현상 등을 일으킨다는 '지구시스템과학'적 안목을 제시하였
다. 특히 지표환경은 지구시스템을 구성하고 있는 지권(암석권), 대기권,
수권(해양), 생물권, 빙권 등의 권역들이 밀접히 연관되어 가장 복잡하게
상호작용을 하고 있는 곳이다. 이 책은 이러한 구성 권역들이 서로 어떻
게 연관되어 있고 그 상호작용의 결과는 어떤 것이었는가를 지금까지 밝
혀진 과학적인 지식을 종합하여 지구 생성 초기부터 현재까지의 지질시대
별 자연환경 변화와 생명의 탄생과 그 진화과정을 소개하고 이를 바탕으
로 오늘의 지구표층환경을 재조명하며, 앞으로 지구가 겪어갈 지표환경의
변화 방향과 그 지구에 살아가야 할 인류의 미래를 예측하는 혜안을 제시

하고 있다. 지구의 현재는 어제의 지구로부터 이어져왔고, 또 미래의 지구는 현재의 지구로부터 연속적으로 이어질 것이다. 산업혁명이 시작된 이후부터 지표환경은 인간의 활동으로 인하여 그 이전까지 있어왔던 자연적인 변화는 상당한 영향을 받게 되었다. 이 책은 가장 마지막 장을 인간활동이 지표환경 변화에 어떤 영향을 미칠 것인가를 예측하고 있다. 이 책은 지표환경 분야에 대한 다양한 학문 분야의 연구결과를 종합적으로 소개하고 이를 시간의 규모로 나누어서 잘 소개하고 있다. 또한 부록에 지표환경 변화의 시간 규모를 알아보는 방법도 잘 제시되어 있다. 단지 2011년에 출간된 책이라 참고자료의 소개가 좀 더 최근의 것이 고려되었으면 하는 아쉬움은 있지만 지구과학 분야를 전공하는 학생 및 전문인들은 지구시스템 내 지표환경변화에 대한 다양한 연구의 흐름과 개념을 얻을 수 있는 좋은 과학지침서로 여겨진다. 일본어 원저를 과학적 오류가 없이 한국어로 깔끔하게 번역한 현상민 박사와 김성렬 박사의 노력도 한층 돋보인 책이다.

2012년 12월

서울대학교 이 용 일

이 책에서 사용된 약호·표기 등

- 원소기호 : B(붕소), C(탄소), Mg(마그네슘), Ca(칼슘), Mn(망간), Fe(철), Co(코발트), Ni(니켈), Cu(구리), Zn(아연), Sr(스트론튬), Mo(몰리브덴), Pb(납), Th(토륨), U(우라늄)

- 화학식 : CH_4(메탄), CO(일산화탄소), CO_2(이산화탄소), HCl(염화수소), HNO_2(아질산), HNO_3(질산), H_2S(황화수소), NH_3(암모니아), SO_2(이산화유황)

- 기체분압 : p_{co_2}(대기 중 이산화탄소분압), p_{o_2}(대기 중 산소분압), p_{H_2}(대기 중 수소분압), p_{CH_4}(대기 중 메탄분압)

- 용액분압 : P_{co_2}(용액 중 이산화탄소분압)

- 단위 : P(페타)=10^{15}, T(테라)=10^{12}, G(기가)=10^9, M(메가)=10^6, K(킬로)=10^3, m(밀리)=10^{-3}, μ(마이크로)=10^{-6}, n(나노)=10^{-9}, p(피코)=10^{-12}, 예 : 1Gt(기가톤)=1Pg(페타그램)=10^{15}g

- 연대 : Ga=10억 년 전, Ma=100만 년 전, Myr=100만 년간, Ka=1000년, 역년 전(曆年前), ka=1,000년 전(^{14}C년대), kyr=천 년간(1.2.2의 설명 참조)

- 그 밖의 과학 용어 : CCD(Carbonate Compensation Depth; 탄산염보상심도), IRD(Ice-Rafted Debris; 빙원 표류 쇄설물), LGM(Last Glacial Maximum; 최종 빙기최성기), MIS(Marine Isotope Stage=Oxygen Isotope Stage; 해양산소 동위원소 단계), PAL(Present Atmospheric Level; 현재 대기 농도 수준)

목 차

01

지구표층환경 시스템과 연대

    지구표층환경 시스템은 다양한 영향력과 시간 스케일을 가진 네 개의 하위 시스템(대기권, 수권, 생물권, 암석권)으로 구성되며 이들 각각의 하위 시스템은 지구가 탄생한 시점부터 다양한 경험을 하면서 현재에 이르렀다. 각각의 하위 시스템이 어떻게 맞물려 있는지를 이해하기 위해 우선 제1장에서는 지구표층환경 시스템을 변화시키는 인자와 과정, 그리고 시계열 자료의 토대가 되는 연대에 대해 기술한다. 이어서 제2~6장에서는 선캄브리아시대부터 제4기까지의 지구표층환경 시스템에 대해 해설한다. 그리고 제7장에서는 아주 장기적인 환경변동에 대해 정리하기로 한다. 마지막 제8장에서는 인류의 탄생 및 이와 관련된 환경변화를 다루고 전 지구의 환경에 대한 역사를 살펴본다. 특히 제8장에서는 지구표층환경 시스템의 특징적인 사항을 소개하면서 가까운 미래에 전개될 지구표층환경의 미래상에 대해 설명한다.

1.1 지구표층환경 시스템의 구조

1.1.1 지구표층환경 시스템과 하위구조

    지구표층환경 시스템은 4개의 하위 시스템으로 구성되며, 각각의 하위

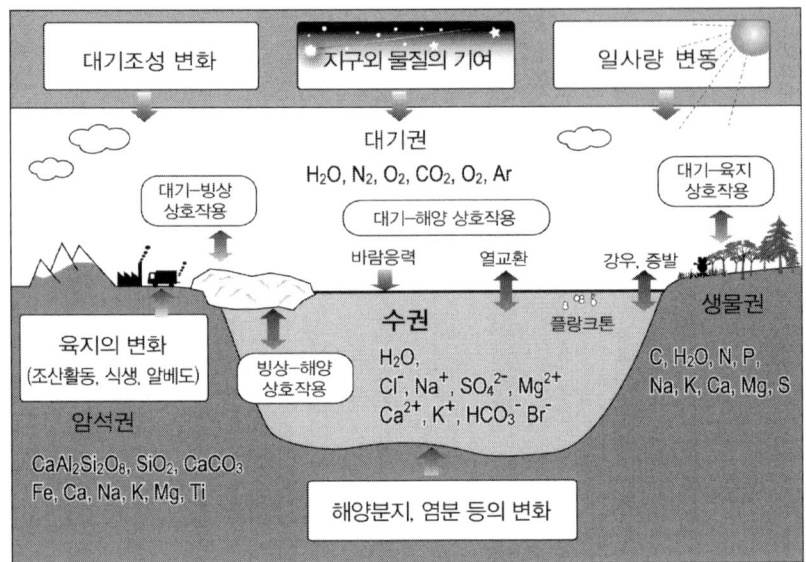

그림 1-1. 지구표층환경 시스템의 구성요소

시스템은 물리학적, 화학적, 생물학적, 지구화학적 프로세스가 물질순환이나 에너지수송 등을 매개로 하여 밀접하게 관련되어 있다(그림 1-1). 개략적으로 말하면 대륙 배치와 관련된 암석권이 기본적인 토대를 제공하고 그 이외의 하위 시스템이 서로 조화롭게 상호작용하는 계층구조를 보이고 있다.

현대는 인류가 생물권에 미치는 영향의 너무 크기 때문에 단순히 인류를 생물권 구성원의 하나로 보지 않고 '인간권'이라고 칭하기도 한다. 예를 들면, 남극상공의 오존층이 대표적인 예가 될 수 있다. 즉, 과거에는 자연계에 존재하지 않았던 화학물질(프레온)[1]이 인류에 의해 자연으로 방출됨으로써 야기되는 환경변화는 인간권이 생물권에 미치

---

1) 정식 명칭은 프레온(freon). 탄화수소의 수소를 염소나 불소 등의 할로겐 원소로 치환한 다수의 화합물을 총칭한다.

는 환경파괴의 좋은 예가 된다.

현대의 환경을 시계열 관점에서 보면 '속도(스피드)'가 키워드가 된다. 지구가 탄생해서 현재에 이르기까지의 기간(46억 년)을 1년이라고 한다면, 인류의 조상인 호모사피엔스가 출현한 20만 년 전은 12월 31일 23시 38분경이며, 인류의 영향으로 지구환경이 큰 영향을 받았던 20세기는 1년이라는 시간이 종료되는 12월 31일 23시 59분 59초가 지나가는 시점에 해당한다. 인류의 영향을 받는 지구환경문제에서 주요한 것은 인류의 활동으로 야기되는 환경변화의 폭이 자연현상에 의한 환경변화 폭을 넘었을 뿐만 아니라 환경변화 속도가 너무 빠르다는 것이다. 자연이 경험한 변화의 속도가 빨랐던 시대와 비교한다 해도 현대는 인류의 영향에 의한 변화의 속도가 10~1,000배에 달할 정도이다.

지구표층환경 시스템은 인류권이 존재하지 않았던 지질시대부터 4개의 하위시스템이 상호작용을 하면서 진화해왔다. 수권에서는 무·유기반응의 결과로 생물영양이 되는 물질이 축적되었고, 지구 역사의 반이 지날 시점에 광합성생물이 탄생했으며, 그로 인해 수권과 대기권에 유리산소(O_2)가 존재하게 되고 대규모 철광상이 형성되면서 대기의 조성도 변화하게 되었다. 생물 자체도 유리산소를 효율적으로 이용할 수 있도록 진화하였으며 생물다양성은 그칠 줄 모르고 증가해왔다. 또한 토양은 기본적으로 광물과 유기물의 혼합물이며 이런 유기물은 육상의 동식물에서 유래된 것이므로, 생물이 육지로 진출하기 이전에는 우리가 현재 보는 것과 같은 일반적인 토양 환경은 없었던 것으로 추측된다(横山, 2002).

지구표층환경 시스템을 시간과의 관계로 본다면 다양한 타임레인지(time range) 현상이 반복되고 있다는 것을 알 수 있다. 10억 년 이상 오랜 기간에 걸친 변화로는 태양의 밝기 증가나 대기 중 이산화탄소 분압(p_{co_2})의 감소 등을 들 수 있다. 수억 년 스케일(scale)에서는 맨틀의 슈퍼플룸 활동의 변화를 들 수 있다. 이와 관련된 해양분지의 생성이나 화산활동의 성쇠는 p_{co_2}의 변화나 석탄·석유 등의 생성을 가져온다(Irving 등, 1974; Larson, 1991a, b; Larson, 1995). 판구조론(plate tectonics)에서 판의 이동에 수반되는 대륙의 이합집산이나 초대륙의 성립에 따른 내륙의 건조화와 해안선의 감소에 따라 연안환경이 소멸되는 것도 억 년 스케일이다. 수백만 년~1,000만 년 스케일로는 해협이 만들어지면서 중·심층 순환의 변화나 대륙충돌에 기인되어 일어난 조산운동에 수반되는 대기 순환의 변화 등이 있다(예, Kennett, 1982). 보다 짧은 시간스케일에서 일어나는 변화로는 빙기와 간빙기의 변동을 들 수 있다. 캐나다와 북유럽은 약 2만 년 전에는 두께 2~3km가 되는 빙상으로 덮여져 있었고, 해수면도 현재보다 120m나 낮았으며 현재와는 상당히 다른 지구표층환경이었다. 더욱 짧은 스케일로는 중생대와 신생대 경계에서 일어난 운석충돌을 들 수 있다(Alvarez 등, 1984, 1992).

지금까지 지구표층환경 시스템은 한 방향의 트렌드를 가진 불가역적인 변화(change)와 주기적인 변동(fluctuation)을 경험해왔다. 즉, 장·단기적으로 일어난 사건들이 조화롭게 상호작용을 하며 변천해왔다고 할 수 있다(川上 , 1995). 지구표층환경 시스템의 저장소와 원소의 체류시간이라는 관점에서 지구의 환경변동을 분류한 것을 그림 1-2에 나타냈다. 즉, 1) 산업혁명 이후 현재까지 200년간, 2) 산업혁명이전 홀로세, 3) 빙기·간빙기가 반복되었던 제4기, 4) 수천만 년 단위 기간(예를 들면, 신생대), 5) 현생누대를 포함한 억 년 단위 기간, 그리고 6) 운석충돌을 포함한 우주기원물질의 기여로 분류할 수 있다(川幡, 1998).

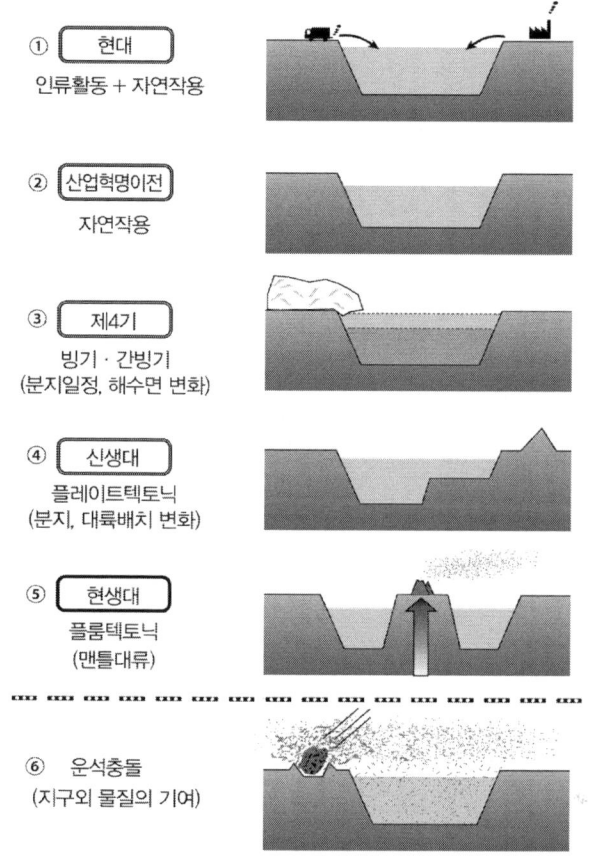

① 현대
인류활동 + 자연작용

② 산업혁명이전
자연작용

③ 제4기
빙기 · 간빙기
(분지일정, 해수면 변화)

④ 신생대
플레이트텍토닉
(분지, 대륙배치 변화)

⑤ 현생대
플룸텍토닉
(맨틀대류)

⑥ 운석충돌
(지구외 물질의 기여)

그림 1-2. 지표의 저장소와 원소의 체류시간이라는 관점에서 지구표층의 환경변동을 분류할 경우 물질순환양식(川幡, 1998).

현대는 산업혁명 이전의 이른바 백그라운드라 할 수 있는 지구표층환경이 인류의 활동에 의해 교란된 시대라고 할 수 있다. 빙기·간빙기에 해당하는 제4기의 특징은 고위도 지역에서 일어난 환경변동과 해수면변동이다. 이 정도의 시간범위 내에서는 해양분지의 모습은 거의 일정하다. 이보다 시간이 길어지게 되면 판의 이동으로 대륙과 분지의 모습이 변하고, 해양표층 순환이나 해양 대순환, 육지기원 물질이 해양으로 공급, 해구 부근에서 맨틀물질 공급, 대륙으로 해양물질의 부가 등이 일어난다. 수천만 년에서 수억 년이라는 시간 범위가 되면 맨틀심부까지의 물질순환이 중요해진다. 현생누대에는 몇 번의 슈퍼플룸이 있었다고 알려져 있다. 그 이외에 중요한 것으로 지구 외의 물질이 지표의 저장소로 공급되는 것을 들 수 있는데 이것은 지구표층 저장소로 순간적이며 대규모로 일어난 물질순환의 형태이다.

1.1.2 암석권·수권·대기권·생물권(하위 시스템)

지구표층환경 시스템을 이해하기 위해서는, 1) 암석권·수권·대기권· 생물권이라는 하위 시스템의 개요, 2) 에너지수송과 물질순환을 지배 하는 지구 내외의 인자 등을 알아야 할 필요가 있다. 아울러 3) 시간스 케일에 따라 다른 물질순환 시스템이 존재하고, 4) 온도와 기후에 관해 서도 설명되어야 한다.

지구는 기본적으로 밀도차에 의한 성층구조로 이루어져 있다(그림 1-3). 지구 내부를 시작으로 암석권, 수권, 대기권 순서로 밀도가 낮아지며, 각 권은 고유의 1) 화학조성, 2) 물성, 3) 순환에 필요한 시간 등을 가진다.

(1) 암석권

태양에서 공급되는 열에너지는 $350Wm^{-2}$이며 지구 내부의 열에너지 는 태양의 수천 분의 1에 해당하는 $60mWm^{-2}$이다. 이와 같이 압도적으

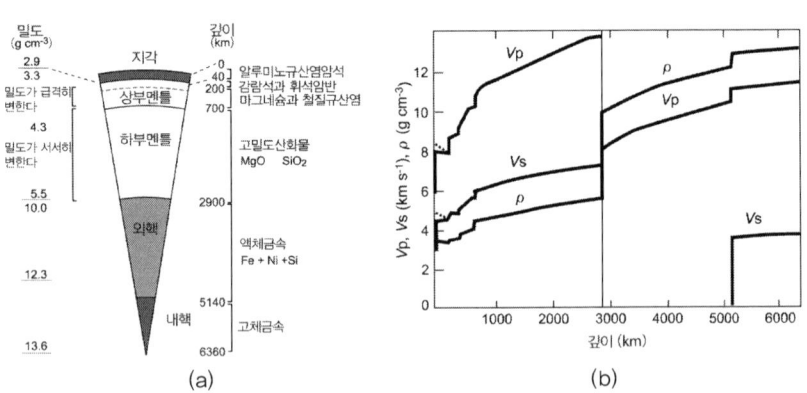

그림 1-3. (a) 지구의 층상구조, (b) 지구의 내부구조, Vp는 지진파 P파(primary wave) 속도, Vs는 지진파 S파(secondary wave) 속도, ρ는 밀도(Dziewonski and Anderson, 1981에 근거하여 唐戸, 2000).

로 큰 태양기원 에너지로 구동되어 변화할 수 있는 시스템이 주목을 받고 있다. 한편 지구내부로부터의 에너지는 화산활동 등을 수반하여, 1) 대륙이동에 의한 대륙배치, 2) 해양분지 지형, 3) 대기권으로 CO_2 공급 등을 매개로 한 장기적인 지표순환 시스템에 근본적인 영향을 준다.

지구 내부의 구조는 지각과 멘틀 그리고 핵으로 구분된다. 지각은 해양과 대륙으로 구성되는데 각각의 성질은 매우 다르다. 해양지각은 현무암질이며 밀도(ρ)가 2.9~3.2gcm^{-3}으로 높다. 대륙지각은 현무암질로 추정되는 하부지각과 밀도가 다소 낮은(2.6~2.8gcm^{-3}) 화강암질의 상부지각으로 구성되어 있다. 이것은 아이소스타시(isostasy, 지각평형설) 효과로 상부 멘틀(ρ=3.3gcm^{-3}) 위에 떠 있는 상태이므로 지각의 두께(지각과 멘틀의 경계면인 모호면까지의 두께)는 해양에서 약 6km, 대륙에서 약 30~60km가 된다. 밀도 차이를 반영하며 육지의 평균고도는 841m, 해저의 평균수심은 3,865m이다(그림 1-4). 초기 지구에는 대륙

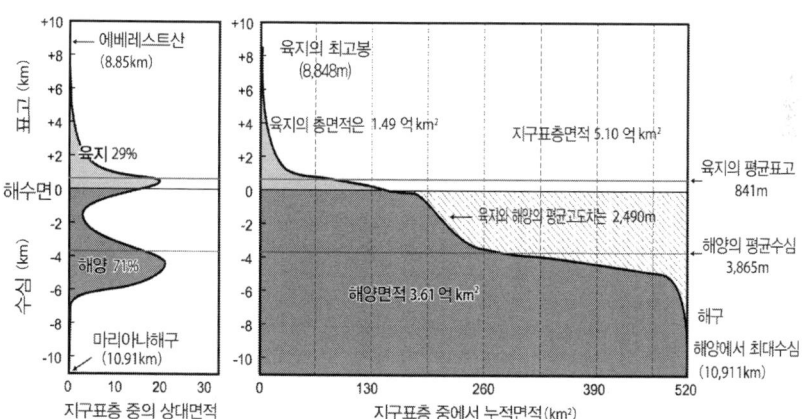

그림 1-4. 고도 혹은 수심별 면적 히스토그램(小林, 1977을 보완). 분포는 두 개의 피크를 보이는데 이것은 육지와 해양의 암석이 각기 다른 화학·광물조성을 가지며 밀도가 다르기 때문이다.

의 주요 핵을 구성하는 화강암 형성이 발달하지 못하였기 때문에 지구 표층의 고도 차이도 작고 해수면 위로 노출된 대륙면적이 적었을 것으로 추정되어 대륙의 물리·화학적 풍화도 제한적이었을 것으로 생각되고 있다.

현재 지각은 기본적으로 두께 200~수천km(평균 100km)에 이르는 십여 개의 판으로 구성되어 있다. 각각의 판은 수십cmyr^{-1}의 속도로 지구표면에서 각기 다른 방향으로 이동하고 있다. 판의 경계(plate boundary)는 1) 수렴형(convergent), 2) 발산형(divergent), 3) 평행이동형(translational)의 세 종류로 분류할 수 있다. 1)은 해구 및 조산대, 2)는 중앙해령(확장중심), 3)은 변환단층에 해당된다(上田, 1989).

중앙해령에서는 판이 확장하여 발산형 경계가 된다. 마그마는 중앙해령에서 현무암(MORB; Mid Ocean Ridge Basalt)으로 분출해서 새로운 해양지각을 형성하며 양쪽으로 넓혀진다. 해양판이 냉각되면서 판의 두께도 증가되고 해저도 깊어지게 된다. 0~80Ma인 해저에서는 수심(km) d와 해저연대(Myr) t와의 사이에 $d = 2,900 + 270 \times t^{1/2}$(Hayes and Pitman, 1973)의 관계가 성립된다(그림 1-5).

북태평양 서부의 해저연대는 1억 년 이상이고 수심은 4~6km로 연대가 오래되지 않은 태평양 동부에 비해 수심이 깊다. 백악기와 같이 확장속도가 빠른 경우에는 해저연대의 평균값도 작아지고 평균수심도 낮기 때문에 분지용량이 작아져서 넘쳐나는 해수로 인해 해침이 일어난다. 해수면 변동과 그 변동시간 및 변동인자를 정리하여 그림 1-6에 나타냈다. 비교적 오랜 시간에 걸친 변동은 지구의 구조적 인자이며 짧은 시간 내의 변동은 빙상이나 해양 등의 변동에서 비롯되는 경우가 많다 (Miller 등, 2005).

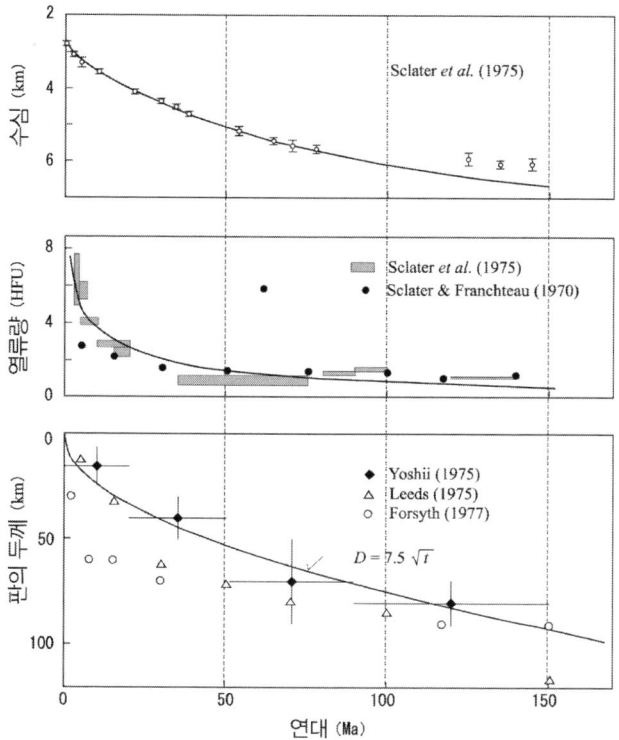

그림 1–5. 해양판 냉각에 의한 해양저의 수심, 열류량, 판 두께의 변화(上田, 1989를 수정)

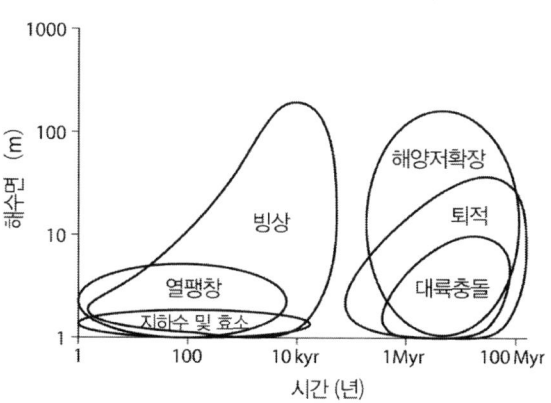

그림 1–6. 해수면 변동과 변동시간 및 해수면 변동인자(Miller 등, 2005)

판과 판이 서로 가까워지는 수렴형 경계는 섭입대(subduction zone)
라고 불리며 해양판은 다른 판 밑으로 들어가 해구(trench)를 형성한다.
오래된 해양판은 서서히 지구 내부로 들어가게 되고 새로운 판에 의해
치환되기 때문에 해양저의 연대는 일반적으로 2억 년 이하가 된다. 해구
에서 섭입된 해양판에서 물이 발생하게 되는데 이 물로 인해 멘틀 용융
점이 내려가게 되고 마그마가 발생하며 도호에서는 화산활동이 발달하
게 된다(巽, 1995). 대륙지각이 포함된 판은 원칙적으로 멘틀에 섭입되
지 않고 지구표면을 수평방향으로 이동한다. 대륙이 이동되어 다른 대
륙과 충돌하여 대륙끼리 합쳐지면 팡게아(Pangaea) 등과 같은 초대륙이
형성되거나 히말라야산맥·티베트고원 등과 같이 고도가 높은 지형이
형성된다(Sakai 등, 2006).

(2) 수권

지구는 '물의 혹성'으로 불리는데, 물은 수권(해양, 빙상, 지하수, 호
수, 하천 등)에 존재한다. 지구 전체에서 물의 양은 $14.1 \times 10^{17} m^3$인데

표 1-1. 수권에서 물의 존재량

저장 공간	저장량($\times 10^6 km^3$)	점유 비율(%)
해양	1,370	97.253
빙하 등	29	2.059
지하수	9.5	0.674
호소	0.125	0.009
토양	0.065	0.005
대기	0.013	0.000
하천	0.0017	0.0000
생물권	0.0006	0.00000
합 계	1,408.7053	100.00000

해수는 그중 약 97%를 차지하고 있으며($13.7 \times 10^{17} m^3$) 담수는 전체의 약 3%에 지나지 않는다(표 1-1). 해양은 질량으로 볼 때 대기의 약 270 배, 열용량으로 볼 때 약 1,100배, 탄소 축적량으로 볼 때 약 50배 규모에 해당하므로 지구표층환경 시스템의 중심이 된다.

순수한 물은 'H_2O'로 표시되며 상온, 대기압에서 무색투명한 액체이다. 수소결합(결합에너지는 약 $20kJmol^{-1}$)으로 인해 비등점, 용융점 모두가 다른 분자에서 예상할 수 있는 값보다 훨씬 높은 온도를 보인다. 1기압($1.01325 \times 10^5 Pa$)에서 비등점은 100℃(정확하게는 99.974℃), 용융점은 0℃가 된다(실제로는 99.974℃ 이하인 수증기나 0℃ 이하인 물도 존재한다)(鈴木, 1980, 2004). 지구에는 1) 극지역에는 고체상태인 얼음, 대기에는 기체인 수증기, 해양에는 방대한 양의 액체 상태인 물이 존재하며, 2) 기체상-액체상-고체상에서 상태의 변화에 따라 발생되는 커다란 에너지 교환(축적/방출)을 통해, 3) 대기와 해수순환을 매개로한 지구표층환경 시스템에서 온도 균질화(해수 온도는 0~30℃)가 이루어져왔다. 그러나 이것과는 대조적으로 달의 경우 태양으로부터 거리가 지구와 거의 같음에도 불구하고 대기와 해양이 존재하지 않기 때문에 태양과 접해 있는 적도 부근의 온도는 110℃, 반대쪽의 온도는 -150℃로 온도 차이가 상당히 크다.

해양

해수의 평균염분은 3.5%이며 주요 성분에 대해서는 충분히 혼합되어 있으므로 그 조성은 전부 동일하다. 염분도는 연안역과 같이 담수가 유입되는 지역에서는 낮아지고 증발이 왕성한 곳에서는 높아진다. 해수의 밀도는 수온과 염분에 의존하는데, 대양에서 해수의 밀도는 $1.0250 \sim 1.0280 gcm^{-3}$

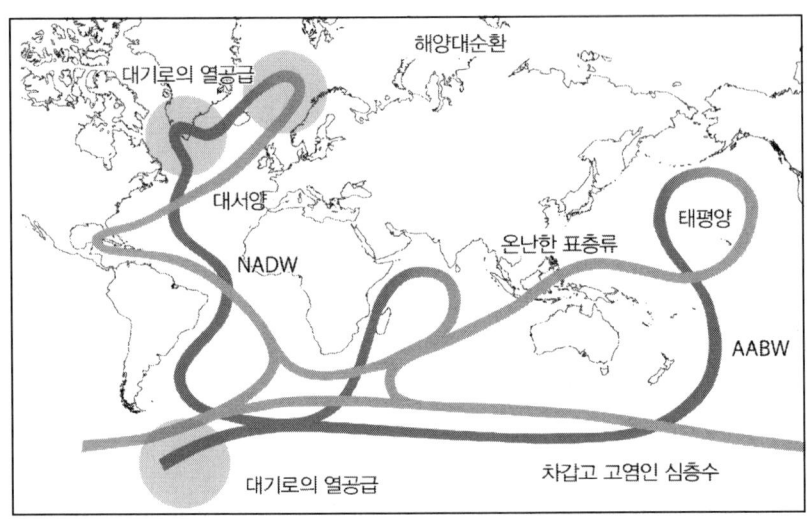

그림 1-7. 해양 대순환(Broecker and Peng, 1982).

로 언뜻 보면 변동 폭이 작게 보이지만 지구규모의 해양 심층대순환은 이러한 해수 밀도의 차이에 의해 지배된다. 밀도는 주로 염분과 온도의 함수로 '열염순환'이라고 한다. 저온에서 고염분인 해수의 밀도는 높다. 현재의 해양에서 고밀도 표층해수는 북대서양의 그린란드 외해(그린란드해, 래브라도해)에 존재하고 있어 북대서양 심층수(NADW; North Atlantic Deep Water)가 되어 대서양을 남하하여 남극해로 유입되고, 웨델해에서 다시 냉각되어 남극저층수(AABW; Antarctic Bottom Water)가 된다. 이 AABW는 동쪽을 향해 남극 주변을 돌고 있는데 인도양, 태평양, 대서양 남단에 도착했을 때 일부가 분리되어 북상한다(Broecker and Peng, 1982)(그림 1-7).

　해수와 담수는 동결할 때에 각기 다른 거동을 한다. 담수는 3.98℃일 때 최대밀도가 되므로 연못이나 호수 등에서는 4℃ 이하가 되면 대류가 일어나기 힘들기 때문에 표면에 얼음이 아무리 발달해도 저층수는 대체로 4℃ 전후로 유지되는 경우가 많다. 한편, 해수는 전체가 빙점이 될 때까지 밀도가 증가하기 때문에 대류가 계속되어 전체가 동결되기란 대단히 어렵다.

빙상

수증기가 대류권 위에서 냉각되어 '얼음'이라는 결정(빙정이라고 함)이 만들어지고 그것이 2℃ 이하인 상태로 지상에 도달하게 되면 눈이된다.[2] 눈에는 많은 양의 공기가 포함되어 있으며 지상에 내려앉아 쌓이면서 스스로의 무게에 의해 압축되면서 얼음이 된다. 그렇게 되면 눈속에 포함되어 있는 공기는 자유로운 이동이 불가능해진다. 최종적으로 100기압 이상의 깊이에 도달하면 저온, 고압하에서 안정적인 에어 하이드레이트(공기 수화물)가 된다. 공기가 기포로 존재하는 경우를 버블존(bubbly zone)이라 하고, 에어 하이드레이트로 존재하는 경우를 bubbly-free zone, 그리고 둘 사이의 영역을 전이대(transition zone)라고 부른다. 빙상코어를 통해 과거의 기온이나 p_{co_2} 등이 복원되고 있다.

기후변동의 기작을 해석하는 데 문제가 되는 것은 얼음 부분과 얼음에 고정된 공기 부분의 시간 차이이다(Kawamura 등, 2003). 눈이 완전히 얼음으로 변하여 유동성을 상실하고 완전히 고정되는 상태가 되는 심도는 남극에서는 빙상의 약 100m 심도이며 연대는 2~3kyr이다. 빙상내의 공기는 얼음보다 항상 오래되지 않은 연대를 나타낸다. 이러한 시간차는 연간 적설량과 온도 등에 의존된다. 예를 들면 강설량이 적은곳에서는 약 100m 심도로 매몰되는 데 걸리는 시간이 길기 때문에 시간차가 커지는 경향이 있다. 최종 빙기 최성기(LGM; Last Glacial Maximum)

---

2) 눈이나 비가 되는 것은 습도에도 의존한다.

에는 남극대륙내부에서 시간차가 5kyr에 달한 경우가 있다. 이러한 시간차는 기후변동이 시작되는 원인이 일사량의 변화에서 오는 것인지 온실효과기체인 p_{co_2} 변화에서 오는 것인지를 논의할 때 결정적인 자료가 된다. 최근 들어 기포 중에 있는 O_2/N_2 등을 이용해서 시간차를 2kyr 이하까지 줄여서 해석된 빙상코어도 있다(Kawamura 등, 2007). 한랭지의 강수량은 대체로 낮다. 남극이나 그린란드 연안역에서는 $300 mmyr^{-1}$을 넘지만 남극 미즈호기지에서는 $200 mmyr^{-1}$, 남극대륙 내부는 약 $50 mmyr^{-1}$이다.

얼음이 대규모로 집적된 빙괴는 면적이 5만 km^2 이상인 경우를 빙상(ice sheet), 그 이하인 것을 빙모(ice cap), 강물처럼 이동하는 것을 빙하(glacier)라고 부른다. 빙상에서는 매년 내려 쌓이는 눈 자체의 중력으로 밀도가 높아지게 되고 매몰심도가 증가하면 일 년에 쌓인 눈으로 형성된 층은 얇아진다. 따라서 10만 년 이상 오래된 과거의 환경기록을 채취하기 위해서는 보다 깊은 심도에서 시료를 채취하는 것이 중요하다.

지표의 만년빙상은 약 $29 \times 10^{18} kg$(수권에 존재하는 수량의 2.06%)로, 남극대륙에 $26 \times 10^{18} kg$(만년빙 전체의 89.7%), 그린란드에 $2.5 \times 10^{18} kg$(8.6%)가 존재한다. 남극대륙 면적은 $13.613 \times 10^6 km^2$이므로 얼음의 비중을 약 '1'이라고 하면 빙상의 두께는 1.8km가 된다. 전 해양의 면적은 $3.611 \times 10^8 km^2$이므로 남극대륙의 빙상이 모두 녹았을 경우에는 단순계산으로 해수면은 약 72m 정도 상승하게 된다. 더욱이 아이소스타시(isostasy)효과 등을 고려한 경우에는 남극 및 그린란드 빙상의 융해에 의한 해수면 상승은 각각 61.1m와 7.2m가 된다(IPCC 'Climate Change', 2001). 빙기·간빙기의 해수면 변동은 약 120m로 간주되고 있는데 해양의 평균수심으로 계산하면 이때의 수량은 현재 수권 전체 양의 약 3.3%가 된다.

짧은 기간(1Myr 이하) 동안 10m 이상 해수면이 변동하는 것은 빙상의 발달이나 융해가 원인이 되는 경우가 많다(그림 1-6)(Pitman and Golovchenko, 1983; Miller 등, 2005). 전 해양의 면적은 $3.611 \times 10^8 km^2$이므로 해수면이 1m 변화하는 데 필요한 물의 양은 $3.61 \times 10^{14} m^3$가 되지만 현재 담수호($1.25 \times 10^{14} m^3$), 하천수($0.017 \times 10^{14} m^3$)의 총량은 매우 적다. 지하수에 대해서도 얕은 곳(심도 800m 이내)에서는 전량($42 \times 10^{14} m^3$)이라 하더라도 해수면으로 변환하여 10m 정도의 저장량밖에 안 된다. 수온이 높아지면 해수는 열팽창하게 되지만 10℃가 상승한다 하더라도 해수면은 10m 정도의 상승에 그친다. 지중해 정도 크기인 내해가 완전히 증발되어버린 경우의 변화량은 10m 정도이다. 따라서 수온변화나 호수, 지하수의 저장량 변화 등으로는 해수면의 급격한 변화를 설명하기 어렵다.

(3) 대기권

대기권은 지표에서 고도 500km를 넘는 범위까지 넓혀져 있다. 편의상 우주공간과의 경계는 고도 약 80~120km로 보고 있다. 1) 일상적인 기상현상은 대부분 대류권 내(troposphere, 고도 0부터 평균 11km까지, 상한은 적도부근에서 약 16km, 고위도에서 약 8km의 폭이며 밀도는 지상에서 약 $1.225 kgm^{-3}$)에서 일어난다. 온도 체감률은 약 $6.5℃km^{-1}$이다. 2) 성층권(stratosphere, 고도 11~50km)의 온도는 고도 약 20km까지는 일정하고 그 이상 상승해서 약 50km(성층권계면 stratopause)일 때 최댓값을 보이고 밀도는 약 $1.027 \times 10^{-3} kgm^{-3}$이다. 오존 농도가 높은 대기층을 '오존층(고도 10~50km)'이라고 부르며 오존층에 있는 기체는 자외선을 흡수한다. 3) 중간층(mesosphere, 고도 50~80km)에서 온도는 고도와 함께 다시 떨어지고, 고도 80~90km에서 최소가 된다.

이 경계를 '중간권계면(mesopause)'이라고 한다. 4) 이보다 높은 상공은 '열권(thermosphere)'이 된다.

대기조성은 고도가 변함에 따라 변화한다. 1) 고도 약 80km까지 거의 일정하지만, 2) 이보다 높은 곳에서는 분자나 원자량이 작은 기체성분 비율이 증가하고, 고도 80~100km까지는 질소가, 3) 고도 100~170km까지는 산소원자가, 4) 고도 1,000km 정도에서는 헬륨이 많아지며 밀도는 약 $3.56 \times 10^{-15} kgm^{-3}$까지 감소한다. 5) 이보다 높은 곳에서는 대부분 수소로 조성된다.

지구의 대기를 구성하는 주요성분은 N_2(78.08%)와 O_2(20.95%)인데 다른 혹성과 비교하면 큰 차이가 있다(표 1-2)(阿部·中村, 1997). 지구형 혹성인 금성과 화성은 높은 p_{co_2}를 나타낸다. 한편 외혹성인 목성의 주된 구성

표 1-2. 대기의 화학조성

	지구	금성	화성	목성
	101.325kPa	9322kPa	0.7~0.9kPa	70kPa
질소	78.09%	3.50%		
산소	20.95%	0.00%	1.6%	
아르곤	0.93%		2.7%	
이산화탄소	약 0.04%	96.50%	95.32%	
일산화탄소	1×10^{-5} %		0.13%	
네온	1.8×10^{-3} %			
헬륨	5.24×10^{-4}%			17% 이상
메탄	1.4×10^{-4}%			0.1%
크립톤	1.14×10^{-4}%			
일산화이질소	5×10^{-5}%			
수소	5×10^{-5}%			81% 이상
오존	약 2×10^{-6}%			
수증기	0.0~3.0%	0.001~.01%	0.07%	0.1%
이산화유화		0.01~0.00001%		
암모니아				0.02%

성분은 수소와 헬륨이다. 질량이 크고 강한 중력을 지닌 원시 태양계성운 (태양이 탄생될 때 태양계를 원반형으로 둘러싼 가스성운) 가스가 그대로 대기가 된 것으로 여겨지고 있다. 그러한 대기는 환원적이고, 탄소는 CH_4, 질소는 NH_3로 존재하고 지구형 혹성이 CO_2나 N_2와 같은 산화적 조성을 가진다는 점에서 반대의 특징을 가진다. 더욱이 금성이나 화성과 비교했을 때 지구에서는 p_{O_2}가 현저히 높다. 이것은 광합성에 의해 CO_2와 H_2O에서 유기물과 유리산소(O_2)가 생산되고 있기 때문이며 지구에 생물이 존재하게 된 원인이 된다. 광합성 생물이 탄생하기 전에는 금성이나 화성과 마찬가지로 지구상의 대기에 O_2는 존재하지 않았다.

(4) 생물권

생물권이란 생물이 존재하는 범위를 말한다. 우리 주변의 생태계는 태양에너지를 이용하는 광합성에 의해 형성된 각종 유기물을 기원으로 하고 있다. 화학합성세균 등의 화학반응에너지에 기원을 두는 생태계도 지구의 생물화학적 물질순환에 매우 중요하며 지금까지 물질순환의 근간을 이루고 있다.

생물의 진화와 멸종

지구사적 관점에서 생물권의 큰 사건을 정리하면 다섯 가지를 들 수 있다. 1) 생명의 탄생, 2) 광합성과 유기물 매몰에 의한 p_{O_2}의 상승과 그런 환경에 대한 적응, 3) 동식물의 탄생과 번영, 4) 대량멸종사건과 진화, 5) 인류의 탄생에서부터 현대문명까지의 발전 등이다.

현재 지구상에 있는 생물종의 총 수는 보고된 총 종수로 약 150만 종이며 미기록 종을 포함하면 약 450만 종에 달한다. 한편, 현생누대에 존재했던 총 수는 9억 8,200만 종으로 추정되며(Raup and Stanley, 1971) 많은 종이 멸종되었지만 새로운 종이 지속적으로 출현하고 있어 장기적인 관점에서 보면 생물다양성은 대체적으로 증가하고 있다 (Sepkoski, 1995; Morrow 등, 1996).

지구사적 시간 경과에 따라 다수의 생물 분류군이 멸종했는데 전후의 기간과 비교했을 때 특히 멸종이 두드러졌던 시기를 대량멸종사건 (mass extinction event)이라고 부른다. 이와 같은 사건은 현생누대를 통해 18차례 일어났다(그림 1-8)(Bambach, 2006). 멸종의 직접적인 원인으로는 다음과 같이 제안되고 있다. 1) 해퇴(해수면 저하)에 따른 연안 해양생물 생식영역의 소실과 연안생태계의 붕괴, 2) 해양의 무산소화와 함께 수반되는 산소 결핍 상태, 3) 지구 한랭화에 따라 대규모로 빙상이 발달함으로써 이에 수반되는 동식물의 생식영역 소실과 식물 결

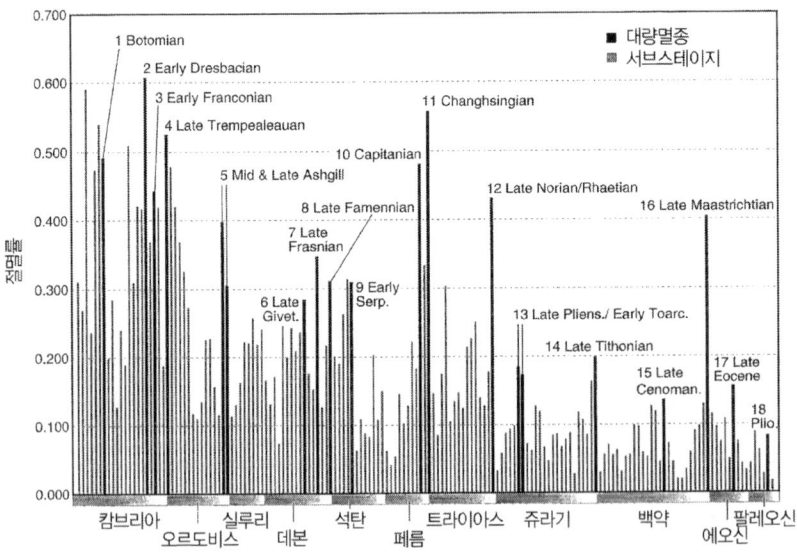

그림 1-8. 현생이언 동안 일어난 멸종 비율의 변화(Bambach, 2006)

핍, 4) 사막화와 건조화에 의한 수분 결핍, 5) 홍수현무암(flood basalt)을 포함하는 화산성물질 분출과 화산 쇄설류, 유독가스방출과 식생의 쇠퇴, 6) 운석 충돌로 야기된 대지진과 대형 쓰나미, 화산재로 인한 식물의 사멸과 식물연쇄 파탄, 7) 초신성 폭발로 인해 우주선이 증가하거나 구름양 등이 변화하면서 나타나는 한랭화, 8) 해양산성화로 야기된 탄산염각 생물의 사멸과 해양생태계 붕괴 등이다(平野, 2006).

대량멸종으로 인해 전체 생물량도 격변했을 것으로 예상된다. 해양 저장소에서 축적된 생물기원 탄산염의 $\delta^{13}C$값은 해수 중 무기탄산이온의 $\delta^{13}C$값을 반영하고 있다. 일반적으로 유기물은 해수에 비해 상대적으로 ^{13}C이 부족하고 ^{12}C가 풍부하다(예를 들면 퇴적암의 유기물 평균 $\delta^{13}C$값은 약 -25‰)(그림 7-3). 따라서 유기물이 해수에 용해되면 그 $\delta^{13}C$값은 감소하고, 반대로 유기물이 매몰되어 해양 저장소에서 제거되면 해수 중의 $\delta^{13}C$값은 증가한다. 예를 들면 대량멸종으로 유명한 백악기/제3기의 경계에서는 대량멸종으로 인해 유기물이 급격히 해수에 용해되기 때문에 많은 곳에서 $\delta^{13}C$값이 마이너스 피크를 보인다(그림 4-14)(Hsu and McKenzie, 1985; Zachos and Arthur, 1986; Kaiho 등, 1999). 이와 같이 $\delta^{13}C$값이 변화하는 것은 멸종이 일어난 다른 시기에서도 나타난 것으로 보고되고 있다(Zachos and Arthur, 1986). 대량 멸종과 $\delta^{13}C$값의 변화는 조화롭게 호응하는 것으로 생각하는 학자도 많지만 생물량의 대부분을 식물이 점유하고 있는 데 반해 멸종할 때의 기록들은 동물종이 대상이 되는 경우도 있기 때문에 생물량과 종의 변동을 단순히 연관시킬 때는 주의가 필요하다(川幡, 1998).

---

* 본래 $\delta^{13}C$, $\delta^{18}O$는 값이 아니라 각각 ^{12}C와 ^{16}O에 대한 (상대적인) isotopic raito(동위원소비)로 표기해야 하나 여기서는 편의상 "값(value)"으로 표기함.

진정세균, 고세균, 진핵생물

 선캄브리아시대를 설명할 때는 특히 미생물에 관해 설명할 필요가 있으므로 여기서 미리 언급한다. 미생물은 그 크기가 정해져 있지는 않지만 일반적으로는 현미경 등으로 구조를 관찰할 수 있을 정도인 1mm 이하의 세균, 조류, 점균(현미경으로 볼 수 있는), 작은 동물 등의 진핵생물, 그리고 진정세균이나 고세균 등의 원핵생물 등을 포함한다(그림 1-9).
 바이러스는 세균도 고세균도 아닌 그렇다고 생물이라고도 할 수 없는 것으로 정제하면 무생물이 특징인 결정이 된다. 바이러스는 자력으

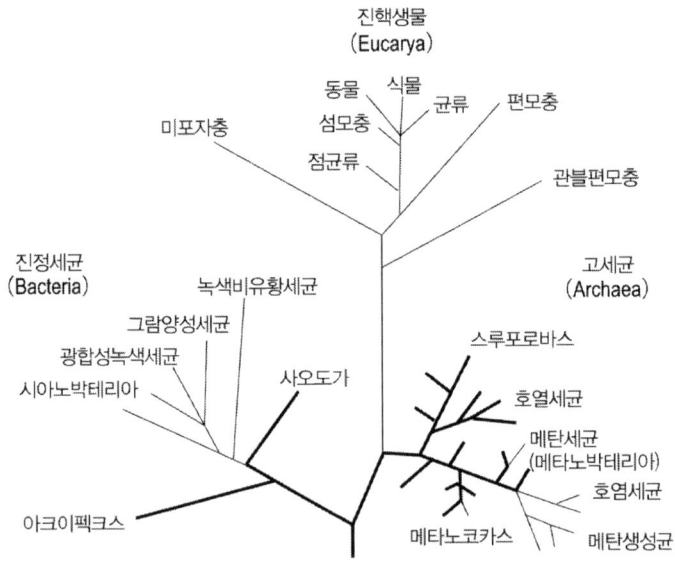

그림 1-9. 생물의 분자계통수. 현존하는 생물의 공통적인 조상은 하나일 것으로 생각되며 최초에는 크게 두 가지로 나누어졌다. 하나는 대장균 등의 진정세균이고 또 하나는 고세균과 진핵생물이다(Stetter, 1996을 수정). 한편, 생물계는 세포구조의 차이에 따라 원핵생물과 진핵생물로 분류되고 원핵생물(세균)은 다시 박테리아(진정세균)와 아키아(고세균)로 나누어진다. 진핵생물에는 단세포인 원생동물로부터 진균, 식물, 동물 등의 다세포생물까지 포함된다(그림 2-12 참조)(池谷·北里, 2004).

로 증식하거나 에너지를 만들지 않으며 숙주의 세포내 시스템을 이용해서 증식한다. 세포를 갖고 있지 않으며 유전자는 단백질 껍질로 쌓여져 있다. 생물 혹은 생물의 DNA에서 진화한 것으로 생각되고 있다(夏, 2009).

진핵생물은 DNA가 핵막에 포함되어 있으며 세포 속에 세포핵을 가진 생물로 염색체를 보통 두 세트 가지고 있고 균류와 원생생물 등이 여기에 속한다(그림 1-9). 균류에는 호염균, 곰팡이균, 효모균 등이 포함되며 일반적인 종속생물이다. 원생생물은 진핵생물 중 동물, 식물, 균류에 속하지 않는 생물로 갈조류(갈조식물문 : 다시마 등), 홍조류(홍조식물문 : 우뭇가사리 등), 점균(아메바상일 때는 세포벽이 없고 동물과 같지만 포자로 개체수가 증가된다) 등이 포함된다.

원핵생물은 보통 진핵생물보다도 훨씬 작고 16S rRNA 배열의 차이에 따라 진정세균과 고세균으로 분류된다. 대장균, 남조, 그리고 일반적으로 다루어지는 세균은 진정세균에 포함되며 에너지원이나 탄소기원에 관해서는 다양한 종류의 대사계를 가지고 있는 것이 특징이다. 메탄균, 호염균, 호열균, 호산균 등은 고세균에 포함되며, 해저 열수나 염분도가 높은 호수 등 극한 환경에서도 생존할 수 있는 능력을 지니고 있다.

식물

식물은 꽃이 피는 것(현화식물 또는 종자식물)과 꽃이 피지 않는 것(은화식물 또는 포자식물)이 있다. 현화식물은 속씨식물(피자식물)과 겉씨식물(나자식물)로 분류되며 속씨식물은 쌍자엽식물과 단자엽식물로 분류할 수 있다.

겉씨식물의 특징은, 1) 종자의 씨가 겉으로 드러나 있다. 2) 자화(암꽃)와 웅화(수꽃)가 따로 피고 꽃잎이나 꽃받침이 없다. 암꽃술에는 씨방이 없고 밑씨(배주)가 노출된 채로 붙어 있다. 3) 모든 종류가 목본식물로 사철 내내 푸른 상록이다. 속씨식물의 특징은, a) 밑씨(배주)가 심피로 감싸여져 씨방 속에 있어서 밖으로 노출되지 않는다. b) 꽃은 일반적으로 꽃잎, 꽃받침, 암꽃술, 수꽃술이 있다. c) 대부분이 초본식물이며 일부가 목본식물에 속한다. 겉씨식물도 화려하지는 않지만 속씨식물과 마찬가지로 꽃이 피는 식물로 분류된다.

속씨식물은 자엽(떡잎-발아하여 처음으로 나오는 잎)의 수가 두 개인 쌍자엽식물(참나무과, 콩과, 포도과, 선인장과 등)과 자엽의 수가 한 개인 단자엽식물(벼과, 파인애플과, 백합과, 난과(난초과 등)로, 쌍자엽식물은 합판화(통꽃을 말하며 용담과 등)와 이판화(갈래꽃을 말하며 벚꽃, 장미 등)로 나누어진다(加藤 編, 1997).

광합성 성질에 따라 분류하면 주요 식물은 C3형 광합성식물에 속하고 캘빈·벤슨회로에 의해서만 광합성이 이루어진다.[3] 한편, C4형 광합성식물은 그 밖의 농축회로를 가지고 있다. CAM(Crassulacean Acid Metabolism; 돌나무형 유기산대사)형 광합성인 경우에는 C4형 광합성

---

3) 거의 대부분의 녹색식물과 광합성세균은 캘빈·벤슨회로를 이용하여 탄산고정반응을 한다. 이 반응에 이용되는 대표적인 효소는 RubisCO(리불로오스, ribulose-1, 5-bisphosphate carboxylase/oxygenase)로 지구상에서 양적으로는 가장 많은 단백질이다. C3식물이나 C4식물도 캘빈·벤슨회로를 가지고 있지만 C4나 CAM 식물의 경우 CO_2을 농축하기 위한 C4경로를 가지고 있다는 점에서 서로 유사하다. 경로 중에 있는 옥사로초산(탄소수 4)으로부터 C4식물이라고 명명되었다. 단, CAM형 광합성식물은 야간에 CO_2를 섭취하고 낮에 환원시키는데 이러한 활동은 수분 스트레스가 심한 환경에는 유리하게 작용하게 되는데, 선인장과 같이 건조 지역에 적응했기 때문이다. 지구상에 존재하는 식물의 90%는 C3식물이다. 벼과는 곡물의 공급원으로서 중요한 식물 그룹인데 같은 벼과라 하더라도 벼속, 밀속은 C3형 광합성식물에 속하고, 옥수수속, 사탕수수속, 억새속은 C4형 광합성 식물에 속하므로 주의가 필요하다.

과 유사하지만 야간에 CO_2를 섭취하고 낮에는 환원시킨다.

동물

동물의 특징으로는, 1) 다세포이며, 2) 발생은 수정란의 분열로부터 시작되지만 세포수가 증가하면 내부에 공간(공동)이 생겨 포배기(胞胚期)를 경험하게 된다. 3) 종속영양적인 생물이다. 지구상에는 지금까지 약 35개 동물문이 진화해왔다.

진핵생물 중에 가장 동물에 가까운 종류로 알려진 것이 금편모충류(깃편모충류)인데 이것은 콜로니(colony)를 형성하는 원생동물 그룹에 속한다. 해면은 각 세포를 분해해도 독립해서 생존이 가능한 다세포생물이며 가장 원시적인 다세포동물문으로 알려져 있다. 이것은 원생대후기(에디아카라기)에 계통수에서 분리, 진화되었지만 에디아카라(Ediacara) 생물군에는 적다. 캄브리아기에 들어서서 급격하게 다양화하였다. 초기 해면의 일부는 실리카(silica)로 된 골격을 만들었지만 현재의 해면은 95% 이상이 실리카이거나 단백질이며 나머지가 탄산염 각을 만든다. 해면에는 없었던 신경계와 근섬유 조직을 가진 것은 자포동물문(말미잘, 산호, 해파리 등)과 유즐동물문으로 이들 세 종류는 캄브리아기의 생명 대폭발 이전에 출현했다.

해면보다 복잡한 동물은 크게 두 가지로 분지된다. 1) 자포동물문과 유즐동물문, 2) 좌우대칭동물(편형동물에서 연체동물, 절족동물, 척색동물 등). 해면, 자포동물문, 유즐동물문 이외(경우에 따라서는 능형동물문 등도 제외)는 좌우대칭동물이라고 하는데 현재 1,000만 종에 달하고 있으며, 진화상으로 1) 기본적으로 머리부위에서 꼬리부위까지 좌우대칭과, 2) 발생 초기에 3배엽(내배엽·중배엽·외배엽)인 특징이 있다.

생활 에너지 획득과 산화환원반응

진화와 발전이라는 관점에서 보면 생물권의 특징은 생물이 이용 가능한 에너지를 고도화하는 것이라 할 수 있다. 생물이 이용할 수 있는 에너지의 분배는 1) 매일 반복되는 생활 속에서 소비되는 '생존에너지'와 2) 차세대를 위해 자손을 남기는 '번식에너지'로 구분할 수 있다.

지구가 탄생하여 약 20억 년간의 지구표층환경 시스템은 환원적이었다. 그 후 생물이 얻어내는 에너지는 아래와 같은 순서로 발전해왔다. 1) 환원환경에서 무기화학반응으로부터 에너지 획득, 2) 유리산소를 이용하여 유기물 산화에 의한 에너지 획득과 이의 비약적인 향상, 3) 항온화에 따라 적정온도에서 안정된 생물화학반응을 통해 보다 효율적인 에너지의 운용이다.

이 중에 위의 1)과 2)는 현재의 퇴적물 속에서 미생물에 의해 유기물이 분해되는 과정 중에서 관찰된다. 퇴적물 표층에서부터 깊이가 증가함에 따라 분해할 때 사용되는 산화제는 1) 용존산소, 2) 초산이온, 3) 망간산화물, 4) 철산화물, 5) 황산이온 순서로 사용된다. 산화제는 이러한 순서로 단계적으로 소비되며 화학반응은 각각 산소환원, 초산환원, 망간환원, 철환원, 황산환원으로 불린다. 더욱이 환원적이되면 유기물 분자 내에서 산화환원인 6) 메탄발효가 일어난다. 이러한 일련의 반응은 기본적으로 유기반응에 의해 방출되는 자유에너지가 감소하는 순서이기도 하다. 즉, 메탄발효에서는 방출되는 자유에너지(ΔG_0)가 350kJmol^{-1}이지만, 철산화과정에서는 $1,410 \text{kJmol}^{-1}$, 망간산화과정에서는 $3,050 \text{kJmol}^{-1}$, 유리산소를 이용한 경우에는 $3,190 \text{kJmol}^{-1}$까지 증가한다.

아직 검증된 바는 없지만 진화의 순서는 퇴적물 중에서 보다 환원적인 것에서부터 산화적인 것으로 이행되는 순서와 같았을 가능성도 있다. 최초에 탄생한 생명은 메탄 발효세균이었을 가능성이 있고 그 후 황산환원균 등이 출현하고 이어서 시아노박테리아가 등장하였다. 효율적으로 에너지를 얻기 위한 민첩한 행동을 하는 것과 다세포화되면서 기능이 고도화되는 등 생물의 행동제약을 원활하게 하기 위해서 에너지 효율을 높여야 하는 본질적인 이유가 되었을 것으로 생각된다.

1.1.3 에너지 수송과 물질순환을 지배하는 요인

지구표층환경 시스템에 영향을 주는 인자는 지구내부에 원인이 있다는 지구내부인자(표 1-3)와 외부에 원인이 있다는 지구외부인자(표 1-4)로 구분할 수 있다. 전자는 대기와 해양 그리고 지구 내부에, 후자는 지구 이외의 우주에서 기인한 것들로 일부는 가설로 주장되고 있다(川幡, 1998). 지면 관계상 온실효과와 관련된 대기 중 p_{co_2} 농도에 영향을 주는 풍화에 대해서만 상세하게 기술하기로 한다.

표 1-3. 지구표층환경 시스템에 영향을 주는 지구의 내부인자

알베도 (반사율)	태양에서 지구로 공급되는 에너지의 반사율은 지표에 도달하는 태양에너지에 직접 영향을 준다. 빙상의 반사율은 높기 때문에 반사율 값도 높아진다. 반대로 해양에서는 반사율 값이 낮아진다. 육지빙상과 해양의 중간효과를 가진다. 빙상의 발달은 반사율을 상승시키기 때문에 지구가 받는 에너지를 감소시키므로 양의 피드백(되먹임) 역할을 한다.
대기조성 변화	태양에서 지구로 공급되는 에너지의 대부분은 반사되어 우주공간으로 돌아가지만 그중 일부 에너지는 대기로 흡수되어 지구 온난화에 기여한다. 온실효과 기체로는 CO_2를 비롯하여 수증기나 대류권 오존, 오존층 파괴로 알려진 프레온류(CFC_S), 일산화이질소(N_2O), 메탄(CH_4) 등을 들 수 있다. 분자당 온난화되는 효과는 CO_2분자를 1로 했을 경우 CH_4는 21, CFC-12는 15,800, N_2O는 206이다. 온실효과 기체농도가 상승하면 태양의 열에너지는 대기권에 축적되어 지구표층이 온난화된다. 대기 중 CO_2농도의 장기변동을 초래하는 중요한 요인으로는 화산활동에 의해 지표로 CO_2가 공급되는 것과 대륙의 풍화, 유기탄소의 매몰, 탄산칼슘의 형성 등이 있다.

표 1-3. 지구표층환경 시스템에 영향을 주는 지구의 내부인자(계속)

화산 분출	대규모 화산분출은 두 가지 면에서 영향을 미친다. 화산가스의 방출로 해령에서 해양지각이 형성되는 것과 플룸에 따른 지각의 발달로 지구심부에 존재하는 CO_2를 대기로 방출하는 것이다. 또 한 가지 영향은 대규모의 화산재가 분출함에 따라 미세한 입자인 화산재는 성층권에 도달하여 2~3년 동안 표류하면서 태양광이 대류권으로 입사되는 것을 감소시켜 전 지구적 기온감소를 야기한다.
해수면	해수면이 높으면 육지의 저지대도 수몰되므로 해양 면적이 확대되기 때문에 반사율이 낮아지고 태양에너지를 흡수하기 쉬워진다. 또한 대륙붕의 발달은 탄소의 매몰이나 생물의 진화에 영향을 주어서 물질순환을 크게 변화시킨다(그림 1-6, 그림 6-4).
해수 조성	해수 중의 주요한 양이온 조성은 수억 년간 변화가 없었던 것으로 알려져 있다. 단, 동위원소에 대해서는 O, C, N, S, Sr 등이 크게 변화한 것으로 알려져 있다. 이러한 것은 생물 지구화학 주기의 진화를 반영한 것으로 생각된다.
해양·대기 순환	일반적으로 대기·해양 순환은 저위도역에서 받는 열에너지를 고위도지역으로 분산시켜 지구표층 온도를 평준화시키는 역할을 한다. 또한 해양심층 대순환은 염분과 온도의 함수인 밀도 차이에 의해 움직인다. 해양, 대기의 모든 순환은 생물생산, 풍화작용 등을 통해 지구 규모의 물질순환에 영향을 미친다(그림 3-8).
해륙의 지리적 분포	대륙의 배치는 당연히 대기·해양 순환에 커다란 영향을 미친다. 또한 극지역에 위치한 대륙은 빙상을 발달시키는 장소를 제공한다. 해륙의 지형이나 배치의 변화는 생물의 진화나 다양성에도 중요한 역할을 한다(책 끝부분의 그림, 대륙배치도 참고).
생물의 양과 군집	생물의 대량 멸종은 생물양과 군집변화를 초래해왔다. 탄산염의 축적은 외양에서는 코코리스와 유공충, 해안에서는 산호(초)가 중요한 역할을 한다. 침적이 외양에서 일어나면 판이 침강하는 효과로 탄산염은 멘틀로 수송되어 멘틀의 물성에 적지 않은 영향을 주는 것으로 생각된다.

표 1-4. 지구표층환경 시스템에 영향을 주는 지구의 외부인자

태양 방사열양의 변동	태양이 탄생했을 당시에 빛의 양은 현재의 70%였을 것으로 계산되고 있는데, 그 광량의 변화는 지표에너지 수송에 커다란 영향을 초래해왔다. 태양 흑점수의 변동에 대해서는 11년 주기가 유력하지만 10년에서 10억 년 주기의 변동에 대해서도 제안되었다(그림 2-2).
지구의 공전궤도	지구가 태양으로부터 받는 총 열량은 태양활동이 일정하다고 가정하면 태양광선의 입사각 및 태양과 지구사이의 거리 변화에 의존된다. 즉, 지구가 태양으로부터 받는 에너지양은 지축의 기울기(황도경각 : 현재 23.5도)에 의한 변화주기 약 4.1만년, 지구의 공전궤도(타원궤도)의 이심률 변화 주기 약 10만 년, 태양 및 달의 인력에 의한 지축의 세차운동 주기 약 1.9~2.3만 년의 합성주기에 의해 결정된다. 이들 주기를 가진 스펙트럼을 서로 합친 것이 지구상의 어떤 지점에서 에너지를 받아들이는 양이 된다. 이 밀랑코비치(Milankovitch)주기는 제4기의 빙기·간빙기 기후나 환경변동을 제어하는 인자가 되고 있으며, 중생대에서도 이러한 주기가 확인된 것으로 보고되어 있다 (그림 6-1, 그림 6-2).

표 1-4. 지구표층환경 시스템에 영향을 주는 지구의 외부인자(계속)

지구 외 물질의 충돌	운석 또는 혜성 등의 충돌에 의해 지표에서는 파괴적인 에너지 방출과 물질 확산이 일어난다. 그때 지구의 외부물질이 지표로 부가된다. 백악기와 팔레오세와의 지층경계에는 지구 외부의 물질에서 기원되는 이리듐(Ir)이 농축되어 있다는 점으로부터 운석이 지구에 낙하한 것으로 생각되고 있다(Alvarez 등, 1984, 1992)(그림 4-13).
우주진의 반사율	태양계는 우주공간을 이동하고 있는데 우주진 농도가 높은 공간에 들어가면 태양으로부터 지구로 향하는 일사량이 감소하게 되어 빙하시대가 시작된다는 설도 있다. 10억 년 주기로 일어난 장기 변동형의 기후변동에 대해서 이러한 인자의 중요성이 제안되어 있다.
고에너지 우주선	우주선 중에서도 고에너지인 μ입자는 저층의 구름을 촉진시키는 것으로 제안되었다. 구름의 양은 지구가 반사하는 태양에너지의 양에 큰 영향을 주며 운량의 증가는 한랭화를 야기하는 것으로 생각되고 있다(그림 7-9).

(1) 풍화

'풍화'란 암석이 온도변화나 화학반응을 받아 잘게 부서져 토양으로 변화해가는 과정을 말한다. 여기에는 1) 기계적 풍화작용(physical weathering), 2) 화학적 풍화작용(chemical weathering), 3) 생물적 풍화작용(biological weathering)으로 대별된다. 풍화 과정은 하천수의 화학조성 변화를 수반하므로 최종적으로 하천수가 유입되는 해양의 화학조성까지 변화시킨다. 기후와 관련해서는 온실효과기체인 CO_2와의 반응이 종종 거론된다.

대기 중에 있는 CO_2는 빗물에 녹아 암석과 반응하면 중탄산이온(탄산수소 이온 = HCO_3^-)을 만든다. 대표적 광물인 탄산염(식 1-1), 염기성 암의 대표광물인 감람석(olivine)(식 1-2), 대륙지각의 대표적 광물인 회장석(anorthite)(식 1-3)과의 반응을 아래에 표시한다.

$$CaCO_3 + CO_2 + H_2O \rightarrow Ca^{2+} + 2HCO_3^- \qquad \text{(식 1-1)}$$

$$0.5(Mg, Fe)_2SiO_4 + 2CO_2 + 2H_2O \rightarrow Mg^{2+}(Fe^{2+}) + 0.5H_4SO_{4aq} + 2HCO_3^-$$
$$\text{(식 1-2)}$$

$$CaAl_2Si_2O_8 + 2CO_2 + 3H_2O \rightarrow Ca^{2+} + 2HCO_3^- + Al_2Si_2O_5(OH)_4 \quad (식 1\text{-}3)$$

탄산염 형성에서는 CO_2가 방출되어 다시 대기로 돌아간다.

$$Ca^{2+} + 2HCO_3^- \rightarrow CaCO_3 + CO_2 + H_2O \qquad\qquad (식 1\text{-}4)$$

여기서 탄산염이 풍화한 경우와 규산염이 풍화한 경우의 효과를 생각해보자.

탄산염 1mol이 풍화하면 HCO_3^-가 2mol 생성되지만 탄소 1mol은 대기 중의 CO_2에서 유래된다. 다음으로 해양에서 탄산염이 생성될 경우 2mol의 HCO_3^-에서 1mol의 탄산염이 생기고 1mol의 CO_2가 대기로 방출된다. 여기서 식 1-1과 식 1-4를 조합할 경우 탄소가 한 번 순환해도 대기와의 교환으로 증감은 없다.

한편, 규산염이 풍화할 경우에는 탄소 2mol이 대기 중의 CO_2에서 유래된 것이고 해양에서 탄산염 생성으로 CO_2 1mol이 대기로 방출되기 때문에 전체적으로 1mol의 CO_2가 대기에서 제거된다(식 1-2, 식 1-3과 식 1-4). 이와 같이 규산염의 풍화과정은 장기적으로 p_{co_2}가 감소하는 데 효과적이었을 것이라고 생각되고 있다.

대기 중에 있는 CO_2가 계속 고정되면 최종적으로 대기에서 CO_2가 완전히 없어질 것이다. 그러나 지구에는 대기로 CO_2를 돌려보내는 구조가 갖춰져 있다(되먹임 작용). 해저에 축적된 탄산염은 판 운동에 의해 해구에서 맨틀로 수송되어 화산가스가 되어 대기에 돌아가게 된다. 이러한 플럭스(flux)는 100만 년 단위일 경우 그 규모가 커진다(鹿園, 1997, 2006, 2009).

풍화의 되먹임(feedback) 과정은 1) 기온이 상승하면 대체로 물의 순환이 활발해진다. 2) p_{co_2}가 증가하여 온실효과가 높아지면 대기에서는 CO_2제거가 촉진된다. 3) 반대로 p_{co_2}가 감소하면 물의 순환은 약해지고 CO_2제거는 억제된다. 1)~3)의 과정을 거치면서 기온은 거의 일정하게 유지되도록 조절된 것 같다.

1.1.4 열 수지와 기후 모델

지구표층환경 시스템에 있어서 빙상의 발달 여부는 지구가 받아들이는 열수지(태양방사와 지구방사 수지)에 일차적으로 영향을 준다 (North, 1981). 고위도 극지역을 중심으로 설빙권의 확장되는 것은 지구 전체의 반사율에 영향을 준다. 반사율 값이 높은 빙상의 증가는 지구 전체가 받는 태양방사에너지를 감소시키는 역할을 하게 된다.

실질적인 열수지에는 반사율뿐만 아니라 온실효과기체의 농도도 중요한 역할을 하므로 p_{co_2}와 위도방향의 열 수송을 고려한 남북일차원 에너지밸런스 기후모델이 제안되고 있다(그림 1-10)(Ikeda and Tajika, 1999; 田近, 2000, 2007). 그림 1-10에는 시간적으로 변화하지 않는 안정기(실선)와 불안정기(점선)가 표시되어 있는데 지구의 기후상태는 기본적으로 세 번의 안정기가 있다. 1) 빙상이 전혀 없는 '무빙상기', 2) 일정 위도까지 설빙권이 발달되어 있는 '부분 동결기', 3) 지구 전체가 설빙으로 덮여 있는 '전 지구 동결기'. 이 중 특히 주목받고 있는 것은 p_{co_2}에 의해 복수의 안정기(다중평형기)가 존재한다는 점이다.

p_{co_2}가 아주 낮은 조건에서는 설빙이 위도 30도 부근까지 성장하게 되고 안정기는 소실된다(그림 1-10). 즉, 기후시스템에 어떤 것이든 교란이 가해지면 시스템은 불안정한 상태가 되고 빙상이 적도까지 확대되어 전 지구 동결에 이르게 된다. 일단 전 지구 동결이 되면 높은 반

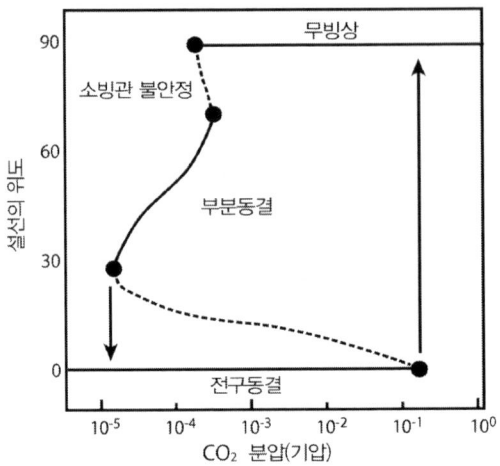

그림 1-10. 지구에서 방사되는 대기의 p_{CO_2} 의존성을 고려한 남-북간 일차원 에너지 밸런스 기후모델로 얻어진 안정기. p_{CO_2}에 대한 설선(snow line; 눈이 내리는 범위)의 위도가 나타나 있다. 실선은 안정기, 점선은 불안정기, 검은 점은 안정기가 소실되는 임계점, 화살표는 기후 상태가 크게 변동하는 상태를 나타낸다(田近, 2000을 수정).

사율과 호응하여 안정상태가 된다. 지구가 받아들이는 태양방사가 현재보다 약 5~10% 저하하거나 현재의 태양방사조건에서 p_{CO_2}가 약 10^{-5} 기압 이하가 되면 불안정하게 되어 전 지구 동결상태가 될 가능성이 있다(Tajika, 2003). 이와 같이 지표의 기후시스템은 일반적으로 우리가 인식하고 있는 것보다 훨씬 불안정하다고 할 수 있다.

1.2 연대

지구표층의 환경시스템은 시간경과와 함께 변화해간다. 어떤 현상이 일어난 '시점(시기)'를 안다는 것은 두 가지 측면에서 커다란 의미를 갖는다. 첫째는 어떠한 현상을 시간축이라는 선상에서 역사(사건)로 기재한다는 것이고, 두 번째는 상대적인 시간의 전후를 알아냄으로써 그 배

후에 있는 원인이나 과정을 알 수 있다는 것이다. 어떤 현상이 계속되는 시간 등에 관한 정보는 속도론적 측면에서도 해석이 가능하다. 연대측정을 하는 데에는 대상이 되는 시료나 연대, 과정 등에 따라 다양한 방법이 있다.

1.2.1 상대연대와 절대연대

지질시대는 지층과 지층에서 산출되는 화석을 기준으로 구분해왔다. 구분단위에는 1) 지층에 대응하는 연대층서 구분단위와, 2) 추상적인 지질연대 구분단위가 있다. 연대층서 구분단위는 '지질계통'이라고도 부르는데, 지층을 단위로 해서 계(界, Erathem), 계(系, System), 통(統, Series), 계(階, Stage)로 분류된다. 각각의 지층과 표준화석이 산출되는 모식지(Type area)가 지정되어 있다. 한편, 지질연대 구분단위는 시간이 단위가 되어 지층의 '계(界), 계(系), 통(統), 계(階)'에 대응하여 '대(代, Era), 기(紀, Period), 세(世, Epoch), 기(期, Age)'로 구분된다(뒤 내용 참조). 이 단위는 추상적인 것으로 시간의 길이 등을 나타내는 것이 아니기 때문에 상대연대(relative age)라고 부른다. 단, 고생대, 중생대, 신생대로 분류한 것은 각각 고유한 생물군이 산출되었다는 특징이 있다. 고생대에는 삼엽충이나 완족류, 어류(칠성장어류를 제외한 원구류, 판피류)가, 중생대에는 파충류(공룡이 대표적), 두족류(암모니아류)가, 신생대에는 포유류가 있다.

한편, 어떤 조건에서 일정 속도로 진행되는 화학반응을 근거로 수치로 부여한 연대를 절대연대(numerical age, geochronologic age, absolute age)라고 한다. 절대연대 중에서도 방사연대(radiometric age)는 방사성 핵종의 방사붕괴를 측정해서 구할 수 있다. 이 연대에 대한 신뢰성은 방사성핵종의 붕괴현상이 지구환경에서 온도나 압력과 같은 조건에는 영향을 받지 않으며 시간에 대한 붕괴비율이 일정하다는 데 있다.

상대연대와 절대연대는 각각 특징을 갖고 있는데 목적에 따라 원활하게 구분해서 사용할 필요가 있다. 미화석 층서에서 대표적인 상대연대는 예를 들어, 1) 고생대/중생대의 멸종 사건(P/T경계) 중 층서를 더욱 세밀하게 결정할 경우, 2) 멀리 떨어진 장소에서 같은 시간 단면을 높을 해상도로 얻을 경우 등에 효과적으로 사용된다.

1.2.2 연과 연대 수치 표기법

연(date)과 연대(age)는 다른 의미를 지닌다. 연은 화산 분화나 대지진 등 특정 사건, 사태가 일어난 해를 나타내고, 반면에 연대는 특정 범위를 가진 기간을 나타낸다. ka(kilo anneé), Ma(mega anneé), Ga(giga anneé)는 각각 1,000년 전, 100만 년 전, 10억 년 전을 나타내며, 관용적으로 '전'이라는 의미가 포함된다. 한편, 기간을 나타낼 경우에는 연은 yrs, yr, 10^3년은 kyr, 10^6년은 m.y. 또는 Myr로 기간을 표시하는 데 이용된다.[4]

1.2.3 상대연대의 결정법

(1) 지질연대 편년(編年)

이것은 전통적인 방법으로 화석·미화석 편년(fossil-microfossil chronology)

---

4) Ka=1,000년 역년 전, ka=1,000년 전(^{14}C년대)을 나타낸다. AP1, AP2.2에서 자세하게 설명하는 바와 같이 5만 년까지의 기간에는 ^{14}C법을 적용해서 연대결정이 이루어지는 경우가 많다. 최근 빙상코어 등에 대해 역년을 기준으로 해석이 진행되고 있는데, 두 가지 방법을 비교하기 위한 관계식도 발표되었다.

이라고도 부른다. 분포가 광범위하고 시대를 특정할 수 있는 표준화석을 정리하여 지질연대층서표 또는 미화석층서표 등이 작성되어왔다. 그러나 이 방법의 약점은 어느 특정 화석의 '산출'과 '산출되지 않은 것'에 근거하기 때문에 화석이 용해된다거나 하는 등의 이유로 실제 생식하고 있었지만 산출되지 않았다는 '비 산출'로 나타나는 경우다.

층서를 대규모나 중간 규모로 구분할 때는 절대연대로 직접 결정하지만, 보다 세밀하게 구분할 필요가 있을 때에는 결정된 절대연대 사이에 퇴적속도가 일정하다는 가정 하에 연대값을 내삽시키는 경우가 많음으로 대체로 표시된 연대값만큼 정확하지 못하다. 수치연대가 개정됨에 따라 층서연대도 개정하는 경우가 많으므로 주의가 요구된다. 예를 들어 현생영연 초기인 선캄브리아 시대와 캄브리아기와의 경계는 과거에 5억 7,000만 년 전(Palmer, 1983)으로 했지만 현재는 5억 4,200만 년 전(=542Ma)으로 하고 있다.

(2) 고지자기 편년(paleomagnetic chronology)

지자기(강도, 편각, 복각)는 시간과 함께 변하고 있다. 화산암은 자철광(자철석 magnetic, Fe_3O_4), 티탄 자철광(titano magnetic, $Fe_{2-x}Ti_xO_4$) 등과 같은 자성광물을 포함하고 있으며 용암이 퀴리온도(curie point) 이하로 냉각될 때 지구자장의 강도와 방향을 기록한다(小玉, 1999). 이것은 열잔류자기(TRM; thermo remanent magnetization)로 부른다. 한편, 해양이나 호소에서는 물속이나 물에 포화된 상태에서 외부자장의 지배를 받아 강한 자성광물이 배열되는데 이런 관점에서 퇴적잔류자기(DRM; Depositional Remanent Magnetization)를 얻을 수 있다.

지구자장은 현재의 자장과 같은 방향의 지자기 자성인 정자극(normal

polarity)과 반대 방향인 역자극(reversed polarity)을 반복해왔다(그림 1-11).

100~1,000kyr이라는 오랜 기간 동안 거의 안정적으로 같은 극성을 유지하는 시대를 자극기(polarity epoch)라고 하며, 그 보다 짧은 10~100kyr 사이에 완전히 역전된 대자방향을 가진 시대를 지자기 사건(polarity

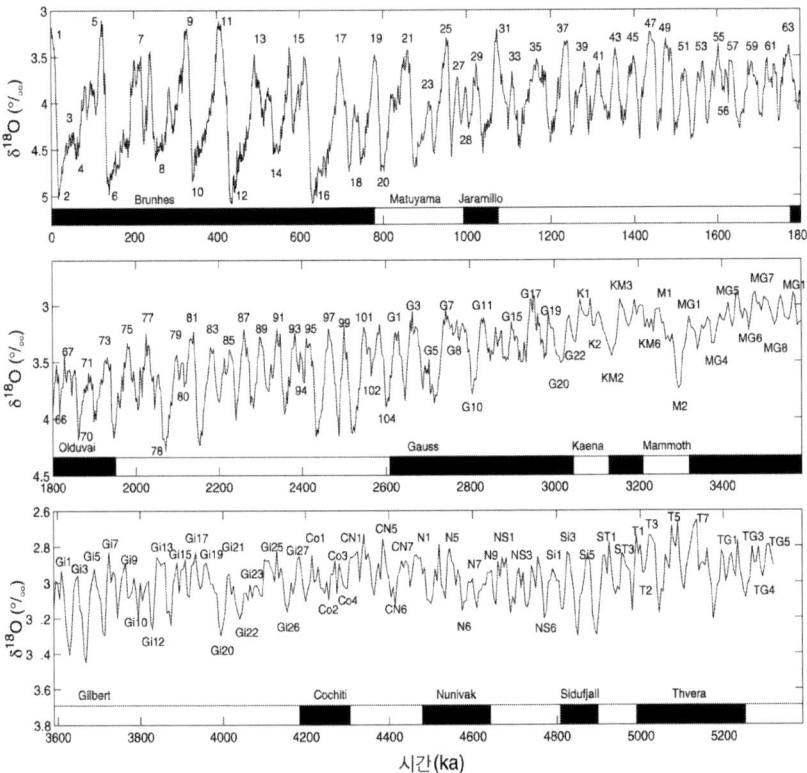

그림 1-11. 과거 520만 년 전의 $\delta^{18}O$값 표준 커브와 MIS번호(Lisiecki and Raymo, 2005). 짝수는 빙기를, 홀수는 간빙기를 나타낸다. $\delta^{18}O$값은 빙기에 최대를, 간빙기에 최소를 보이지만 그림의 Y축 방향에서는 $\delta^{18}O$값이 해수면 변화와 거의 역상관되고 있으므로 상하를 반대로 표시하는 만큼 주의가 요구된다. 자료는 지구적 규모(57군데)로 측정된 저서유공충에 대한 탄산염각의 $\delta^{18}O$값을 통합한 것이다. 또한 가장 아래 그림의 칼럼에서 검은 부분은 현재와 같은 정자극기를, 흰색은 현재와 반대인 역자극기를 나타낸다.

event), 더욱이 1~100kyr시대를 지자기의 익스커션(polarity excursion)이라고 부른다.

연대단위로 크론(Chron)이 사용되고 있으며 명칭으로는 지자기학에 공헌한 연구자의 이름(Brunhes, Matuyama, Gauss)이나 번호(Cln, Clr, C2n 등, C는 Chron, n은 정자극기, r은 역자극기)를 이용하여 표시한다. 이들 자극기와 방사연대측정을 통해 얻어진 절대연대를 대응시켜 고지자기 편년이 제공된다.

시추 코어인 경우 실제 시료에서는 자연 잔류자기화의 방향을 조사하여 표준 고지자기편년표와 대비시킴으로써 연대를 결정할 수 있다. 고지자기 연표는 약 450Ma까지 보고되었다. 특히 최근에 후 제4기에 고분해로 고해양을 연구하기 위해 잔류자기 강도의 표준곡선이 보고되었으며, 이것과 시료에서 얻은 데이터를 비교하여 보다 상세한 연대결정이 이루어지고 있다.

(3) 화산재 편년(tephrochronology)

대규모 화산분화로 인해 발생된 화산재는 넓은 범위에 걸쳐 짧은 시간에 퇴적된다. 화산재에는 분화시점인 화산의 마그마 성질을 반영하기 때문에 화산재의 광물종류나 화학·동위원소 조성 및 각각을 반영한 glass 굴절률을 측정함으로써 화산재의 특징을 파악할 수 있다(町田·新井 編, 1992, 2003). 예를 들면 기까이 칼데라 대분화로 7.3Ka(방사성 탄소 연대로는 6.3ka)에 분출된 화산재(K-Ah)는 일본 동북지방까지 분포되어 있어 일본 주변의 홀로세 고환경을 해석하는 데 귀중한 연대자료를 제공하고 있다.

1.2.4 절대연대의 결정법

여기에서는 천문현상을 반영한 연대편년과 방사연대편년에 대해 기술하기로 한다.

(1) 산소동위원소 층서편년

유공충의 $\delta^{18}O$값은 해수의 $\delta^{18}O$값과 수온을 반영한다. 수증기가 만들어지면 가벼운 동위원소가 먼저 기체로 이동되기 때문에 액체의 $\delta^{18}O$값은 증가하게 된다. 증발과 강우를 반복하면서 저위도지역에서 고위도지역에 도달하게 되면 빙상에 고정된 물의 $\delta^{18}O$값은 작아진다(그림 1-12). 여기서, 빙기에는 빙상이 커지기 때문에 해수의 $\delta^{18}O$값은 증가한다(그림 1-11). 빙기에는 표층수온이 대체로 낮아지기 때문에 부유성 유공충의 $\delta^{18}O$값은 수온저하와 해수의 $\delta^{18}O$값이 상승함에 따라 증가하게 되고, 간빙기에는 반대로 감소한다(酒井·松久, 1996). 저서성 유공

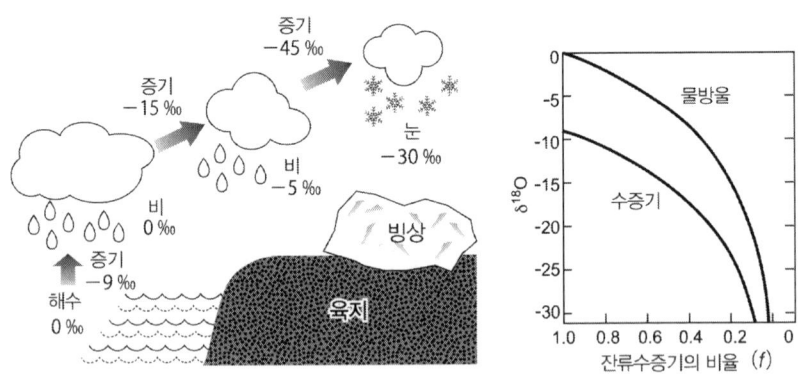

그림 1-12. 해수, 증발, 구름, 강수에 있어 $\delta^{18}O$값의 변화를 나타낸 그림. 오른쪽 그림은 평형상태에서 완만한 속도로 응고되어 응결되고, 응결한 수분이 수증기 내에서 빨리 제거되는 과정으로 수증기와 물방울에 대한 $\delta^{18}O$값의 변화를 지시한다. 이러한 일종의 개방 프로세스를 랠리분별이라고 부른다.

충의 δ^{18}O값은 심층과 저층수의 수온 변화가 거의 없으므로 빙상의 양을 주로 반영한다(Shackleton and Opdyke, 1973). 이러한 이유로 부유성 유공충은 저서성 유공충에 비해 δ^{18}O값의 변화 폭이 커진다.

유공충의 δ^{18}O값은 대륙빙상 발달 정도에 맞는 기후변화를 반영한다. 특히 제4기에는 빙기·간빙기가 반복적으로 찾아오는데 이것을 쉽게 표시하기 위해 MIS(Marine Isotope Stage)라든가 OIS(Oxygen Isotope Stage)로 표기하고 있다. 일반적으로 간빙기에는 홀수번호, 빙기에는 짝수번호를 부여하는데 최종빙기는 MIS 2, 홀로세는 MIS 1과 같은 방식으로 해서 플라이오세까지 번호가 붙여져 있다(그림 1-11)(Emiliani, 1955; Lisiecki and Raymo, 2005).[5]

각 스테이지의 경계는 빙기·간빙기가 급격히 변화하는 시기로 정했으며 더욱 세분화하여 특징적인 산소동위원소의 피크에도 번호가 붙였다(예를 들면 3.1과 3.2)(Imbrie 등, 1984; Martinson 등, 1987). 또한 알파벳과 조합하여 표시한 경우도 있었다. 예를 들면 과거 간빙기 중 가장 온난한 시기는 MIS(OIS) 5e로 표기한다. MIS 5의 피크 중에서 연대가 젊은 쪽에서부터 5a, 5b, 5c, ⋯와 같이 표시되고 있다.

δ^{18}O값을 나타내는 커브의 스펙트럴(spectral) 해석을 해본 결과 밀랑코비치이론에 있는 이심률변동, 지축경사, 세차변동에 동반되는 주기와 일치한다. 반대로 지구가 받는 태양 방사량의 커브에 δ^{18}O값을 맞추어 연대를 조정할 수가 있는데(tuning), 그것을 천문학적 연대(orbitally tuned chronology) 또는 SPECMAP 척도라고 부른다. 실제 퇴적물 코어 시료 분석에서는 잘 씻은 유공충 수십 마리 이상을 가지고

---

5) 일반적으로 홀수번호는 간빙기를 나타내는데 MIS 3은 MIS 2및 4와 비교했을 때 약간 온난한 상태의 아간빙기이다. 그러나 실제로 δ^{18}O값을 포함하여 빙기와 비슷한 특성을 보이므로 예외적으로 빙기로 취급하는 경우가 많다(그림 1-11).

산소동위원소 비를 분석한다. 이러한 방법은 유공충 한 마리 한 마리로 분석했을 때 $\delta^{18}O$값에 많은 편차가 나타나기 때문으로 이를 평균화하기 위한 것이다. 결과를 해석할 때는 퇴적구조나 생물교란 효과 등도 충분히 검토해야 할 필요가 있다(Ohkushi 등, 2003). 이렇게 얻어진 $\delta^{18}O$값 커브를 Martinson(1987)이나 SPECMAP 척도인 $\delta^{18}O$값 커브에 대비시켜 원하는 퇴적층의 연대를 구할 수 있다(그림 1-11).

(2) 동위원소비 층서연대(isotopic ratio chronology)

$\delta^{34}S$, $\delta^{13}C$, $^{87}Sr/^{86}Sr$ 등의 동위원소 비는 지구표층 저장소가 변화한 것을 반영하여 값이 크게 변화되는 것으로 알려지고 있다(책 앞의 표 참조). 탄산염 등의 화석시료가 나타나기 시작하는 캄브리아기 이후에 이들 동위원소비 편년표가 적용된다. 대략적인 연대를 예상할 수 있는 시료에 대해서 동위원소를 분석하고 그 값을 편년표와 비교하는 방법으로 연대측정을 할 수 있다. 성장속도가 현저히 느린 망간단괴에서는 각 박층에 나타나는 Sr동위원소와 표준커브를 대비시켜서 연대를 결정할 수 있다(伊藤, 1993).

(3) 방사성연대 편년

방사성연대 편년을 정하기 위해서는 다음 세 가지 조건이 충족되어야 한다. 즉, 1) 원소의 방사붕괴비율이 온도나 압력에서 일정할 것, 2) 우주선 방사로 발생되는 핵종은 방사선 손실량이 일정할 것, 3) 분석시료의 대상이 되는 핵종·동위원소에 대해서는 폐쇄계(닫힌계)가 보전되어 있을 것 등이다.

퇴적물과 암석, 그리고 화석에는 미량의 방사성핵종이 포함되어 있다. 이 핵종(친핵종)은 α, β, γ선 등 방사선을 방출해서 다른 핵종(딸핵종)으로 붕괴되어간다. 친핵종의 원자수가 붕괴되기 시작해서 반이 될 때까지 걸리는 시간을 '반감기($T_{1/2}$)'라고 부르는데 보통은 압력이나 온도 등의 조건에 의존하지 않으며 각각의 방사성 핵종은 고유 값을 가지고 있다. 반감기($T_{1/2}$)와 붕괴상수(λ) 사이에는 다음과 같은 식이 성립된다.

$$T_{1/2} = \ln 2/\lambda = 0.693/\lambda \quad (\ln은 \ 자연대수) \qquad (식 \ 1\text{-}5)$$

일반적으로 지구표층환경을 해석하는 데 이용되는 연대측정에는 반감기가 10^9년 이하인 경우가 많다. 이것은 암석이나 광물 또는 퇴적물의 연대보다 반감기가 길 때에는 대상이 되는 딸원소 수가 적어서 정량분석이 어려워지기 때문이다.

방사성 연대 편년에는 몇 가지 방법이 있다. 이 분야에서 자주 이용되는 중요한 방법에 대해서는 APPENDIX에서 원리와 특징을 자세히 설명하기로 한다. 1) 방사평형 이상이 과다하게 존재하는 핵종의 붕괴를 이용하는 방법(예를 들면, ^{210}Pb법), 2) 우주선에 의해 생성된 핵종을 이용하는 방법(예, ^{14}C, ^{10}Be, ^{32}Si, ^{3}H), 3) 방사붕괴 계열이 방사평형에서 벗어난 값을 이용하는 방법(예, 우라늄계열 연대측정법, 그림 AP-1), 4) 방사성핵종인 친핵종과 딸핵종과의 비율을 이용하는 방법(아이소크론법; isochrone법, 예를 들면, K-Ar, Rb-Sr, Sm-Nd, Lu-Hf, La-Ce, La-Ba, Re-Os) 등이 있다.

02

선캄브리아시대의 지구표층환경

원시 태양계에는 초신성의 폭발했을 때 방출된 성간운 등이 수축되기 시작하여 레코드판과 같은 형태가 되었고 최종적으로 태양계 혹성이 탄생했다. 방사성핵종이 붕괴되면서 발생된 에너지와 일부 미혹성체가 충돌했을 때 발생되는 운동에너지에 의해 당시 지구는 높은 온도에서 용융되어왔다. 철이나 니켈 등이 중심으로 가라앉아 핵(core)을 만들고 냉각되었을 때 각각을 감싸듯이 멘틀(거의 $MgFeSiO_3$)과 지각이 형성되면서 지구표층환경 시스템은 시작되었다.

선캄브리아시대(Precambrian age)는 지구가 탄생(4550Ma)되어 딱딱한 껍데기를 가진 생물이 출현하기(542Ma)까지인 40억 년간으로 세 개의 기간으로 분류할 수 있다(연대표 참조). 1) 명왕누대(Hadean Eon)는 지구탄생부터 지각이 형성되고 화학진화가 진행된 6억 년간, 2) 시생누대(Archaean Eon)는 생명이 탄생하고 유리산소가 현저히 많아진 2500Ma까지, 3) 원생누대(Proterozoic Eon)는 오존층이 형성되고 진핵생물과 다세포생물이 출현하여 생물군이 급속도로 다양해진 시대이다.

선캄브리아시대는 다음과 같은 지구표층환경 시스템의 기틀이 형성되었다. 1) 대륙의 탄생, 2) 해양의 탄생, 3) 해양지각의 형성, 4) 생명의 탄생과 진화, 5) 유리산소의 증가 등이다. 선캄브리아시대의 환경을 뒷받침할 수 있는 증거는 단편적이며 공식적으로 적용되지 못하는 경우가 많고 그에 대한 연구결과도 극히 적다.

2.1 초기 지구 형성

2.1.1 광물로부터 추정된 대륙의 탄생

현재 지구상에서 가장 오래된 광물의 연대는 4404±8Ma으로, 오스트레일리아 서부 쟈크 힐(Jack Hills) 변성암에 포함된 저어콘(Zircon)이 세계에서 가장 오래된 연령을 가진 것으로 보고되었다(그림 2-1)(Wilde 등, 2001). 저어콘은 보통 대륙지각을 구성하고 있는 화강암과 같은 규장질 화성암에 포함된다. 이 화성암은 풍화작용에 의해 사립질이 되고 침적되어 퇴적암의 구성광물이 된다. 이 퇴적암이 변성된 것이 바로 쟈크

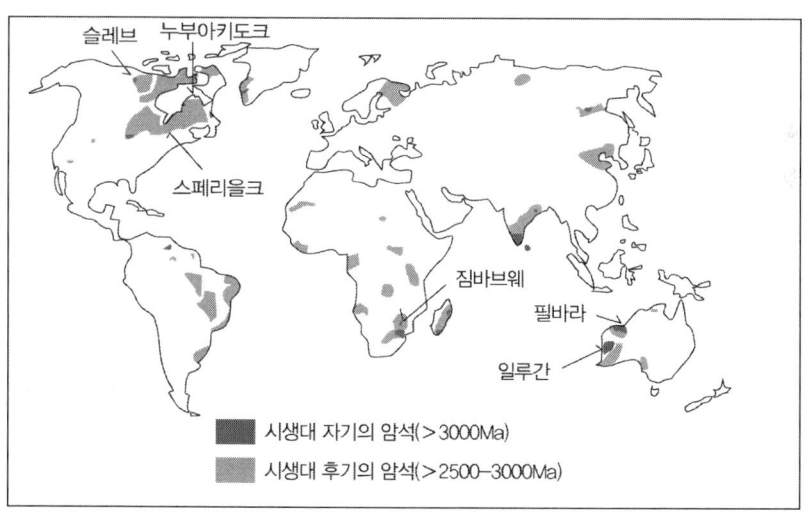

그림 2-1. 시생대 전기(3000Ma 이상)와 후기(2500~3000Ma)의 지층이 표층으로 드러난 지역에 대한 전 세계적 분포.

힐(Jack Hills) 변성암이다. 이 주변 지역에는 4276Ma 정도의 연대 값을 보이고 있어 이미 이때에 가장 오래된 대륙지각이 존재했을 가능성이 높다(Wilde 등, 2001). 또한 에라원드 힐(Erawondoo Hill)에서도 비슷한 값이 보고되어 있다(4200Ma, Mojzsis 등, 2001).

상부 맨틀에 있는 물질이 용융할 때 용융마그마의 조성은 물이 존재하지 않을 때는 휘석의 조성보다 실리카(SiO_2)가 적은 마그마가, 물이 존재할 때는 휘석의 조성보다 실리카가 풍부한 마그마가 생성되는데 이것이 결정화되면 석영 등과 같은 실리카광물이 정출된다. 대륙지각은 상부 맨틀이나 해양지각에 비해 실리카가 풍부하기 때문에 물이 있는 환경에서 용융한 맨틀이 고화되어 탄생되었다고 생각된다. 이들 대륙지각이 삭박되어 침적했을 때 퇴적암이 되고, 이 퇴적암에 높은 온도가 가해져서 변성암이 생성된다고 생각된다. 화강암을 분류하는 방법에는 몇 가지가 있는데 그중 한 가지를 근거로 한다면, 전자가 I타입, 후자가 S타입의 화강암이 된다. 쟈크 힐(Jack Hills)지역의 저어콘은 높은 $\delta^{18}O$값(7.6~10.0‰)을 보이므로 후자의 과정으로 형성된 S타입 화강암에 속한다고 생각되고 있다(Mojzsis 등, 2001). 원암으로는 퇴적암일 가능성이 높기 때문에 다량의 물이 풍부한 환경에서 퇴적되었을 것으로 생각된다. 그러나 현재와는 다른 과정에서 용융마그마에서 대륙 지각암이 형성되었다는 의견도 있다.

2.1.2 암석과 암괴로부터 추정되는 대륙의 존재

광물은 결정구조를 가지며 화학식으로 표현되는 고유의 조성을 갖지만, 암석은 광물, 유리(glass), 화석, 유기물 등이 집적된 것이다. 가장 오래된 암석은 캐나다의 퀘백주 허드슨만 가까이에 있는 누브와기트크 (Nuvvuagittuq)의 녹색암 지대에서 발견된 것으로 연대가 4280Ma이다 (O'Neil 등, 2008).

그 외에 연대가 오래된 암석은 오스트레일리아, 그린란드, 북미, 남아 프리카 등에서 보고되었다(그림 2-1)(Amelin 등, 2000; Appel 등, 2009; Baadsgaard 등, 2007; Cates and Mojzsis, 2007). 그린란드 이수아(Isua) 지역에서 변성된 철질암·규장암이 3800~3700Ma 정도의 연대를 보이 며, 쟈크 힐(Jack Hills) 북부에 위치한 필바라(Pilbara)지역에 있는 변성 암의 연대는 3520Ma인 것으로 나타났다.

2.1.3 지각의 형성과 지구표층환경에 미치는 영향

마그마의 바다(magma ocean)가 굳어지고 물이 수증기 상태에서 액 체인 물로 응집하면 염산(HCl)이나 SO_2가 녹아들어간 산성의 원시 해 양이 형성되었다.

이수아지역에서는 침상용암, 터비다이트성 퇴적물이 함유된 퇴적암 이나 그 일종인 아르고마형 호상철광상도 관찰되었는데, 약 3800Ma인 현무암 등에서 극단적인 산성 환경을 경험한 흔적이 없는 것으로 보 아 변질(2차)광물(secondary minerals)의 완충능력에 의해 해수의 pH 가 3~5 정도로 안정되었을 것으로 추측된다. 이러한 몇 가지 사실로 부터 약 3800Ma 전에는 1) 다량의 물이 있는 환경, 즉 해양이 존재하 였으며, 2) 해양지각도 형성되어 있었다는 것을 지시한다. 해양지각은 판(plate)의 발산형 경계에 해당하므로 당시에도 판구조 운동은 이미 시작되었을 가능성이 높다(Komiya 등, 1999).

더욱이 이수아 주변에는 연대가 3800Ma인 화강암을 포함하는 대륙성 암석 덩어리가 대규모로 분포하고 있다(Moorbath 등, 1972, 1973). 화강암은 밀도가 낮기 때문에(약 2.7gcm^{-3}) 멘틀 위에 떠 있는 듯이 안정적으로 존재한다(그림 1-3). 대륙의 정상부는 해수면위에 모습을 드러내고 있어 대기와 접촉이 가능해진다. 이런 환경은 대륙과 대기가 직접 접촉하게 되고 화학적 풍화를 촉진시키며 p_{CO_2}를 감소시킨다. 이러한 기능은 잠재적으로 기후를 한랭화시킨다. 또한 대륙하천을 통해서 해양으로 유입되는 물질은 해저의 열수분출과 함께 해수의 화학조성을 결정짓는 데 중요한 요소로서 작용하게 된다.

2.1.4 대륙의 성장

저어콘(zircon)은 앞에서 언급한 바와 같이 대륙지각의 암석에 포함되어 나타나는데, 기계적 강도가 높기 때문에 암석의 풍화(기계적인 파괴나 화학적인 분해과정)를 거쳐 암석이 운반되는 하천이나 하구의 퇴적물에 농집되기 쉽다. 세계적으로 큰 하천에 퇴적된 쇄설암은 상류에서 다양한 종류의 암석이 풍화나 침식작용을 받아 침적된 것이기 때문에 하천 후배지의 지질특성이 반영되어 있다고 할 수 있다. 이들 쇄설암에 포함되어 있는 저어콘에 대해 우란과 납을 이용하여 연대측정을 한 결과, 대륙성장은 2800~2500Ma, 1800~1500Ma, 1000~1500Ma 경에 급격히 진행되었다는 것을 알 수 있었다(態澤·丸山 편집, 2002). 이러한 사실은 대륙지각의 성장은 태고에는 극히 느려서 27억 년 전에도 현재 면적의 20% 정도에 불과했을 것이라고 하는 과거의 지배적인 견해 즉, 27억 년 전에는 이미 80%의 지각이 형성되었다고 하는 견해가 잘못되었을 가능성이 있음을 지시한다(그림 2-2).

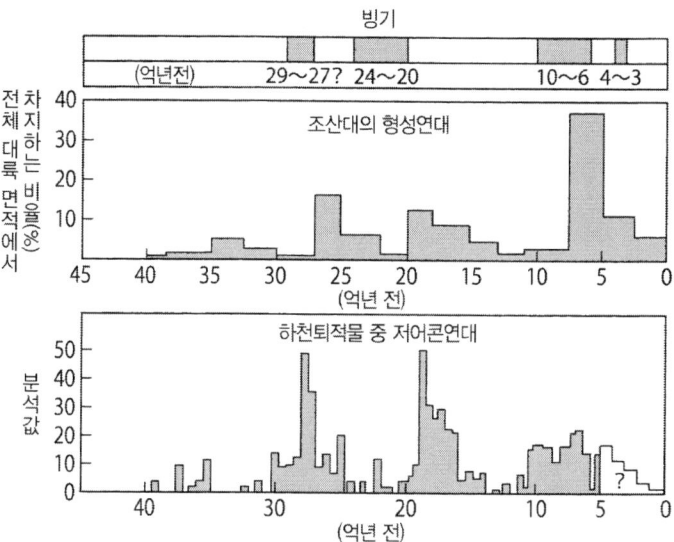

그림 2-2. 빙기의 역사(위), 부가형 조산대의 형성연대 빈도분포(가운데) 및 주요 하천의 하구에서 채취한 저어콘 모래(zircon sand)에 대한 납(鉛)의 동위원소 연대별 빈도와 분포(熊澤·丸山 편집, 2002).

2.1.5 원시대기

지구가 처음 탄생했을 때는 1차 원시대기라고 하는 휘발성물질이 주위에 존재했을 것으로 추정되지만 지구가 형성되어 얼마 되지 않은 시점인 T-타우리(Tauri)기(태양의 밝기가 현재의 1,000배 정도 큰 고 휘도기)에 강렬한 태양풍에 의해 1차 원시대기가 완전히 날아가 버린 것으로 추정된다. 그 후 지구 내부로부터 휘발성 성분이 탈가스화하고, 이것이 현재 지구의 대기권·수권·생물권의 실질적인 재료가 되었다. 이 휘발 성분은 1차 원시대기와는 화학조성까지 달라서 2차 대기라고 부른다.

2차 원시대기의 화학조성은 산화환원전위, 즉 p_{H_2}(낮은 p_{O_2})의 지배를 받는다. 탄소는 높은 p_{H_2}(낮은 p_{O_2})일 경우에는 CH_4, 낮은 p_{H_2}에서는 CO_2나 CO의 형태로, 질소나 유황은 높은 p_{H_2}에서는 NH_3나 H_2S, 낮은 p_{H_2}에서는 질소가스(N_2)나 SO_2의 형태로 존재한다. 원시대기가 코어의 성분과 접촉했을 경우와 맨틀처럼 규산염광물과 접촉했을 경우 산화환원전위는 각각 다를 것이다. p_{O_2} 수준은 유리산소 가스가 존재하지 못할 정도로 낮았지만 전자의 경우 10^{-12}Pa(파스칼), 후자의 경우 약간 산화적(10^{-1}Pa)이라고 열역학적으로 계산되고 있다.

2차 대기가 형성되었을 무렵에는 이미 핵과 맨틀이 분리되었다고 생각되므로 원시대기는 맨틀과 접촉했을 것으로 여겨진다. 즉, 약간 산화적인 환경이었으므로 탄소는 CO_2로, 질소는 분자질소(N_2)로, 유황은 SO_2의 형태로 존재했을 것으로 추정된다. 잘 알려진 미라의 유기물 합성실험은 CH_4, NH_3, H_2S를 사용했는데, 실제로는 좀 더 산화적인 환경에서 분자합성이 타당했을 것이다(阿部, 2005). 또한 수증기, CO_2 외에 H_2, CO, 무기적으로 합성된 CH_4도 상당량 포함되었을 가능성이 있다(阿部, 2005).

2.1.6 온실효과기체

지구의 원시 대기는 지구와 형제별이라고 할 수 있는 현재의 금성이나 화성의 CO_2/N_2비인 28~35(평균 30)와 동등하다고 가정할 때 지구 대기 중 질소(N_2)분압 0.8기압(8만 1,060Pa)에 대해서 CO_2는 약 24기압(243만 1,800Pa)이 된다. 이렇게 높은 p_{CO_2} 조건에서는 어느 정도 중화된 약산성 해수에서 용존 탄산이온은 암석에서 열수로 용출된 칼슘(Ca^{2+}), 철(Fe^{2+})과 결합하여 탄산염을 만들기 때문에 p_{CO_2}가 떨어진다.

태양의 밝기는 지구가 탄생할 때 현재의 70% 수준이었다가 28억 년 전에 80% 수준까지 상승했다(그림 2-3)(Gough, 1981). 한편, 2300Ma이전에는 빙기가 있었다는 지질학적 기록이 없었기 때문에 온실효과는 현재보다 컸을 것이다. 지구 표층을 빙점 이상으로 유지하려면 p_{co_2}에서만 0.02기압(2027Pa) 이상이 요구된다. 당시의 혐기조건에서 p_{co_2}가 약 0.003

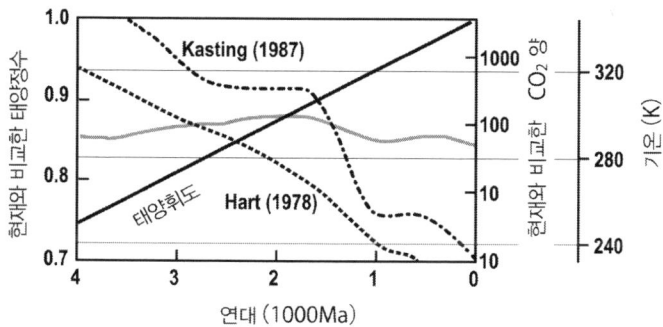

그림 2-3. 전 지구사에서 태양휘도, 대기 중 이산화탄소 농도(점선과 일점쇄선), 지구표층의 평균기온 변화(Frakes 등, 1992)

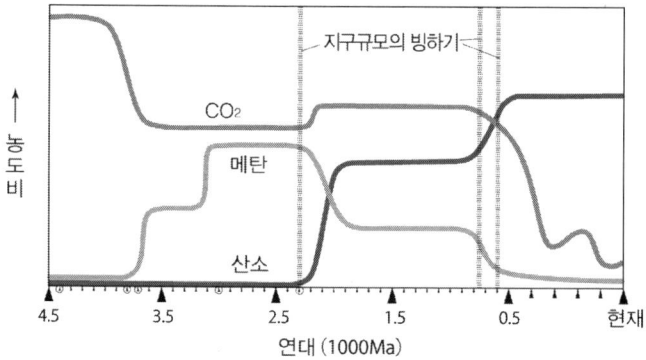

그림 2-4. 전 지구사에서 지구대기의 조성변화(Kasting, 2004). 대기를 구성하는 주요 가스의 농도비는 연대와 함께 변화해왔다. 점선은 지구적 규모의 빙기를 나타낸다. 초기 지구에는 이산화탄소가 많았고, 그 후 메탄균이 번성했지만 스베리올형 BIF가 형성될 즈음부터는 산소농도가 상승하였다. 강력한 온실효과기체인 메탄 농도가 감소하면서 지구는 한랭화되었으며 메탄균은 퇴적물 속으로 생육장소를 이동한 것으로 생각된다.

기압(304Pa)을 넘게 되면 열역학적으로는 능철광($FeCO_3$)이 생성되지만 2800~2200Ma 전의 토양시료에서 능철광이 확인되지는 않았다. 따라서 다른 온실효과기체가 필요하다는 것을 시사한다. 혐기적 조건에서 온실효과기체인 NH_3는 자외선에 분해되어버리기 때문에 CH_4가 유력한 가스인데 0.001기압(101Pa) 이상이었던 것으로 계산된다(그림 2-4)(Kasting, 2004; Haqq-Misra 등, 2008).

최근에 나타나는 유화광물의 유황동위원소 이상은 유화카르보닐(COS)이라는 강력한 온실효과 기체의 기여가 있었던 것으로 생각된다(Ueno 등, 2009).

2.2 생명의 탄생과 초기진화

2.2.1 생명탄생을 위한 화학적 진화

지구의 중요한 특징으로 생명의 존재를 들 수 있다. 지구 탄생 초기인 800Myr(전 지구사의 약 20%에 해당)에는 생명체가 존재하지 않은 상태에서 화학진화가 진행되었다. 화학진화와 생명탄생이 있기 위해서 생명은, 1) 지질(脂質) 및 단백질 등으로 이루어진 반투막기능을 가진 외부로부터 격리된 막을 가질 것, 2) 자기증식과 자기복제가 가능한 것, 3) 에너지 대사기능을 가지고 있을 것, 4) 각각의 생명체뿐만 아니라 그룹으로서도 생존에 유리한 방향으로 진화할 수 있는 것 등을 들 수 있다. 이런 기준들에 대해 직접적인 증거를 찾기는 쉽지 않으므로, 1) 화석 등의 흔적에서 인식할 수 있는 형상, 2) 특정 생물이 만들어내는 것 또는 특정 생체부위에 포함된 생물지표 화합물(바이오마커), 3) 유기물의 광학이성체(optical isomer)(그림 2-5b), 4) 동위원소 이상 등이 판단기준

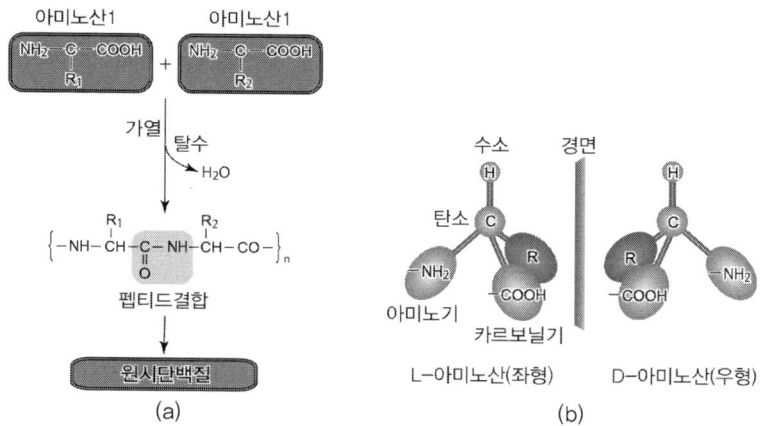

그림 2-5. (a) 펩티드의 생성 메커니즘, (b) 아미노산의 광학이성체[1]

이 되어왔다.

　생명을 구성하는 화합물인 전구물질은 간단한 분자부터 복잡한 분자까지 다양하지만 RNA(리보핵산), DNA(디옥시리보핵산), 단백질 등 더욱 복잡하고 기능이 고도화된 화합물도 화학진화에 의해 만들어진 것으로 생각된다.

　지구상의 생물을 구성하는 물질 혹은 효소 등과 같은 기능물질로서 단백질은 매우 중요하다. 단백질은 아미노산으로부터 만들어지며 아미노산에는 카르복시기(-COOH)와 아미노기($-NH_2$)가 있다(그림 2-5a). Miller(1953)는 초기 지구대기에 CH_4나 NH_3가 풍부했다고 하는 당시의 견해를 근거로 이들 화합물을 포함하는 기체에 대해 전기방출로 화학반응을 일으켜 10종류 이상의 아미노산, 카르복시산, 당류, 핵산염기 등이

---

1) 분자식은 같지만 각기 다른 화합물들을 이성체라고 부른다. 그중에서 평면편광을 결정이나 액체, 용액에 통과시켰을 때 편광면이 오른쪽이나 왼쪽으로 회전하는 성질을 광학활성이라고 한다. 전자는 d(우선성)체, 후자는 l(좌선성)체로 표기한다. 생물이 만들어내는 대부분의 아미노산은 좌선성이며, DNA는 우선성만 있는 것으로 알려져 있다.

합성된다는 것을 증명했다. 생물이 가지는 특유의 화학물질이나 생체에 필수적인 유기물이 생물을 매개로 하지 않는 반응으로 합성된다는 것을 시사한다.

단백질과 같은 고분자가 되기 위해서는 아미노산의 카르복시기가 다른 아미노산의 아미노기와 탈수 축합하여 산아미드결합(-CO-NH-)을 형성하고 폴리마가 될 필요가 있다. 이 결합을 펩티드결합이라고 하는데 단백질의 '1차 구조'가 된다. 곧은 사슬 모양인 펩티드가 포함된 화합물이 수소결합 등에 의해 '2차 구조'를 만들고 나아가서 단백질 전체인 '3차 구조'로 발전한다. 아울러 여러 개(혹은 복수 종)의 폴리펩티드 사슬이 복합체를 만든 것은 '4차 구조'가 된다. 생체 단백질을 구성하는 아미노산은 20종류가 있는데 그것이 세 개 연결된 펩티드에만 약 20^3가지로 결합이 가능하여 매우 다양한 단백질을 만들어 낸다. 3차 구조·4차 구조(입체구조)는 단백질의 기능에도 나타나는데 같은 아미노산 배열로 이루어진 단백질이라도 입체구조에 따라 기능이 달라진다.

생물이 계속 존재하기 위해서는 '복제'가 필수적인데 이것은 핵산이 유전자로서 중요한 역할을 하기 때문이다(그림 2-6). 핵산염기와 당이 결합한 것을 뉴클레오시드(nucleoside)라고 하며 이것은 5단당 1위에 푸린(purin)염기 또는 피리미딘염기가 글리코시드결합한 것이다. 여기에 인산기가 결합한 것이 뉴클레오티드(nucleotide)이고, DNA나 RNA 등의 핵산은 이 뉴클레오티드가 사슬처럼 연결된 것이다. 반 보존적 복제를 하고 있으므로 유전자 정보가 자손에게 전해진다.

지구 탄생 초기에는 단백질이나 핵산은 무기적으로 합성되어 '유기물 덩어리'의 중요한 용질이 되었던 것으로 생각되는데, 아마도 최초의 생명체는 이들 영양분을 이용했던 것으로 추정된다. 이것은 종속영양을

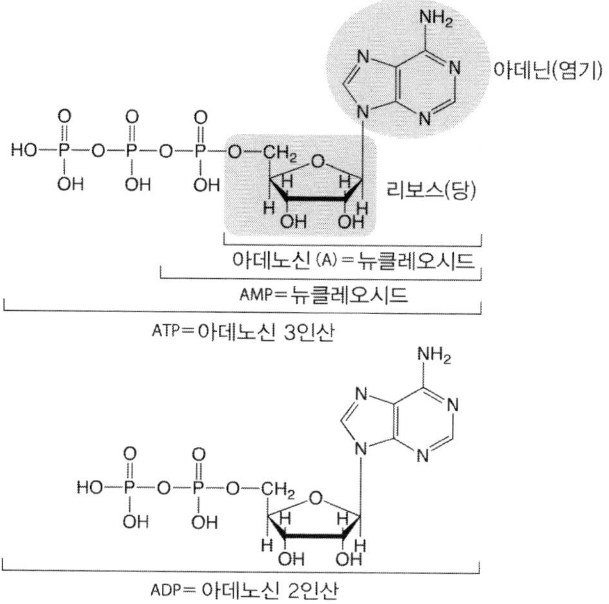

그림 2-6. 핵산 구성물질의 구조

의미하지만 아직까지 증명되지는 않았다. 현재까지 화학진화에서부터 생명 탄생에 이르기까지 우리의 지식에는 커다란 차이가 있는데, 1) RNA 에서 시작되었다고 하는 설, 2) DNA에서 시작되었다는 설, 3) 단백질에서 시작되었다고 하는 학설 등이 있다.

2.2.2 생명탄생의 흔적

생명이 탄생한 장소에 대해서는 완만한 층 구조를 보이는 점토광물 이 중요한 역할을 했다는 학설, 화학반응이 진행되기 쉬운 열수지대에 서 최초로 탄생했다는 학설 등 다수의 학설이 제안되어 있지만 아직도 정확한 답은 나와 있지 않다.

약 3000Ma 전의 시료는 바이오마카 등의 화학물질 자체가 변질되어 해석하기 어렵다. 따라서 유기물이 그라파이트화된 탄소동위원소를 기초로 해석이 진행되고 있다(그림 2-7). 일반적으로 CO_2를 고정하는 데는 캘빈·벤슨 회로가 이용되는데(1장의 각주 1C 참조), 유기물의 탄소동위원소 비($\delta^{13}C$의 값)는 약 -25‰~-20‰이 된다. 이 회로를 갖춘 것으로는 C3형 광합성식물, 조류, 시아노박테리아(cyanophyta), 홍색유황세균 등이 있다.

그린란드 이수아의 3800Ma전 지층과, 아킬리아(Akilia)의 약 3850Ma 전 지층에 나타나는 호상철광상에 포함된 아파타이트(apatite, 인회석) 중 탄질을 포함한 물질(包有炭質物)의 $\delta^{13}C$ 평균값은 각각 -30‰, -37‰ 이다. 당시 해수의 $\delta^{13}C$값도 현재의 값과 비슷하다고 가정한다면 이렇게 큰 동위원소 분별은 생명의 흔적을 지시한다(Mojzsis 등, 1996). 한편, 아파타이트의 탄질물이 실제로 생물활동에서 유래된 것인가 하는 의문도 제기되었다(Schidlowski, 1988; Lepland 등, 2005). 오스트레일리아 쿤타루나(Coonterunah)층에 있는 탄질물의 $\delta^{13}C$값은 -24‰, 탄산

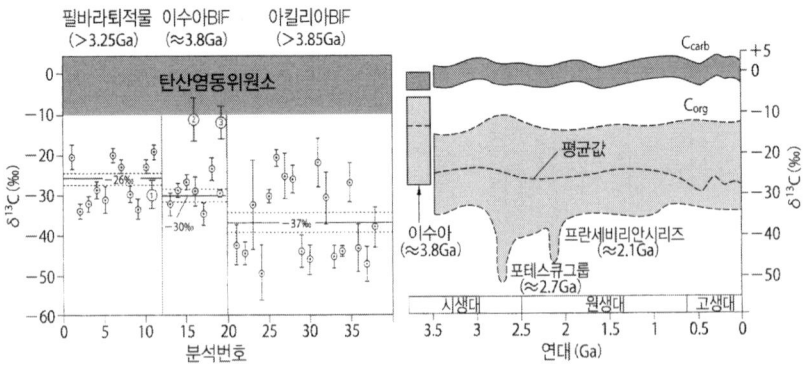

그림 2-7. 38억 년 동안의 용존 무기탄산과 유기물의 $\delta^{13}C$값(‰)의 변화(Mojzsis 등, 1996; Buick, 2003).

염의 $\delta^{13}C$값은 -2‰이었다. 탄산염의 $\delta^{13}C$값은 해수의 탄산계에서 나온 $\delta^{13}C$값과 거의 같기 때문에 이렇게 큰 탄소의 탄소동위원소 분별을 설명하기 위해서는 생물활동에 의한 탄소동위원소의 변화가 필요하다. 마찬가지로 낮은 $\delta^{13}C$값은 아프리카 남부의 3500~3300Ma인 후겐오그층(Hooggenoeg formation)과 디스푸르트층(Theespruit formation)에서도 보고되었다(Buick, 2003).

화석에 대한 보고의 예로는 3450Ma의 남아프리카 스와질랜드 (Swaziland) 누층군에서 시아노박테리아와 유사한 화석이 보고되었다. 이상과 같은 내용들을 정리하면 확실하지는 않지만 3500Ma에는 원시생물, 즉 가장 오래된 원핵생물(Prokaryotes)이 출현했던 것으로 판단된다.

2.2.3 생명의 탄생과 계통

리보솜(ribosome)은 세포 내에 있는 단백질을 만드는 중요한 부위이다. 모든 리보솜에는 RNA와 단백질로 형성된 복합체가 있는데 이 복합체에는 반드시 소수의 작은 단위가 포함되어 있다. 리보솜의 작은 소단위에 포함된 RNA분자(리보솜 RNA; rRNA)의 염기배열을 비교해서 도출한 것이 그림 1-9에 나타낸 현생생물의 계통적 관계이다. 고세균(Archaea)은 원핵생물이므로 오랫동안 세균의 일부로 생각되어왔지만 리보솜 RNA 유전자는 진정세균과 진핵생물의 차이만큼 크며, 고세균은 진정세균보다 진핵생물에 가깝다.

고세균과 진정세균의 공통된 성질로는, 1) 원핵생물에 특유한 세포 조직을 가질 것, 2) 리보솜의 분자 구조, 3) 환상의 염색체가 유전자 배열을 하고 있다는 것 등이 있으며 아울러 그러한 고세균은 진핵생물과도 공통되는 성질을 가지는데, 1) DNA를 전사(transcription)할 수 있는 분자 구조와 2) 특정 항생물질에 대한 감수성 등이다.

2.2.4 종속영양세균과 독립영양세균

16S rRNA의 염기배열 결과에 의하면 초호열성 세균은 생명의 기원에 가까운 존재일 가능성이 높은 것으로 판단되고 있다(그림 1-9)(Stetter, 1994). 즉, 생명은 100~110℃ 정도의 고온에서 탄생되었다고 생각하는 연구자가 많다(大島, 1995). 초호열성 세균(대부분은 고세균) 중에는 H_2 를 SO나 SO_4^{2-}로 산화시켜 ATP(아데노신3인산)을 생성하는 유황산화세균(sulfur oxidizing microorganisms)이 많고, 메탄생성균(methanogenic microorganisms)과 같이 H_2를 CO_2로 산화하는 세균도 있다. 두 가지 모두 독립 영양세균이며 그 외 비슷한 세균은 지표의 생물지구화학 주기가 구동하기 시작한 초기부터 생존해온 듯하다(山中, 1999). 종속영양세균은 유기물을 분해해서 생활에너지를 얻기 때문에 '유기물의 소비자'가 된다. 따라서 종속영양세균만으로는 유기물의 저장량은 빠른 속도로 감소되고 결국 고갈되고 말 것이다.

독립영양세균(autotrophic microorganisms)이란 무기물을 산화해서 얻을 수 있는 에너지를 이용하여 CO_2로부터 세포성분 등의 유기물을 합성하는 세균이다. 독립영양세균에는 1) 무기물을 다양한 종류의 산화물(예를 들면, O_2 또는 NO_3^-)로 산화시켜 생육하는 독립영양 화학합성세균과, 2) 빛에너지를 이용해서 무기물을 산화시켜 생육하는 독립영양 광합성세균(photoautotrophic microorganisms)이 있다. 전자인 1)에는 메탄 생성균, 유황 산화세균, 암모니아 산화세균(ammonia oxidizing microorganisms), 아질산 산화세균(nitrite oxidizing microorganisms), 철 산화세균(iron oxidizing microorganisms), 수소(산화) 세균(hydrogen(oxidizing) microorganisms) 등이 있고, 후자인 2)에는 녹색 유황세균(대표적인 것으로 *Chlorbium limicoda*)과 홍색 유황세균(대표적인 것으로 *Chromatium vinosum*) 등이 포함된다 (山中, 1999).

많은 독립영양세균은 식물(C3식물)과 마찬가지로 캘빈·벤슨회로에서 CO_2를 고정해서 유기물을 합성하지만 녹색 유황세균이나 메탄 생성균 등은 환원적인 카본산회로나 아세틸CoA경로 또는 3-히드록시프로피온산회로 등에서 합성이 이루어진다. 독립영양세균이 CO_2나 유기물을 합성하려면 대부분의 경우 ATP와 NAD(P)H(니코틴 아미드 아데닌 디뉴클레오티드산)가 필요하다(山中, 1999). 독립영양 광합성세균은 빛에너지를 이용해서 NAD(P)H를 만들 수 있지만 독립영양 화학합성세균에서는 수소 산화세균과 메탄 생성균을 제외하면 NAD(P)H의 생성 반응을 진행시키기 위해 ATP를 투입해야 할 필요가 있다.

2.2.5 시생대 초기의 온도환경

시생대 초기(3800Ma 전)의 온도환경에 대해서는 잘 알려져 있지 않지만, 현재의 광합성생물이 견딜 수 있는 온도한계인 74℃보다 수온은 낮았을 것으로 추정된다. 고세균의 일부가 고온 환경에서 서식할 수 있다는 것으로부터 지구표층의 온도가 높았을 것으로 생각되고 있지만, 현재도 호열세균은 해저열수지대와 같이 한정된 곳에서만 관찰되고 있으므로 특정 장소에서만 서식했다고 생각할 수 있을 것이다. 덧붙여 말하면 고열균으로 생식하기 위한 최고 온도는 113℃로 보고되었다 (Stetter, 1999). 또한 수소를 에너지원으로 하며 가장 오래된 초호열성 화학합성 독립영양 미생물생태계(Hyper-SLiME)가 인도양 중앙해협

블랙 스모커(Black Smoker) 근방에서 발견되었다(Takai 등, 2004).

2.2.6 메탄생성균과 새로운 온실효과기체 후보

초기의 지구에는 빙하가 없었으며, 대신 강한 온실효과가 있었던 것으로 추측되고 있다. CH_4 온실효과는 CO_2의 21배로 강력하기 때문에 CH_4로는 0.001기압(101Pa) 정도의 농도만 가지고도 요구되는 조건을 충족시킬 수가 있다. 무산소 상태에서 생명탄생 직후 메탄 고세균으로 불리는 단세포생물이 등장했을 가능성도 지적되고 있다. 이것은 현재의 퇴적물에서 메탄발효가 가장 혐기적인 조건일 때 관찰되고 있는 것과 같다.

메탄 생성균은 유기분자로부터 CH_4와 CO_2를 생성시켜 생활에너지를 얻는다. 수소가 존재하는 환경에서는 화학합성과정에서도 생활에너지를 얻어 성장할 수가 있으며 -60‰ 정도의 낮은 $\delta^{13}C$값을 가진 CH_4를 만들어 낸다. 3500Ma 전 오스트레일리아 서부의 열수변질암석에 있는 열수를 포함한 물질의 $\delta^{13}C$값은 -56‰보다 낮은 미생물기원 메탄이 발견되었다. 따라서 CH_4를 생성할 수 있는 고세균이 활동을 시작한 시점은 3500Ma까지 거슬러 올라갈 가능성이 있다(Uene 등, 2006).

Kasting(2004)의 학설에 따르면 메탄생성균이 활발하게 활동하면 CO_2가 소비되어서 CH_4로 변환되고 온실효과가 높아지기 때문에 기온이 상승한다. CH_4대기 환경에서는 CH_4분자는 분자량이 좀 더 큰 유기분자 쪽과 화학결합하여 대기 상층에서 구름을 만들게 되고 결과적으로 지표로 방출되기 때문에 태양광 방사가 줄어들어 기온이 점차 내려가게 된다(그림 2-3). 화석분석 등을 통한 직접적인 증거는 없지만 지구 규모의 최초 빙기(2300~2200Ma)를 설명하는 데는 이러한 논리가 적절할지도 모른다(Kasting, 1993). 이 학설이 맞다면 메탄생성균이 지구 표층환경 시스템에서 주역이 된 것은 발생시점부터 시작하여 수~수십 억 년이라는 상당이 긴 시간이 지난 후였을 것이다.

시생대 후기부터 원생대 초기에 걸쳐 해저에서 생긴 탄산염의 $\delta^{13}C$ 값과 유기물의 $\delta^{13}C$값과의 차이는 -60‰에 달했다. 현재 해양에서 식물 플랑크톤이 만드는 유기물 $\delta^{13}C$값은 약 -20‰~-25‰ 정도인데 이렇게 탄소동위원소 차이가 큰 것으로 보아 현재의 해양과는 대조적인 것이라 할 수 있다. 2800~2200Ma에는 메탄생성 고세균처럼 동위원소 분별을 일으키는 세균 활동이 지구표층환경 시스템에서 중요한 역할을 했음을 지시하고 있다.

2.2.7 유황동위원소와 유산환원균의 출현

퇴적암 중의 유황동위원소 분별 유무를 이용해서 유산환원균의 출현 시기를 추측할 수가 있다. 유산환원균은 유산이온을 이용해서 유기물을 분해하는데 그 반응식은 아래와 같다.

$$2CH_2O=2H^+ + SO_4^{2-} \rightarrow H_2S + 2CO_2 + 2H_2O \ (G_o = -47kJ) \qquad (식 \ 2\text{-}1)$$

또한, 유황동위원소 표시는 표준물질인 CDT(그랜드캐넌의 디아블로 운석에 포함된 FeS)의 $^{34}S/^{32}S$ 비에 대한 상대값으로 표시된다.

$$\delta^{34}S(‰) = \{(^{34}S/^{32}S)_{sample}/(^{34}S/^{32}S)_{CDT} -1\} \times 10^3 \qquad (식 \ 2\text{-}2)$$

현재 해수 중의 SO_4^{2-}에는 ^{34}S가 풍부하며 $\delta^{34}S$값은 +20‰이다(표 참조). 유산환원이 일어나게 되면(식 2-1), ^{32}S에서 유산이온과 ^{34}S에서 생성된 유산이온 중에서 ^{32}S에서 생성된 쪽은 약한 S-O결합이 성립되므로 ^{32}S는 H_2S와 결합하여 농집된다. 해수 중의 H_2S는 SO_4^{2-}와 비교했을 때 $^{34}S/^{32}S$비가 낮기 때문에 H_2S의 $\delta^{34}S$값은 대체로 -10‰보다 가벼운 값을 보인다. 다음으로, H_2S에서 FeS_2이 형성될 때에는 동위원소 분별이 거의 일어나지 않기 때문에 유산환원에 의한 H_2S의 동위원소 비는 그대로 FeS_2에 보존된다. 결과적으로 퇴적물 중에서는 해수의 $\delta^{34}S$값에 비해 마이너스 방향으로 이동된 $\delta^{34}S$값을 보이는 FeS_2를 생성하게 된다. 반대로, 지질시료 중에 이러한 특징을 가진 황철광이 발견된다면 그 퇴적물 중에는 유산환원균이 활동했었다는 증거가 되므로 $\delta^{34}S$값은 일종의 '바이오마커(biomarker)'가 된다.

현재의 해양에서 동위원소 분별효과는 퇴적환경에 따라 커다란 차이가 있는데 20~70‰의 변동 폭을 나타낸다. $^{34}S/^{32}S$가 작은 유화광물을 만들어내는데, 해수에 남아 있는 유산 이온량은 감소하게 되고 $\delta^{34}S$값은 높아진다. 이러한 효과로 유산이온이 급속히 감소하므로 $\delta^{34}S$값은 더욱 증가한다. 현생대의 해저퇴적암에 포함된 황철광의 $\delta^{34}S$값은 상당히 큰 폭(-50~+50‰)을 보이는 반면(大本, 1994), 시생대 전기 퇴적암에서는 대부분의 유화물과 가끔 발견되는 유산염의 $\delta^{34}S$값은 0‰ 부근을 나타내고 있으므로 시생대에 세균에 의한 유산환원은 없었던 것임을 지시한다(그림 2-8). 한편 원생대(2500Ma)에는 $\delta^{34}S$값이 크게 확대된 것으로 보아 지구표층환경 시스템은 산화환경과 유산환원을 반영한 것이라고 생각되고 있다.

식 2-1에서는 유산환원균의 G_o값은 -47kJ을 보이고 있지만 철세균, 메탄균의 경우에는 G_o값이 각각 -809kJ, -31kJ이다. G_o값을 근거로 한다면 철이 존재할 경우에는 철세균이 우선하고 유산이 존재할 경우에는 유산환원균이, 철과 유산이 부족하면 메탄균이 활약하게 된다. 현재의 해저 퇴적물에서도 깊이가 깊어지면 산화환원전위의 영향을 받으며 각각의 세균은 존재한다.

2.3 대기·수권에서 산소농도 상승

2.3.1 클로로필의 출현

클로로필(Chloropyll)은 엽록소로 불리며 빛에너지를 흡수해서 전위를 발생시키고 광반응을 일으키는 화학물질로 태양에너지를 화학에너지로 변화시킨다. 화학합성세균을 제외하면 통상의 1차 생산은 식물이 한다. 클로로필을 가진 생물은 당류를 비롯한 많은 유기분자를 생산할 수 있고 지구표층환경 시스템에서 생명이 진화하는 데 중요한 기반을 마련했다. 클로로필은 네 개의 피롤(pyrrole)이 둥근 고리모양으로 배치된 테트라피롤에 긴 사슬 알코올(피톨, phytol)이 에스테르결합한 기본 구조를 가지

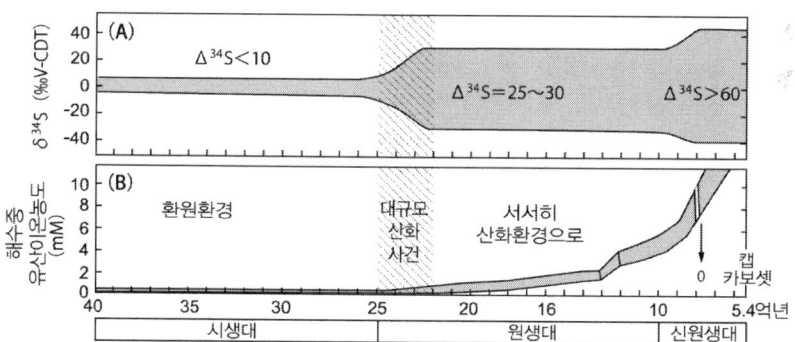

그림 2-8. (A) 선캄브리아 시대에 퇴적물 속에 포함된 유화물과 유산염광물의 유황동위원소비(δ³⁴S값)의 최대 차이. (B) 탄산염암에 수반되는 유산염의 유산동위원소 변동을 근거로 퇴적속도와 황산환원에 의한 동위원소 분별작용을 고려하여 추정했다. 원생대 해수의 유산이온농도(Bottrell and Newton, 2006).

며 천연의 클로로필은 테트라피롤 고리를 중심으로 Mg이 배위되어 있는 구조를 가지고 있다.

클로로필은 크게 두 종류로 분류된다. 1) 물을 산화시킬 정도의 높은 전위를 얻을 수 없기 때문에 산소를 발생시키지 않고 광합성을 하는 광합성세균을 가지는 박테리아 클로로필과, 2) 산소를 발생시키면서 광합성을 하는 클로로필이다.

2.3.2 시아노박테리아의 출현과 유리산소의 발생

시아노박테리아의 탄생에 수반되어 클로로필α가 출현하고 그에 따라 비로소 생물활동으로부터 유리산소가 생산되게 되었다. 시아노박테리아가 생기기 전에는 광합성색소로 박테리오클로로필이 이용되었지만 이것으로는 유리산소를 발생시킬 만큼의 에너지는 얻을 수 없었다. 클로로필α는 박테리오클로로필에 비해 단파장에서 최대로 흡수되고 물을 산화시키기에 충분할 만큼 높은 산화환원 전위가 만들어지게 되었다. 이렇게 해서 시아노박테리아(남조)를 기점으로 하는 조류의 번창이 시작되었으며 태양계의 많은 혹성 중 유일하게 산소농도가 높은 지구대기로 변화되었다.

시아노박테리아는 푸르스름한 녹색을 띠고 있어서 남조라고 불리고 있지만 일반적으로 말하는 조류, 예를 들어 와편모조, 규조, 하프트조 등의 진핵생물과는 다른 진정세균에 속한다(그림 1-9). 해저퇴적물 속의 지방산 바이오마커(예, 2-메틸호판 methylhopane; Rashby 등, 2007)를 근거로 하면 시아노박테리아는 약 2700Ma에 출현한 것 같다(Brocks 등, 1999). 증거가 불충분하지만 3500Ma의 지층에 있는 화석을 시아노박테리아로 주장하는 학설도 있으나 위에서 기술한 것처럼 당시에는 메탄세균을 주로 하는 탄질물의 δ^{13}C값과는 일치하지 않으므로 시아노박테리아는 2450~2320Ma경에 출현했다는 학설이 타당하다(Rasmussen 등, 2008). 그러나 클로로필α의 출현은 지구표층환경 시스템의 산화환원 전위에도 커다란 영향을 주기 때문에 아직까지도 계속 논의되고 있다. 시아노박테리아는 광합성을 행할 능력뿐만 아니라 일부 종은 질소를 고정시키는 능력도 가지고 있어 이들 이시아노박테리아의 출현은 해양의 영양염순환에도 영향을 주었을 것으로 추측된다. 지구표층환경 시스템에서 이러한 시아노박테리아의 출현은 지구 대기에 산소를 공급한다는 차원에서 큰 전환점이 되었지만 해양심층에까지 산소가 채워지기까지는 수억 년이라는 상당히 오랜 시간이 필요했다.

시아노박테리아는 퇴적입자를 아주 단단히 달라붙게 해서 스트로마톨라이트(stromatolite)라는 호상구조의 침적물을 만든다. 가장 오래된 스트로마톨라이트는 2700Ma 전인 오스트레일리아 지층에서 보고되었다(Buick, 1992; Kakegawa and Nanri, 2006).

남조류는 현재의 해양에 널리 분포되어 1차 생산에 큰 공헌을 하고 있다. 해양성인 시네코코커스(*Chroococcales*)는 중간 정도의 영양염 농도가 있는 해역에, 프로클로로코커스(*Prochlorococcus*)는 성층화된 열대-아열대 해역의 유광층에 분포한다. 프로클로로코커스는 지구상에 가장 많은 광합성 생물로 알려져 있다. 이들 두 조류는 세포 지름이 0.2~2μm 정도이며 피코플랑크톤(picoplankton)에 속한다.[2] 또한 시아노박테리아 중 일부는 간척지 등과 같이 염분도가 매우 높은 극한 환경에서도 서식하고 있다. 그러한 환경에서 견딜 수 있는 한 가지 이유는 세포 밖

---

2) 피코플랑크톤이란 난노플랑크톤(직경 2~20μm)보다 작은 플랑크톤을 의미하며, 피코 (10^{-12})m 정도의 크기를 의미하는 것은 아니다.

으로 조직의 일부를 분비해서 안에 있는 세포를 보호하는 일종의 껍질을 가지고 있기 때문이다.

2.3.3 해양과 대기의 유리산소

해양과 대기에서 유리산소가 발생하는 것에 대해서는, 1) 위에서 기술한 시아노박테리아의 출현, 2) 호상철광상의 형성, 3) 쇄설성 섬우라늄광(UO_2), 황철광(FeS_2), 능철광($FeCO_3$) 광상의 생성, 4) 산화적 쇄설퇴적암(red bed, Fe^{3+}/Fe^{2+}비가 매우 높은 적색층)의 존재, 5) 몰리브덴(Mo)의 퇴적 등을 통해 추정할 수 있다(Holland, 2006).

섬우라늄광과 능철광은 환원적인 조건에서 보존된다. 이들은 약 2200Ma 이전에 하천퇴적물에서 황철광과 함께 산출되는데 이런 사실은 당시 지구표층은 이들 세 가지 광물이 노출될 수 있는 산화환원 전위의 수준이었음을 의미한다. 즉, 이들 광물들은 침식되고 하천에 의해 운반되어 범람원에 퇴적된 것으로 생각된다. 산화철에 의해 적색이 되는 Fe^{3+}를 많이 함유한 적색사암층의 존재는 약 2200Ma 이후의 퇴적암에서 나타난다.

산화환원에 민감한 Mo에 관해서는, 2650Ma에 소규모로 침적되다가 산화환경이 된 약 2200Ma 이후에 본격적으로 침적되었다(Scott 등, 2008). 이와 같은 관찰은 대기나 표층수에 포함되는 산소농도가 약 2200Ma에는 충분히 상승했던 것임을 지시한다.

2.3.4 호상철광상

Fe^{2+}는 현재와 같은 산화환경인 해수에서는 미량으로만 존재하지만

혐기적이었던 과거의 해수에는 다량으로 존재했었다. 해양에서 시아노박테리아 활동이 시작되고 유리산소가 생산되면 Fe^{2+}가 Fe^{3+}로 산화되고 막대한 양의 수산화철이 침전하게 되며 속성작용과 변성작용을 거쳐 호상철광상(호상철광층이라고도 함, BIF; Banded Iron Formation)이 만들어 진다. 선캄브리아시대에 특징적으로 발견되는 호상철광상은 철광물이 풍부한 얇은 층(암색층)과 실리카(석영)가 풍부한 얇은 층(갈색층)이 수 cm 정도의 폭으로 새끼줄 무늬(호, mesoband, 縞)가 교대되어 일어나는 호층으로 구성되어 있는 퇴적암이다. 또한 mesoband 중에는 화학이나 광물조성에서 미묘한 변화가 반영된 폭 수 mm 간격의 미세한 줄무늬가 반복된다. 주요한 철 종류로는 적철광(Fe_2O_3)과 자철광(Fe_3O_4)이 있다. 현재 철자원의 70% 이상은 호상철광상으로부터 공급되고 있다. 오스트레일리아나 브라질에 있는 광상은 철 함유량이 높은데(약 60%), 특히 오스트레일리아의 마운트뉴먼광상과 브라질의 컬져스광상 등이 자원과 관련해서 주목받고 있다.

호상철광상은 산상에 따라 두 가지로 분류된다(그림 2-9). 1) 알고마형(Algoma type): 화산활동지역에 분포하고 일반적으로 화산쇄설물을 포함하고 전형적인 호상구조는 때때로 불명확한 경우가 있다. 일반적으로 탄산염광물층, 유화광물층이 발달하며 생성연대는 시생대(대부분은 3800~2600Ma)이다. 2) 슈페리오형(Superior type): 시생대 말에서 원생누대 전기(대부분 3500~1800Ma)에 생성된 것으로 알려져 있으며 니질~사질 등의 쇄설성퇴적암 또는 화학적퇴적암류를 주로 하는 누층에 발달하고 대규모로 출현한다. 보통 철광층 자체는 쇄설성역암을 거의 포함하지 않으며 화학적 퇴적작용에 의한 전형적인 호상구조가 발달해 있다. 분포나 규모는 알고마형보다 넓고 크며, 오스트레일리아의 경우 두께

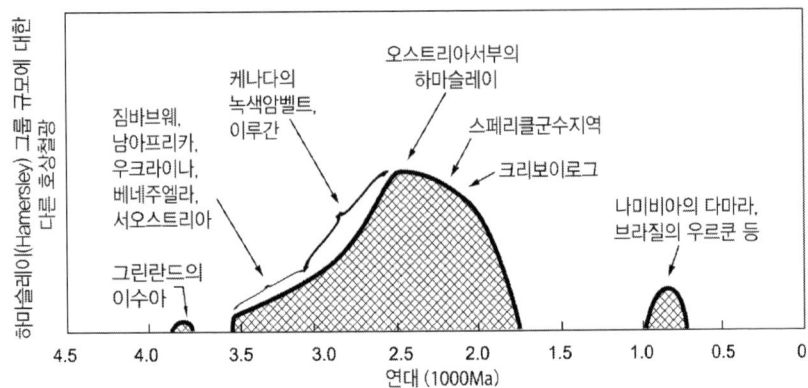

그림 2-9. 선캄브리아시대를 특징짓는 호상철광상의 시대별 출현도 변화를 나타낸 그림. 이 그림은 하마슬레이(Hamersley)그룹의 규모에 대한 다른 호상철광상의 양을 나타낸다(Klein and Beukes, 1992).

2.5cm인 호층이 5만km² 지역에 걸쳐 분포되어 있다고 보고되어 있다 (梶原, 1977). 그림 2-9에는 3800Ma 부근에 나타난 피크 중 BIF은 아르고마형만 나타나 있지만 3500~1800Ma에 나타나는 피크는 두 가지 모두를 포함한다.

산상으로 보아 알고마형은 해저열수활동에 원인이 있는 것으로 생각되며 가장 오래된 것은 3760Ma의 이수아 누층(Isua formation)에 나타난다. 반면에 스베리올형의 생성시기는 2500~2200Ma에 현저하게 나타나는데, 이 시기의 침전속도는 최대($7 \times 10^{11}gyr^{-1}$)였을 것으로 추정된다. 스베리올형의 생성은 환원적에서 산화적으로 지구표층환경의 변화를 반영하고 있는 것으로 생각된다. 단, 철의 침전에 관계되는 것은 산소가 아니라 유화물이라고 하는 다른 학설도 있다(Canfield, 1998).

예외적이지만, 기본적으로 1800Ma 이후에 스베리올형 호상철광상은 대규모로 형성되지 못했다. 산소가 해수 전체에 골고루 퍼져서 용존 철이 해수에서 제거되었기 때문인 것으로 해석되고 있다.

2.3.5 대기 중 산소농도의 증가와 생물생산

생물권의 진화와 관련해서 에너지 효율의 향상은 중요하다. 발효와 산소호흡을 통해 에너지(ATP)의 생산효율이 역전되는 산소분압은 1% PAL(Present Atmospheric Level, 1% PAL = 0.021기압 p_{o_2} = 2130파스칼 p_{o_2})이며, 이 농도는 발견자의 이름을 따서 파스퇴르 점(Pasteur point)으로 불리고 있다. 파스퇴르점 이상에서 소화세균은 NH_3를 산화시켜 아질산(HNO_2)이나 질산(HNO_3)을 생성하고, NO_3^-의 산소를 호흡에 이용하는 탈질균은 탈질작용을 하지 않고 산소호흡으로 에너지를 얻게 된다. 또한 그 이상의 조건에서는 메탄세균과 같은 혐기성세균은 사멸되고 만다.

현재의 해양에서는 해저퇴적층이 혐기성 구역일지라도 상층에 유산환원균, 하층에 메탄 생성균이 서식하고 있는데 깊이의 정도와, 산화-환원 전위에 따라 서로 다른 영역에서 생존하고 있다. 탄소와 유황동위원소에 관한 연구로부터 호상철광상이 생성된 2700~2500Ma의 해양퇴적물에서도 두 가지가 서식했던 흔적이 발견된 것으로 보고되었다. 이 시대에는 동물이 존재하지 않았기 때문에 생물교란 또한 없었다. 2250Ma에 p_{o_2}= 0.1~5%PAL이라는 계산결과도 나와 있는데(Yang and Holland, 2003), 1% PAL이라는 p_{o_2}를 통과한 시기는 스베리올형 호상철광상이 생성되는 기간 중이었을 가능성이 높다.

거의 같은 시기에 최초의 인회석($Ca_5(PO_4)_3X$; X가 OH^-일 때는 수산인회석, F^-일 때는 불소인회석)이나 경석고($CaSO_4$)가 포함된 증발암이 처음으로 형성되었다(Cook and Shergold, 1986; Melezhik 등, 2005). 이러한 형식은 무기반응으로 추정된다. 해수의 황산이온 농도 또한 현재에 비해 낮았지만 증가하며, BIF의 형성에 따른 Fe(OH)로 인산이 흡착되어 인산 농축 등도 진행되었다. 현재의 해양에도 해령에서 열수가 분출되어 해령 주변에 인산이 철과 함께 침적되어 있는 것이 관찰되었다. 인산은 1차 생산의 필수 영양염이다. 당시에 해수 중의 인산농도는 낮은 수준이었기 때문에 1차 생산 또한 당연히 억제되었던

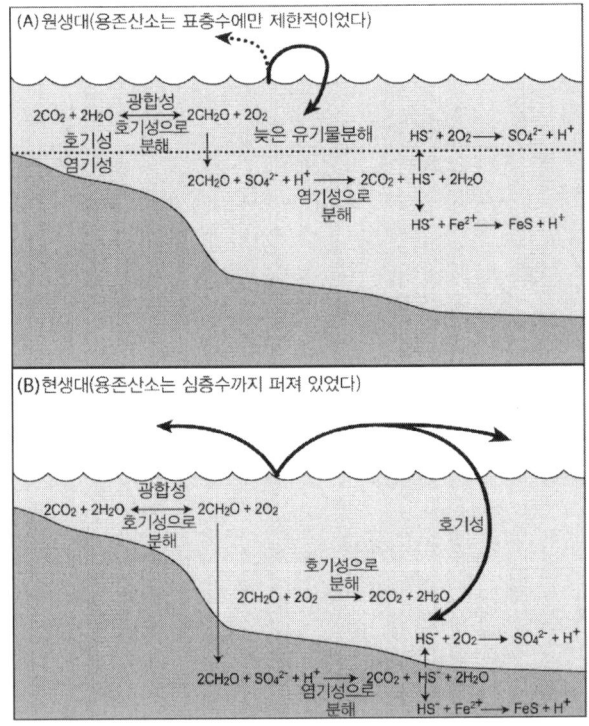

그림 2-10. (A) 용존산소가 표층에서만 존재할 경우와 (B) 용존산소가 심층까지 존재할 경우의 지구표층환경과 생물권의 관계. 현재는 통상 용존산소가 심층까지 있는 경우 생물은 유기물을 산화시켜 생활에너지를 얻고 있지만 해저 밑에서는 대체로 환원적 상태로 있다. 원생누대에 해양의 용존산소농도 상승은 매우 완만했다. 이런 원인은 대륙으로부터의 영양염, 특히 인 등의 공급이 부족하고, 유기물 매몰률의 상승에 기여하는 침강입자를 형성할 만한 생물이 아직 없었다는 것과, 형성된 입자가 미세하여 분해되기 쉬웠다는 것 등을 들 수 있다.

것으로 생각된다. 현재의 해양에서는 침강입자 등이 형성되어 수직수송이 효율적으로 이루어져 유기물 매몰이 촉진되고 있지만 당시에는 수직수송을 담당하는 동물플랑크톤이나 규조와 같은 조류가 존재하지 않았기 때문에 생성된 유기물의 산화반응으로 유기물을 생성할 때 광합성에 의해 생성된 산소가 소비된다. 그러므로 p_{O_2}와 P_{O_2}의 증가 속도는 대단히 완만했을 것으로 추측된다(그림 2-10, 그림 7-1).

2.3.6 오존층의 성립과 자외선 차단

현재 오존층은 지상으로부터 약 10~50km 상부의 성층권에 존재한다. 오존 분자는 강한 산화력에 의해 살균·탈취·탈색 등의 작용을 한다. 성층권에서는 유리산소(O_2)가 자외선(10~400nm) 속의 단파장(220nm 이하) 쪽을 흡수해서[3] 광분해하여 산소원자가 되고 이 산소원자와 산소분자가 결합해서 오존분자로 생성된다. 한편, 오존분자는 좀 더 장파장인 자외선을 흡수하여 최종적으로 산소분자로 분해됨으로써 자연계에서 생성과 분해의 균형을 맞춘다. 이러한 일련의 반응을 체프맨기구라고 한다.

$$O_2 + hv \rightarrow 2O \tag{식 2-3}$$

$$O + O_2 + M \rightarrow O_3 + M \tag{식 2-4}$$

$$O_3 + hv \rightarrow O + O_2 \tag{식 2-5}$$

$$O + O_3 + M \rightarrow 2O_2 \tag{식 2-6}$$

여기에서 hv는 태양으로부터의 전자파(자외선) 에너지이며, M은 제

---

3) 자외선은 10~400nm의 파장을 가진 전자파이며 환경에 미치는 영향에 대한 관점에서 UVA(400~315nm), UVB(315~280nm), UVC(280nm 미만)로 분류되는 경우도 있다.

3자(공기분자)이다. 현재 대기 중 오존 농도는 평균 40ppb(여름에 극소, 겨울에 극대)이다. 대기압은 고도가 높아질수록 감소하므로 산소분자의 밀도도 마찬가지로 낮아지며, 반대로 자외선은 고도가 높을수록 강해지므로 성층권의 오존농도는 최대(지상의 약 10^2배 정도인 약 2~8ppm)가 된다. 현재 오존층은 태양에서 나오는 자외선 중에서도 단파장과 중파장 영역을 흡수하여 지구표층의 생태계를 보호하는 역할을 하고 있다.

지구의 원시대기는 CO_2가 주요성분이었으며 유리산소(O_2분자)는 거의 존재하지 않았으므로 오존층은 지구 탄생 당시부터 존재한 것은 아니었다. 원시대기에서는 자외선을 흡수하는 효과가 극히 낮았기 때문에 지상에 영향을 주는 자외선 강도는 강했다. 오존 자체가 자외선을 흡수하는 것을 스펙트럼 방법으로 해석한 결과 260nm 부근에서 피크를 보였는데 생물의 세포 안에 있는 DNA 등에 의한 흡수피크가 280nm 부근에 있으므로 성층권 오존이 감소되어 자외선 흡수량이 줄어들자 세포의 사멸이나 돌연변이가 생성되는 일이 빈번해진다. 지구 역사에서 p_{O_2}의 증가와 더불어 오존 농도도 높아졌고 지상에 도달되는 자외선 양이 급속히 줄어들었다. 오존층의 고도는 지상부근 으로부터 점차적으로 높아져 갔다. 체프맨기구가 지시하는 바에 따르면 p_{O_2}보다 오존 농도 상승 쪽이 훨씬 빠르기 때문에 자외선 차단효과가 효율적으로 증가하고 있다는 것을 알 수 있다.

유황동위원소 비를 통해 오존층의 형성시기를 추정할 수 있다(그림 2-11). 질량에 의존하는 일반적인 변화에서 크게 벗어난 유황동위원소비의 거동(질량 비 의존 성분별효과)은 약 2450Ma보다 더 오래된 퇴적암에서 나타났다고 보고된 바가 있고, 2090Ma 이후에서는 확인되지 않았다

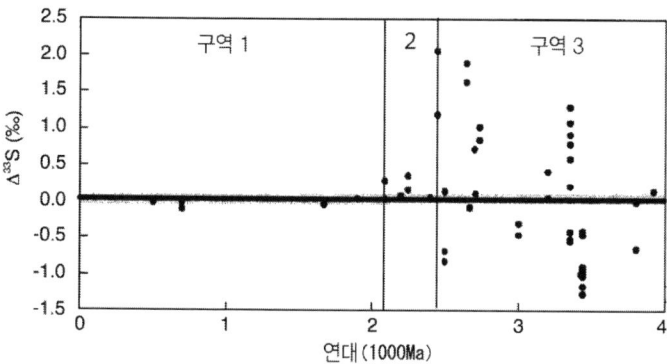

그림 2-11. 질량에 의존하는 일반적인 변화에서 크게 벗어난 유황동위원소의 거동(질량비 의존성 분별효과)(Farquhar 등, 2000; Ono 등, 2003; Mojzsis 등, 2003; Hu 등, 2003)

(Farquhar 등, 2000). 이것은 낮은 p_{o_2}조건(2ppm 이하)하에서 대기 상층에 대한 광화학반응에 의한 현상으로 현재와 같이 오존층에 의해 태양자외선이 흡수될 경우에는 그 효과는 관찰되지 않는다(Farquhar 등, 2000). 그런데 퇴적암에서 이러한 효과가 관찰되지 않은 시기는 오존층이 형성되었던 것에 대해 대응했을 가능성이 높다. 자외선 흡수 능력이라는 관점에서 보면 오존층의 성립 조건은 산소가 1% PAL 정도 수준이었을 것으로 추정되는데 그런 조건에서 해양표층수는 산화상태가 된다. 2400Ma 전후에는 이 수준에 도달했을 것으로 생각된다(Kasting, 1987).

또한 Ohmoto 등(1993)은 3400Ma에 남아프리카, 바버톤 그린스톤 지대(Barberton greenstone belt)에서 채취한 황철광 결정입자 하나하나를 레이저 마이크로 프로브로 분석하였다. 그 결과 한 개의 작은 암석에서 황철광 입자 사이에 최대 10‰이라는 동위원소비 변동이 확인되어 적어도 3400Ma에 세균에 의한 유산환원이 일어났을 것이라고 추측된다. 그러나 위에서 기술한 바와 같이 광반응으로 설명할 수 있다는 근거보다는 현재 이러한 학설을 받아들이는 학자는 소수에 불과하다.

2.4 진핵생물로부터 다세포생물로의 진화와 환경

2.4.1 진핵생물의 출현

진핵생물(eukaryota)은 세포 내에 세포핵을 지닌 생물이다. p_{co_2}의 상승과 함께 미생물의 대사계는 진화하고 글루코오스 분해계는 발효에서부터 산화적 인산화로 이행하며, CO_2까지 분해될 수 있게 되었다. 원핵세포는 보통 크기가 수 μm로 작은 데에 비해, 진핵세포는 10~100 μm로 3자리 정도 크다(그림 2-12). 크기로 비교하면 양자는 오버랩되지만 1mm 이상의 세균세포나 몸의 크기가 300nm 이하의 진핵생물은 지금까지 알려진 바 없다.

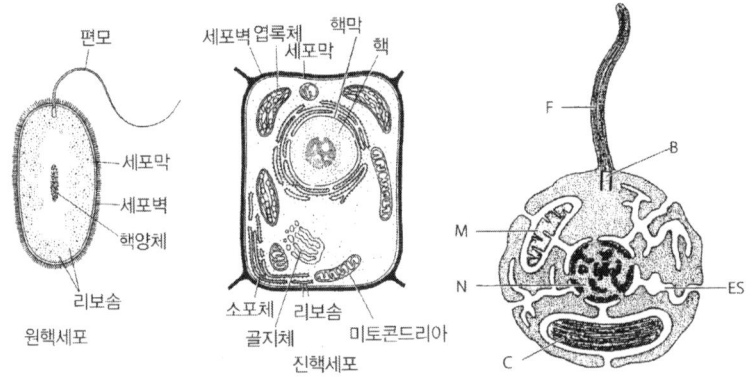

그림 2-12. 원핵세포와 진핵세포의 모식도(池谷·北里, 2004; knoll, 2003). 생물계는 세포구조의 차이에 의해 원핵생물과 진핵생물로 분류된다. (A) 원핵세포의 크기는 0.1~10μm. DNA는 핵막을 지니지 않는 핵양체로 불리는 상태로 아무것도 둘러싼 것이 없는 (naked) 상태로 존재하고 있다. (B) 진핵생물의 크기는 10~100μm. 그 DNA는 핵막 안에 들어 있으며, 미토콘드리아(크기 0.5~10μm), 엽록체(크기 수 μm), 골지체 등의 세포 소기관을 가지고 있다. (C) 진핵세포의 내부조직. 세포 내막계(ES) 등 생물이 지니는 막이 세포질을 포함하는 공간을 규정하고 있다. 미토콘드리아(M), 엽록체(C)는, 세포의 외피를 잇는 경계선에서부터 보면 체외에 존재하는 것처럼 보인다. 편모(F)가 기저소체(B)를 기점으로 연장되어 있다.

이렇게 거대해진 시스템을 움직이기 위해서는 효율이 높은 산소호흡이 불가결하다. 막 조직을 딱딱하게 만드는 물질인 스텔란이라는 바이오마커가 검출되는 것으로 판단하면 진핵생물은 2700Ma에 출현한 것으로 보인다. 또한 진핵생물의 출현은 DNA의 보존과도 관계되기 때문에 오존층이 형성되었던 시기(약 2400Ma)로 여기는 연구자도 있다. 가장 오래된 진핵생물인 *Grypania spiralis* 화석은 약 2100Ma 원생대 초기의 휴로니안 빙하기(2400-2100Ma)(Symons, 1975) 직후에 발견되었다(Han and Runnerga, 1992).

진핵생물 중 현생종의 95% 이상이 다세포이다. 진핵조류인 홍조류는 1200Ma 전에 출현하였으며 다세포세대를 가지고 있는 것이 많다(그림 2-13). 진핵생물 특유의 침과 같은 장식을 지닌 미화석은 약 1200-1300Ma에 출현하여 원생대가 끝날 무렵까지 그 수가 증가한다. 진핵생물인 조류

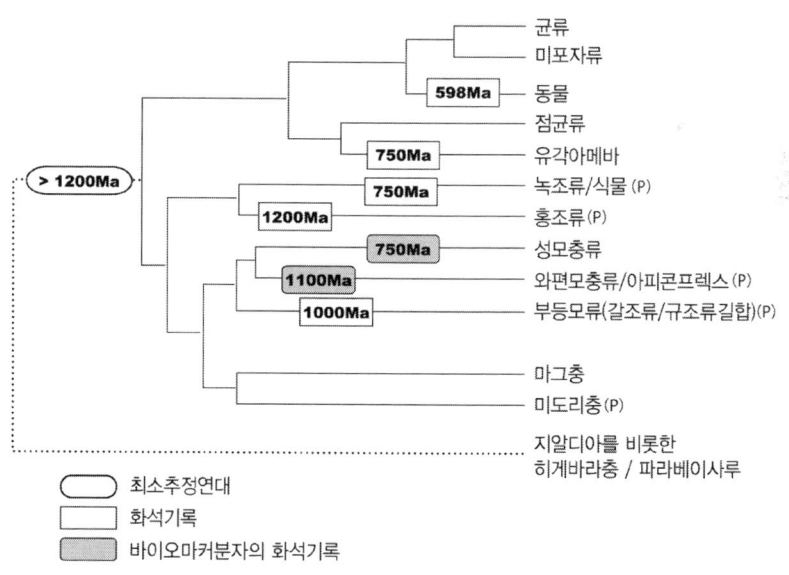

그림 2-13. 각 생물 그룹이 출현한 연대(Knoll, 2003)

(algae)는 먼저 연안지역에 정착하여 대륙붕으로 생식지를 확대한 것으로 보인다(Butterfield 등, 1994).

진핵조류의 등장은 생태계에도 큰 변화를 가져왔을 것이다(井上, 2006). 즉, 시아노박테리아 대신 조류가 주요 1차 생산자가 되고 미생물을 먹이로 하는 원생동물이 출현하게 되고, 육식과 초식을 포함한 먹이사슬이 복잡해졌다. 와편모조가 약 1100Ma에, 부등모조가 약 1000Ma에, 섬모충이 750Ma에 출현하였다(Knoll, 2003).

2.4.2 원핵생물과 진핵생물의 에너지대사 기구에 대한 정리

진핵생물과 원핵생물의 대사 특징을 정리해둔다(Knoll, 2003). 진핵생물의 대사기구는 다음과 같다. 1) 식물이나 조류가 하는 '광합성'은 빛을 생화학 에너지로 변환하여 CO_2를 유기물에 합성한다. 식물은 전자를 필요로 하기 때문에 물이 필요한 전하를 제공하고 부산물로 산소를 발생시킨다. 2) '종속영양생물'은 성장에 필요한 탄소와 에너지를 다른 생물의 유기물에 의존한다. 세포는 산소로 당분을 CO_2와 물로 분해하여 에너지를 얻는다. 이것을 '호기적(산소)'이라고 한다. 3) 산소가 부족하면 '발효'에 의해 '혐기적(무산소)' 조건에서 유기물은 CO_2로 분해된다. 예를 들면, 효모와 같은 진핵생물은 대부분 이러한 프로세스를 거친다.

한편, 원핵생물의 대사기구는 다음과 같다. 1) 진핵생물과 같이 원핵생물도 산소를 사용하여 호흡하지만, 유리산소가 아닌, 질산(NO_3^-)이나 황산(SO_4^{2-}) 등에 포함되는 산소도 사용할 수 있다. 2) 시아노박테리아는 클로로필 등의 색소로 인하여 녹색을 띄는 광합세포이며, 진핵생물인 조류나 육상식물과 같이 광합성에 의해서 CO_2를 유기물로 전환할 수 있다. 그러나 H_2S가 존재하면 물이 아닌 H_2S를 사용하여 광합성에 필요한 전자를 제공할 수 있다. 황산과 황산염이 부산물로 발생하며, 산소가 발생하지 않는 것이 특징이다. 시아노박테리아는 5종류의 광합성세포 중의 한 종류인데, 다른 종류는 H_2S이나 유기물(이때는 탄소)에 의해서만 전자가 제공되며, 산소는 발생하지 않는다. 이들 세균은 클로로필이 아닌 박테리오클로로필(세균성 클로로필)을 지니고 있다. 3) 화학합성 세균은 태양광이 아닌 화학반응에 의해서 에너지를 얻는다. 이런 대사를 하는 경우는 진핵생물에서는 알려져 있지 않다.

2.4.3 세포내 공생

진핵세포에서 에너지대사의 거점이 되는 엽록체나 미토콘드리아는 세포가 통째로 평행이동[4]하여 등장한 것으로 보인다. 즉, 진핵생물이 광합성의 거점인 엽록체는 시아노박테리아가 기원이며, 이것이 원생동물에게 흡수되어 공생함으로써 탄생된 것으로 생각된다. 이와 마찬가지로 호흡의 거점인 미토콘드리아도 원생동물과 마찬가지로 흡수된 것이 기원이다(그림 2-12).

조류 세포에서 엽록체는 이중의 막으로 감싸여져 있다. 1) 안쪽 막은 엽록체가 만들어낸다. 2) 한편, 바깥쪽 막은 주위의 세포질이 만들어내며, 세포의 경계가 되는 막을 이으면, 닫힌 하나의 막이 된다. 즉, 진핵 세포 안에 별개의 세포인 엽록체가 존재하며 공생하고 있는 상태가 된다.

세포 안에서 엽록체와의 공생관계를 통해 세포는 CO_2와 영양물을 엽

---

4) 수평이동이란 통상 유전자가 종을 뛰어넘어 전이하는 것을 의미한다.

록체에 제공하고 반대로 엽록체는 세포에게 당을 제공하게 된다. 이것은 현생의 산호충과 공생조류와의 관계와 유사하다. 즉, 산호충의 경우 물의 온도가 높아지면(30~33℃ 이상) 산호 백화현상이 일어나고, 조류는 산호로부터 빠져나간다. 그러나 엽록체의 경우에는 언제나 세포 안에 머무른다. 시아노박테리아에 있는 DNA의 10% 이하만이 엽록체에 포함되지 않는다는 것에서도 명확하게 알 수 있듯이 세포에서 세포소기관이 될 때에 숙주와 유전자교환을 실시하고 엽록체의 유전자의 일부는 세포핵으로 이동하여, 2개의 계통에서 새롭게 탄생되었다고 생각되고 있다(Douglas 등, 2001).

산호와 마찬가지로, 공생조류와의 공생관계는, 연체동물, 원생동물(유공충, 방산충) 등에서도 보이며, 원색동물인 해초강에서도 확인되었다. 그러나 척추동물에서는 광합성미생물과 공생하는 경우는 확인된 바 없다.

미토콘드리아와의 공생관계에 있어서 숙주세포는 미토콘드리아에게 당을 주는 한편 미토콘드리아는 산소를 사용하여 직간접적으로 ATP를 숙주에게 공급한다. 원핵생물의 대사방법은 다양하지만 공생관계로 발전된 것은 매우 제한적이다. 즉, 진핵생물의 대사는 기본적으로 앞서 언급한 미토콘드리아와 엽록체에 관계된 것으로 제한된다고 할 수 있다.

2.4.4 선캄브리아시대의 p_{CO_2}의 변화

선캄브리아시대의 $\delta^{13}C$값에 대한 연구도 진행 중이다. 석회암의 $\delta^{13}C$ 값은 3500Ma 이후에는 -3 ~ +3%의 범위로 변동했었지만(Schidlowski, 1993), 2200-2000Ma 기간과 원생대 말기에 퇴적한 탄산염의 $\delta^{13}C$는 대단히 높은 값(+10‰ 혹은 그 이상)을 보이고 있다. 이렇게 $\delta^{13}C$값이 높아진 것은 유기물 중에 상대적으로 많은 양의 $\delta^{12}C$가 포함되었기 때문으로, 이는 유기탄소의 매몰량이 증가했다는 것을 반영한다(e.g., Buick, 2003).

원생대 후반이 되면 데이터(자료)도 많아지므로, 이 시기에 대해서는 상세한 연구가 이루어졌다. 원생대가 끝날 무렵 탄산염의 $\delta^{13}C$값은, +5 ~ +10‰로 플러스 값을 나타내고 있으며 생물생산이 상당히 활발하여 유기물(통상, $\delta^{13}C$값 약 -20~25‰)의 침적이 촉진되어, 해수의 $\delta^{13}C$값을 상승시켰지만 반대로, 지구 전체가 동결된 시기에는 해수 중의 $\delta^{13}C$값은 -2 ~ -6‰로 마이너스 값으로 전환되었다. 가장 작은 마이너스 $\delta^{13}C$값은 빙하성 퇴적물을 감싸는 모자형 탄산염(cap carbonate)으로 불리는 탄산염에서 보고되었다. 탄산염과 해수 사이의 탄소동위원소비의 분별작용은 작으므로, 해수의 $\delta^{13}C$값이 멘틀에서 나오는 화산가스와 비슷한 정도까지 내려갔다는 것을 나타내고 있다. 큰 플러스 $\delta^{13}C$값에서 큰 마이너스 값으로 전환하는 이 사건은, 지구적인 규모의 빙하작용(전 지구 동결, snowball earth)에 의하여 다음에 기술하는 것과 같이 1차 생산이 수백만 년에 걸쳐 정지했기 때문이라고 설명되고 있다.

2.4.5 초빙하시대의 전 지구 동결

선캄브리아시대 동안 대륙은 단속적으로 성장하며 풍화가 촉진되고, p_{co_2} 가 저하되고 한랭화되었다고 예상된다. 선캄브리아시대 중 빙하시대는 전 지구 동결에 가까운 극심한 빙하기를 포함하여, 최초가 휴로니안(Huronian) 빙하기(2400~2200Ma), 다음이 스타티안(Sturtian) 빙하기(720~700Ma), 마지막이 마리노안(Marinoan) 빙하기(660~635Ma)이다(그림 2-14)(Symons 1975;

Kasting, 1993; Kirschvink 등, 2000).

1992년 캘리포니아 공과대학의 고지자기학자 카슈빙(J. Kirschvink)에 의해 제창된 스노우볼 어쓰(snowball earth) 가설이 생겨난 배경에는 할런드(W.B. Harland)에 의해서 보고된 원생대 후기의 퇴적물 특징으로 알 수 있다. 즉, 1) 빙하퇴적물은 당시의 저위도 지역에 형성된 것이 많고, 2) 보통은 온난한 환경에서 퇴적되는 경우가 많은 탄산염이 바로 그 위에 퇴적되어 있었다. 3) 두 번 있었던 빙기에는 각각에 대응해서 탄산염의 $\delta^{13}C$가 -5‰까지 내려갔다(Hoffman 등., 1998). 이 $\delta^{13}C$값은 맨틀 기원의 화산가스의 값과 거의 비슷하다. 화산가스에 필적하는 낮은 값(약 -5‰)이 되기 위해서는 생물활동이 전 지구 규모로 정지되었단 것

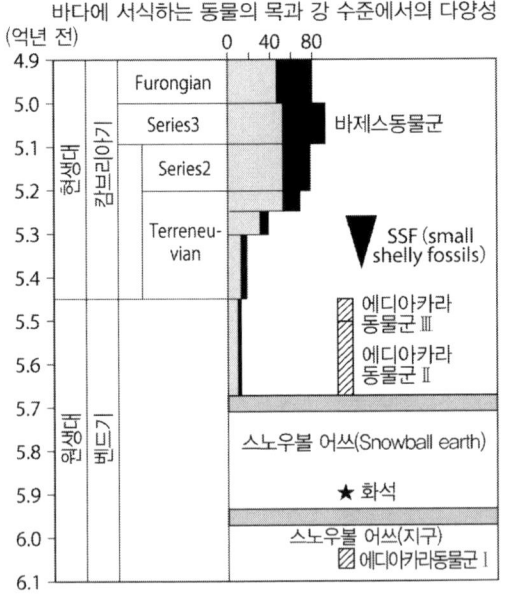

그림 2-14. 원생대 후기 빙기와 생물의 진화를 나타낸 모식도. 회색과 흑색의 사각형은 해저동물의 목과 강 수준에서의 다양성을 나타낸다. 에디아카라(Ediacaran) 생물군 I은 호주의 아데레트 교외에만 산출된다(Erwin, 2003을 수정).

을 시사한다. 왜냐하면, 생물활동이 계속되었다면 해수(δ^{13}C값이 0‰ 전후)에서 유기물(δ^{13}C값이 약 -20 ~ -25‰)이 제거되면, 해수의 δ^{13}C값은 상승 할 것이기 때문이다. 생물생산의 전 지구적 규모에서 정지되었다는 것은 지구표층이 얼음으로 완전히 덮여 있었던 것으로 설명할 수 있으며 빙하퇴적물의 존재에 대한 관찰사항과도 일치한다. 덧붙여 말하면, 현생대 동안에는 생물활동이 활발하기 때문에 해수의 δ^{13}C값이 -5‰까지 내려가는 일은 없었다.

전 지구동결에 이르는 과정에 대해서는 구체적인 면에서 불명확한 부분도 있지만, 기본적으로는 지구가 받는 열수지에 의해 지배되고 있음이 분명하다. 실제 열수지에는 태양의 일사량, 알베도, 온실효과기체의 농도 등이 중요하다. 대륙의 확대도 중요하며, 대륙에서 화학풍화에 의해 p_{CO_2}가 감소하면 기후의 한랭화를 일으킨다. 이들 요인들의 상승효과로 기후가 불안정해지고 전 지구동결에 이르렀다고 생각된다.

전 지구동결이 끝난 후 대량의 탄산염이 퇴적되었다. 이는 전 지구동결상태 기간 중에는 대륙표층이 빙하로 덮여 있기 때문에 풍화작용이 감소하였고 대기 중의 CO_2는 소비되지 않고 남아 있게 되어 p_{CO_2}는 상승하였고 그 결과 탄산염이 대량으로 형성되었다. 그리고 임계값을 넘었을 때 온실효과에 의해 얼음은 급속으로 녹아내리며 풍화에 의해 Ca^{2+} 등이 암석에서부터 용출됨과 동시에 대기 중 CO_2는 HCO_3^-가 되어 바다로 유입되고, 탄산염이 침적된 것으로 설명되고 있다. 그 이후 극단적인 온난화가 잠잠해지고 표층 기후가 평온해지자 생물활동이 다시 활발해져 δ^{13}C값이 작은 유기물이 침적되었기 때문에 탄산염의 δ^{13}C값은 높아졌다.

또한 원생대 후기의 빙하성 퇴적물과 함께 호상철광상(BIF)가 돌연 형성되었다. 이것도 해양표층 1,000m가 수백만 년에 걸쳐서 동결되어 있는 동안 대기와 해수의 기체교환이 차단되어 해저열수광상에서 공급된 철이온이 축적되었다. 전 지구 융해 직후에 해양이 대기와 산소를 교환하게 되어 급격히 산화 침전하게 되고 그 결과 BIF가 형성되었다고 해석된다. 또한, 원생대 2400~2200Ma의 휴로니안 빙하기 직후에는 지구사상 최초이자 최대의 망간 광상(카리하리 망간광상)이 형성되었다. Mn의 퇴적은 태고대 이전에는 거의 보이지 않았고 이 광상 이후에 산출되기 시작한다. 특히, 대량의 Mn이 퇴적하기 위해서는 해수에 축적된 상당한 양의 용존 Mn^{2+}가 일거에 산화되어야 하는데 바로 카리하리망간 광상의 형성은 전 지구동결 직후에 p_{CO_2}가 증가한 증거로 여겨진다(Kirschvink 등, 2000).

모델링에 의하면 전 지구동결이라는 개념은 대기순환에 의해 해양표층이 혼합되었기 때문에 해빙이 해양 전체를 덮는 것과 같은 상태는 발생되기 어렵다는 지적도 있다. 전 지구동결 상태가 발생되기 위해서는 지구 전체가 눈과 얼음으로 덮여 전 지구반사율이 커져야 한다. 하지만 바다가 광범위하게 동결하면 해수로부터 수증기의 공급이 감소되어 대륙의 빙상은 발달되지 않을 것으로 보인다. 조류가 이런 시기에 어떻게 살아남았는가에 대해서도 현재로서는 의문으로 남아 있다.

또한 전 지구동결 이후 인산을 주체로 하는 광상규모의 침전이 일어났다. 이것은 빙하시대에 미생물의 유해가 침전되어 그 주요성분인 인산이 해수에 용해되어 해수 중 인산 농도가 높아지고 동결 해소 후에 이러한 해수가 용승하게 되면 플랑크톤 등의 생육이 촉진된다. 유해가 변질되고 산소가 적어지게 되어 빈산소의 염기적 조건에서 아파타이트를 주체로 하는 인산광물이 침전되었다고 해석된다. 이들 인산염 광물은 증발암이 아니기 때문에 해수 중에 영양염 농도가 대단히 높았다는 것을 지시한다.

2.4.6 캄브리아기의 생명 대폭발의 기초

마지막 전 지구동결(635Ma까지)의 직후인 610~542Ma에 걸쳐, 에디아카라(Ediacaran) 생물군이라고 불리는 대형 화석군이 출현했다(그림 2-14). 이들 화석들은 호주의 애들레이드시 근교에서 산출된다(그림 2-15). 비슷한 모습의 생물군집은 캐나다 동부의 뉴펀들랜드섬 등에서도 보고되었다. 원생대 말기를 제외하면 이 시기에는 기본적으로 화석 기록이 제한적으로 산출된다. 실제로 다세포동물로 인정되는 생물화석

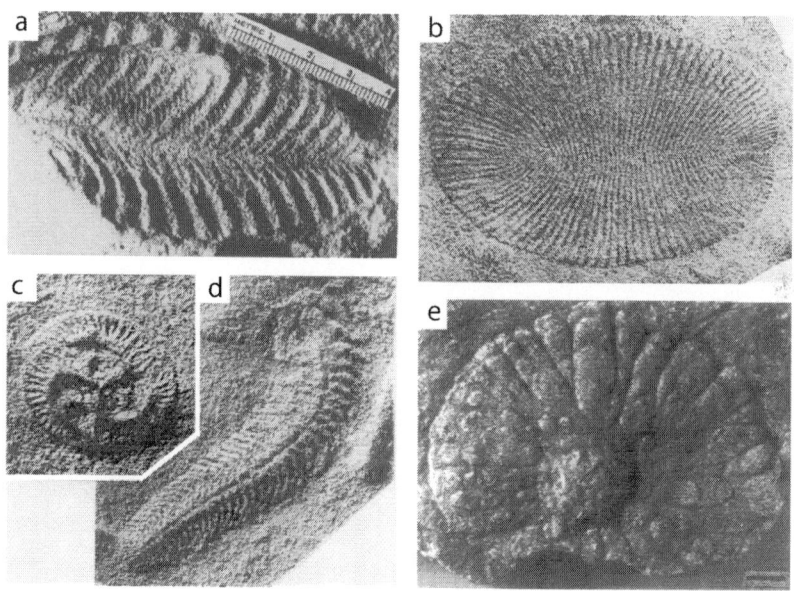

그림 2-15. 에디아카라 생물군. a) Rangea schneiderhoehni (×1.0), b) Dickinsonia (×1.0), c) Tribrachidium (×1.2), d) Spriggina (×1.7), e) Mawsonites (×1) [a) Miller (1983), b)~d) Stanley (1992), e) Schopf (1999)].

의 출현한 것은 원생대 말기이므로 그 이전 시대에 출현한 것으로 보고된 동물이 기어다닌 듯한 수 mm 크기의 생흔화석(Seilacher 등. 1998)에 의구심을 표하는 과학자들도 많다(Xiao, 2004).

본래 딱딱한 골격이 없는 생물은 화석으로 보존되기 힘들지만 에디아카라에서는 해저에 서식하고 있던 생물이 토사류와 같은 것에 휩싸여 갑자기 토사 속으로 매몰되어 화석이 된 것으로 보인다. 에디아카라 생물군에는 원시적인 다세포동물 화석을 많이 찾아볼 수 있는데 일견 현재 알려진 동물계와 유사한 것들도 많아서 현재 생존하는 문에 해당되는 자포동물(라니그리아)의 폴립, 해파리, 환형동물의 다모류, 또는 약간의 절족동물에 속한다는 견해도 있다. 그러나 이러한 유사성은 수렴현상5)으로 설명할 수 있는 것들도 많다. 반대로 현재 이들은 어떠한 동물군에도 속하지 않는다는 의견과 지의류라고 하는 견해도 있다(平野, 2006).

에디아카라시대 특유의 생흔화석에는 지표를 기었던 흔적만 있을 뿐 서식했던 장소의 화석은 발견되지 않았다. 이것은 당시 굴 안에 사는 생물은 없었으며 에디아카라의 생물들은 해저에서만 이동했던 생물군이라는 것을 시사한다. 이들 동물군은 현생대 동안 생물이 진화해가는 과정에서 시행착오의 산물로 출현한 것일지도 모른다. 또한 이 생물군에는 다세포동물이 많아서 산소농도의 증가가 생물의 대형화에 기여한 것이라고 보는 견해가 있다.

---

5) 수렴현상은 유연관계가 다른 생물 간에 상당히 비슷한 기관을 가지는 현상으로 유사한 생활양식 등이 그 원인이라고 생각되고 있다.

03

고생대의 지구표층환경

고생대(Paleozoic Era)는 현생누대의 처음이다. 고생대에 대륙배치의 변화와 중요한 환경 인자에 대해서 현생대 부분까지 포함하여 정리한 것을 이 책의 끝부분에 나타냈다.

3.1 선캄브리아시대와 캄브리아기와의 경계(Pc/C경계)

캄브리아기의 시작을 보여주는 모식지로는 캐나다 동쪽 끝에 위치한 뉴펀들랜드 섬에 있는 생흔화석 트레피처너스(Phycodes 속, pedum 종)의 포함된 지층이 최초의 지층이며 그 연대는 542Ma이다. 이 종은 해저를 기어 다니는 갯지네 같은 동물로 그 자체가 화석으로 남기는 어렵지만, 모래땅을 기어 다니거나 해저 밑으로 기어들어간 흔적이 생흔화석으로 남아 있는 것으로 추정된다.[1]

선캄브리아기 말기에서 캄브리아기 초기에 걸쳐서 인산염층이 퇴적된 데 이어 작은 껍데기를 가진 화석 그리고 트레피처너스가 순서대로 출현

---

[1] Pc/C경계를 나타내는 생흔화석은 예전에는 Phycodes pedum으로 표기되었지만 현재에는 Treptichnus pedum으로 표시하거나 Treptichnus(Phycodes) pedum과 같이 병기해서 표시하는 경우가 일반적이다. 그리고 실제로는 Pc/C 경계층보다도 하위에 있는 층에서 T. pedum가 산출된다는 보고도 있다(Gehking 등, 2001).

하고 있는 것을 자주 관찰할 수 있다. 캄브리아기 초기의 생흔화석은 해저로 기어들어갈 수 있는 확실한 골격을 지닌 생물이 지구표층환경시스템에 등장하여 새로운 시대가 도래했다는 것을 지시한다. 그 배경에는 생물활동에 필요할 만큼의 P_{o_2}가 충분하게 증가되어 생물의 대사활동이 활성화될 수 있는 환경이 마련되었기 때문이다.

3.2 캄브리아기(Cambrian Period)

캄브리아기(542.0~488.3Ma)의 모식지는 영국의 웨일즈(wales)에 있다. 캄브리아는 웨일즈의 옛 이름이다. 초대륙이었던 파노티아(Pannotia) 대륙이 분열하는 과정에서 로렌시아 대륙은 적도지역으로 곤드와나(Gondwana) 초대륙, 발티카(Baltica)대륙, 시베리아(Siberia)대륙이 주로 남반구에 위치하게 되었다(책 마지막 부분 대륙배치도). 로렌시아대륙, 발티카대륙 사이에는 이아페투스해(Iapetus)가 존재했지만 그 이외에는 기본적으로 판사랏사해(Panthalassicocean)가 광대한 면적을 점유하고 있었다.

캄브리아기 최초기는 원생대 후기(590Ma)부터 계속된 한랭기후가 두드러졌지만(Frakes 등, 1992), 그 이후 온난화하여 빙상도 사라지고 해수면도 높았던 것으로 추정된다. 캄브리아기 초기에는 증발암(암염이나 석고)의 형성이 촉진되었다. 단, 해수면이 단기적으로 변동했던 것으로 보아 남반구의 극 부근에 빙상이 존재했다는 설도 있다.

현재 세계의 고도분포를 보면 해수면 부근 면적이 상당히 넓다(그림 1-4). 캄브리아기초기는 해침이 진행되어 대륙주변부가 물에 잠기어 다양한 연안환경이 제공되었던 것으로 보이며, 해양에는 다양한 종류의 생물들, 특히 고생대를 대표하는 삼엽충이 출현하였다(책 앞 사진

2)(Fortey, 2000). 캄브리아기에는 동물의 '문'이 대부분 출현한 것으로 여겨지며 동물의 다양성이 한꺼번에 증대하였다(白山 편, 2000). 더욱 이 다양한 종류의 균류, 조류, 지의류 등은 존재했지만 땅 위에는 지금 우리가 보고 있는 것과 같은 식물은 아직 출현하지 않았다.

3.3 캄브리아기의 생명 대폭발

캄브리아기 최대의 특징은 특히 생물권에 두드러지는데, 이때는 현대 생물의 원형이 출현하여 '캄브리아기의 생명 대폭발'이라고 불린다 (그림 3-1). 이는 전 지구동결이 끝나는 것과 동시에 일어난 것으로 여겨지고 있으며 인산으로 대표되는 해수의 부영양화 등에 의해 생물진화를 촉진시키는 환경이 되었을 것으로 생각된다.

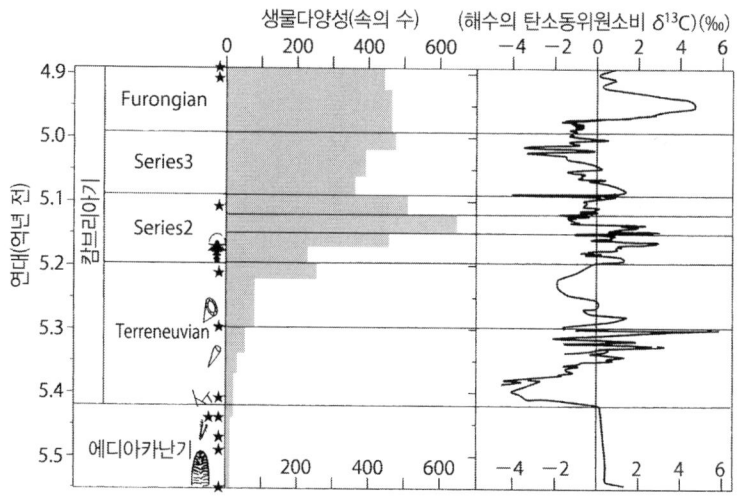

그림 3-1. 선캄브리아시대/캄브리아기 경계 부근에서 생물다양성과 탄소동의원소의 변동(Kirschvink and Raub, 2003을 수정). ★은 U/Pb 저어콘의 연대를 측정한 화산재층의 위치.

그러나 신형생물은 환경인자만으로 발생되는 것이 아니며 생물의 설계도인 DNA등의 진화가 불가결하다. 동결-융빙과 생물의 극적인 진화와의 인과관계에 대한 검증은 앞으로의 과제로 남겨져 있다.

캄브리아기 초기의 테레누브세 전기(Early Terreneuvian)에는 분류학적으로는 불분명하지만, 껍질을 지닌 작은 생물이 출현하였다. 이어서 캄브리아기 초기의 테레누브세 후반에서부터 제2세(Late Terreneuvian~Series 2, 약 528~510Ma)의 짧은 기간에 해면동물, 완족동물, 난체동물, 접족동물, 극피동물 등이 등장하였다(Kirschvink and Raub, 2003). 이 시기에는 아마도 현재의 분류군에는 속하지 않고 그 이후 전멸해 버린 생물도 많이 출현했다. 만약 캄브리아기의 지구표층환경 시스템이 아주 조금이라도 달랐다면 다른 생물군이 진화하여 현재와는 다른 생태계가 존재했을 가능성도 높다. 즉, 캄브리아기에 생물의 탄생은 그 이후의 생물권을 규정하는 생물탄생의 실험장이었다. 어찌 되었든 캄브리아기에는 자포동물에서부터 척추동물에 이르는 모든 동물문이 출현했다.

3.3.1 버제스(Burgess) 동물군

캄브리아기의 생명대폭발 직후 동물군은 캐나다의 브리티시 콜롬비아주의 로키산 안에 있는 버제스셰일 안에서 발견되었다(Briggs 등, 1991)(그림 3-2). 버제스 동물군은 당시 적도지역에서 캄브리아기에 들어와서 약 35Myr이 경과한 507Ma경에 퇴적된 층으로, 두께가 310m에 달하는 스테판(Stephan) 누층 중에서 2m의 셰일 내에서 집중적으로 나타난다. 셰일 그 자체는 혐기적인 환경에서 퇴적된 것으로 얕은 바다의 호

그림 3-2. 버제스 셰일군집을 대표하는 동물의 복원도. 출현하는 생물 속의 86%가 탄산염이나 인산염 등으로 이루어진 골격이 없는 생물이었다. 이들 생물군은 유기물에 의해 분해되어버리기 쉬워 화석으로 남기 어렵다. 이와 같은 현상은 캄브리아기 초기의 생물 일반과 일치하는 것이다. 해면류 : 1. 바우히아(Vauxia), 2. 쵸이아(Choia), 3. 피라니아(Pirania). 완족류 : 4. 니스시아(Nisusia), 다모류 : 5. 버게소카에타(Butgessochaeta), 6. 오티아(Ottia), 7. 루이젤라(Louisella). 삼엽충류 : 8. 올레노이드(Olenoides). 그 외의 절족동물 : 9. 시드네이아(Sydneia), 10. 레안쵸일아라(Leanchoilia), 11. 마레라(Marrella), 14. 브루게시아(Burgessia), 15. 요호이아(Yohoia), 16. 와프티아(Waptia), 17. 아이셰아이아(Aysheaia), 18. 스케넬라(Scenella). 극피동물 : 19. 에크마트크리누스(Echmatocrinys). 척색동물 : 20. 피카이아(Pikaia). 그 외 : 21. 하플로프렌티스(Haplophrentis), 22. 오파비니아(Opabinia), 23. 디노미스쿠스(Dinomischus), 24. 와이왁시아(Wiwaxia), 25. 아노말로카리스(Anomalocaris) (Briggs, 1991).

기적인 환경에서 서식하고 있었던 생물이 진흙과 함께 심해로 운반되어 점토질 퇴적물 안에서 급속하게 화석화된 것으로 보이며 보존 상태가 상당히 양호한 것이 특징이다(Morris, 1997).

　일반적으로 연체부만 지닌 생물이 화석화될 가능성은 상당히 낮다. 그러나 버제스셰일 생물군집에는 생물종 속의 86%가 딱딱한 골격 (biomineralized skeleton)을 가지고 있지 않다. 여기서 딱딱한 골격을 지니고 있어 화석이 되기 쉬운 삼엽충의 상대적 개체수는 이 셰일층에 서는 단지 4.5%뿐이다. 반대로, 일반적인 캄브리아기의 지층에서는 연체부는 분해되기 때문에 삼엽충의 상대적 개체수는 60%로 높아진다. 탄산염 껍질을 지닌 완족류도 30%나 되어 화석의 산출은 보존 상태로 판단했을 때 상당히 왜곡되었을 가능성이 있다. 참고로 현재의 해양생물의 경우 연체부만 가지고 있는 동물이 우점하고 있는데 그 종수나 개체수가 전체에서 점하는 비율은 약 60%에 이를 정도로 높다.

　버제스셰일 생물군집에 관해서 전체 약 30문으로 구분될 것으로 생각되는 동물군 중 약 65%에 해당하는 19개의 그룹이 현재의 어떠한 문에도 속하지 않는 것이었다. 화석생물의 생활양식을 살펴보면 오다라이아(Odaraia)의 꼬리는 이 동물이 유영생물이었던 것을, 해면류는 현재와 마찬가지로 수중에 있는 입자를 여과시켜 먹이를 섭취했다는 것을 지시하고 있다. 버제스셰일에 나타나는 생물의 대부분은 퇴적물 표면에 생식했던 것으로 추정되며 섭식양식은 퇴적물에 포함되는 유기물을 먹이로 하는 것이 60% 이상, 해저에서부터 10mm 이상 높이에서 수중의 현탁입자를 여과하는 것이 30%, 포식자와 부육식자가 10% 이하로 추측된다. 이들의 섭이행위는 연안에서도 해저부근의 물질순환이 두드러졌던 것을 지시하고 있다. 더불어 현재의 해양에서는 유기물 분해가 급속하게 진행되는 경계, 즉 유기물이 먹이가 되어 분해될 수 있는 장소는 유광층 바로 아래와 저층수/퇴적물 경계 두 군데이다. 버제스 동물군과 유사한 것은 중국의 등강(Chengjiang) 동물군, 그리고 이 이외에 미국, 스페인 등에서도 보고되었으며 기본적으로 범지구적 규모로 서식했던 동물군으로 생각된다.

3.3.2 포식압

포식의 개념은 복수의 생물이 생태계에 존재할 경우, 생물의 어느 개체가 다른 개체 전부 혹은 일부를 섭이하는 것으로 정의되며 포식은 하나하나의 개체단위에서 섭이를 나타낸다. 한편, 포식압은 개체가 아닌 개체군(군집)에 주는 압력으로 포식하거나 상처를 주거나 하는 것에 해당한다. 먹이가 되는 개체의 입장에서 보면 포식압이 높다는 것은 굉장히 위험한 상황이라 할 수 있다.

현재의 생물을 포식이라는 관점에서 본다면 원생동물 대다수는 한 마리가 식물 플랑크톤 등을 하나에서 많아도 몇 마리 정도밖에 포식할 수 없지만, 해면의 경우에는 해수를 여과하여 입자를 먹이로 하기 때문에 몇 천개 이상의 입자개체를 섭식할 수 있다. 자포동물인 산호 등은 저서성으로 고착생활을 하지만 먹이를 촉수로 낚아채서 내부의 소화기관으로 넣는다. 더욱이, 해파리들은 이동이 가능하여 사냥을 할 수 있는 단계까지 발달되어 있다.

버제스 동물군에도 이들과 유사한 것들이 있었다는 학설도 있지만 기본적으로는 캄브리아기 초기에 나타난 자포동물이 포식을 시작했다. 그 포식능력을 완성시킨 것은 좌우대칭동물이다. 빠르게 유영하는 능력을 습득했으며 입에는 턱과 이빨 등을 가지고 먹이를 찾을 수 있는 눈을 갖게 되고 또한 뇌를 가지고 있어 정보를 처리하고 운동할 수 있게 되었다. 좌우대칭 동물에는 기본적으로 해면, 자포, 우절동물문을 제외한 후생동물의 대부분이 포함된다.

이 시대에는 동물의 시각도 발달하였다. 기본적으로 동물이 '빛을 느끼는 것'과 '보이는 것'은 다르다. 더욱이 '보이는 것'은 보는 측이자 보이는 측이 된다는 의미가 있어서 포식자와 피포식자의 대립, 즉 공격과 방어에 적합하게 진화하는 계기를 낳게 된다. 선캄브리아 시대에는 빛을 느낄 수 있는 동물은 있었지만 상대를 확실히 인식할 수 있는 동물의 눈은 존재하지 않았던 것으로 추측되고 있으며 캄브리아기에는 눈으로 인식되어 포식될 가능성이 높았다(Parker, 2003). 다세포동물의 95% 이상은 눈을 가지고 있다.

원생대 후기에 몇몇 동물은 석회화된 각질을 가지고 있었다는 보고가 있지만 진정한 의미에서 골격이 방어의 도구로서 기능하게 된 것은 캄브리아기에 들어와서부터다. 포식자로부터 몸을 지키는 방법은, 1) 조개껍데기같이 외골격으로 방어하거나, 2) 퇴적물 안으로 파고들어서 숨거나, 3) 운동능력을 키우거나 하는 방법 등이 있다.

3.3.3 삼엽충(Trilobite)

삼엽충은 고생대에만 살았던 대표적인 절족동물로서 캄브리아기 초기(521Ma)에 출현하여 페름기 마지막에 절멸(멸종)하였다(책 앞 사진 2). 5000종 이상이 존재했으며 가장 융성했던 시기는 고생대 초기였다고 여겨진다(Parker, 2003). 삼엽충은 기본적으로 모든 절족동물과 관련되며 절족동물의 중요한 특징인 견고한 각질(외골격)의 원형을 가지고 있었다. 이 각질은 후에 곤충류로 진화했다. 삼엽충은 많은 체절(몸마디)을 가지고 있었으며 각각의 몸마디에 1쌍의 다리(부속지)가 갖추어져 있었다(책 앞 사진 2). 배판(등딱지)은 세로 방향으로 중앙에는 중엽(axis)이 있고 좌우에는 쌍으로 되어 있는 측엽(pleura)으로 구성되었으며 이 세로로 나눠진 세 가지 구분이 삼엽충이라는 이름의 어원이 되었다.

삼엽충은 겹눈을 가지고 있으며 이것으로 먹잇감을 찾았을 것으로 보인다. 이 겹눈은 광물인 방해석으로 구성되어 있었다. 아마도 눈을 지닌 최초의 동물이라 추측되고 있다(Parker, 2003). 버제스 동물에도 눈을 지닌 동물은 있었지만 절족동물 외에는 그 수가 적었다. 포식자에게 공격받았던 상처(상흔)의 흔적이 화석에서 발견된 것을 보아 삼엽충은 포식자임과 동시에 피포식자이기도한 먹이사슬에서 중간 정도의 위치에 있었던 것으로 보인다. 대부분의 삼엽충은 포식-육식성이었던 것으로 보이며 다른 다세포동물의 생체나 사체를 섭이했던 것으로 추측된다.

선캄브리아 말기로 에디아카라 생물군에서는 딱딱한 골격이 없는 연체성의 원시 삼엽충이 보고되었다. 이들 원시 삼엽충의 전체구조는 캄브리아기의 삼엽충과 동등하지만 탄력성 있는 피부로 덮여 있었다. 원시 삼엽충은 채식성으로 해저에 자라는 조류를 평상시에 먹었고 때때로 동물의 사체도 섭이했지만 당시에는 피포식자에 가까웠을지도 모른다. 그러나 캄브리아기의 도래와 함께 겹눈을 지니게 되어 포식하는 비율이 높아진 것일지도 모른다(Parker, 2003).

사상 최대의 절족동물은 고생대의 바다에 생식하고 있었던 바다전갈(Eurypterida)로서 몸길이가 2m, 체중이 180kg에 달하는 육식동물로 삼엽충 등을 포식하였다. 캄브리아기에 등장해서 실루리아기와 데본기에 번성했으며 고생대 말기에 절멸했다.

3.3.4 인산과 탄산칼슘

캄브리아기에 들어가면 인산염각질을 지닌 생물이, 그 다음에 바로 탄산염각질을 지닌 생물이 급속도로 발전해갔다. 이들 경조직은 칼슘과 인산 혹은 탄산이온의 화합물이지만 칼슘이온은 동물의 신경계나 근육계에 있어 가장 중요한 원소로 생물의 구조가 고도화되기 위해서는 빠질 수 없는 원소이다. 칼슘은 현대에 포유류에 있어서 1) 기계적인 강함 즉, 무기물질을 구성하고, 2) 생체막에 포함되어 막의 구조안정성과 투과성을 유지하며, 3) 근육의 자극과 수축에 관계하며, 4) 외분비나 내분비선의 자극과 분비에 관련하고 있다. 게다가 체내에서 칼슘의 대사는 인산대사와 밀접하게 연결되어 있다. 즉, 인산칼슘($Ca_3(PO_4)_2$)에 의한 뼈의 정상적인 형성과 유지를 위해서는 칼슘과 인산이 충분히 공급되어야 한다. 이로 인해 부갑상선 호르몬을 포함한 내분비계의 시스템이 작용하여 정상적인 뼈가 형성된다. 따라서 인산염과 탄산염이라는 두 가지 광물질로 이루어진 경조직은 1) 몸을 유지하거나, 2) 포식자로부터 몸을 방어하기 위한 기능 이외에도 3) 칼슘이온의 비축이라는 역할도 맡았다고 생각된다.

인산염 골격을 지닌 생물이 먼저 출현한 것은 선캄브리아시대가 끝날 무렵부터 대륙이 발달하게 되고 그 대륙지각에 풍부했던 인이 풍화작용으로 인해 바다로 유입된 것에 원인을 두고 있다. 또한 빙하작용이나 지각변동에 수반되어 심해로부터 인산이 풍부한 수괴가 용승하여 1차 생산이 급격하게 증가하고 그 결과 먹잇감이 풍부해졌기 때문이라는 학설도 있다. 그러나 탄산염 골격을 지닌 생물이 나중에 출현하였는가에 대해서는 잘 알려지지 않았다.

3.3.5 분자진화속도에 따른 진화연대 추정

이미 기술한 바와 같이 '캄브리아기의 생명 대폭발'은 생체 경질부분의
발전을 가져와 단기간(543-538Ma)에 모든 동물문이 일제히 경조직을 진
화시키게 되었다. 그러나 동물문의 몸을 제작하는 설계도는, 화석으로
증명된 것보다 120-500Myr 이전, 즉 실제로는 원생대 후기에 연조직을
지닌 생물로 진화했을 가능성이 지적되고 있다(그림 3-3). 분자시계 해석

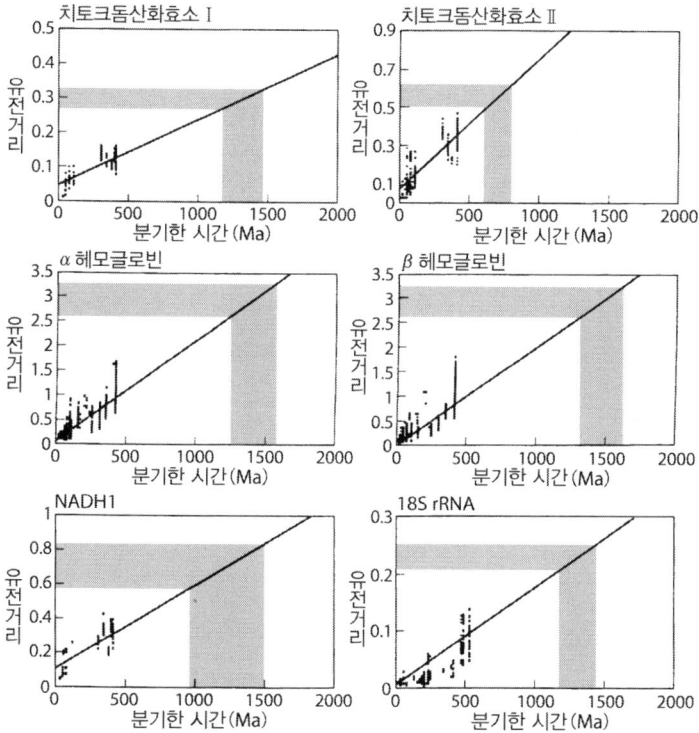

그림 3-3. 치토크롬 산화효소, 헤모글로빈, NADH, 18S rRNS 등의 분석을 기초로 한 분
자시계(Wray 등, 1996). 회색 부분은 신구(新口)동물과 대표적인 구구(旧口)동물(탈피
동물·관수동물)을 실제로 측정한 염기배열을 기초로 한 유전자거리를 나타낸다. 해당되
는 두 종류가 최후의 공통조상으로부터 분기된 시대(Ma)는 가로축의 회색으로 나타난
부분으로부터 추정할 수 있다.

에 근거하면 구구(旧口)동물과 신구(新口)동물의 나누어진 분기점은 헤모글로빈 유전자에 근거했을 때는 1600Ma, 치토크롬 산화효소Ⅱ에 근거하면 800Ma가 되어 에디아카라 생물군의 시기보다 앞선다(Wray 등. 1996). 또한, 구구동물의 경우 초기 배엽에 형성된 원구(원래 입)가 그대로 입이 되어 발생하지만 신구동물의 경우 항문이 된다. 전자는 환형동물(지렁이 등), 연체동물(오징어, 문어 등), 절족동물 등이, 후자는 극피생물(성게, 불가사리 등), 척색동물이 포함된다. 분자진화속도가 척추동물과 다른 동물 사이에 차이가 있었을 것이라는 지적이 있지만 지금까지 공표된 모든 분자시계에 의한 추정은 동물의 다양화가 화석에 의한 증거보다 훨씬 더 전에 시작된 것임을 지시한다. 이런 사실이 인정된다면 생물은 경조직 이외의 중요 부분에 대한 설계도를 이미 원생대 후기에 준비하고 있었다는 이야기가 된다.

3.3.6 척색동물(Chordata) 및 척추동물(Vertebrata)의 성립

척추동물은 다수의 추골이 연결된 척추를 갖는 동물군으로 이것과 가까운 원색동물을 합한 것이 척색동물이다(松井편, 2006). 원색동물에는 머리의 앞부분에서부터 꼬리의 끝까지 척색이 있는 두색류(Cephalochordata, 활유어와 유사)와 유생일 때만 꼬리 부분에 척추를 가지는 멍게류인 미색류(Urochordata)가 있다. 척추동물 아문에 포함되는 강에는 무악동물 아문, 악구상강(유악동물에 대응)이 있고, 후자에는 어형상강과 사지동물상강으로 분류된다. 어형상강에는 연골어강, 강골어강이 있다. 사지동물상강에는 양생강(Amphidia), 파충강(Reptilia), 조강(Aves), 포유강(Mammalia)이 포함된다(松井편, 2006).

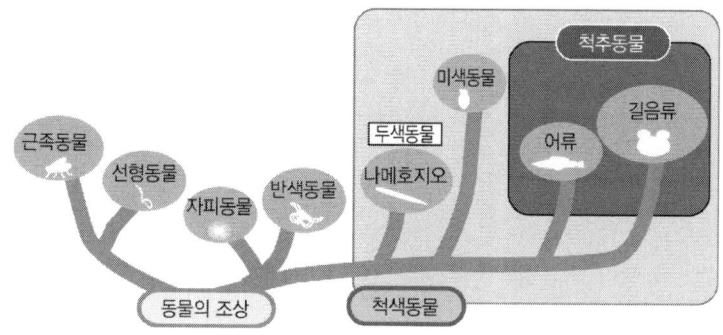

그림 3-4. 척추동물의 기원과 진화에 대한 가설(Putnam 등, 2008). 해저에서 고착된 채 촉수를 사용해서 포식한 이끼류와 같은 조상으로부터 촉수와 아가미를 가진 익새류를 거쳐, 아가미로 포식을 하도록 발달하였으며, 여러 개의 아가미를 가진 멍게류(동물)로 진화하였다. 꼬리(뒷지느러미)에 척추를 가지고 자유롭게 헤엄칠 수 있는 멍게류의 유충으로부터 활유어 형태의 척추동물이 되고 원시적인 척추동물로 진화했다. 또한 최근 들어 사람 등과 같은 척추동물의 조상은 멍개류가 아니라 활유어류이고, 멍게류는 독자적으로 진화한 방류라는 것을 알았다.

멍게는 미색류에 속하며 성체는 해저의 바위 등에 고착해서 생활한다. 척색동물의 특징인 내주나 아가미새틈(수중에서 산소를 얻거나 먹이를 거르는 데 쓴다), 심장, 생식기관, 신경절, 소화기관 등을 가지고 있다(그림 3-4)(佐藤 편, 1998). 멍게는 체내에서 셀룰로오스를 생산할 수 있는 유일한 동물이다. 한편, 활유어는 두색류에 속하며 몸길이가 3-5cm로 반투명한 몸을 지니며 '멍게'와 같은 기능을 가지고 있다. 심장은 없고 폐쇄혈관계이기는 하지만 혈액이 부분적으로 순환하여 체내 물질의 순환을 유지하고 있다(安井·久保川, 2005).

활유어는 평생 척색(머리에서부터 꼬리까지 발달해 있는 봉처럼 생긴 근육조직)을 지니지만 대부분의 척추동물은 발생시에 척추(등뼈)가 형성되면 척색은 잃고 많다. 척추동물은 뇌와 척수가 두골과 척추로 보호받지만 활유어는 그렇지 않다.

활유어는 '척색'이라고 하는 진화상 등뼈의 기반이 되는 구조를 지니는 학술적으로 중요한 생물이다. 활유어의 유전정보(게놈) 해독에 의하면 활유어의 게놈의 크기는 사람의 6분의 1로 약 2만 1600개의 유전자로 특정되어 있다. 이 중 1090개의 유전자를 멍게와 비교했을 때 활유어가 멍게보다 빨리 출현했으며 원시적인 것이라는 점이 명확해졌다.

유전자의 6할이 사람과 공통적이며 배열의 순서 또한 비슷하다. 이러한 사실들로부터 사람과 같은 척추동물의 선조는 멍게류가 아닌 활유어류이며 멍게는 독자적인 진화를 이룬 '방류'라는 사실을 알았다(그림 3-4)(Putnam 등, 2008). 활유어에 가까운 화석은 520Ma전의 지층에서 보고되었다(Shu 등, 1996). 한편, 멍게류의 화석도 520Ma의 지층에서 발견되었다(Shu 등, 2001; Chen 등, 2003). 피카이아(두색류 Pikaia)는 몸길이가 약 5cm 정도로 507Ma경에 퇴적된 것으로 버제스동물 군에 속하며(그림 3-2), 활유어와 많이 닮았다고 묘사되는 경우가 많다. 피카이아는 원시적인 척색을 지니지만 호흡기나 섭식기관은 활유어가 더욱 발달되었다.

척추동물의 출현에 이르는 과정에서는 에너지원으로 중요한 먹이를 얻기 위한 아가미와 운동을 위한 척색 모두를 지니는 것이 척추동물의 진화에 있어 중요했었다고 할 수 있다.

3.4 오르도비스기(Ordovician Period)

오르도비스기(488.3-443.7Ma)의 모식지는 영국의 웨일즈에 있으며, 고대 켈트부족에서 유래한 이름이다. 이때는 발티카대륙, 시베리아대륙이 북상했으며 로렌시아대륙과 발티카대륙 사이에는 이아페투스해가 있었고, 곤드와나 초대륙 사이에는 고 테티스해(Tethys)해가 넓혀져 있어 북반구의 대부분은 판사랏사해를 이루고 있었다(이 책 마지막 그림).

오르도비스기 동안 해수면은 다른 시대와 비교해서 기본적으로 높았으며 기후는 적어도 저위도 지역에서는 캄브리아기 중기부터 오르도비스기 중기까지 온난했다(Frakes 등, 1992). 해수 중의 $^{87}Sr/^{86}Sr$비는 해령 열수활동과 대륙 풍화량의 상대적인 강도를 나타내는 지표이지만 캄브리아기/오르도비스기 경계 때부터 급속하게 감소하여 오르도비스기 중기에는 급격히 낮아지고 오르도비스 후기에는 최솟값을 나타냈다. $^{87}Sr/^{86}Sr$비가 높아졌을 때에는 해수면은 낮고, 반대로 $^{87}Sr/^{86}Sr$비가 낮아지게 되면 해수면은 높아지는 등 양자는 쉽게 말해 역상관 관계에 있기 때문에 해령의 활동을 반영한 것이라고 생각되고 있다(그림 1-5, 그림 7-8). 또한 슈퍼플룸 활동도 활발했다는 보고도 있어 적어도 오르도비스기 중기까지는 플룸과 해령 모두 화산활동에 동반된 p_{CO_2}의 상승이 온실효과를 높여 온난한 기후를 가져온 것으로 추정된다.

대개 높아진 해수면에 의해 대륙주변에는 얕은 바다가 펼쳐지게 되었고 비교적 저위도 지역에 탄산염이 퇴적되었다. 쇄설성 퇴적물이 적은 것으로 보아 대륙의 침식은 진전되지 않았고 지형의 기복도 적었던 것으로 추정된다. 오르도비스기의 해수 중 Mg/Ca비는 현생대에서 나타난 최솟값에 가깝고 해령에서의 활발한 열수활동이 원인이었던 것으로 보인다. 이것에 의해서 생물기원 탄산염의 생산은 아라고나이트(aragonite)보다도 방해석이 많이 만들어졌다. 산호자체는 캄브리아기에 나타났지만 오르도비스기에는 산호초를 만들고 번성했다.

오르도비스기의 최후기가 되면 곤드와나 초대륙의 중심은 남극지역까지 이르러 빙하기가 진행된다. 이 빙하기는 오르도비스기 중기 후반(다리윌기, Darriwilian) 때에 시작하여 후기 중기(카티기, Katian)즈음에는 남위 50도에서부터 고위도 지역에 걸쳐 빙하가 확대되고, 오르도비스기 최후기에는 위도 40도 주변까지 확대된 것으로 보인다. 그에 따른 해수면의 하강은 약 100m 정도인 것으로 사하라사막에서 보고되었다. 이 한랭화 때의 환경과 p_{co_2}와의 관계는 현재 명확하게 알려진바 없다.

유기물의 침적에 대해서 유럽에서는 캄브리아기 중~후기, 오르도비스기 전기, 오르도비스기 후기에는 유기물이 풍부한 셰일이 보고되어 있다. 특히 캄브리아기 후기에는 대륙의 서쪽에서 용승에 동반된 1차 생산의 증가가 있었던 것 같다.

생물권에서는 캄브리아기에 출현한 동물군에서 보다 새로운 고생대의 동물군으로 바뀌어갔다. 캄브리아 초기에 출현한 삼엽충 그룹은 캄브리아 말기에는 멸종 직전까지 갔지만 오르도비스기 초기에는 새로운 그룹이 출현하여 오르도비스기에 다시 대번성하였다. 오르도비스기는 필석류시대라고도 불리는데 필석은 오르도비스기 초기에 출현했으며 두족류인 오우무조개와 그 외 산호류도 이때 출현했다. 또한 오르도비스기에 출현한 삼엽충, 필석, 산호와 같은 이른바 고생대 동물군은 해양 순환이 좋고 산소농도가 높은 곳에서, 캄브리아기 때부터 살아남은 캄브리아동물군은 빈산소지역에 생식하여 각각 다른 해양환경을 선호하여 살았던 것 같다(Sepkoski, 1981). 최초의 식물은 오르도비스기 중기에 육상으로 진출했다.

오르도비스기의 최후에는 빙상발달에 따라 대규모로 해수면 저하가 일어났으며 천해지역은 육지가 되어 천해지역을 주 생식장소로 삼았던 완족동물, 삼엽충류, 이끼류동물 등과 같은 저서생물이나 조초산호 등이 절멸하였다. 그 이후 상황이 바뀌어 빙상이 용해되고 해수면이 급격하게 올라갔다. 오르도비스기 말기의 생물멸종은 현생대에서 가장 심했던 생물멸종로서 5대 대량멸종의 하나로 간주된다(그림 1-6)(Hallam and Wignall, 1999). 이때의 대량멸종로 해양생물의 약 60%가 사라졌다.

3.4.1 어류의 출현과 발전

어류는 자유롭게 물속에서 헤엄치는 척추동물로서, 지느러미(fin)를 지니고 있으며 아가미(gills)로 호흡한다(그림 3-5). 그러나 골격화석 정보만으로 어류의 출현을 특정하는 것은 상당히 어렵다고 알려져 있다

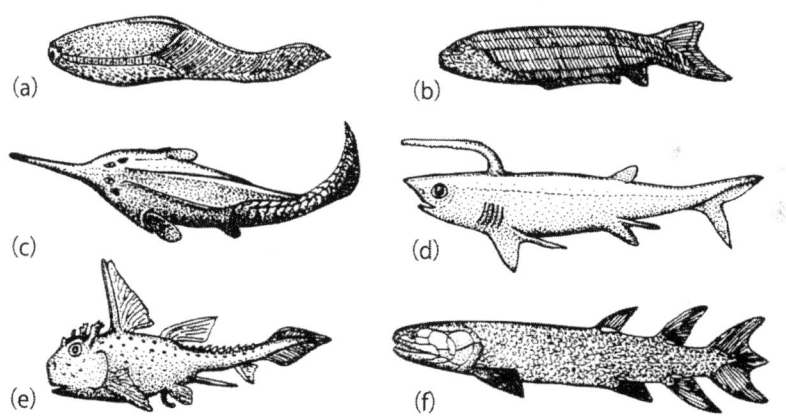

그림 3–5. 무악류(a–c)와 유악류(d–f)를 포함한 주요 어류의 다양성(Long, 2003). (a) 물고기지만 가슴에 지느러미 등이 없는 오르도비스기의 아란다스피스(Arandaspis). (b) 아직 쌍으로 이루어진 지느러미가 없었던 실루리아기의 비루케니아(Birkenia). (c) 뼈와 같은 등딱지로 덮여 있었던 데본기의 비트리아스피스(Pituriaspis). (d) 등에 뿔과 같은 것이 있는 연골어인 석탄기 때의 팔카투스(Falcatus) (e) 연골어인 석탄기의 에키노키마에라 (Echyinochimaera). (f) 육기강인 유스테놉테론(Eusthenoperon).

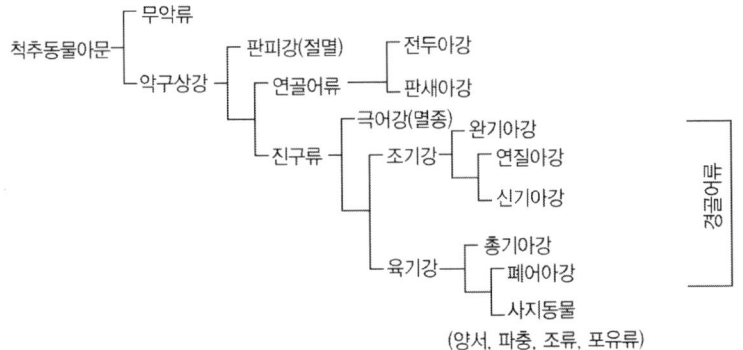

그림 3-6. 어류의 분류(矢部, 2006을 개편). 현재 몇 가지의 분류법이 제안되어 있으며, 예를 들면 경골어강으로는 조기아강, 폐어아강, 총기아강, 완기아강으로 하는 경우도 있다. 본문 중에서도 '류'로 표현한 부분도 있다.

(Forey and Javier, 1993).

오르도비스기 초기 물고기로는 현재의 물고기와는 상당히 다른 형태를 하고 있었던 아란다스피디포메스(*Arandaspidiformes*, Young, 1997) 등이 유명하다. 최초로 무악류 어류가 오르도비스기 중기에 출현한다. 아페돌레피스(*Apedolepis*), 테라스피스(*Pteraspis*) 등은 그후 실루리아기, 데본기 초기의 해양이나 적은 양이긴 하지만 담수역에 생존했었다. 많은 종류의 무악류 어류는 실루리아기와 데본기에 걸쳐서 진화했다(그림 3-6).

3.4.2 무악류의 등장

가장 원시적인 어류는 턱이 없는 무악류라 불리는 물고기이다. 칠성장어는 이 그룹의 자손으로 입에는 턱도 이빨도 없고 한 쌍의 지느러미도 없다. 연골은 머리와 지느러미 주위이외에는 발달하지 않는다.[2] 칠

---

2) 칠성장어는 생긴 것이 비슷하다는 이유에서 '장어'라는 이름이 붙어 있는데 실제로는 어류가 속하는 장어(장어목 장어과 Anguillidae)와는 전혀 다른 동물이다. 이 동물은

성장어의 유생은 동그란 입을 벌려 물을 빨아들이고 그것을 7개의 기공에서 내뿜어 현탁물이나 미생물 등을 걸러냄으로써 먹이를 얻는다. 성체는 젤라틴으로 된 빗과 같은 이빨을 가지고 있어 체액을 빨아먹으며 생활한다.

고생대 전기의 무악류도 마찬가지로 현탁물이나 미생물 등을 걸러냄으로 먹이를 얻었다고 추정된다. 또한 당시 무악류의 대부분은 위장이 없었으며 유영능력이 떨어지는 동물이었다. 현재 생식하는 무악류와의 큰 차이는 당시의 무악류는 피갑이라는 뼈로 된 껍데기로 쌓여 있었던 점이다. 이로 인해 '갑피류'라고도 불린다.

무악류는 오르도비스기 때 해양에 출현했지만 데본기 이후에는 주로 담수에서 진화하였다. 그 이후 출현한 판피류 등(턱뼈를 지닌 최초의 어류-척추동물의 일종)의 번영으로 인해 서식지를 빼앗겨 데본기 후기에 대부분이 절멸하였다(그림 3-6).

3.4.3 식물의 육상 진출

고생대 초기의 육상 환경은 특히 습한 육지의 표층은 시아노박테리아 등으로 덮여 있었을 것으로 추정된다(Gray, 1993). 점차 수 cm의 잔디와 같은 높이까지 진화했으며 실루리아기 후기에는 식물체의 길이와 직경이 더욱 증가하여 데본기 중기에는 많은 유관속식물의 원형이 나타났다(그림 3-7).

식물이 본격적으로 육상으로 진출한 것은 오르도비스기 중기(470Ma)에 시작되었으며 1) 수분에 대한 내성, 2) 대기를 통한 종자의 산포,

---

좌우 양쪽에 각각 7개의 아가미 구멍을 볼 수 있는 점으로 진짜 눈을 합해서 '여덟 개의 눈을 가진 장어'라고도 불린다(實吉, 2008).

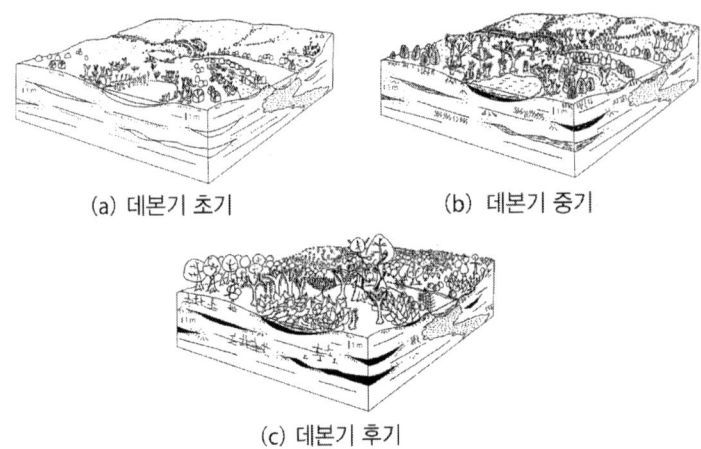

(a) 데본기 초기   (b) 데본기 중기

(c) 데본기 후기

그림 3-7. 복원된 데본기의 경관(Scheckler, 2003년을 수정)

3) 대기 중 저산소 농도와 강한 자외선 양에 내성이 강할 필요가 있었다(Edwards, 2003). 식물체에 중요한 화합물인 리그닌은 특히 자외선 흡수체가 되는 전구물질에 의해 진화한 것으로 추측된다.

현존하는 광합성 생물에는 시아노박테리아, 조류(algae), 이끼식물(Byrophytes), 유관속식물(Tracheophytes) 등이 있으나 그중 유관속식물이 가장 육상서식에 성공한 식물로 여겨진다.

3.5 실루리아기(Silurian Period)

실루리아기(443.7-416.0Ma)는 27.7Myr 동안 계속되었다. 실루리아기 초기, 남반구에는 곤드와나 초대륙이 존재하여 오르도비스기와 마찬가지로 남쪽으로 이동하고 있었다. 빙상의 발달은 오르도비스기 때보다 못했으며 북반구에는 변함없이 광대한 판사라사해가 있었다.

적도부근에는 시베리아대륙, 로렌시아대륙, 발티카대륙이라고 하는 중간 정도 크기의 세 개의 대륙, 그리고 약간 남쪽에 아바로니아대륙이라고 하는 소대륙이 있었다. 곤드와나 초대륙과 이들 대륙과의 사이에는 고 테티스해가, 대륙과 대륙 사이에 이아페투스해가 좁고 얕게 펼쳐져 있어서 많은 생물이 번성하였다. 현재의 영국의 웨일즈와 아일랜드는 아바로니아대륙의 일부로 캄브리아기에 곤드와나 초대륙에서 분리하여 북상한 것이다. 스코틀랜드, 북미대륙 일부와 그린란드는 로렌시아대륙의 일부였다. 발티카대륙은 노르웨이, 북유럽, 러시아의 우랄 서쪽이었다. 실루리아기 말(420Ma까지)에 이들 세 개의 대륙은 충돌하여 이아페투스해는 소멸되었고 유라메리카(Euramerica)대륙(로렌시아대륙이라고도 함)이라고 하는 대륙이 형성되었다(책 마지막 그림).

오르도비스기 후기부터 실루리아 초기까지 기후는 한랭했다. 실루리아기 초기에 빙하의 최전선은 위도로 50도 정도까지 확대되었지만 그 이후 저위도로 후퇴해갔다. 이 한랭화로 인해 탄산염의 침적도 억제되었다. 현재도 산호 혹은 유공충 등의 생물기원 탄산염을 만드는 생물은 대개 온난한 지역에 많다. 한편 적도지역에는 대개 온난하고 수심도 얕았기 때문에 많은 생물이 번영하였다.

그 후에 실루리아기 후기에서부터 데본기를 거쳐 석탄기 초기까지의 약 1억 년은 온난한 기후였다. 탄산염의 침적은 실루리아기 초기의 위도 약 35도에서부터 데본기에는 대개 중위도, 석탄기 초기에는 위도 50도까지 확대되었다(Frakes 등. 1992). 일반적으로 탄산염 생산은 해양에서 대기로 CO_2를 방출하는 효과가 되어 온난화에 대한 긍정적 피드백이 된다. 이러한 탄산염 생산 프로세스는 온난화가 계속되는 데에 어느 정도 기여한 것으로 여겨진다.

육상에서는 오르도비스기에 최초의 식물이 출현했고 실루리아기에 발전했다. 이 시점에서 식물은 유관속 혹은 그와 유사한 수분·영양분을 수송하는 조직이나 육상에서 부력에 의지하지 않고 중력에 대항하여 몸을 지지하는 조직, 건조한 기후로부터 방어할 수 있는 시스템으로까지 진화했다.

3.5.1 원시적 악구류의 등장

화석기록에 의하면 턱의 출현은 치아의 출현보다 앞선다(松井 編, 2006). 척추동물(악구상강, Gnathostomata)에는 턱과 치아가 존재하는 최초의 어류가 포함된다. 턱과 이빨을 둘 다 갖게 된 최초의 척추동물은, 실루리아기 초기에 출현한 극어류(Acathodii)다(그림 3-6). 극어류는 다수의 침을 지닌 어류로서 실루리아 초기에 해양에 출현하여 데본기에는 담수지역에서 번성했지만 고생대 말기(페름기 후기)에 절멸하였다. 경골어와 연골어에 공통적인 특징을 갖고 있다. 턱과 치아의 성립은 척추동물의 진화에서 큰 진보로 그 후 데본기에 출현한 연골어류, 경골어류로 이어져갔다(그림 3-6). 턱을 지닌 동물은 사족동물(Tetrapoda)을 포함하여 악구류라고 부른다.

악골은 무악류가 섭이활동을 할 때 보조역할을 하는 시공의 주변에 망 모양으로 존재하는 연골의 일부가 근육과 함께 발달하여 먹이를 얻기 위해 활발하게 움직이는 개폐장치로 진화한 것이다. 시골 위에 있는 상아질의 결절이 먹이를 잡는 돌기로 발달하여 최종적으로 턱 위의 이빨이 되었다(三木, 1989). 또한 입을 열고 닫는 데에 더욱 힘이 필요해졌고 결국에는 턱이 되었다고 생각된다. 턱과 이빨은 이렇게 함께 진화한 것이다.

실루리아기 초기에는 턱을 가지며 뼈의 돌기가 치아의 기능을 했던 판피류(Placodermi)도 출현하였다. 판피류는 턱에 뼈를 지닌 최초의 척추동물이다. 뼈로 되어 있는 아래턱과 두개를 결합한 위턱을 지니고 턱뼈가 이빨 형태의 돌기가 되어 이것으로 먹이를 포획하였다. 두부에서 흉부에 걸쳐 큰 피갑으로 쌓여져 가슴지느러미, 배지느러미를 가지고 있으며 수영도 잘했던 것으로 알려져 있다. 초기의 악구류 중에서 가장 성공한 것은 판피류이며 실루리아기 초기에 출현하여 데본기 중기-후기에 가장 다양해졌으며 석탄기에 절멸했다.

3.5.2 연골어류의 등장

연골어류는 경골을 지니지 않고 연골만으로 된 골격을 지녔다. 연골은 연골기질(세포외 기질)과 그 안에 점재하는 연골세포로 구성되어 전체를 연골막이 감싸는 구조이다. 연골기질은 주로 콘드로이친 유산 등 많은 당쇄(chain)가 결합한 당 단백질의 일종인 프로테오그리칸(proteoglycan)으로 구성된다. 콘드로이친 유산에는 수화수가 결합하기 쉽기 때문에 연골은 일반적으로 풍부한 수분을 포함한다. 연골은 괜찮은 지지력과 유연성을 지니는 조직으로 필요에 의해 석회화하며 경질의 석회화 연골이 되기도 한다. 기본적으로 무악류, 반피류, 극어류는 체표면에 갑피를 지니는 한편 체내부에는 척색이나 연골로 골격구조가 유지된다.

연골어류는 잘 발달한 턱과 이빨을 지니고 가슴지느러미와 배지느러미의 2쌍의 지느러미를 지니며 몸의 표면에는 튼튼한 순린 혹은 피지로 불리는 비늘로 덮여 있어서 원시적인 악구류의 특징을 가진다. 또한 부레가 없기 때문에 간장의 간기름으로 부력을 조절한다. 연골어류는 현재의 상어·가오리류를 포함한 판시아강과 전두아강의 두 가지로 분류된다. 후자는 대부분이 화석종이 되었으며 현재는 은상어목 등이 대표적이다. 연골어류의 특징인 연골은 장시간에 걸쳐 분해되는 경향이 있기 때문에 상어류의 화석은 대부분 이빨 밖에 남아 있지 않는 경우가 많다. 화학 물질적으로는 인산염광물인 하이드록시아파타이트 수산인회석(Hydroxylapatite, $Ca_5(PO_4)_3(OH)$)이 주성분이다.

판시류는 몇 백 개의 치아가 살아 있는 동안 계속해서 나온다. 진화한 종류에는 각각의 식성에 맞춰서 여러 가지 형태의 이빨을 턱에 나오도록 발달시켰다. 현재의 상어는 평균적으로 평생에 약 2만 개의 이빨이 나오지만 고생대의 상어는 그 정도는 아니었던 것으로 여겨진다. 가장 오래된 상어와 유사한 화석은 오르도비스기 후기 혹은 실루리아기 초기에 출현했는데 이빨이 없었던 것으로 보인다. 가장 오래된 상어의 이빨은 데본기 초기에 보이기 시작했으므로 그 차이는 약 30Myr 정도이다. 데본기 중기 동안에 치아화석은 지구적인 규모로 확인되며 데본기 후기에는 50종류 이상의 상어에서 확인되는 것처럼 시대와 함께 진화하였다. 상어는 고생대 후기 그리고 중생대에 분화하여 다양화되었다(Long, 2003). 신생대 제3기 중기에 보이는 거대한 상어는 치아의 높이가 18cm나 되고 몸길이는 15m나 되는 것까지 나타났다.

3.5.3 경골어류의 등장

현재 '물고기'는 일반적으로 경골어류(Osteichthyans)로 지칭되며 이 그룹은 현재 해양에서 가장 번성하고 있다(그림 3-6). 경골어류의 특징은 그 이전의 어류와는 달라서 내부골격으로 연골뿐만 아니라 경골을 발전시킨 것이다. 뼈는 인회석으로 되어 있으며 정지해 있을 때와 운동

할 때 몸을 지지함과 동시에 Ca를 저장하는 역할도 한다. 경골어류는 산소호흡 때문에 부레나 폐를 지니고 있는 것도 큰 특징이다. 수중에서는 부력이 있기 때문에 뼈가 연골이어도 충분히 대응할 수 있지만 경골은 육상생물에게 있어서는 불가결한 것이다. 폐도 수중생활에서 육상생물로 진화하기 위해서 필수가 되었다.

경골어류는 딱딱한 뼈가 있는 어류로 거의 진골류와 같아서 실루리아기 후기까지 출현했다. 이 종류들은 방사상 조직인 지느러미를 지니고 있으며 현재 생존하고 있는 물고기의 99% 이상의 지느러미는 이 형태이다. 또한 현재 생식하는 많은 어류를 과(科) 수준으로 구분하면 백악기까지 출현했다.

3.5.4 곤충의 등장과 동물의 육상 진출

현재 육상동물은 해양동물보다 다양성이 높다. 그 주된 이유는 동물의 70%를 차지하는 곤충의 존재에 있다. 곤충은 절족동물문(門)에 속하는 최대 동물강(綱)(Insecta)이며 그 종수로는 현재 100만 종 이상인 것으로 알려져 있다.

곤충은 기본적으로 육상에서 진화한 생물로 그 대부분이 현재도 육상에 서식하고 있다. 수분의 유지와 산소호흡 등 몸의 기구를 진화시키면서 해양에서 육상으로의 진출을 이루어 냈다(Little, 1983).

동물의 육상진출은 화석본체와 생흔화석으로부터 평가할 수 있다. 가장 오래된 육상동물의 화석본체는 실루리아기 후기지만 육상에 남겨진 생흔 화석은 오르도비스기의 지층에서 보고되었다(Jeran 등, 1990). 초기 육상생물은 기본적으로 수중에 서식하면서 가끔 육상을 돌아다녔던 것으로 생각된다. 다족류(Myriapod)와 구모류는 이미 실루리아 후기에는 존재했다. 이상하게 들릴지 모르지만 동물의 분뇨 또한 훌륭한 생흔화석이다(Edwards 등, 1995). 실루리아기 후기에서부터 데본기 전기에 걸쳐서 육상에 있는 분뇨화석은 작은 접족동물의 것으로 여겨진다.

해양 및 하천에서 처음으로 상륙한 곤충은 촉각을 지닌 접족동물로서 그 시기는 양서류보다 약간 빠르며 시기적으로는 데본기 초기였다고 추정된다. 그리고 석탄기 후기에 극적으로 다양성이 높아졌다. 곤충은 육상에서 가장 진화한 동물이며 중생대 그리고 신생대를 걸쳐서 번성했으며 지금까지 이어지고 있다.

3.6 데본기(Devonian Period)

데본기(416.0-359.2Ma)는 56.8Myr 동안 지속되었다. 북반구에는 광대한 판사랏사해가 존재했다. 곤도와나 초대륙과 유라메리카대륙 사이에는 아직 고 테티스해가 존재했지만 해양의 대부분은 판사랏사해가 점하고 있었다. 북반구에 시베리아대륙, 남반구에는 곤도와나 초대륙, 남북 30도의 저위도역에 유라메리카대륙이 존재했다(책 마지막 그림).

유라메리카대륙의 회귀선 주변에서는 구 적색사암(Old Sandstone)이라고 불리는 적철광(Hematite, Fe_2O_3) 등을 포함하는 사암이 퇴적했다. 영국의 데본기층 등에서도 관찰된다.

일반적으로 태양으로부터 지구로 향하는 열 공급은 적도에서 극지방으로 갈수록 적어진다. 적도부근에서는 대기가 상승하여 저압대가 되어 비가 많이 온다. 이렇게 상승한 공기는 위도 30도 부근까지 북상(남반구에서는 남하)한 후 하강하여 지표부근을 남하한 뒤 적도로 돌아간

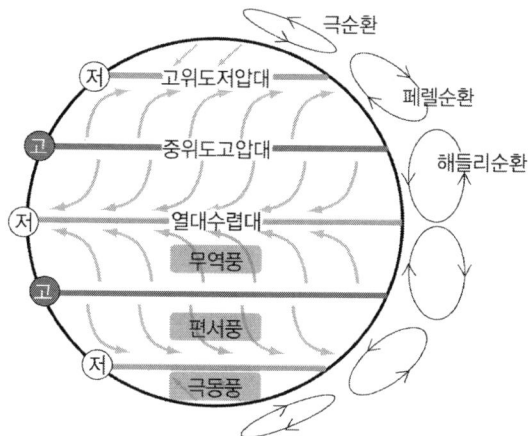

그림 3-8. 현재 지구표층에서 개략적인 풍향계 모델. 극지역에는 극지고압대, 고위도에는 고위도저압대, 중위도에 중위도고압대가 있으며, 저위도에는 열대수렴지대가 존재한다. 이들을 연결하는 것이 극순환, 페렐순환, 해들리순환이다.

다. 이것을 해들리 순환(Hadley circulation)이라 부른다(그림 3-8). 또한 극지역은 고압대로 대기가 하강하여 위도 60도 부근에서 상승한다. 이 것을 극순환이라 불린다. 그 간의 순환은 페렐 순환(Ferrel circulation) 이라 불리며 위도 30도 부근에서 하강하여 지표부근을 북상하여 위도 60도 부근에서 상승하여, 남하해서 위도 30도 부근까지 돌아온다. 구 적색사암의 존재는 중위도 지역이 상당히 건조했다는 것을 나타내며 데본기에는 현재와 마찬가지로 해들리순환, 페렐순환이 존재했다는 것 을 지시한다.

고지자기 혹은 고생물지리의 데이터에서는 유라메리카대륙과 곤도 와나 초대륙은 저위도역에서 충돌하기 시작하여 최종적으로는 페름기 초기에 팡게아(Pangaea)로서 하나의 초 대륙으로 발달했다는 것을 나타낸 다. 이렇게 해서 아파라치아산맥(Appalachian Mountains), 칼레도니아산맥 (Caledonian Mountains) 등이 형성되었다.

데본기의 기후는 대체적으로 온난했다. 탄산염 등에 남겨진 산소동위원소 결과도 30℃ 전후를 나타낸다. 이것은 빙하가 대부분 존재하지 않았다는 데본기의 지질학적 기록과도 일치한다. 이 시기에는 화산활동도 활발했다. 대륙의 화산활동은 실루리아기에 비교적 저조했던 화산활동이 갈수록 활발해져서 데본기 후기에는 현생대 최대 규모가 되었으며 석탄기 초기에 쇠퇴한 것으로 추정된다. 지구규모의 온난화와 화산활동으로부터 기인하는 CO_2 방출과의 관계에 대해서 초장기적인 시간스케일로 해석한다면 화산활동이 활발했을 때에는 대략적으로 기후는 온화했다는 것을 시사한다. 바꿔 말하면 실루리아기에서부터 석탄기까지의 온난기는 광범위한 화산활동에 의해서 유지되었을 가능성이 크다(Frakes 등. 1992).

한편, 해수면은 오르도비스기 때보다는 낮았지만 현재보다는 상당히 높았으며 데본기의 온난화가 유지되었다. 해수는 육지나 빙상보다 반사율이 낮기 때문에 태양에너지를 더 흡수할 수 있으며 선순환 피드백으로 작용했다. 해침에 의해 대륙주변은 물에 잠겼고 더욱이 저위도역은 더욱 온난했기 때문에 산호나 외항동물(Bryozoa) 등이 대규모의 호를 형성해갔다. 다만, 데본기의 마지막에는 소규모이기는 하지만 빙하가 고위도역에 출현하여 단기간의 한랭기가 있었다고 여겨진다.

데본기에는 생물계에도 큰 진전이 있었다. 이때는 고생대를 걸쳐서 해양 동물의 다양성이 제일 많아진 시대이다. 주요한 생물로는 산호, 외항동물, 완족류(Brachiopoda)(책 앞 사진 3), 바다술(극피동물 바다술강 Crinoidea), 삼엽충, 앵무새조개 등이 알려져 있다. 또한 암모나이트가 출현했다(실루리아기 후기라는 설도 있다).

'데본기는 어류의 시대'라고 불리듯 어류가 번성했다. 특히 어류 중에서도 무악류, 판피류, 극어류 등 오래된 타입의 어류가 번성하였다(그림 3-6). 한편, 현재도 번성하고 있는 경골어류와 상어 등과 같은 연골어류도 진화하여 더욱 다양해졌다. 또한 산소농도가 낮은 수중 환경이나 습지대에서도 생식할 수 있는 폐를 가진 어류나 실라캔스가 이 시대에 출현했다.

뒤에 설명하겠지만 이때 육상으로 식물이 진출했다. 최초의 나무인 왓티자(Wattieza)는 데본기 중기에 출현하여 높이도 수 m에 달했다. 그 후 양치식물인 아키오프테리스(Archaeopteris)가 데본기 후기에 출현하여 대륙의 하천을 중심으로 식생지역을 넓히고 전 세계에 최고의 삼림을 형성해 나아갔다(그림 3-7). 또한 삼림의 확대와 함께 육지에서는 습지대도 형성되었으며 그곳에 곤충류, 폐어(肺魚) 등의 어류 그리고 양서류의 진화를 촉진하는 환경이 마련되었다.

3.6.1 식물의 발달과 경관 변화

육지의 생태계는 오르도비스기 중기에 시작되었다고 생각되지만 식물의 성장을 위한 본질적인 기관인 '줄기나 뿌리' 등이 확립된 것은 실루리아기 중기였다. 육지로 생물이 진출하는 것은 빠르게 진행되었으며 식물은 실루리아기에 들어와서 이끼류로, 균류와 조류의 공생적 관계와 함께 원시적인 뿌리를 지니는 식물이 계속해서 상륙하였다. 이런 과정으로부터 안정적인 이른바 광물과 유기물이 혼합된 토양이 처음으로 형성되었다(Ashman and Puri, 2002).

최초 식물의 높이는 수 cm였지만 데본기 중기에는 다양화되고 '나무'라고 불릴 정도로 크기도 충분히 커져갔다. 뿌리에 혁신적인 일이 생긴 것이 중요하다. 즉, 뿌리가 토양에 깊게 침투하여 지면보다 위에 있는 식물체를 안정적으로 지탱하는 것이 가능해졌다. 이로 인해 범람원이나 토양의 침식으로부터 보호받게 되어 새로운 식생의 이차적인 천이가 진행되었다(그림 3-7). 즉, 하천의 둑에 생식하는 식물은 둑 이나 범람원을 안정시키고(Schekler, 2003), 퇴적물을 오랫동안 잡아둘 수 있어 점토광물 생성이 증가하게 되었고 토양층의 발달을 촉진시켰다 (Algeo and Scheckler, 1998; Retallack, 2001). 또한 낙엽 등에서 유래한 유기물의 분해생성물인 유기물은 산성이기 때문에 암석의 화학풍화를 증진시켜서 결국 토양의 화학조성도 변화시켰다.

목본식물들은 기본적으로 3개의 계통(Woody aneurophyte progymnosperms, Cladoxylopdisfern Cormose lycopsides)으로부터 진화하여 데본기 중기에서 부터 석탄기 초기에 걸쳐서 현재의 '나무'와 같은 크기로 진화 발전하였다. 프로짐노스펌 (Progymnosperms, 절멸한 양치식물로서 아마도 나자식물로 진화한 식물)과 나자식물은, 유관속계의 형성층으로 코르크형 성층을 갖게 되었다. 유관속은 수분, 영양분, 광합성산물을 식물체내에 공급하는 조직으로 셀룰로오스 그리고 리그닌을 포함하는 줄기는 식물의 대형화에 도움이 되었으며 육상생태계에서 탄소의 저장소 역할을 하게 되었다. 육지식물 중에서도 이끼식물이나 양치류 등은 물이 필요한 환경에서 서식하지만 종자식물은 수분이 넉넉하지 않은 환경에서도 육상 환경에 충분히 적응할 수 있도록 진화했다.

양치식물인 아키오프테리스는 높이가 10~30m에 달하였다. 식물은 1차 생산을 하기 위해서 빛이 필요한데, 나무들이 밀집해 있는 경쟁이 치열한 곳에서는 키가 큰 나무는 빛을 획득하기에 유리하다. 아키오프테리스는 습윤한 지역과 계절적인 건조기후에 순응하여 다양한 종류의 토양에서도 버틸 수 있어서 광대한 범람원에 삼림을 형성할 수 있었다 (Alego and Scheckler, 1998). 또한 이 나무는 옆 방향으로 자라난 한 종류의 가지를 만들 수 있는데, 성장기가 끝나고 건조기가 되면 잎이 붙어 있는 가지를 지면에 떨어뜨렸다. 이렇게 해서 엄청난 가지가 하천 역의 퇴적물에 축적되어 삼림에 두껍고 썩은 낙엽을 남겼다. 아키오프리테리스의 삼림은 건조기에는 건강한 삼림이 되며 동시에 빛과 습기에 대해서는 계절성을 보이는 특징이 있다.

삼림 습지대의 형성은 '육지의 녹화'를 촉진시켜 육지에 대량의 유기 탄소가 축적되는 계기가 되었음을 의미한다. 이는 p_{co_2}의 감소를 가져왔으며 결과적으로 온실효과는 억제되고 기후는 다소 한랭화되었음을 지시한다. 당시 지구표층에서 탄소 저장소에 대해서는 잘 알려지지 않았지만 현재(1990년)의 지구표층 저장소에서 탄소현존량은 대기권에 750PgC(기가 톤 탄소), 육지의 생물권에 550PgC, 토양에 1500PgC가 존재한다. 이것을 간단한 비율로 고치면 대기권 : 육상식물과 토양의 합계가 1 : 3이고, 탄소의 저장소로서 육지생태계가 상당히 중요한 역할을 한다는 것을 알 수 있다. 데본기 중기~후기의 급속한 p_{co_2}의 감소 (Berner, 1997; Algeo and Scheckler, 1998)는 식물의 형태에도 영향을 주었다고 생각된다. 즉, p_{co_2}가 감소함에 따라 잎사귀의 크기가 증가했고 이것은 대기 중 CO_2의 흡수에도 유리했다고 볼 수 있다.

화석연료의 원료인 식물체가 매몰되고 축적된 것은 단순히 p_{co_2}의 감소뿐만 아니라 그와 결부된 p_{co_2}는 증가하였다(그림 7-1). p_{o_2}의 상승은 대체적으로 삼림화재를 유발시킬 빈도가 높아졌으며 데본기 후기까지 삼림화재의 빈도는 상승하여 삼림의 갱신과 회복에 기여했다(Berner, 1997; Algeo and Scheckler, 1998). 또한 데본기 후기 기후한랭화가 해양

무척추동물의 대량 전멸 등을 일으킨 것일지도 모른다.

3.6.2 사족(사지동물) 육상동물(Terapod)의 성립

사지동물은 척추동물로 사지를 지니는 양서류, 파충류, 포유류, 조류가 포함된다(松井편, 2006). 뱀은 다리가 퇴화해 버렸지만 본래 사지동물의 일종이다. 기본적으로 다리는 어류의 지느러미에 해당하며 앞다리는 가슴지느러미, 뒷다리는 배지느러미가 기원이다. 어류와 사지동물의 큰 차이로는 어류는 어깨뼈와 허리뼈가 없지만 사지동물은 골격이 등뼈와 연결되어 있다는 점이다. 데본기 중기(약 385Ma)의 어류인 판데릭티스 (Panderichthys)에는 처음으로 손가락뼈가 생겨났다(그림 3-9)(Boisvert., 2008).

사지동물은 어류로부터 진화했는데 육상으로 간 것은 그중의 육기류에서 진화한 것으로 이것은 총기류(대표적인 것으로서 실라컨스)와 폐어류로 나누어져서 진화했다(그림 3-6). 육기류는 코에서부터 입, 폐와 통하는 코구멍과 폐를 지니고 있었다. 총기류에서 살아남은 실러캔스는 장기간 바다에서만 생활했었기 때문에 폐가 지방덩어리였다. 한편 폐어는 폐를 발달시켜 어류이면서도 진흙에서 공기호흡을 할 수 있을 정도로 적응한 그룹이다. 그러나 폐어의 경우 빨아들이는 산소는 공기에서부터 얻을 수 있지만 뿜어내는 이산화탄소는 아가미를 통하여 수중에 방출하기 때문에 완전히 물에서 올라와 생활하는 것은 불가능하였다. 육지의 척추동물은 육기류가 진화한 것으로 생각되지만 어떤 그룹에서부터 진화했는지는 결정이 나지 않았다. 어류와 양서류는 변온동물이다.

폐어 등과 비슷한 종에서부터 최초의 양서류가 데본기 말기에 탄생했다.

가장 오래된 양서류는 그린란드의 데본기 후기(파메니안기 Famennian Stage의 약 365Ma)의 하천지역에서 서식했던 아캔트스테가(Acanthostega)나 이쿠치오스테가(Ichthyostega)로 알려지고 있다(그림 3-9)(Coates, 2003; Boisvert, 2005). 아칸토스테가는 몸길이가 수십cm로 골격 때문에 육상보다 수중에서 생활했으며 아가미와 폐호흡 둘 다 했던 것으로 보인다.

즉, 육지의 얕은 강이나 호소 등의 바닥을 지느러미로 걷거나 건조할 때는 서식지의 물이 거의 말라갈 때에 물이 있는 곳에서 다른 곳으로 이동하는 과정에서 지느러미는 사지로 진화했다고 생각된다. 손가락의 수는 아캔트스테가가 8개, 이크티오스테가가 7개였다. 많은 손가락은 지느러미의 성질이 남아 있는 원시적인 특징으로도 여겨지며 수중생활

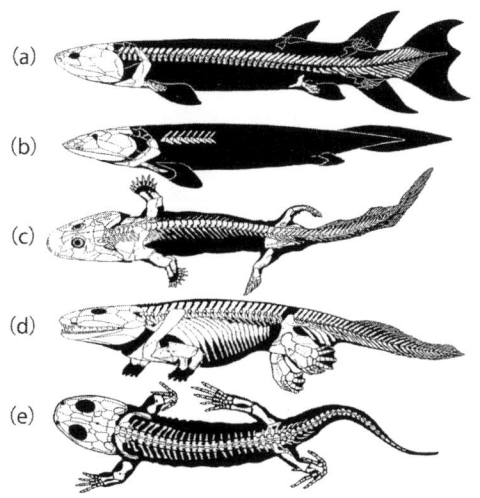

그림 3-9. 어류에서 양서류로 진화하는 과정의 형태변화. (a) 데본기 중기-후기때의 육기류의 어류 (Osteolepiformes), (b) 상하로 평평한 모양이 되어 등지느러미가 없어졌다. 데본기 중기-후기의 어류, 판데릭티스(Panderichthys), (c) 손발이 아가미에서 변한지 얼마 안됐다는 것을 나타낸다. 데본기 후기의 아칸토스테가(Acanthostega), (d) 다리는 아직 노와 같은 모양이며, 내장을 지키기 위해 늑골이 발달한 데본기 후기의 이크티오스테가(Ichthyostega), (e) 석탄기 초기의 양서류인 바라너페톤(Balanerpeton).

을 했다는 점을 지시한다(Coates, 2003). 또한 초기의 양서류는 어류와 비슷했는데(Ahlberg and Milner, 1994), 예를 들면 이크티오스테가는 1~1.5m로 어류와 비슷한 척추, 꼬리지느러미를 지니고 있으며 사지는 견고하고 사족동물로 진화했지만 너무나도 견고한 나머지 체중이 많이 나가게 되고 움직이기 어려워서 육상보다는 수중생활에 적합했던 것으로 보인다.

양서류는 난(알)생이 대부분이며 기본적으로 수중에서 산란한다. 이런 사실은 물가에서 멀리 떨어진 지역에서는 양서류의 생식이 어렵다는 것을 지시한다.

양서류에 속하는 양생강(Amphibia)은 두 장소에서 산다는 의미로, 일생 동안 수중생활과 육상생활을 경험한다. 유생일 때는 기본적으로 아가미로 호흡하고 수중에 살며 성체가 되면 육상에서 폐 호흡한다. 양서류는 기본적으로 육상생활에 적응하기 위해 1) 호흡의 문제 외에도, 2) 육상에서 체중의 유지, 3) 사지에 의한 추진력 획득, 4) 몸 표면의 건조방지, 5) 공기의 진동을 탐지하는 청각 등을 발전시켰다.

3.7 프라스니안기(Frasnian Stage) / 파메니안기(Famennian Stage) 경계(F/F경계)

데본기 후기에 대규모 멸종사건이 일어났다. 해양동물의 '과(family)' 전체로 볼 때 약 21%, '속(genus)' 단위로는 약 50%가 멸종되었는데 (Sepkoski, 1986), 이 멸종은 현생누대 동안 일어난 다섯 차례의 최대멸종 중에 속한다. 이 사건은 데본기가 끝나는 시기(359.2Ma)에 일어난 것이 아니라 데본기 후기인 프라스니안기와 파메니안기의 경계(374.5Ma)에 일어났다는 이유에서 F/F멸종이라고 불린다.

데본기후기에는 완족동물, 삼엽충(프로에타스목은 제외), 코노돈트 (conodont), 아크리타크, 상판산호, 유공충 등이 엄청난 타격을 받았는데 이 때문에 '해양생물의 멸종'으로 불리고 있다. 그중에서 특히 열대 초성생물(열대해양의 암초에서 서식하는 생물)과 암초주변의 해양 생태계에 큰 영향을 미쳤다(平野, 2006).

데본기 중기에서 후기인 F/F경계까지의 시대는 지구상에서 가장 광범위하게 조초가 발달했던 시대로 면적은 현재의 약 10배인 500만km² 에 달했을 것으로 추정되며, 특히 F/F경계 후인 파메니안기 후기에는 1,000km²까지 감소한 것으로 알려져 있다. 또한 완족류나 유공충도 저위도·열대성 종이 고위도·냉수성 종에 비해 선택적으로 멸종하였다. 이런 멸종의 원인으로 1) 기온·수온의 저하, 2) 산소결핍~무산소, 3) 해수면의 저하, 4) 운석의 충돌 등이 지적되고 있지만 운석 충돌의 증거가 되는 이리듐(Ir), 충돌 흔적이 있는 석영 또는 마이크로텍타이트 등이 산출되지 않은 것으로 보아 지구 외부로부터의 물질충돌은 아닌 것으로 생각된다(平野, 2006). 또한 데본기 후기에는 대체로 해수면이 낮아지는 경향이 있었지만 다른 한쪽에서는 F/F경계 즈음에 해수면이 상하로 크게 변동되는 양상을 보이고 있어 최소한 이런 무산소환경의 형성되는 것은 해수면 상승과 관계되었던 것으로 생각되고 있다.

3.8 석탄기(Carboniferous Period)

석탄기(359.2~299.0Ma)의 전반을 미시시피아기(Mississiooian, 359.2~ 318.1Ma), 후반을 펜실베이니아아기(Pennsylvanian, 318.1~299.0Ma)라

고 부른다. 석탄기라고 하는 명칭은 이 시대의 지층에서 석탄이 확인되었다는 것에서 유래되었다. 이 층은 현재의 북미나 유럽지역인으로 당시 이 지역에는 광범위한 삼림이 형성되었음을 의미한다(그림 3-10)(DiMichele and Phillips, 1994; DiMichele, 2003).

석탄기에는 유라메리카(Euramerica)대륙이 곤드와나대륙과 충돌하여 팡게아(Pangaea)초대륙 형성으로 발전했다. 대륙충돌은 현재의 유럽이나 북미에 활발한 조산운동을 촉진시켰으며 애팔래치아산맥 등도 융기하게 되었다. 이때는 중생대에 들어서서 완성된 팡게아(초대륙)의 주요 부분이 이 시기에 완성되었다. 이렇게 두 대륙의 충돌과 그리고 이들 대륙들로 둘러싸인 바다의 소멸로 인해 생물의 육상진출이 이루어졌다. 데본기와 마찬가지로 해양에는 판사랏사해가 존재했으며 곤드와나 초대륙과 로렌시아대륙 사이에 고 테티스해가 있었으며 남극점은 바로 이 곤드와나 초대륙 위에 위치하였다.

그림 3-10. 석탄기 후기의 늪지대와 연못에 분포했던 석탄을 만들어내는 식물의 환경 복원도(DiMichele and Phillips, 1994). 양치식물, 나자식물, 삼림(임목)의 일종, 맹그로브의 일종 등의 높이는 최대 약 30m에 달한다.

해수면은 데본기의 최후기에 하강했지만 미시시피아기 전기에는 상승했고, 미시시피아기와 펜실베이니아기의 경계부근에서는 200~240m 정도나 다시 하강했다(Ross and Ross, 1987; Nakazawa and Ueno, 2009). 미시시피아기의 기후는 실루리아기 후기부터 계속해서 온난화되어 빙하도 거의 없었다. 탄산염 침적도 비교적 고위도에 해당되는 위도 60도 지점까지 달했다. 곤드와나 초대륙은 남반구에 위치해 있었으며, 남극 부근의 온도는 하강했지만 저위도역까지 영향을 미치지 못했다. 그 후 (서프코비안, Serpukhovian기 후기)에 갑자기 지구 규모의(지구 전체가) 한랭한 기후가 되었으며 적어도 페름기 전기까지 그러한 혹한상태가 이어지면서 남극 주변에는 지속적으로 빙상이 존재하게 되었다(Gastaldo 등, 1996; Crowell, 1999). 즉, 빙상은 미시시피아기의 가장 마지막인 서프코비안기에 확대하기 시작해서 펜실베이니아기에는 극지역에서 위도 35도까지 발달했다.

해양 무척추동물에서는, 데본기 이후의 유공충, 산호, 이끼류, 암모나이트, 갯나리(바다술), 그리고 F/F경계기에 거의 멸종상태에 이르렀던 완족류 등도 번성했으며 특히 유공충이 눈에 띄게 풍부했다(白山 편, 2000). 이러한 현상은 대형유공충인 방추충류(Fusulina)가 크게 번성했던 것이다. 방추충류는 기본적으로 낮은 수심에 서식하면서 페름기까지 번성하였다. 규질각을 만드는 방산충도 처트(chart)를 형성하는데 큰 도움이 되었다. 삼엽충은 쇠퇴하여 프로에트스종(목)만 남게되어 데본기 이전과 비교하면 더욱 쇠퇴했다. 해양에 서식하는 척추동물 중에는 상어류 등의 연골어류가 지배적이었다.

일본열도의 경우에 도호활동과 관련된 부가체로 구성되었지만(Isozaki 등, 1990), 페름기의 부가체(accretionary prism)인 아끼요대(秋吉帶)는

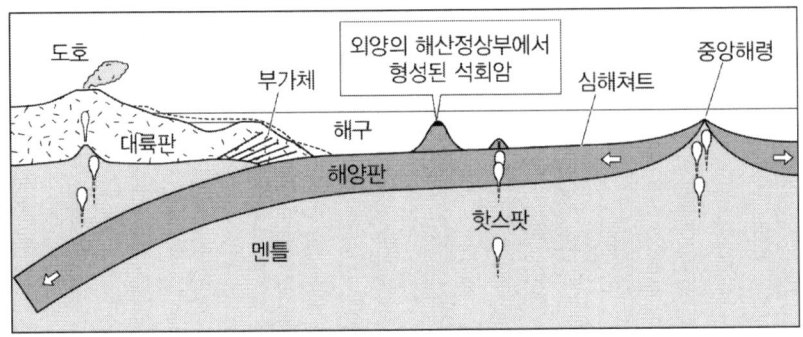

그림 3-11. 일본 아끼요대의 석회암 형성 과정. 석회암은 원래 해산의 정상부와 얕은 바다에서 형성되고 섭입대에서 대륙에 부가되어 현재에 이르렀다. 이렇게 부가된 암석으로부터 당시의 해양판 중앙부의 해양표층환경을 복원시킬 수 있다. 나중에 설명하는 바와 같이 일본 지층에서 복원된 페름기 후기의 환경과 유사하다(Musashi 등, 2010).

판사랏사해의 해산과 해산의 정상부, 그리고 주변에서 퇴적된 석탄기와 페름기의 해양성암석에 의해 형성되었고(Kanmera 등, 1990; Musashi 등, 2010), 천해성 석회암의 연대는 약 335~260Ma를 나타내고 있다(그림 3-11). 아끼요대에 속하는 일본의 야마구찌현 아끼요시 석회암은 퇴적층서로부터 10Myr 이상으로 보이는 장기적인 것부터 0.08~0.5My에 불과한 단주기의 해수면 변동이 복원되었다(Nakazawa 등, 2009). 페름기 중기인 워디안기(Wordian Age)전기에는 $\delta^{13}C$값이 비교적 높은 값(약 +2.0‰)을 나타내고 1차 생산이 증가하는 것으로 나타나고 있어 유기물 매몰도 높았던 것으로 해석되었다(Musashi 등, 2010).

육지의 식생은 석탄기 초기에는 데본기와 비슷하다. 특히 양치류 중에서도 직경이 2m, 높이가 20~30m 정도에 이를 만큼 큰 인목(Lepidodendron)이 무성했는데 크기는 다소 다르지만 현재의 양치식물인 토필(뱀밥)과 생김새가 비슷하다. 봉인목(Sigillaria) 또한 마찬가지로 거목이었다. 이와 같이 거대한 양치류가 습지대에서 커다란 삼림을 형성하고 있었던 것이다. 고생대 초기에 상륙한 이끼식물로부터, 그 후 건조한 기후에 적응한 양치식물은 고생대를 지배했다.

이 시대에 육지에서는 파충류가 등장했다. 육지동물로서 번성한 것은 양서류와 곤충이었다. 특히 곤충, 다족류, 그리고 거미류 등과 같이 비행할 수 있는 곤충이 이 시대에 출현했다. 화석 분석에 의하면 석탄기 후기에 처음으로 공중을 날 수 있는 날개를 가진 곤충이 출현했다. 곤충은 데본기의 온난했던 시기부터 계속 대형화되어 날개 길이가 70cm를 넘는 거대한 잠자리와 프로토도네이타(Protodonata), 그리고 메가네우라(Meganeura) 등이 발견되었다. 이러한 절지동물은 육지로 진출한 양서류와 초기 파충류에게 귀중한 단백질원이 되었던 것으로 추정된다.

이렇게 생물이 거대화된 데에는 환경변화가 크게 영향을 미쳤던 것으로 판단된다. 즉, 대규모 삼림이 형성됨에 따라 대기에 있는 CO_2가 유기물로 고정된데 원인이 있다. 생산된 유기물의 대부분은 생물활동에 의해 다시 CO_2 등으로 분해되지만 석탄기에는 유기탄소가 지구표층에 있는 탄소저장소로부터 석탄으로 격리되어버린다. 광합성에 의한 유기물 생산과정에서 산소는 대기로 방출된다. 반대로 분해된 경우에는 산소가 소비되지만 석탄기에는 석탄 매몰이 우세했을 것이므로 석탄기 중기 이후에는 석탄이 생성됨에 따라 p_{O_2}가 많이 상승해서 현재보다 상당히 많은 35% 정도였을 것이라는 추정치가 나와 있다(7.1.1 참조). 일반적으로 대부분의 곤충은 숨구멍을 통해 산소를 섭취하여 기관을 통과하면서 확산되어 세포로 수송되지만 확산에 의존하는 것만으로는 몸의 크기에 한계가 있다(Westneat 등, 2003). 그러나 이와 같이 높은 p_{O_2} 조건에서는 육지동물이 산소를 섭취하기가 용이했을 것이고, 그런 조건은 곤충이나 양서류가 거대화될 수 있었던 이유의 하나로 여겨지고 있다. 또한 p_{O_2}가 높은 환경이었으므로 산불 등도 증가했을 것으로 추측된다.

3.8.1 대규모 석탄 형성

이 시기에 북미대륙과 유럽에서는 대규모로 석탄이 형성되었다. 이들 지역에서 석탄기 지층은 기본적으로 석회암, 사암, 셰일, 석탄의 호층이지만 석탄기 전기의 북미대륙은 석회암이 대부분이었다. 탄소보존의 과정에서 본다면 육지에서 성장한 나무들의 수분이 고갈되면 균류와 미생물에 의해 유기물은 분해되는데 이런 과정이 탄소보존의 시발점이 된다. 산소가 충분히 있을 경우에는 빠르게 분해되지만 식물이 잇달아 매몰되면서 퇴적물 속에 공급되는 산소는 제한을 받게 된다. 이와 같은 경우에는 분해가 거의 정지되어 유기물이 보전되기 쉬워서 이탄(토탄)이 되고, 시간의 경과와 함께 압력이나 지열에 의해 갈탄 → 역청탄 → 무연탄으로 숙성되고 결국 석탄이 된다. 습지대에 대량 침적이나 홍수로 인한 매몰 등이 원인이 되어 퇴적되는 경우가 많다. 식물, 특히 양치류를 구성하는 유기물은 셀룰로오스(약 40~50%, $(C_6H_{10}O_5)_n$)나 리그닌(목재의 20~30%)이 주요한 유기화합물이다(그림 3-12). 구성 원소는 부성분을 포함하면 C, H, N, S이지만 이탄이 무연탄으로 변화되면 탄소함유량은 70% 이하~90% 이상까지 상승한다(鈴木·真下, 2002).

석탄기에 대규모로 석탄층이 형성된 원인으로는 1) 수피가 있는 목본의 출현이나 리그닌의 진화, 2) 해수면이 저하되면서 북미대륙과 유럽의 늪지대나 습지에 대규모의 삼림이 번성할 수 있는 환경이 제공된 것 등을 들 수 있다. 또한 탄화수소에 포함된 셀룰로오스는 초식동물의 경우에도 분해될 수 있지만 리그닌은 난분해성이어서 곰팡이에 의해서도 분해되지 않고 목재부후균(백색부후균)에 의해서만 분해된다(夏, 2009). 당시에는 아직 리그닌을 분해시킬 수 있는 정도의 생물로 진화

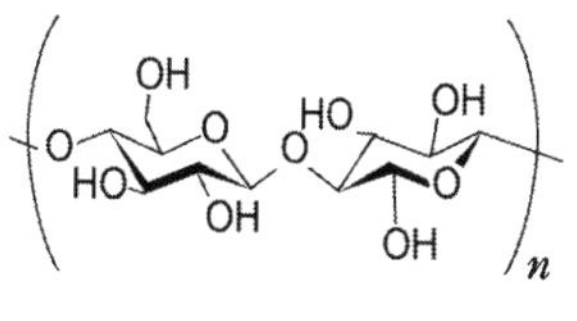

셀룰로즈
$(C_6H_{10}O_5)_n$

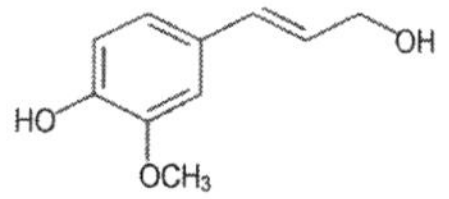

코니훼릴알콜
$(C_{10}H_{12}O_3)$

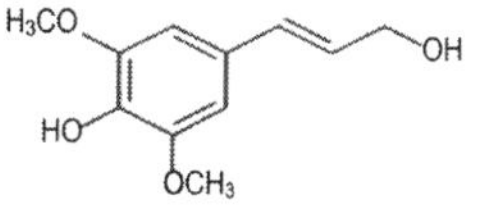

시나필알콜
$(C_{11}H_{14}O_4)$

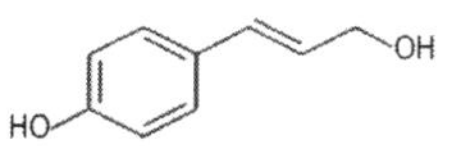

p-크마필알콜
$(C_9H_{10}O_2)$

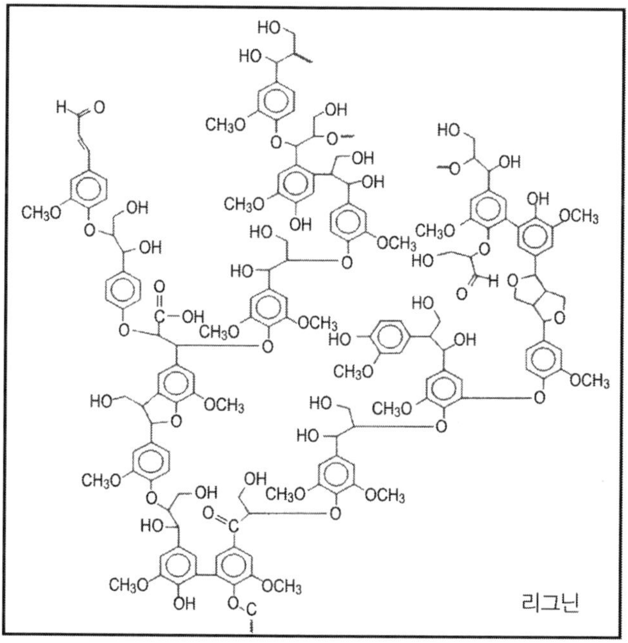

그림 3-12. 셀룰로즈와 리그닌의 화학식. 리그닌은 세 종류의 리그닌 단위체가 효소 촉매 하에서 중합되어 생성된 3차원 강목구조인 거대한 생체고분자이다.

되지 못했었다고 하는 이유에서 석탄생성의 원인으로 설명되기도 한다. 또한 현재보다 리그닌 함유량이 높은 목본이 많았다는 학설도 있다. 석탄은 곤드와나 초대륙의 남북 30도까지의 저위도 지역에서 형성되었지만 트라이아스기에 들어서서는 간빙기 때 중·고위도지역에서도 형성되었다. 다만 모델 실험 결과, 1차 생산은 중간 정도였지만 다소 늦은 분해속도로 인해 유기물이 축적되었다는 설도 있다(Beerling and Woodward, 2001).

지구표층의 저장소(대기권·해양·육지·생물권·토양)에 존재하는 탄소량만으로는 이렇게 어마어마한 양의 석탄을 만들 수 없다. 그러한 사실을 전제로 한다면 초대형 플룸(super plum) 등에 의해 탄소가 멘틀에서 지구표층 저장소로 공급되었을 가능성이 높다. 실제로 이 시기에는 석유가 생성된 백악기와 마찬가지로 자기(磁氣)가 역전하지 않는 기간이 318Ma에서 수십Myr 동안 계속되어 대규모 화산활동이 있었다고 보고되었다(Irving and Pullaish, 1976; Tatsumi 등, 2000).

3.8.2 열대우림의 성립

석탄기 후기에는 결과적으로 이탄(궁극적으로는 석탄)이 될 수 있는 삼림이 적도부근에 존재했으므로 이것이 바로 열대우림이라고 하는 학자도 있다. 여기에서 말하는 삼림은 휘감듯이 넝쿨져 뻗어나가는 키 큰 식물인 담쟁이덩굴이나 착생식물이 포함된다. 현재의 열대우림은 육지 생태계 내에서 1차 생산이 가장 높으며($2,200gm^{-2}yr^{-1}$), 육지 생태계 전체로 볼 때 1차 생산은 33%, 탄소 저장량은 42%에 달한다(Whittaker and Likens, 1975). 양적인 면으로는 석탄기의 대 삼림이 열대우림에 해당될지 모르겠지만 그 다양성은 현재 열대우림과 비교하면 극히 낮고 구성요소 또한 현재식물과 전혀 다르다(그림 3-10). 열대우림의 성립된 것은 석탄기 후기일 것이라는 가설부터 최종빙기 이후인 수천 년 전일 것이라는 가설까지 다양한 의견들이 제안되고 있다.

3.8.3 육상의 먹이사슬

동식물이 처음으로 육지에 진출한 시기는 실루리아기이다. 실루리아기 초기단계에 동식물 간에 먹이사슬이 있었을 것이라는 보고도 있지만 (Edwards 등, 1995) 일반적으로는 데본기 이후로 알려져 있다. 또한 데본기 중기(396Ma)에 스코틀랜드의 라이나이트 처트(Rhynite chert)에 대한 세밀한 연구에서도 데본기 중기에 관찰된 동물인 지네강류, 거미류 등이 육식동물 혹은 톡토기목(Collembola, 절족동물문 곤충강), 지네강류 등의 부패한 유기물을 섭취하는 동물임을 밝히고 있다. 그러나 이 당시의 생태계는 기본적으로 현재 생태계와 달랐던 것으로 생각된다. 식물-초식동물-육식동물이라고 하는 현재의 일반적인 식물연쇄 관계는 석탄기 이후에 확립되었다고 알려져 있다. 실제로 석탄기 후기 이전까지는 초식동물인 사족동물의 존재가 어디에서도 알려진 바 없다.

또한 현재의 토양생태계에서는 부패한 식물에서 유래된 유기물을 먹이로 하는 동물은 스스로 소화되기 직전에 소화기관 속에 있는 미생물에 의해 유기물을 분해하는 과정이 갖추어져 있다.

3.8.4 파충류(Reptilia)의 출현과 발전

양서류는 수중에서 산란하고 유생 때에는 물가에서 사는데 이는 물가에서 멀리 떨어진 지역에서는 생식이 곤란함을 의미한다. 육상생활을 하기 위해서는 건조한 육상환경에서도 자손을 번식시킬 수 있어야 함은 물론 활동하기에 충분할 만큼 진화되어야 한다. 파충류는 탄산염 껍질로 둘러싸여진 알의 내부에 양수라고 하는 액체 내에서 배아가 성장하여 부화시키는 방법을 가진다. 양수가 들어 있는 주머니를 양막이라고 하며 양막을 가진 알을 유양막란이라 한다. 파충류·포유류·조류 등과 같은 사족동물은 이렇게 육상동물로 살아갈 수 있는 시스템을 갖추고 있기 때문에 유양막류(Amniote)라고도 불린다. 또한 파충류는 다음과 같은 특징도 가지고 있다. 1) 표피가 비늘로 덮여져 있다는 것, 2) 배설하는 질소화합물은 양서류나 포유류와 같이 요소가 아니라 물에 녹지않는 요산이며, 3) 그러한 것들은 배설구를 통해 배설시킨다는 것, 그리고 4) 일부 공룡은 항온성이라는 가설이 있기는 하지만 대부분은 변온동물이다.

단궁류(Synapsid)는 소위 '포유류형 파충류'라고 불리는 포유류에 이르는 계통으로, 포유류 이외에는 이미 멸종상태가 되었다(Urashima and Saito, 2005). 단궁류 최초의 화석은 석탄기 후기(약 310Ma) 지층에서, 두개골의 왼쪽에 '외측두창'을 가진 작은 도마뱀과 같은 모양의 생물로 발견되었는데 이것은 초기 육상 척추동물, 이른바 양막란을 가진 유양막류의 1계통에서 진화한 것이다. 단궁류는 석탄기 후기부터 페름기에 걸쳐 다양한 그룹으로 진화하여 결국 수궁류(Therapsida)를 출현시킨다(小林·栃内, 2008). 그 후 단궁류는 방산과 멸종을 반복하다가 트라이아스기 후기에 공룡으로 대치되기 전까지 페름기와 트라이아스기 때에 가장 우세한 동물상으로 존재했다. 페름기 후기가 시작되면서 수궁류의 방산이 일어났다. 페름기 말기인 P/T경계기에는 대멸종이 일어나게 되고 마침내 살아남은 수궁류에서 키노돈트류(Cynodont)가 출현했다. 키노돈트류의 치아, 머리, 두개골, 골격 형태는 트라이아스기 말까지 포유류와 같은 특징을 보일 정도로 진화했으며, 약 225Ma에 포유형류(Mammaliaform)가 출현하게 된다. 쌍궁류에는 어룡, 주룡형류 등이 포함되는데 특히 주룡형류에 속하는 주룡류는 중생대에 번성하였다.

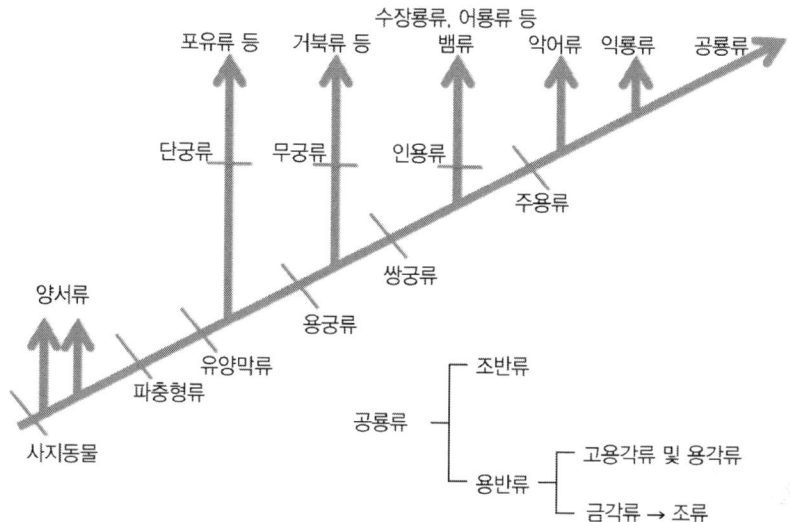

그림 3-13. 사족동물의 계통수(小林·栃內, 2008을 개정). 유양막류는 주로 단궁류, 무궁류, 쌍궁류로 구성되며 쌍궁류에는 인룡류나 주룡류가 포함된다. 주룡류 계통에는 악어류, 익룡류, 공룡류가 포함되지만 현재 생존하는 주룡류는 악어류와 조류(공룡류)가 있다. 조류는 수각류공룡이 진화된 것이다. 또한 최근에 거북류는 쌍궁류로 불린다.

가장 오래된 파충류는 캐나다 동부 노바스코티아의 석탄기 지층(311Ma)에서 산출된 힐로노무스(Hylonomus)이다(van Tuinen and Hadly, 2004). 용궁류에 포함되는 쌍궁류(Diaosida, 현생 파충류의 조상)나 단궁류 등의 파충류도 번성했다(그림 3-13)(松井 編, 2006). 현재 파충류 자손으로 남아 있는 것은 조류 외에 악어류(Crocodilia), 도마뱀류(Sauria/Lacertilia), 뱀류(Serpentes), 거북류(Testudines) 등이다.

3.9 페름기(Permian Period)

페름기는 299Ma에서 251Ma에 이르는 48Ma 간을 일컫는다. 페름기 초기에는 팡게아 초대륙이 형성되었다. 시베리아대륙은 북반구에 존재했지만 팡게아 초대륙과 충돌해서 우랄산맥이 형성되었으며 거의 모든 육지가 하나의 초대륙으로 합쳐졌다. 대륙 서쪽에는 초 해양인 판사랏사해로 펼쳐지고 팡게아 초대륙은 남극부근에서 북반구 고위도역까지 세로로 길게 늘어져 있어 과거 중위도에 존재하던 최초의 테티스해의 수로는 막히게 되었다. 고 테티스해의 동쪽에는 나중에 극동아시아나 인도가 되는 작은 대륙이나 섬이 존재했다.

페름기에는 팡게아라는 초대륙 형성으로 인해 대륙이 분열되었을 때와 비교하면 해안선도 훨씬 짧아지고 연안역도 좁아졌을 것으로 생각된다. 더욱이 페름기에는 초대륙이 형성되면서 판 활동이 약해지고 해령활동 또한 약화되었다. 따라서 해양판의 평균연령이 늘어나게 되고 평균수심도 깊어져 해양분지의 용적이 증가하게 되어 해수면이 낮아졌을 것으로 해석된다.

페름기가 시작될 때 곤드와나 초대륙은 남극 지역에 위치했기 때문에 대규모 빙상이 존재했을 것이고 기후 또한 대체로 한랭해서 페름기 전기부터 후기까지 줄곧 한랭기후였다고 생각된다(Frakes 등, 1992). 또 다른 한편에서는 곤드와나 초대륙에는 석탄기 후기부터 페름기 전기에 빙하가 있었지만 페름기 전기(아셀리안기 Asselian Stage; 299.0~294.6Ma)부터 사크마리안기(Sakmarian Stage; 294.6~284.4Ma)에 곤드와나 초대륙이 북상하면서 남극점이 대륙 밖으로 밀려나게 되어 혹독한 빙하상태가 끝나고 기온이 상승되었다는 설도 있다(平野, 2006). 페름기 말기에는 기온이 급격히 상승하였고 계속해서 백악기를 중심으로 약 200Myr 동안 지구표층환경시스템은 '온난한 지구'로 전환되었다.

초대륙이 출현하면서 대륙 내부의 건조화가 진행되고 대륙성 기후가 되고 계절변동 또한 커지면서 일부는 사막화되어갔다. 그리고 철산화물을 포함한 지층이 퇴적되었는데, 이 지층에는 산화된 적철광(hematite, F_2O_3)이 포함되어 있어 신적색사암(New Red Sandstone)이라고 부른다. 또한 이와 같은 건조기후로 인해 증발암의 형성도 촉진되었다. 증발암의 형성은 규모가 커서 페름기 전기의 쿵그리안기(Kungurian Stage)의 증발암은 현생누대 동안 가장 규모가 컸다. 해수의 염분도는 10% 정도나 내려갔는데 그 또한 해양생물이 멸종하게 된 궁극적인 원인 중 하나가 되지 않았나 생각된다.

초대륙의 내륙이 건조화되면서 육지에서는 식물의 다양화가 촉진되어 양치류 외에도 은행나무강(Ginkgoopsida)이나 소철강(Cycadopsida) 등의 나자식물이 번성했다. 다른 한 쪽에서는 나자식물 중에서도 석탄기 후기에 나타나게 된 침엽수가 분화되기 시작했다. 페름기의 석탄은 중국에서도 볼 수 있는데 중국은 당시 팡게아대륙과는 다른 소대륙으로 적도부근에 위치했으므로 적당한 강우가 있었을 것으로 추정된다. p_{o_2}는 석탄기 후기에 이어 여전히 높았을 것으로 추정된다(그림 7-1).

동물로는 절족동물, 곤충 그리고 다양한 종류의 사족동물이 생존했다. 그중에는 거대한 양서류가 포함된다. 공룡이나 석탄기에 출현한 쌍궁류, 단궁류 등의 파충류도 번성했다. 해양생물권에서 페름기에 번성한 것은 극피동물, 이매패류, 완족류, 방추충류, 암모나이트 등이었다. 고생대의 표준화석인 삼엽충은 몇몇 종만 생식하다가 페름기 말에 멸종되었다. 기본적으로 고생대는 삼엽충과 완족류의 시대이며 중생대 이후에는 연체동물인 이매패류의 시대가 된다(平野, 2006).

3.10 페름기 / 트라이아스기 경계 (P/T경계)

페름기/트라이아스기 경계에 일어나 멸종은 현생누대에서 가장 규모가 컸던 사건이며 종 멸종률이 90%, 속 수준으로도 70% 정도로 운석이 충돌했다고 하는 중생대/신생대(K/T)경계 시기의 50% 전후보다도 훨씬 높았음을 알 수 있다. 또한 다양성 면에서도 캄브리아기를 제외하면 가장 낮았으며 멸종 전인 페름기의 다양성 수준으로 회복되기까지는 약 1억 년이라는 시간이 걸렸다.

이 멸종에서 가장 타격이 컸던 것은 해양저서 고착형 무척추동물이었다. 멸종된 대표적인 고생물들로는 완족동물인 유관절류, 갯나리 등이 속한 극피동물 유병아문, 이끼곤충류로 이들 과(科)의 79%가, 양서류과에서 81%가 멸종하였다. 이러한 생물의 생식환경과 관계된 해수면에 대해서는 앞에서 기술한 바와 같이 페름기에 해퇴가 진행되어, 페름기 중기/후기(G/L, Guadalupian/Lopingian) 경계부근에서는 가장 낮아 최대 210m 정도 저하되어 대륙붕 면적도 그 전보다 13% 정도 감소되었을 것으로 추정된다(Erwin, 1990). 또한 풍화량 등의 간접지표가 되는 $^{87}Sr/^{86}Sr$은 G/L경계 전인 캐피탄(Capitanian)기에 최저값을 나타내는데 대륙내부의 건조 등이 원인일 것으로 생각된다(Kani 등, 2008).

후기 고생대와 P/T경계는 코노돈트를 이용해서 연대구분을 한다. P/T경계에 생존했던 생물그룹들은 사체의 유기물 등을 먹이로 삼는 쇄설물 포식자로 식물연쇄에 대한 의존도가 낮고 해양의 생물생산이 큰 영향을 주지 못했다. 이매패 중에서 살아남은 종들은 빈산소환경에 강한 그룹이었다.

P/T경계 부근의 외양환경은 일본의 지층으로부터 잘 밝혀졌다. 즉,

P/T경계를 포함한 지층에는 흑색 점토암, 그 밑에 회색처트(chert), 그 밑으로 적색처트로 되어 있다. 특히 이 경계점토암은 유기탄소량이 높고(4~10wt.%) 자생황철광을 많이 함유하는 특징이 있는데 이것은 무산소 수괴가 존재했다는 것을 지시한다(Isozaki, 1994, 1997). 비슷한 경우가 캐나다에서도 관찰되었는데 이는 외양의 넓은 해역으로 확대되었다는 것을 지적해주고 있다.

고생대 말에 일어난 멸종에 대한 연구는 최근 상당히 향상되었다. P/T경계의 고정밀 연대측정은 P/T경계 모식층인 중국의 절강성 메이샨(Meishan)에서 수행되었다. 저어콘의 U/Pb연대가 정밀하게 측정되어 경계가 251.5±0.3Ma라는 것이 밝혀졌다(그림 3-14)(Bowring 등,

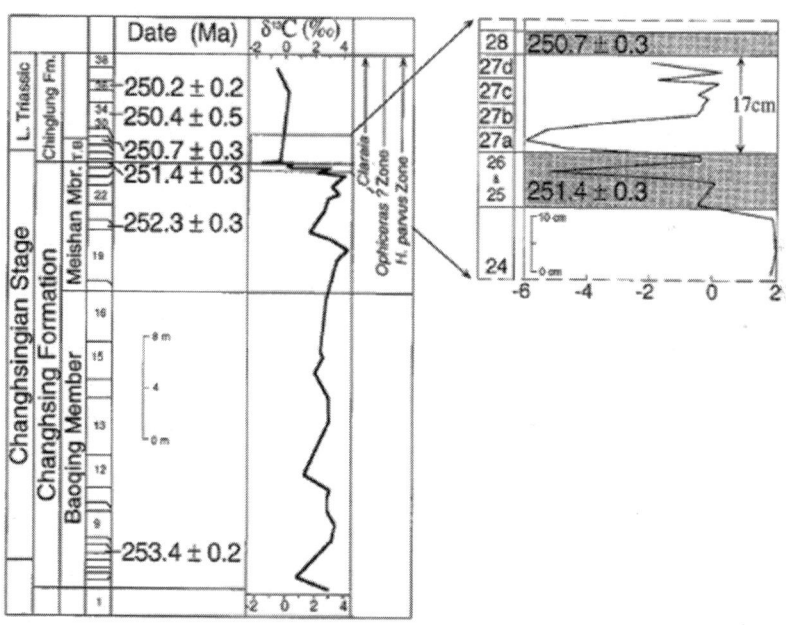

그림 3-14. 중국 메이샨(Meishan)에서 P/T경계의 고정밀 연대결정과 $\delta^{13}C$의 값(Bowring 등, 1998). 연대가 결정된 화산재층에는 오차를 포함해서 숫자로 연대를 나타냈다.

1998). 그림 3-14에 따라 계산하면 멸종직전인 챤신기안기의 평균 퇴적 속도는 0.5cmkyr⁻¹이며, P/T경계의 바로 위 지점이 0.025cmkyr⁻¹로 결정되었다. 현재 외해에서 1차 생산이 중간 정도인 헤스해령에서 위와 같은 방법으로 계산을 했을 때 약 0.5cmkyr⁻¹이라는 결과를 고려하면 (Kawahata 등, 2000), 당시 남중국 대륙붕에서 P/T경계 전에는 생물생산이 중간 정도인 현재의 해양환경을 유지해오다가 멸종에 따른 영향을 받아 생물기원물질이 퇴적되지 못한 것으로 추정할 수 있다.

과거에는 고생대 말 멸종이 1단계에 그쳤던 것으로 생각되었지만 실제로는 2단계, 즉 P/T(Changhsingian/Griesbachian; Induan 최초의 시기)경계와 G/L(Guadalupian/Lopingian)경계라는 두 시기에 걸쳐 대량 멸종이 있었다는 것이 밝혀졌다(그림 3-15)(Jin 등, 1994). P/T와 G/L경

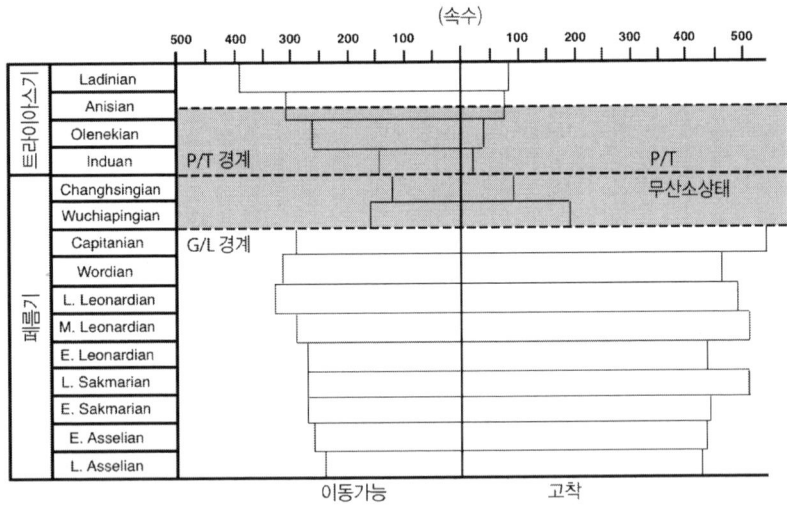

그림 3-15. P/T경계 부근의 생물 다양성에 대한 시대 변화(Isozaki, 1994, 1997). 가로의 막대그래프는 각각 시간을 구분한 구간에 저서성이며 이동하지 않는 생물, 스스로 움직이는 생물의 속(genus) 수준을 숫자로 나타낸 것이다. 또한 무산소 수괴는 G/L경계에서 시작하여 P/T경계에서 최고에 달한 것으로 생각된다.

계 사이에 있는 우챠핀지안기는 6.6Myr, 챤신기안기는 2.8Myr이므로 10Myr 이하라는 짧은 시간 동안 두 차례나 대멸종이 일어났다.

석회암에 포함된 탄산염의 δ^{13}C값은 당시 해수 중 무기탄소 동위원소 조성을 기록하며, 그 값은 지구표층의 탄소순환 차원에서 주요 저장소 사이에 탄소이동의 변화를 민감하게 반영한다. 일본 큐슈의 타카치호쵸 (高千穂町) 카무라(上村)에 있는 고 해산의 초석회암(礁石灰岩)에는 두

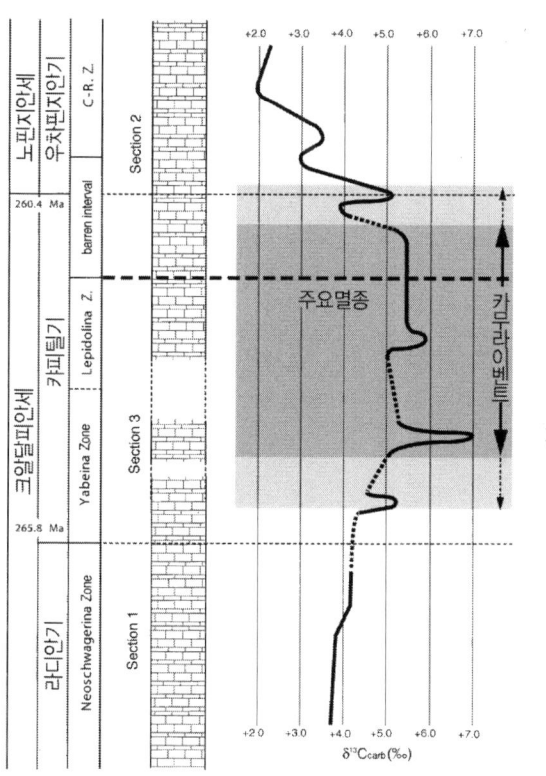

그림 3-16. 上村(Kamura)이벤트을 나타낸다. 과달루피안世(Guadalupian)의 암호층에 포함된 탄산염 δ^{13}C값(δ^{13}Ccarb)의 변화. 유기물은 일반적으로 낮은 δ^{13}C값을 가지는데 이러한 유기물이 매몰되어서 해수의 δ^{13}C값이 상승했을 것으로 생각되고 있으므로 높은 δ^{13}C값을 나타내는 기간에 주요 멸종이 일어난 것으로 생각된다(Isozaki 등, 007).

차례에 걸쳐 대멸종이 일어난 당시의 판사랏사해 적도지방 외양 환경이 기록되어 있을 것으로 추정된다. 카무라층의 $\delta^{13}C$값은 전 층서에서 일치하였는데, 푸줄리나(Fusulina)로 정의된 G/L경계에 -방향으로 2~3‰ 이동 되었다(그림 3-16). 그림에서 카무라 이벤트(Kamura event)가 일어난 기간에 $\delta^{13}C$값은 현재와 비교해도 +5.0‰ 이상 높은 값을 나타내고 있어 이 시기에 1차 생산이 증가하고 탄소의 매몰이 진행된 것으로 생각할 수 있다. 특히 과달루피안(Guadalupian)세 말인 Lepidoline zone(대)과 무화석대(barren interval) 사이에 대량멸종이 일어났을 가능성이 높다. 그 상위인 G/L경계 바로 하부에는 페름기 중기까지 번성했던 Verbeekinidae과의 대형 푸줄리나가 멸종된 후 Staffellidae과 등의 소형 푸줄리나만이 산출하고, 해양 저서동물군의 다양성과 외양의 탄소저장

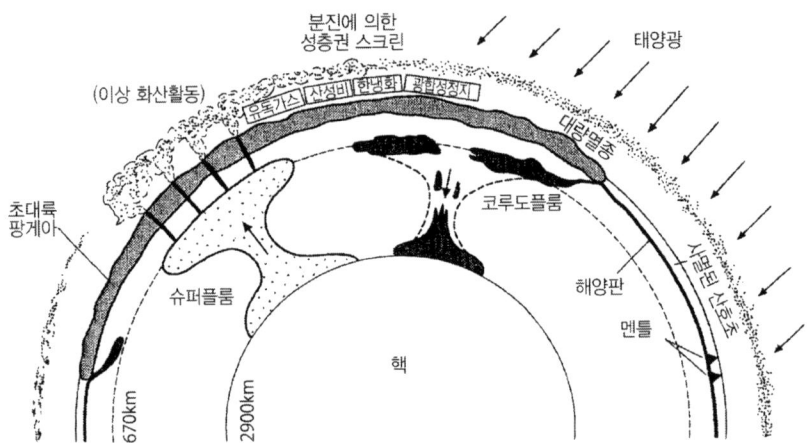

그림 3-17. P/T경계의 플룸활동에 대한 개념도(磁崎, 1995, 1997). 핵과 멘틀의 경계에서 발생한 슈퍼플룸의 상승으로 비정상적인 화산활동이 일어나게 되고 성층권에 거대한 더스트 스크린(dust screen)을 만든다. 그 결과 광합성 정지를 비롯한 표층환경 시스템이 격변하게 되고 생물의 식물연쇄는 붕괴되며 대량멸종이나 장기적인 산소 결핍상태가 해양에까지 진행된다. 상승한 슈퍼플룸이 분열되는 것과 같이 초대륙 팡게아도 분리된다.

소의 변화가 연동되어 있다는 것을 나타낸다. 그 후 $\delta^{13}C$값은 최댓값을 보였다가 다시 최솟값(약 +2.0‰)으로 되어 유기물 등의 탄소가 분해되었거나 1차 생산이 상당히 쇠퇴했었다는 것을 시사한다(Isozaki 등, 2007).

생물의 멸종에는 직접적인 주요 원인이 있지만 그 이면에는 간접적인 원인도 있다. 직접적인 원인으로는 1) 기후변화, 2) 해양 무산소, 3) 현무암 분출설, 4) 식량부족, 5) 해수의 농도변화, 6) 독물중독, 7) 전염병, 8) 초신성의 폭발, 9) 거대운석의 충돌, 10) 거대 혜성 등이 지적되고 있고, 간접적인 원인으로는 대륙 바로 밑의 슈퍼플룸 활동 등을 들 수 있는데(磯崎, 1995, 1997), 고생대/중생대 경계에 일어난 생물의 대량멸종에 대한 궁극적 원인에 대해서는 아직도 결론을 내지 못한 상태이다(그림 3-17).

04

중생대의 지구표층환경

　중생대(Mesozoic Era)는 고생대와 신생대 사이의 비교적 온난한 시대이다. 이 장에서는 중생대를 중심으로 현생누대 전반에 걸친 환경인자를 정리하여 설명했으며, 중생대 대륙배치가 어떻게 변화하였는가를 책 마지막의 그림으로 나타냈다.

4.1 트라이아스기(Triassic Period)

　중생대 초기인 트라이아스기(251.0~199.6Ma)는 P/T경계의 대량멸종이 끝남과 동시에 시작되었으며 그 기간은 51.4Myr간이었다. 이 시기는 거의 모든 대륙이 뭉쳐져서 형성된 팡게아 초대륙은 트라이아스기의 후기인 200Ma경에 미국의 동해안(뉴저지)과 북아프리카(모로코주변)를 기점으로 다시 분열하기 시작하여 분열이 끝나기까지 약 160Myr정도 걸렸다(책 뒷부분의 그림 참조). 이 대륙은 적도에서 고위도까지 이어져 있었으므로 적도부근을 흐르는 해류는 존재하지 않았다. 초대륙의 적도 부근에는 고 테티스해가 쐐기처럼 펼쳐져 있었고 초대륙의 모양은 아주 커다란 'C'자 형태를 하고 있었다. 초대륙에는 소대륙으로 분리될 때보다 해안선의 길이가 더욱 짧아지고 해안의 면적 또한 좁아졌기 때문에 이 시대의 해양퇴적물 기록은 다른 시대와 비교했을 때 적다.

적색사암층의 존재로부터 알 수 있듯이 내륙은 해안으로부터 떨어져 있어서 수분이 내륙에 도달하지 못하기 때문에 여름은 매우 덥고 겨울은 매우 추운 대륙성 건조기후가 발달했다. P/T경계 부근에서 큰 폭으로 내려갔었던 해수면은 차츰 회복되어 218Ma에 가장 높았지만 트라이아스기 전체로 볼 때 해수면은 비교적 낮았고 상대적으로 강수량도 적었다(Haq 등, 1987). 암염이나 석고 등과 같은 증발암이 트라이아스기 전기에 다량으로 침적되었다. 페름기 후기부터 쥐라기 중기에 걸쳐서는 온난기후가 우세했으며 빙하작용 또한 고위도지역에서 조차 확인되지 않아 극지역도 온난했을 것으로 판단된다.

생물권에 대해서는 P/T경계에 있었던 대량멸종 이후에 대량멸종으로 생긴 생태적 지위로 새로운 생물군이 진출하기 시작했다. 트라이아스기 중기부터는 새로운 해양 환경에 호응하는 육방산호(hexacoral)가 출현하였다.[1] 암모나이트의 일부는 P/T경계에서도 살아남아 쥐라기, 백악기에 걸쳐 크게 번성하였다. 어류에서는 극히 일부만이 P/T경계를 넘긴 것에 반해 파충류의 경우에는 꽤 많은 종류가 살아남았다. 플랑크톤은 트라이아스기 후기(카니안기, Carnian age, 약 225Ma)에 외해에서 코코리스가 출현하게 되고 쥐라기 이후 백악기 동안에 번성하였다(Bown 등, 2004). 육상식물에서는 나자식물 중 침엽수류, 소철류, 니루소니아속, 베네티테스(Bennettites)목, 은행나무목 등이 번성했다.

---

1) 초기에 나타난 육방산호는 높이가 3m 정도로 작은 언덕을 만드는 데 그쳤지만 그 후 진화해서 쥐라기에는 스페인에서 루마니아에 이르는 약 2,900km에 걸쳐 그레이트 배리어 리프와 같은 대규모 산호초를 만들게 된다. 현재 조초산호 대부분은 육방산호에 포함된다.

공룡은 트라이아스기의 중기에 출현했다. 환경 조건은 공룡이 진화하기에 좋은 쪽으로 변해간 것으로 추측된다. 초대륙 팡게아 내부의 건조한 기후야말로 건조에 강한 피부나 알을 낳는 공룡의 특성을 살리기에 안성맞춤이다. 반대로 그러한 기후에서 양서류의 생장은 쉽지 않았으며 파충류의 많은 종이 멸종되었다. 그리고 빈공간이 된 생태적 지위는 공룡에게 유리한 조건으로 제공되었고 공룡이 번성하는 시기가 되었다(平山, 2001; Fastovsky and Weishampel, 2005). 또한 P/T경계에서 가까스로 살아남은 표유류형 파충류는 진화를 거듭하면서 마침내 포유류로 출현했다.

이 시대에서 흥미로운 것은 석탄층이 7Myr 동안 전혀 나타나지 않는다는 것이다(coal gap으로 불림). 석탄층은 트라이아스기 전기에는 알려지지 않았지만 243Ma에 다시 나타나게 되는데 식물의 다양성을 포함하여 230Ma에는 페름기 수준으로 회복된다. 현시점에서 이러한 간격을 설명할 수 있는 이론은 없지만(Retallack 등, 1996), 1) 해수면이 급격히 내려가 습지대가 소멸된 것, 2) 내륙이 건조화 됨에 따라 염호가 된 것, 3) 석탄 기원이 되는 식물이 P/T경계에 멸종되고 습지 등이 산성조건으로 되면서 충분히 생육할 수 있는 니탄기원이 되는 식물이 진화하는 데에는 수백만 년 이상을 필요로 한다는 학설 등이 제안되고 있다.

4.2 트라이아스기/쥐라기(T/J) 경계의 대량멸종

T/J경계에 있었던 대량멸종으로 인해 해양생물이 받은 타격은 상당히 컸던 것으로 여겨진다(Erwin, 1995). 캄브리아기에 생식하던 코노돈

트가 트라이아스기 말에 멸종되었다. 암모나이트류, 권패류(소라나 우렁이와 같이 껍데기가 하나로 둘둘 말린 고둥류를 말함), 이매패 등도 멸종된다. 데본기에서 백악기 사이에 존재한 암모나이트류를 과(科) 수준으로 다양성변동을 해석한 결과 암모나이트류가 생존했던 전 기간 중 트라이아스기 말의 멸종이 가장 컸던 것으로 확인되었다(平野, 2006). 조초생물인 육방산호나 석산호목 산호 등도 많은 속이 멸종하였다. 육지의 동식물은 해양생물의 멸종에 비하면 타격이 크지 않았던 것으로 알려졌지만 이에 반대하는 의견도 있다. 포유류형 파충류도 큰 타격을 받았으며, 공룡은 쥐라기에 크게 발전했다고 하는 가설도 있다(平野, 2006).

식물군 자료를 기반으로 하면 이 멸종 기간은 4만 년 이내인 것으로 계산되는데 멸종사건으로는 매우 짧은 시간인 것으로 추정된다(Olsen 등, 1990). 멸종 원인으로는 1) 해수면의 저하(Hillebrandt, 1994), 2) 빈산소~무산소 수괴의 형성, 3) 운석 충돌 등을 들 수 있다. 조초 생태계가 갑자기 감소한 것을 기후 한랭화의 원인으로 해석하는 가설(Shaviv and Veizer, 2003)도 있다. 그렇지만 약간 건조한 기후라 할지라도 대체적으로 온난기였을 것이라는 설도 있어(Frakes 등, 1992) 이에 대한 의견이 나누어져 있다. 해퇴는 조초 생태계가 붕괴를 야기하는 요소라고 할 수 있다. 그리고 해퇴 후인 쥐라기 초기에 유기물이 풍부한 블랙셰일(black shale)이 세계 각지에 퇴적되어 있는 것으로 보아 때때로 해수 중의 용존산소가 떨어졌던 시기도 자주 있었던 것 같다(Hallam, 1981).

다다(多田, 2004)는 트라이아스기/쥐라기 경계(199.6Ma)에 일어난 천체충돌과 생물의 멸종에 관한 학설을 소개하였는데, 그에 따르면 T/J경계에 있었던 대량멸종은 K/Pg경계와 마찬가지로 이리듐(Ir)농축이 확인되었음으로 천체충돌이 원인일 것이라고 하였다. 그러나 충격 석영이나 마이크로텍타이트가 나타나지 않아서 논의의 여지가 남아 있다.

4.3 쥐라기(Jurassic Period)

쥐라기(199.6~145.5Ma)는 트라이아스기와 백악기 사이의 54.1Myr 기간으로 특징으로는 공룡의 활동을 들 수 있다. 쥐라기에 대한 지질학적 기록은 주로 서유럽에 남아 있는데, 기본적으로는 해성층으로 저위도 해역의 천해성 퇴적물이 침적되었다. 쥐라기의 대표적 지층은 프랑스와 스위스, 그리고 독일에 걸쳐 있는 쥬라산맥이며 이 지역에는 석회암층이 광범위하게 노출되어 있다. 당시 이 지역에는 크고 작은 섬들이 존재했으며 석회질 플랑크톤이 많이 생식했던 것으로 생각되고 있다.

쥐라기 초기의 팡게아 초대륙은 북으로는 로라시아(Laurasia)대륙, 남으로는 곤드와나(Gondwana)대륙으로 분열하기 시작했으며, 대서양도 초기에는 좁고 협소한 해양이었다. 그 후 쥐라기 후기에 곤드와나대륙이 더욱 분열되어, 북대서양은 분열하긴 했지만 그 폭이 좁았으며, 남미와 아프리카대륙은 여전히 뭉쳐져 있는 상태였는데 이러한 상태는 백악기까지 계속되었다(책 뒤의 그림 참조). 분열이 시작된 북대서양은 여러 개의 해양분지로 나뉘어졌는데 일부는 완전히 증발되어 대규모 증발암을 만들어냈다. 이렇게 형성된 증발암들은 현재 멕시코만의 해저에 존재하고 있다. 해수면은 쥐라기 동안 변동하면서 상승했다.

온난기후로 인해 대륙에 영구빙상은 존재하지 못했던 것으로 생각되며 트라이아스기와 마찬가지로 남·북극 지역에는 빙상도 존재하지 않았다. 기후에 관해 좀 더 자세히 살펴보면 쥐라기 전반에는 온난기후가 우세하고 쥐라기 후기부터 백악기 초기에 걸쳐 다시 한랭화되었지만 현재보다 전 지구적 평균기온은 높았던 것 같다(Frakes, 1979).

쥐라기에는 트라이아스기의 건조한 대륙성 기후가 완화되어간다. 대륙이 분리되면서 지역적으로 제한되었던 작은 해양이 육지에 합쳐지게 되고, 모든 대륙의 중심 혹은 고위도지역마저도 습윤하고 온난한 기후가 되어 이전에 식생이 번성하지 못했던 내륙에까지 식물의 생육범위가 넓어지게 되었다. 또한 그에 따라 광대한 삼림을 만들었을 뿐만 아니라 동식물의 종류가 증가하고 대형화되어갔다. 동물은 주로 파충류가 번성했다. 나자식물은 이 시기에 다양해졌는데 트라이아스기에 이어 침엽수가 더욱 발전해갔다. 트라이아스기에 출현했다가 백악기 말에 멸종한 종류인 베네티테스목도 이 시기에 번성했다. 은행나무와 관계가 깊은 나무 종류는 페름기에 나타난 것으로 확인되었다. 이들 종류는 쥐라기에 다양성이 최대로 확대되었는데 특히 중·고위도지역에까지 나타나다가 팔레오세가 끝나기 전에 대부분 멸종되었고, 현재는 Ginkgo biloba 한 종만이 살아남아 있다. 소철의 조상은 페름기 후기에 나타났으며 나자식물 중에서도 가장 먼저 나타난 그룹으로 알려져 있는데 쥐라기에 들어와서 다른 나자식물과 함께 번성한다. 그러나 당시 번성했던 소철 대부분은 멸종되었으며 현재 볼 수 있는 소철의 기원은 신생대에 탄생했다.

4.3.1 주룡류(조룡류)의 번성

육상동물에서는 파충류 중에서도 주룡류가 번성했다(그림 3-10). 특히 쥐라기는 용반목(Saurischia)과 같은 종류인 아파토사우루스(Apatosaurus), 카마라사우루스(Camarasaurus), 디플로도커스(Diplodocus), 브라키오사우루스(Brachiosaurus), 마넨치사우루스(Mamennchisaurus) 등과 같은 초식동물이 활약했으며 아주 거대한 공룡의 시대였다(그림 4-1). 이들은 신장이 25m 이상이고 체중이 30톤 이상에 달하는 것도 있었는데 거대한 몸을 유지하기 위해 침엽수나 양치식물, 소철목, 베네티테스목의 잎사귀나 가지 등을 하루 100kg 이상이나 먹은 것으로 추정된다.

한편, 이들 초식공룡을 먹이로 하는 알로사우루스(Allosaurus), 메갈로사우루스(Megalosaurus) 등과 같은 수각아목(Theropoda)에 속하는 육식공룡도 있었다(그림 4-1). 알로사우루스는 신장이 10m 전후, 체중은 2톤 정도이며, 목이 짧고 앞발이 작은 반면 뒷발은 강하고 억세서 거의 완전하게 두 발로 걸을 수 있는 체형을 갖추었던 것 같다. 이 거대한 공룡은 포악해서 아파토사우루스의 꼬리에는 알로사우루스가 깨문 흔적이 있거나 알로사우루스끼리 싸운 흔적 등이 화석에 남아 있다. 이들은 모두 공룡상목 용반목으로 분류된다(그림 3-13)(平山, 2001).

4.3.2 조강(Aves)의 발생

쥐라기 후기가 되면 수각류로부터 진화한 것으로 주장되는 코에루로사우루스류(Coelurosauria)를 기원으로 하는 최초의 조류가 출현한다(그림 4-1). 시조새(Archaeopteryx lithographica)의 최초 화석은 독일의 쥐라기 후기(Kimmeridgian age, 155.6~150.8Ma) 지층에서 발견되었다. 그러나 예리한 치아를 가졌다는 점과 꼬리부분에 뼈가 있다는 점 등 현재의 조류와는 다르다. 시조새는 현재 생존하고 있는 조류의 조상에 가까운 생물이지만 진화 과정 중 분기된 고조아강(Archaeornithes)의

그림 4-1. (a) 용반목(Saurischia) 용각아목(Sauropodomorpha)에 속하는 초식룡인 브라키
사우루스(Brachiosaurus, 신장 20~25m), (b) 수각아목(Theropoda)에 속하는 육식류인
알로사우루스(Allosaurus, 신장 7.5~12m), (c) 수각아목 코에루로사우루스류에 속하는
익모공룡인 미크로라피톨(Microraptor, 신장 45~75cm), (d) 조반목(Ornithischia)로 K/Pg
에 멸종하기까지 살아남은 초식룡인 트리케라톱스(Triceratops, 신장 8~9m)(Bursatte,
S. (2008) Dinosaurs, Quercus Publishing). 화석으로 남은 것은 주로 골격이지만 이해하기
쉽도록 복원된 그림을 첨부한다.

일종으로 직접적인 조상은 아닐 것으로 생각된다. 즉, 현재 생존하는
지구상의 조류와 밀접하게 관계가 있는 것은 악어류이다(Padian and
Chiappe, 1998).

　조류(鳥類)는 생물분류의 하나로 동물계 척추동물아문의 하위로 조강
(Aves)에 속한다(松井 編, 2006). 조류의 조상은 수각아목(용반목인 공룡
의 분류군 중 하나)에서 종 분화된 것으로 추정된다(그림 3-13). 조류는
이족보행(bipedal locomotion)이 특징인데 앞다리가 날개로 변화되어 비
상능력을 지닌다. 이족보행은 트라이아스기의 원초적인 공룡류에서 시작
되었다. 대형화된 공룡류 중에는 사족보행으로 돌아간 경우도 있지만 중
생대를 거치는 중 수강아목인 육식성 공룡이 전부 이족보행을 하게 되었

다. 전신이 깃털로 덮여져 있으며 항온동물(정온동물)이지만 수각아목 대부분이 깃털을 가지고 있었다는 사실이 최근 중국에서 잇달아 발견된 익모공룡화석으로부터 확인되었다(그림 4-1). 깃털은 Protarchaeopteryx(백악기 전기의 아프티안기 Aptian age), Caudipteryx(백악기 전기의 바레미안기 Barremian age) 등의 공룡에서도 확인되었다(Ji 등, 1998). 생식(번식)은 난생으로 이가 없고 부리를 갖고 있다(Chiappe, 2001).

4.3.3 해양의 동물계

해양 생물계에서 척추동물로는 어류와 이치쿠오사우루스(Ichithyosaurus), 플레시오사우루스(Plesiosaurus) 등의 어룡이 주류를 이루었다. 이치쿠오사우루스는 신장이 2~3m로 체격에 비해 빠른 속도로 헤엄쳐 다녔던 것으로 추정된다. 화석에 의하면 새끼를 뱃속에서 성장시켜 출생시키는 난태성으로 벨렘나이트(Belemnite) 등을 포식하는 육식동물이다. 무척추동물로는 조초에서 군생하는 후치이매패(Rudists)가 출현했으며 벨렘나이트와 같은 종류가 쥐라기와 백악기에 번성하였다. 벨렘나이트는 연체동물문의 두족강에 속하며 갑오징어의 조상으로 몸의 등부분에 있는 외투막 안에 머리부터 꼬리까지 각질을 가지고 있으며, 화석이 되었을 때는 '표준화석'으로 불리는데 방해석이다. 미국 사우스캐롤라이나 주의 피디(Pee Dee)층에서 산출한 벨렘나이트는 산소, 탄소동위원소비를 측정할 때 PDB(Pee Dee Belemnite) 표준물질로서 널리 사용되고 있다.

4.3.4 조류(藻類)의 진화와 코코리스의 출현

조류는 해양에서 광합성을 하는 중요한 그룹이다. 조류의 기원은 광합성 기능을 가진 생물이 별개의 진핵생물과 합쳐져 공생하면서 발전했다는 가설이 있다(Falkowski 등, 2994a, b).

홍조류의 엽록체는 시아노박테리아와 유사한 광합성색소를 가지는데 그 색소체의 안쪽과 바깥쪽에 있는 막은 각각 엽록체와 홍조류에서 유래하는 두 장의 막으로 덮여 있다. 이것은 1차 공생에 의해 시아노박테리아가 진핵세포에 흡수된 것을 지시한다(그림 2-12c). 녹조류의 엽록체는 홍조류와는 약간 다른 색소를 가지는 것으로 클로로필 b를 가지고 있지만 막이 두 장으로 되어 있어서 역시 1차 공생의 흔적으로 생각되고 있다. 크리프트식물(은편모조식물, Cryptophyta)은 온대와 고위도지역의 물속에서 발견되는 단세포조류의 소그룹에 속하며, 이 엽록체를 둘러싼 막은 홍조류나 녹조류와 같이 두 장의 아닌 네 장의 막이다. 크리프트조 안쪽에 있는 두 장의 내막은 공생체로 섭취된 조류의 엽록체가 지녔던 두 장의 막이고 바깥쪽에 있는 나머지 두 장의 외막은 공생체의 세포막과 숙주가 합성시킨 포막의 흔적인 것으로 추측되는데 그것을 2차 공생으로 볼 수 있다.

더욱이 3차공생의 예도 드물게 존재하는데 해양성 플랑크톤에 많은 와편모조에서 발견되고 있다. 이와 같이 복잡한 생물군간의 구조는 편모를 가진 원생생물이 하프트조라고 하는 조류를 섭취해서 만들어진 구조이지만 그러한 구조는 하프트조 자체, 원생동물이 현재 존재하는 홍조류와 가까운 단세포조류를 섭취해서 이루어진 것이며, 이러한 단세포 조류 또한 진핵생물이 시아노박테리아를 섭취하는 내부 공생의 과정을 거쳐 진화한 것이다.

이 하프트조 중에서 탄산염각질을 가진 것이 코코리스이며 트라이아스기에 출현하였다. 이 코코리스는 T/J경계, 쥐라기/백악기 경계, K/Pg

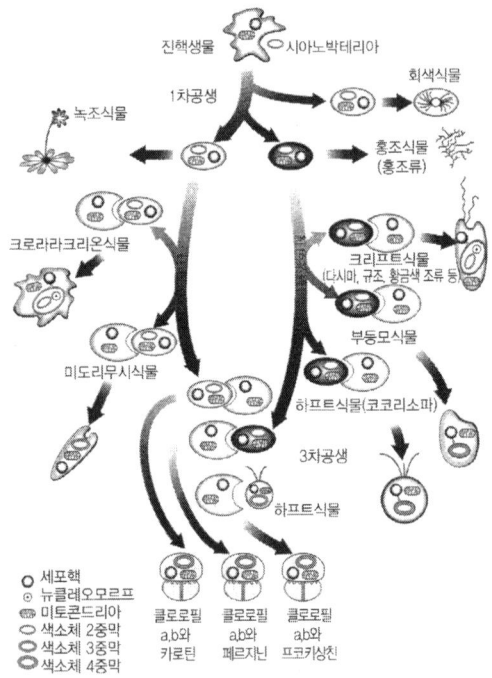

그림 4-2. 진핵생물에 광합성이 확대되어가는 과정과 조류(藻類)에 있는 색소의 차이와 공생에 관한 그림(Falkowski 등, 2004a, b). 1차 공생으로 진핵세포가 시아노박테리아를 섭취한다. 녹조류는 홍조류와 약간 다른 색소를 가지고 있으며, 크리프트식물은 공생체로서 다른 조류를 섭취하는 것으로 생각된다. 이와 같은 2차, 3차 공생 과정을 거치면서 조류는 발전해왔다.

경계에서 타격을 받으면서도 석회성분의 껍데기를 가진 1차 생산자로서 현재에까지 이르고 있다(그림 4-2)(Tierstein and Young, 2004). 도버해협에 위치한 백악기의 절벽 대부분은 코코리스의 단단한 껍데기로 된 퇴적층이며 쵸크(chalk)라고 부른다. 남유럽에 넓게 펼쳐져 있는 석회암 퇴적층도 마찬가지로 코코리스가 크게 기여하였다. 현재의 코코리스는 대체로 수직혼합이 활발하지 못한 성층화된 해역에서 생식하기 때문에 중생대에 코코리스가 안정적으로 다양해지고 높은 침적을 보이는 것은

해양표층환경이 오랜 기간 광범위하게 빈영양 상태였다는 것을 지시한
다. 또한 해양생물의 위기적 환경이 되는 해양 무산소 이벤트(OAE;
Ocean Anoxic Event)이 일어나도 진화의 속도나 멸종에는 거의 영향을
받지 않은 것으로 알려져 있다.

4.3.5 규조의 출현과 대증식(bloom)의 확립

가장 오래된 규조화석은 쥐라기 초기(185Ma)에 나타나는 것으로 알
려져 있다(Kooistra and Medlin, 1996). 그러나 실제로 화석으로 남아
있게 된 것은 백악기부터이며 신생대에 들어서 급격히 다양화되었다
(그림 4-3)(Spencer-Carvato, 1999). 규조는 담수나 해수에 널리 분포하
는데 70Ma까지는 비 해양성 환경에서도 출현하였다(Chacon-Baca 등,
2002). 규조는 모두 광합성을 하는 독립영양생물이며 단세포인 은화식

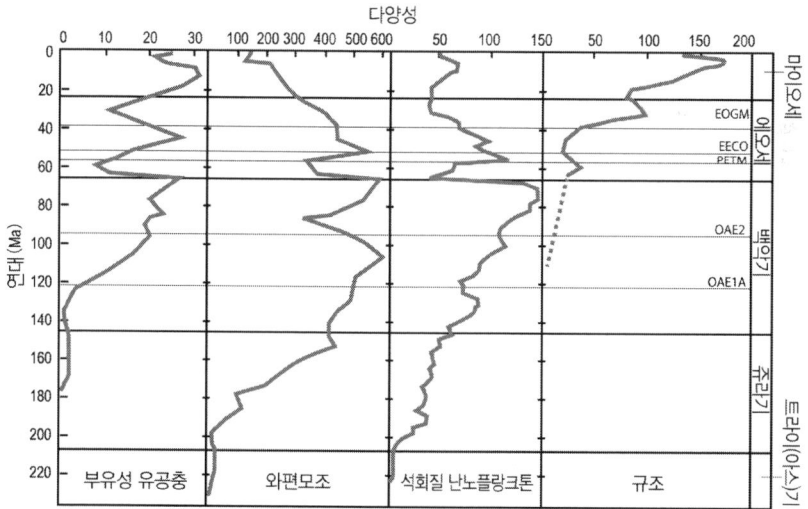

그림 4-3. 과거 2억 2천만 년간의 부유성 유공충, 와편모조, 석회질 난노플랑크톤, 규조의
다양성 변화(Falkowski 등, 2004를 수정)

물로 조류가 속해 있으며 특히 해양생태계에서는 현재까지도 1차 생산자로서 독보적인 생태적 지위를 차지하고 있으며 적조(red tide)의 주요 구성생물의 하나이기도 하다. 규조의 껍데기는 생물기원 오팔(SiO_2 nH_2O)로 구성되며 해양의 실리카순환에 중요한 역할을 한다. 오팔은 밀도가 크기 때문에 침강입자가 급속히 하부로 수직 수송되어 표층수에 포함된 탄소를 제거하는 데 큰 역할을 하며 p_{co_2}가 감소되는 데 일조하게 될 가능성이 높다(Kawahata 등, 1998).

중생대에는 1차 생산자인 규조와 코코리스가 새롭게 등장하여 해양의 식물연쇄에 큰 변화를 일으킨다. 현재 규조와 코코리스는 위성을 통해서도 쉽게 관찰될 정도로 대규모 증식을 일으키는데 이런 사실은 증식속도가 상당이 빠르다는 것을 의미한다. 현재 해양에서 표층해수에 실리카가 충분히 있을 경우에 규조의 증식 속도가 코코리스보다 빠르기 때문에 코코리스는 규조보다 늦게 대증식을 일으키게 된다(Furnas, 1990). 최근 지구 온난화에 따라 북태평양 표층수가 온난화되고 성층화되고 있는데 이런 대증식은 과거의 기록에서 볼 수 있듯이 해양의 생산자가 규조에서 코코리스로 서서히 변하고 있어 생태계까지 중요한 영향을 주고 있다고 지적되었다(Merico 등, 2003). 규조는 현재 해양과 담수 양쪽에서 서식하고 있으며 담수종이 나타나기 시작한 것은 마이오세부터이다.

4.3.6 외해에서 석회질 플랑크톤 출현과 해양의 물질순환 변화

외해에서 코코리스와 함께 중요한 탄산염각질 생물인 부유성 유공충은 쥐라기 후기에 출현하여 현재와 같은 식물플랑크톤에서 어류에 이르는 먹이사슬이 확립된 것으로 생각된다. 외해에서 코코리스와 부유성 유공충의 탄산염 침적은 백악기 이후에 두드러지게 나타난다. 현재 해양의 생물기원 탄산염 생산은 약 90%가 외해에서 행해지는데 전체 생산량은 코코리스와 유공충이 반반씩 기여한다고 하겠다. 위의 두 종류가 출현하기 이전에는 연안지역에 산호 등과 같은 탄산염 침적이 우세했다. 쥐라기 후기에서 백악기에 걸쳐 탄산염의 생산과 침적의 중심이 연안지역에서 외해지역으로 이동했다고 할 수 있다.

이것은 지구표층환경 시스템뿐만 아니라 고체인 지구차원에서도 멘틀로 이동되는 탄산염 수송이라는 점에서 중대한 변화라고 할 수 있다. 즉, 외해에서 탄산염이 해양판 위로 침적되면 판의 운동에 의해 탄산염이 멘틀로 운반되기 쉬워진다. 칼슘의 부가는 멘틀물질의 점성 등에도 영향을 주었을 것으로 추정되며 이것은 곧 생물권이 고체지구에 본질적인 영향을 준 것이라고 해석할 수 있다.

4.3.7 쥐라기 중기부터 백악기 경계에 걸친 탄소순환

쥐라기 중기부터 후기에 걸쳐 유기물이 풍부한 퇴적물이 영국, 북해, 시베리아 서쪽, 안데스지역 남부, 남극해, 동 그린란드 등에서 보고되었는데(Frakes 등, 1992), 탄산염의 $\delta^{13}C$값이 최고값을 보이는 시기와 일치했다. 이러한 사실은 유기물의 침적을 반영한 것으로 생각되었다.

쥐라기/백악기 경계부근에는 반대로 $\delta^{13}C$값이 +2.07‰에서 +1.26‰으로 내려갔다. 북대서양 서쪽은 쥐라기 후기부터 백악기 경계로 갈수록 유기물의 침적유량이 떨어졌는데 그것은 $\delta^{13}C$값이 감소하는 것과 일치한다. 이 시기에 해양환경 또한 크게 변화되었는데 퇴적물은 생물기원 오팔이 풍부한 방산충 퇴적물이나 탄산염이 대지상 지형(platform)에 침적된 것으로부터 석회질 나노화석이 풍부한 석회암으로 변화되면서 탄산염보상심도(CCD) 또한 깊어졌다(Frakes 등, 1992).

4.4 백악기(Cretaceous Period)

백악기(Cretaceous Period, 145.5~65.5Ma)는 중생대의 가장 마지막에 해당하며 그 기간은 현생누대에서 가장 긴 80.0Ma다. 일반적으로 과거 해양지각은 해구에서 멘틀로 섭입되어버렸지만 120Ma 이후의 해양지각은 아직까지도 해저에 남아 있다. 따라서 120Ma 이후의 환경복원은 그 이전과 비교했을 때 크게 개선되고 정확하게 할 수 있다.

백악기 초기에는 각 대륙이 서로 인접해 있었지만 말기에는 상당히 분리가 진행되었다. 즉, 팡게아 초대륙은 쥐라기에 북반구의 로라시아대륙과 남반구의 곤드와나대륙으로 분열되고, 곤드와나대륙은 다시 남미와 아프리카 그리고 그 외의 지역으로 분리되었다. 이러한 분리와 함께 남대서양이 탄생되었고 북미의 코딜레라(Cordillera) 등과 같은 지역에서는 조산활동이 일어났다(책 뒤의 그림 참조). 인도는 그때까지 아시아대륙에서 떨어져 있었고 동아시아와 동남아시아 또한 합쳐지지 않은 상태로 있었으며 테티스해가 존재했다. 그러나 아프리카 북부 부근에서는 테티스해가 좁아져갔고 현재의 키프로스나 오만 주변에서는 당시의 해양지각과 상부멘틀이 오피올라이트(ophiolite)라는 암체의 형태로 90~100Ma경에 육상 위로 솟아올랐다.

백악기는 대체로 온난한 기후였으며 해수면도 높았다(그림 4-4). 생물권에서는 공룡이나 익룡과 같은 파충류가 지상, 해양, 공중에서 다양하게 진화하면서 쥐라기에 이어서 최고의 전성기를 맞는다. 백악기 후기에 출현한 티라노사우루스(Tyrannosaurus)는 지상에 출현한 동물 중

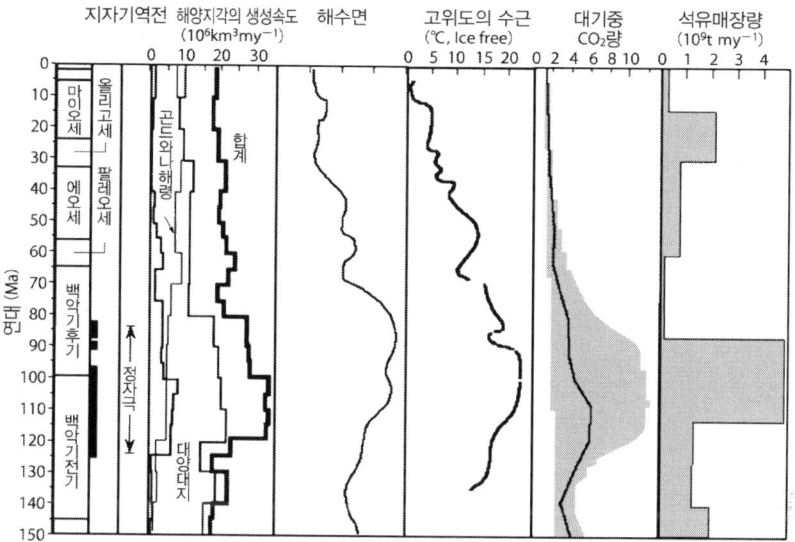

그림 4-4. 과거 150Myr을 대상으로 한 black shale의 퇴적(Jenkyns, 1980), 해양 지각의 형성 속도(Larson, 1991a), 전 세계 해수면 변동(Hallam, 1984, 1992), 고위도해역의 고수온(Savin, 1977; Arthur 등, 1985), p_{co_2}(대기 중 CO_2의 양)(Berner, 1990), 세계의 석유자원(Irving 등 1974; Tissot, 1979) 등을 정리한 그림(Kawahata, 1998).

에서 가장 강인한 것 중의 하나로 알려졌다. 몸체길이가 12m, 체중 6.5톤, 키 4m에 달하고 50개 이상의 정렬된 치아는 각각 크기가 20cm 이상이나 되었다. 또한 육식동물인 알로사우르스는 쥐라기에 번성했지만 티라노사우루스와는 동일시기에 번성하지 않았다. 초식동물인 트리케라톱스 (Triceratops) 등의 뼈에 박힌 이빨자국 등이 화석에서 발견되었다(그림 4-1). 익룡인 프테라노돈(Pteranodon)은 육식동물로 날개를 펼치면 약 6~8m나 되며 체중이 수십kg이고 근육이 많지 않아서 상승기류에 실려 활공했던 것 같다. 그러나 결국 이들 공룡들은 백악기가 끝나면서 함께 멸종해 버렸다.

포유류는 형태가 크게 진화해서 오리너구리 등과 같이 예외적인 난생을 제외하면 태생으로 태반이 있는 유태반류와 태반이 없는 유대류로 분화되어갔다. 식물은 원시적인 나자식물이나 양치식물 등이 감소하는 한편 피자식물이 주류를 이루면서 진화해갔다. 해양생물에서는 에라스모사우루스(Elasmosaurus) 등을 포함하는 수장룡(장경룡)이 어룡보다도 번성하게 되었고 암모나이트, 유공충, 코코리스도 번성했다. 규조류도 환경에 적응하며 다양하게 분화하기 시작했다(그림 4-3).

4.4.1 백악기 전기(early Cretaceous, 145.5~125.0Ma)[2]

백악기는 중생대 이후 가장 온난한 기후였던 시기로 알려져 있지만 실제로는 쥐라기 후기에서 백악기 초기 오테리비안기(Hauterivian age) 부근(130Ma)까지 약간의 한랭기후가 계속되었다(Frakes, 1979). 소규모 빙하가 존재했을 가능성도 지적되었지만 대규모 대륙빙상은 없었기 때문에 백악기 전기의 해수면은 기본적으로 높고 해침이 발생하여 알베도값 또한 낮았다(Frakes and Francis, 1988; Ridgwell, 2005). p_{CO_2}값도 유기물과 탄산염의 침적량에 근거한 모델링 계산에 의하면 현재보다 2~4배 정도 높았다. 중앙해령의 확장속도는 현재와 거의 같은 수준이었지만 백악기 전기의 마지막 시기부터 해양대지가 형성되기 시작하였으므로 p_{CO_2}가 상승하게 된 원인 중 일부는 화산활동에 의한 것으로 보고 있다(그림 4-4). 백악기에는 탄산염이 다량 침적되었는데 탄산염 형성은 해수에 있는 CO_2를 대기로 이동시킴으로 높은 p_{CO_2}값이 유지되는 데 큰 역할을 한 것으로 생각된다. 높은 p_{CO_2}과 동반하여 온실효과가 높아진 것으로 판단된다.

---

2) 백악기의 정식 구분은 '전기(Early Cretaceous, Berriasian-Albian)'와 '후기(Late Cretaceous; Cenomanian-Maastrichtian)'이지만 환경을 설명할 때는 편의상 세 시기로 구분되는 경우도 있다.

4.4.2 백악기 중기(mid Cretaceous, 125.0~83.5Ma)

백악기 중기는 온난한 지구(hot earth)의 특징이 있다. 극지역에는 빙상이 형성되지 못할 만큼 매우 온난해서 전 지구적으로 기온은 현재보다 6~14℃나 높았다.[3] 해양의 심층수 온도는 18℃ 정도로 따뜻했고 남북 간의 온도구배가 17~26℃(현재는 41℃) 정도로 낮았다(표 참조, 그림 4-4).

온난화의 원인으로는 1) 대규모의 화산활동으로 높아진 p_{co_2}, 2) 해수면이 상승에 따라 육지면적이 감소하게 되면서 전 지구의 평균 알베도 값이 저하, 3) 현재와 다른 대륙배치에 따라 대기·해양순환의 변화 등을 생각할 수 있다. 모델링 결과를 병행하여 판단하면 온난한 기후의 주된 원인은 1)과 2)일 것으로 생각된다. 당시에 활발했던 화산활동은 슈퍼플룸 활동과 연계된다(그림 4-5)(Barron and Washgton, 1982; Caldeira and Rampino, 1990). 즉, 멘틀과 핵의 경계부근에서 뜨거운 플룸이 상승하여 마니히끼, 온통쟈와(Ontong Java), 케르게렝 해양대지 등에서 현무암을 주로하는 거대한 화성암 대지(LIPs; Large Igneous Provinces)가 많이 탄생되었다(그림 4-4, 그림 4-6). 화산도도 형성되었으며 판의 생성속도도 빨랐다(Coffin and Eldholm, 1994; Coffin 등, 2006). 해양지각의 형성은

---

3) 오늘날 온난기인 백악기를 대상으로 활발한 논쟁이 계속되고 있으므로 다음을 소개한다. 지구규모의 계통적인 해수면 변동곡선은 Exxon Production Research Company(EPR)에서 정리했다(Vail 등, 1977; Haq 등, 1987; Miller 등, 2005). 백악기 후기부터 에오세까지의 온난기에는 1Myr 이하의 단기간에 20~30m 정도 해수면이 저하하는 등, 해수면이 급격히 변화했다고 보고되었는데 그러한 원인을 빙상의 형성과 융해에 있다는 가설이 있다(그림 1-6)(MIller 등, 2003; Miller, 2009; DeConte and Polla rd, 2003). Moriya 등(2007)은 ODP site 1258(당시 북위 5도)에서 변질되지 않은 부유성과 저서성 유공충 각질을 시료로 $\delta^{18}O$값과 $\delta^{13}C$값을 고해상으로(평균 26kyr) 분석한 결과 온난기의 대표적인 백악기에는 역시 빙상이 없었음을 밝혔다. 빙상이 없는 시대에 해수의 $\delta^{18}O$값을 -1.27‰로 할 경우(Shackleton and Kennett, 1975), 백악기의 표층수온은 32℃, 남아프리카해의 수심 1,000m 정도인 저층수의 수온은 13~24℃가 된다(Moriya 등, 2007).

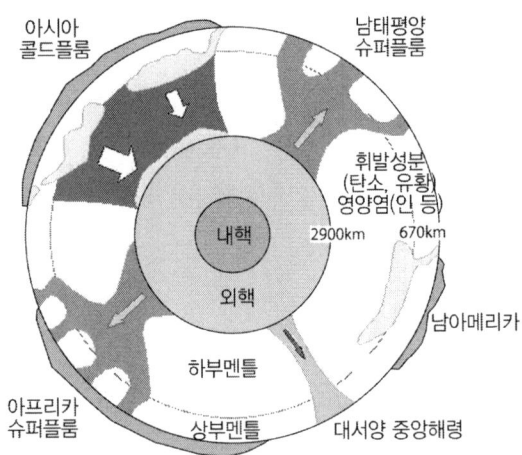

그림 4-5. 슈퍼플룸(super plume; 대형 멘틀대류)의 모형. 해령에서 해양지각이 형성될 때의 물질순환, 해구에서 지각물질이 상부멘틀로 수송되거나 부가체에 의해 해양물질이 대륙으로 부가되는 것과 같은 환경변동은 대체로 지구표층에서 판운동 범위 내의 물질수송이라는 관점으로 처리할 수 있다. 그러나 보다 심부에 있는 하부멘틀 또는 핵에서부터 지구내부의 물질이 지구표층까지 도달하는 것은 슈퍼플룸의 활동에 의한다. 전체적으로 지구표층과 심부가 하나의 시스템으로 성립될 가능성이 커진다(丸山 등, 1993; Maruyame, 1994; 丸山, 1997; 磯崎, 1997).

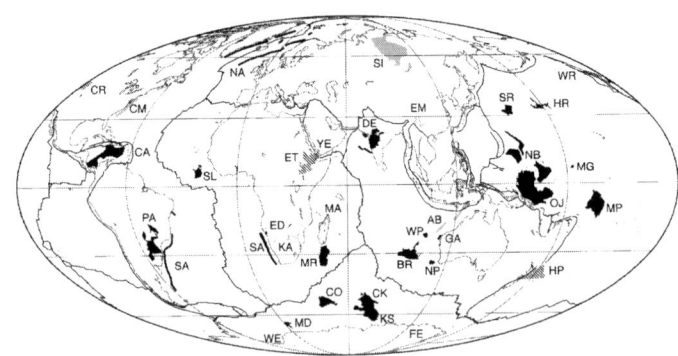

그림 4-6. 중생대와 신생대의 거대 화성암 대지(LIPs) 분포도(Eldholm and Coffin, 2000). 그림에서는 해양대지, 대륙 연변부의 화산활동, 대륙의 홍수현무암, 연쇄적 형태로 분포된 해산 등을 포함한다. 회색은 150Ma 이전에, 흑색은 150~50Ma에, 사선부분은 50~0Ma인 시기를 나타낸다.

125~80Ma 기간에는 신생대에 비해 1.5~2배 증가하였다. 그 결과 해령의 평균연령이 젊어지게 되고 평균수심은 낮아지고 결과적으로 해수면이 250m 상승함으로써 해침이 일어났다. 육지는 지구 표면적의 20% 이하가 되어 지구 전체의 알베도 값을 저하시켰다(그림 1-5).

화산활동에 수반되어 지구내부에서 다량의 CO_2, SO_2, H_2S 등과 같은 휘발성물질이 지구표층환경시스템에 공급되었다(그림 4-5). 단, 탈가스는 판이 생산되는 장소가 아닌 판의 섭입되는 장소에서 일어나는 화성활동에 의한 것이 더욱 중요하다는 설도 있다(鹿園, 1995). 또한 화산가스에 포함된 HCl이나 열수기원인 고염분수도 해양의 중심층에 공급되었을 가능성이 높다. 모델링 결과에 의하면 p_{co_2}는 현재에 비해 몇 배쯤 높다는 결론이 나오는데, 대략 2,000~3,000ppm 정도(추정 범위는 500~7,500ppm)이다(그림 4-7)(Berner, 1994; Bice and Norris; Bice 등, 2006).

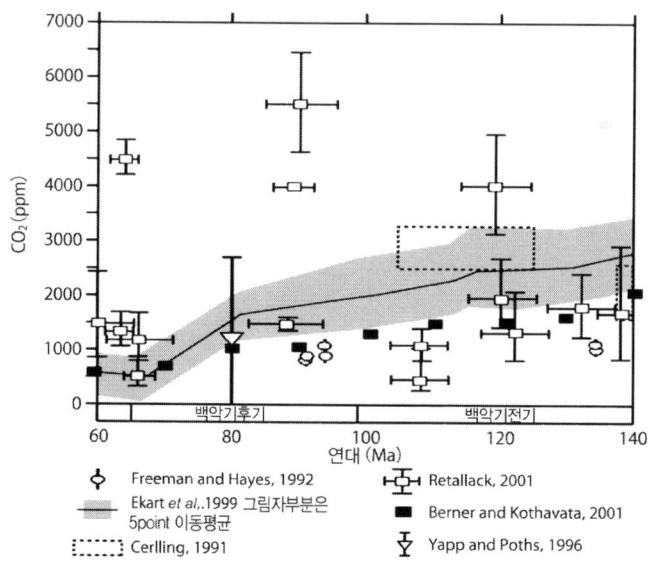

그림 4-7. 백악기를 중심으로 했을 때 p_{co_2}값의 변화(Bice and Norris, 2002).

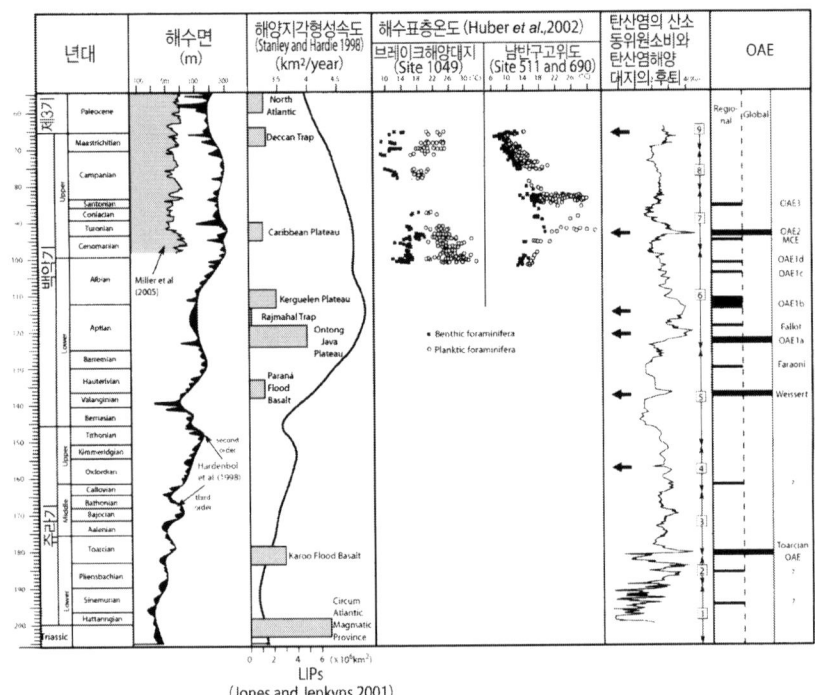

그림 4-8. 쥐라기부터 백악기에 걸친 해수면, 해양지각 생산, 고(古)수온, 탄산염의 $\delta^{13}C$ 값, 탄산염대지의 침수, OAE(해양 무산소 이벤트) 등을 종합한 그림(Takashima 등, 2006). 과거 수온에 대해서는 브레이크해양대지 및 남반구 고위도지역을 나타낸다. 튜로니안기부터 캄바니안기에 걸친 수온저하는 고위도지역에서 크다는 것을 알 수 있다.

이 p_{CO_2}가 높은 시기에는 유기탄소를 최대 35wt.%나 함유한 블랙셰일의 퇴적이 두드러졌다(Derco 등, 1978; Arthur and Natland, 1979; Brumsack, 1980). 이 퇴적현상은 120.5~83Ma까지 계속되었으며 해양 무산소 이벤트 (OAE)과 밀접한 관계가 있을 것으로 추측된다(그림 4-4, 그림 4-8) (Jenkyns, 1980).[4] 또한 이 시기는 석유형성도 활발하게 진행되었는데,

---

4) '해양 무산소 이벤트'라는 말의 엄밀한 정의는 '지리적으로 광범위하게 같은 시간대 에 black shale이 분포하는 것'을 뜻하는데(Schlanger and Jenkyns, 1976), 실제로 무

전 세계 석유의 50% 이상이 쥐라기부터 백악기의 튜로니안기에 걸쳐 계속적으로 형성되었다(Irving 등, 1974; Klemme and Ulmishek, 1991). 그중 75% 이상은 페르시아만, 나머지의 대부분이 멕시코만과 남미의 북해 외해에 있다. 천연가스의 형성도 백악기에 절정을 보이는 것으로 보고되었다(Larson, 1991a, b).

해양과 육지에서 광합성을 매개로 한 유기물 생산과 유기탄소의 매몰은 p_{co_2}의 감소를 가져온다. 더욱이 블랙셰일의 형성은 케로젠 생성을 촉진하며 열변성을 거쳐 석유가 된다. 이렇게 유기탄소 매몰이 증가(유기탄소 제거효과)는 대체로 p_{co_2}의 감소를 초래하며 결과적으로는 한랭한 기후를 불러일으키는 원인이 된다(예를 들면 석탄기 말기나 원생누대 후기 등). 반대로 슈퍼플룸 활동에 의해서는 지구 내부로부터 CO_2가 공급되므로 p_{co_2}을 증가시킨다(그림 4-5). 최종적인 p_{co_2} 수준은 양쪽의 균형에 따라 결정된다. 블랙셰일이 지구 규모로 형성되었다는 것은 유기물 매몰률이 현재보다 상승했었다는 것을 의미한다. 다시 말해서 유기물 매몰률이 현재와 같았다면 p_{co_2}는 훨씬 높아져서 당시보다 더욱 온난한 기후였을 것이다. 백악기 중기의 OAE는 지구표층환경 시스템에 대해 네가티브 피드백 기능으로 작용하여 온난화를 억제시켰다고 생각되고 있다.

이와 같이 백악기 중기는 지구표층 저장소의 탄소순환에 관해 매우 특징적인 시기였다. 탄소순환과 지구표층환경 시스템과는 관계가 없는 것으로 생각될지 모르겠지만 80~120Ma 시기에 지구자기장의 역전이 없었으므로, 지구 내부에서도 커다란 변화가 탄소순환과 깊이 연관되어 있을 것으로 생각된다. 슈퍼플룸 활동과의 관계에 대해서도 지적되고 있는

산소가 되었는지 아닌지의 문제는 해양 무산소 이벤트의 정의와는 관계가 없다.

데 지구의 표층과 심층 활동이 밀접하게 연계되어 있었음을 지시한다.

4.4.3 백악기의 최고수온

백악기는 온난한 시기였다. 특히 저서성 유공충 각질의 δ^{18}O값에 의하면, 90Ma 전후(백악기 중기에 해당되는 세노마니안기 Cenomanian age, 튜로니안기 Turonian age) 시대는 최고의 온난기(극지역의 수온이 12℃ 정도, Huber 등, 2002)를 맞이했다. 당시 기록된 온도는 중생대 이후 과거의 환경기록이 충분히 남아 있는 것 중에서 가장 극적인 것으로 지구표층 환경 시스템의 단성분(end-member)이라 생각할 수 있다. 그 후 백악기/팔레오세 경계로 가면서 수온은 내려갔다. 대서양과 인도양에서는 튜로니안기부터 캄파니안기(Campanian age)에 걸쳐 수온이 약 6℃ 정도 내려갔다(δ^{18}O 값으로는 -1.5‰).

태평양 해양저에서 굴삭된 퇴적물 중 유공충에 대한 산소동위원소를 분석해서 수온을 정량적으로 복원해왔는데, 현재 중위도에 위치하는 샤츠끼 해양대지(Shatsky Rise)도 당시로 복원하면 적도지역에 위치하게 된다. 백악기 중기에 중위도에 위치한 태평양의 환경을 복원하려면 현재 육지가 되어 있는 장소를 선택해야 할 필요가 있다. 예를 들면 일본 북해도(Hokkaido) 중부의 지층(당시에는 북위 40도)을 이용하여 북태평양의 표층수온을 복원하면 튜로니안기, 코니아시안기(Coniacian age), 카파니안기가 각각 28, 26, 27℃이고, 같은 기간 수심 300~400m인 곳의 수온은 18℃로 거의 일정하다는 것으로부터 현재 아열대지역의 수온에 해당한다는 것을 알 수 있었다. 이와는 대조적으로 대서양에는 같은 시대라도 수온 저하가 관찰되었으며 해양분지에 따라 온난화에 차이가 확인되었다(Moriya 등, 2009; Moriya, 2011).

4.4.4 백악기 중·후기의 높은 이산화탄소 분압(p_{co_2})에서 해수의 중화과정

금세기 말에 p_{co_2}는 600ppm 이상일 것으로 예상된다. CO_2는 산성화 기체이기 때문에 p_{co_2}가 증가하게 되면 해양산성화를 가속시킨다. CO_2가 해수에 용해되는 것은 pH를 저하시켜 탄산이온($[CO_3^{2-}]$)과 탄산염 포화도를 급속도로 감소시키게 된다. 금세기말의 남극해는 비교적 준안정적 탄산염인 아라고나이트가 불포화될 것으로 예측된다(Orr 등, 2005). 이와 비슷한 상황을 기준으로 예측하면 백악기의 해수 조성을 현재와 같다고 가정할 때, 높은 p_{co_2} 조건인 백악기(3,500~4,000ppm 정도)에는 당연히 모든 탄산염이 용해되어버렸을 것이다(Yamamura 등, 2007). 그러나 프랑스 남부나 이탈리아 등에서는 백악기 중·후기에 해당하는 석회암이 많이 존재하고 있어서 와인의 주원료인 포도를 재배하는 데 아주 적당한 알칼리성 토양으로 제공되고 있다. 또한 태평양이나 대서양의 적도지역에서 굴삭된 ODP/DSDP 코어에 대한 기록에서도 당시 생물기원 탄산염이 다량으로 퇴적되어 있다고 보고된 바 있다(Dean, 1981; Duval 등, 1984; Norris 등, 1998).

이와 같이 높은 p_{co_2} 환경임에도 불구하고 해수가 중화되었다는 것을 규명하기 위해 간단한 물질순환 모델링에 의한 해석이 행해졌다. 심층수온이 17℃, p_{co_2}가 1,120ppm인 조건에서 탄산염이 심해에 퇴적되기 위해서는 해수의 조성이 현재와 다르고 전알칼리도가 현재보다 1.2배 이상 되어야 한다는 것을 알아냈다(Yamamura 등, 2007). 알칼리도가 증가하는 메커니즘으로는 대륙지각의 풍화 등에 의하는데, 다음 식과 같이 풍화에 의해 중탄산이온이 공급되었을 가능성이 높다.

$$Mg(Ca, Fe)SiO_3 + 2CO_2 + H_2O \rightarrow Mg(Ca, Fe)^{2+} + 2HCO_3^- + SiO_2$$

(식 4-1)

4.4.5 해양 무산소 이벤트(OAE)

블랙셰일의 형성을 해양 무산소 이벤트(OAE)라고 한다(그림 4-8, 그림 4-9). 좀 더 정확하게 말하면 백악기 대기에는 산소가 충분히 있었기 때문에 표층수는 산화적이었으며, 중~심층의 수괴가 무산소화된 것을 '해양 무산소 이벤트'라고 한다.

대서양과 테티스해를 중심으로 일어난 AOE는 백악기 초기(오텔리비안기)에서 백악기 후기(산토니안기 Santonian age)에 걸친 백악기 중기를 중심으로 일어났는데, (계속적으로 지속되지 않고) 간헐적으로 일어나는 경향이 있다. 오래된 시기부터 OAE1a(약 120.5~119.5Ma), OAE1b(약 113~109Ma), OAE1c(102~101Ma), OAE1d(100~98Ma), OAE2(92~94Ma), 세노마니안/튜로니안(C/T)경계전후), OAE3(약 89~83Ma), 코니아시안기~산토니안 기간내)에 일어났다(그림 4-8, 그림 4-9)(Kuroda and Ohkouchi,

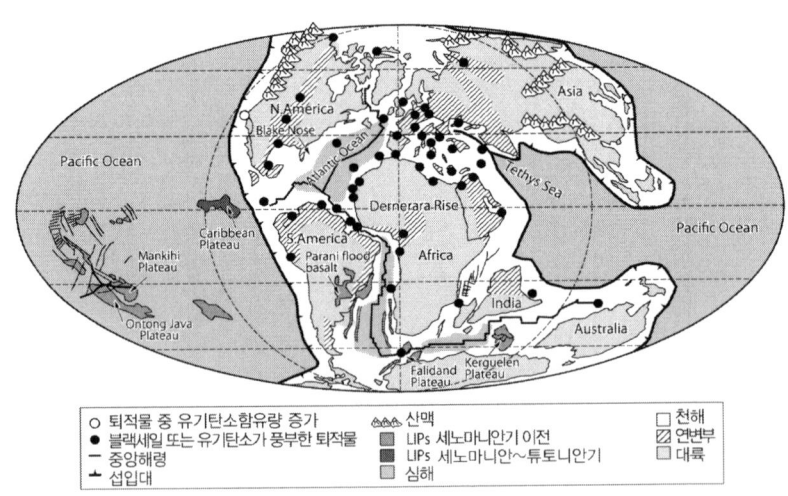

그림 4-9. OAE2에서 블랙셰일(black shale)과 유기탄소를 다량으로 함유한 퇴적물 분포 (Takashima 등, 2006).

2006). 환원된 주기를 자세히 조사한 결과 OAElb 등에서는 10^{3-5}yr 주기로 변동되고 있었다. OAE에는 해수의 용존 무기탄산염의 δ^{13}C값은 무거운 이상값(abnormal value)을 보였다. 이러한 현상은 낮은 δ^{13}C값을 가진 유기탄소가 해양에 대량 퇴적되었기 때문에 해양에 용존하는 탄소계의 δ^{13}C값이 증가하게 된 것이고 그에 따라 탄산염의 δ^{13}C값이 상승하게 되는 결과이다. OAEla, OAE2는 확실하게 지구적 규모에서 δ^{13}C값 변동을 수반하고 있었지만 그 외에 δ^{13}C값 상승을 보이지 않은 곳도 있어 지구적 규모의 해양무산소이벤트(OAE)는 OAEla, OAE2에만 일어났던 것이라는 견해가 있다(Takashima 등, 2006).[5] 덧붙여 말하면 태평양에서는 일부 코어에서만 OAE가 확인되며 대서양에서는 OAE환경이 되었더라도 태평양이 무산소 상태에 이르렀던 시대는 많지 않았을 것 같다(그림 4-9).

백악기 후기에 블랙셰일이 퇴적된 메커니즘은 (A) 제한된 해양대순환으로 해양전체가 무산소 상태, (B) 용존산소 극소층의 확대라는 두 가지 가설이 있다(그림 4-10). 일반적으로 해양대순환에서는 섭입하는 표층수가 대기와 접해 있기 때문에 대기 중 산소는 해수에 용존한다. 그러나 심층수가 된 후에 이 수괴는 대기와 접하지 않게 되므로 상부로부터 침강되는 유기물의 산화에 의해 심층수 내의 용존산소는 시간이 경과함에 따라 더욱 감소하게 된다. 대순환 속도가 느려지면 심층수의 체류시간이 길어지고 용존산소는 더욱 감소되어 고갈 상태가 되면서 무산소 수괴가 형성되는 경우가 생긴다. 이러한 경우는 전자인 (A)에 해당된다. 또한 온실효과가 심해지면 저위도지역의 증발로 인해 고염분인 해수가 형성되고 저위도에서는 심층수 형성이 촉진된다는 가설도 있지만(Barron

---

5) 쥐라기 전기 마지막인 토아르시안(Toarcian age)과 백악기 전기인 바랑기니안기(Valanginian) 후기부터 오테리비안(Hauterivian) 전기까지의 OAE도 지구 규모로 추정된다(Takashima 등, 2006).

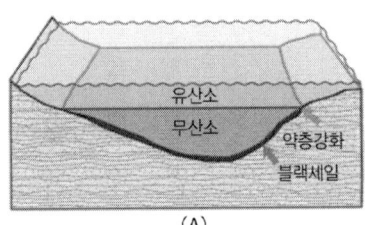 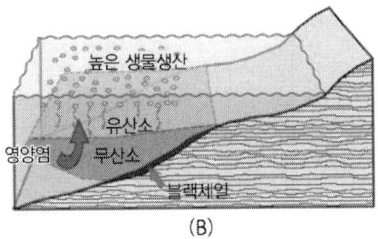

그림 4-10. 블랙셰일(black shale)의 형성에 관한 두 가지 모델. (A) 해양순환의 정지상태, (B) 용존산소 극소층의 확대(Takashima 등, 2006을 개정). (A)에서는 저층이 모두 무산소 수괴가 되지만 (B)의 경우에는 중층만 무산소 수괴로 표층과 저층에 용존산소가 존재하므로 저층에서도 일반적인 생물이 생식할 수 있다. 블랙셰일은 유기탄소 매몰을 증가시키는데 그 원인은 1) 해양순환의 정체, 2) 해양 생물생산성 증대, 3) 육지로부터의 유기물 유입량 증가 등이 지적되었다. 해양순환과 생물생산에 관해 1)과 2)는 서로 배타적인 관계에 있다. 생산성증대에는 영양염 공급 촉진이 불가결하며 그러기 위해서는 해양순환이 활발하고 용승이 촉진될 필요가 있다. 반대로 해양순환의 정체는 해양표층으로 영양염 공급이 억제되므로 생산이 저하된다.

and peterson, 1990), 최근에 행해진 모델링 해석에서는 인정되고 있지 않다. 후자인 (B)의 경우는 용존산소 극소층에서 용존산소가 고갈되어 버린 경우에 해당된다. 현재 환경과의 유사성으로 본다면 전자는 흑해, 후자는 페루 외해에 해당하지만, OAE에서 볼 수 있는 블랙셰일은 이들 해역에서 퇴적되지 않고 있다.

OAE1a에서는 표층수가 온난화되고 온도가 상승함에 따라 섭입되는 심층수의 용존산소농도가 감소한다. 또한 표층수의 밀도가 작아짐에 따라 수계가 성층화되고 해양대순환이 약해졌다는 이유에서 전자(A) 형태로 된다는 보고가 있다(Erbacher 등, 2001). 반대로 OAE2에서는 심층수가 상대적으로 온난화되고 표층수는 냉각되어 수직혼합이 활발해진다. 그에 따라 1차 생산이나 침강입자가 증가하여 용존산소 극소층 부근에 있는 유기물의 산화가 촉진되었기 때문에 후자(B)형태에 해당할 것으로 생각된다(Huber 등, 1999). 그러나 최근 OAE2의 표층수온이 약 4℃ 상승한 경우가 지적되어(Forster 등, 2007) 1차 생산도 크게 변화했을 가능성이 제기되었다. 특히 OAE 중에서도 지구 규모로 인식되는 OAE1a와 OAE2의 블랙셰일에는 유공충, 석회질 나노화석, 방산충 등이 출현하지 않기 때문에 표층까지 무산소 상태였을 가능성이 높다(Coccioni and Luciani, 2005). 이것은 시아노박테리아의 바이오마커와 녹색유황세균 등과 같은 존재로부터도 증명된다(Kuypers 등, 2004; Dameste and Koster, 1998).

OAE2는 $\delta^{13}C$값이 2‰ 이상인데(Takashima 등, 2009), 블랙셰일에 포함된 질소 전체의 $\delta^{15}N$값은 0‰ 부근의 값을 나타낸다(Rau 등, 1987; Ohkouchi 등, 1997). 이 값은 현재 또는 과거의 일반적인 퇴적물(+4~+12‰)과 비교하면 명확하게 작은 값이다. 만약 대기 중의 질소 $\delta^{15}N$값이 백악기나 현재와 같은 0‰이라고 가정한다면(Sano and Pillinger, 1990) 블랙셰일에 포함된 질소는 질소 고정과정을 통해 유기물로 고정된 것임을 지시한다. 산화적인 해양환경에서 질소고정을 행하는 생물은 시아노박테리아나 광합성세균 등과 같은 원생생물로 한정된다(Ohkouchi 등, 1997). 그중 광합성세균에서는 광합성세균에서 유래된 바이오마커(생체지표 유기물)의 양이 그다지 많지 않아 주요한 1차 생산자가 될 수 없다. 그에 반해 시아노박테리아는 트리코디스미움(Trichodesmium)과 같이 현재 외해에서 대규모 블룸(bloom, 대증식)을 형성하여 주요한 1차 생산자가 될 수 있다는 이유로 유력한 후보가 된다(Zehr 등, 2000).

4.4.6 해양 무산소 이벤트(OAE)와 대규모 화성활동(LIPs)

OAE는 백악기 중기에 약 6회에 걸쳐 일어난 것으로 알려져 있는데

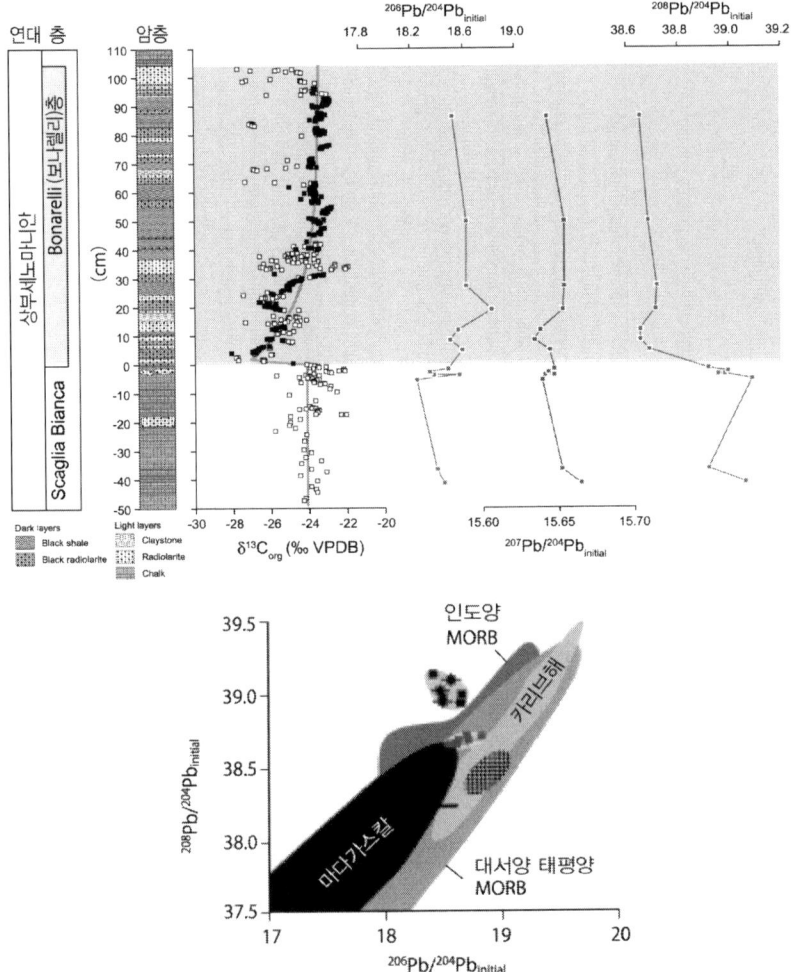

그림 4-11. 이탈리아 중부에 있는 상부 세노마니안 시대의 블랙셰일을 많이 함유한 Bonarelli층과 하위 탄산염이 풍부한 Scaglia Bianca층의 구분(Kuroda 등, 2007; Kuroda 등, 2010). 위 왼쪽 그림은 암층, 탄산염 $\delta^{13}C$값을 나타낸다(검은색으로 표시된 부분은 유기탄소함유량 2wt.% 이상, 흰색부분은 2wt.% 미만의 시료를 각각 나타낸다). 오른쪽 그림은 Bonarelli층(회색 부분)과 Scaglia Bianca층(검은색 부분)의 납 동위원소 비($^{206}Pb/^{204}Pb$: $^{208}Pb/^{204}Pb$)의 결과이다. 또한 비교를 위해 마다가스카르, 칼리브해, 인도양 중앙해령(MORB), 대서양 및 태평양 중앙해령 현무암의 납 동위원소비를 나타냈다. 굵은망 모양으로 표기된 부분은 LIPs 화산암에 있는 납 동위원소비의 단성분(end-member)으로 추정되는 값이다.

LIPs 형성 시기와 비슷한 시기가 몇 번인가 있었던 것으로 보아 양쪽이 인과관계를 가지고 있는 것이 아닐까 하는 지적이 있었다(그림 4-11). OAE2(C/T경계 부근)에는 이탈리아에서 블랙셰일 바나랠리(Banarelli) 층에 퇴적이 시작된 시기에 탄산염 $\delta^{13}C$값이 마이너스 방향으로 약 3.0‰ 이동되었고 납 동위원소값($^{208}Pb/^{204}Pb$와 $^{206}Pb/^{204}Pb$)도 작은 쪽으로 이동되었으며, 게다가 그 값은 카리브해 혹은 마다카스카르의 LIPs 화산암의 납 동위원소 값과도 일치한다는 사실이 확인되었다(그림 4-11).

4.4.7 백악기 해양환경과 생물의 생활양식

백악기에 해양에서는 연체동물(Mollusca), 두족류(Cephalopoda)인 암모나이트나 표준화석(벨럼나이트), 이매패강(Bivalvia)인 이노세라무스(Inoceramus)가 번성했다. 이들의 생활양식에 대한 정보가 최근 안정동위원소를 이용해서 속속 밝혀지고 있다.

(1) 백악기 후기 암모나이트류의 생활양식

암모나이트류는 420Ma(실루리아기 후기)에 출현해서 데본기 말과 페름기말, 그리고 트라이아스기말 등에 있었던 대량멸종을 거쳐 백악기말에 지구상에서 완전히 자취를 감추었다(House, 1988). 암모나이트류의 다양성과 해수면변동이 서로 조화를 이루며 존재했다는 것, 그리고 지구 역사에서 일어났던 이벤트와도 밀접하게 연계되어 진화했다는 점에서 고환경 변동과 생물의 다양성 변동을 이해하는 데에 있어 중요한 생물이 된다. 그러나 암모나이트류는 해양표층과 중층 부근에서 상하로 이동을 하면서 유영하며, 비교적 깊은 곳에서 서식하는 것으로도

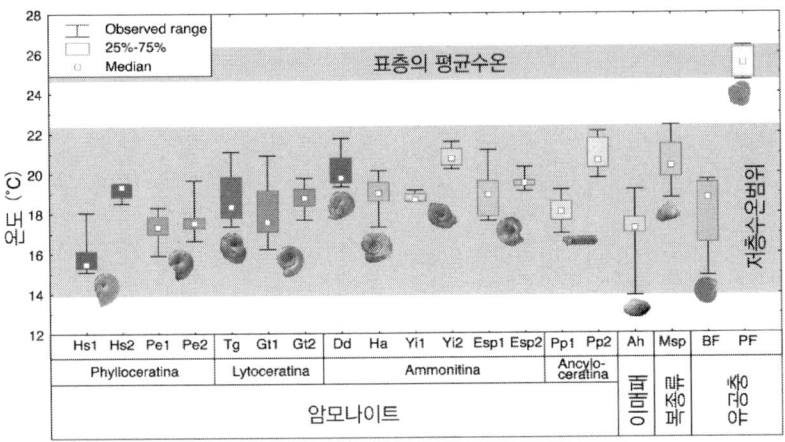

그림 4-12. 백악계 에조(하이)층인 캄파니안계에서 얻은 암모니아 각질의 $\delta^{18}O$값, 연체동물 화석(이매패, 복족류), 부유성(PF) 및 저서성(BF) 유공충화석의 $\delta^{18}O$값(Moriya 등, 2003).

인식되고 있지만 수중에서의 생활양식에 대해서는 정확하게 알려지고 있지 않다.

일본 북해도(Hokkaido) 북서부(당시 북위 40도)에 위치한 전호분지 퇴적물인 백악계 에조층군의 캄파니안계에서 얻어진 암모나이트 각질의 $\delta^{18}O$값을 연체동물의 화석, 부유성 및 저서성 유공충 화석의 $\delta^{18}O$값을 분석한 후 각각에 대해 서식온도를 비교한 결과 암모나이트류의 서식 심도에 대한 정확한 평가가 이루어졌다. 암모나이트류가 생식할 수 있는 심도(정확하게는 석회화되는 심도)의 온도는 14~22℃이었다. 부유성 유공충 각질의 견본을 통해 산출된 평균 표층수온은 26.2℃, 저서성 유공충의 경우는 18.8℃, 이매패류 및 복족류의 경우는 각각 17.5℃, 20.0℃이었으며 저서성 생물 각질에서 얻은 수온과 조화를 이루고 있었다. 이러한 자료를 통해 백악기 후기에 있었던 암모나이트류가 거의 해저 부근에서 서식했다는 결론이 나온다. 위에 열거된 수온은 현재의 아열대지역(북위 25도)에 해당하며 꽤 온난한 기후였다는 것을 알 수 있다(그림 4-2)(Moriya 등, 2003).

(2) 백악기 후기 이노세라무스류의 생활양식

이노세라무스류(이매패강·익형아강 Pteriomorphia)는 트라이아스기에 지구에 출현해서 쥐라기와 백악기에는 전 세계적으로 분포하게 되고 마히트리히티안기(Maastrichtian age) 중기에 멸종된 생물이다. 이노세라무스류와 비슷한 종류 중 빈산소 환경에서 서식하는 것으로는 저서성과 유사부유성(유목 등에 부착하여 서식하는 것) 두 가지가 있다는 제안이 있다. 백악기 후기의 에조층군에서 채취한 ① Inoceramus balticus, ② Inoceramus japonicus, ③ Sphenoceramus naumanni의 각질 속에 있는 진주층(아라고나이트)의 $\delta^{18}O$값을 분석한 결과, 이 값으로부터 계산된 수온은 ① 29℃, ② 26~29℃로 나타나는데, 부유성 유공충에서 얻은 27℃와 저서유공충에서 얻은 19℃를 비교하면 확실히 해양표층에서 각질이 형성되었음을 알 수 있다. 반면에 ③의 경우에는 26~27℃(3개체), 21℃(2개체)가 되는데 같은 종류임에도 불구하고 편차를 나타냈다. 이러한 결과는 고착생활을 하고 있기 때문에 선택의 여지없이 저서성과 유사부유성이라는 두 가지 생활양식을 가지고 있었다는 것으로 추정된다(守屋, 2008).

4.5 중생대/신생대(K/Pg, K/T) 경계

4.5.1 운석의 충돌

K/T경계는 독일어인 백악기, 크라이티(Kreide)와 제3기 '테리엘(Teriaer)의 경계를 말하는데 최근에는 팔레오진(Paleogene)과의 경계라는 의미

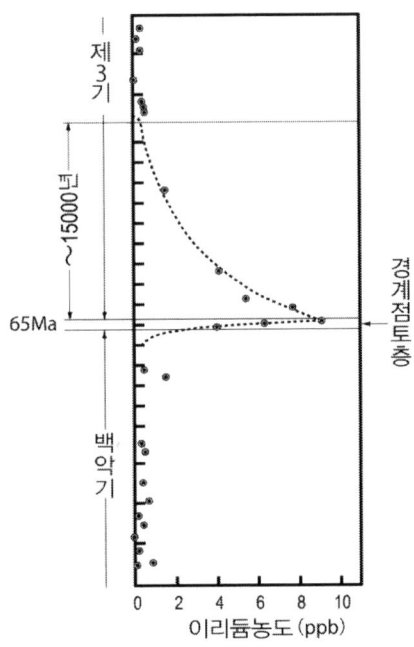

그림 4-13. 이탈리아 중부 굿비오 중기의 K/Pg경계층에 있는 Ir(이리듐) 농축(Alvarez 등, 1980을 수정)

에서 K/Pg경계로 부르고 있다. 연대는 65.5±0.3Ma에 해당하고 그 때 공룡을 포함해서 생물의 50~60%가 멸종했다. 이 대량멸종의 원인은 현재까지 수십 가지로 설명되고 있지만 그중 가장 가능성이 높은 것으로는 직경 10km나 되는 거대한 운석이 지구와 충돌했다는 것이다(Alvarez 등, 1984, 1992). 그 특징은 다음과 같다(그림 4-13).

1) 경계부의 점토층(두께가 유럽의 경우 1cm, 멕시코만 주변의 경우는 1m 이상)에는 이리듐(Ir) 등과 같은 백금족 원소가 고농도(이탈리아서는 3~9ppb(ppb=10억분의 1))로 농축되어 있다. Ir은 Fe와 결합되기 쉬워서 친철원소라고 불리기도 한다. 지구가 탄생될 때 지구표층에도 존재했지만 시간이 경과할수록 지구가 코어, 멘틀, 지각으로 분화되면

서 지구의 심부로 침강해갔다. 그 결과 현재의 지각에는 ppb 이하밖에 존재하지 않는다. 따라서 이러한 Ir의 농축은 지구외 물질에서 비롯된 것으로 생각된다. 2) 경계부에 있는 점토층에서는 운석이 충돌할 때 생긴 것으로 여겨지는 높은 압력에서 형성되는 텍타이트도 검출되고 있어 운석충돌설을 강하게 뒷받침해준다. 3) 거대운석의 충돌에 의해 생성된 직경 100km나 되는 거대한 크레이터가 멕시코 동해안, 유카탄반도 북서쪽 끝에서 발견되었다. 4) 또한 운석충돌로 인해 생긴 것으로 보이는 거대한 쓰나미에 의한 퇴적물이 존재한다(松井, 1999).

이와 같이 충돌이 발생한 횟수와 충돌에너지와의 사이에는 마이너스의 상관관계가 있는 것으로 알려져 있는데 직경 1km 정도 크기인 운석이 충돌하는 것은 10만 년에 한 번 정도 있었고 K/Pg 경계쯤에 일어난 10km 정도 크기의 운석의 충돌은 수천만 년 만에 발생한 것으로 추정된다. 태양계에서는 목성, 토성 등의 외혹성이 공전하고 있어서 이러한 외혹성이 거대한 중력에 의해 운석을 끌어당겨 내혹성과의 충돌을 방해하고 있다는 결과가 계산식에 의해 밝혀졌다. 이 결과에 따르면 목성이나 토성이 존재하지 않을 경우에는 운석과 지구와의 충돌 횟수가 400배 높아질 가능성이 있다.[6]

4.5.2 운석 충돌이 지구환경에 미치는 영향

운석이 충돌하면서 가스가 대량으로 발생하고 용융한 암석과 파괴된 암편이 여기저기 흩어지게 된다. 그러한 것들은 경우에 따라서는 대기

---

6) 백악기 이후 30번 정도 되는 중간 규모의 운석이 낙하한 것이 확인되었는데 그런 사건이 생물멸종 등과 밀접한 관계를 가졌는지에 대해서는 명확하게 밝혀진 바가 거의 없다(Benest and Froeschlé, 1998).

권을 뚫고 일부가 지구 밖까지 날아가 버리는 경우도 있다. 지구에 떨어진 운석 중에는 달에 기원을 둔 것도 있고 또 화성이 기원인 것도 있다고 판단된다. 일반적으로 가스와 암석파편의 대부분은 지구 중력권 안에 머무른다. 대량의 고체분진은 보통 1차 입자(primary particles)로 불리는데 성층권까지 날아올라 검은 구름을 만들어 태양광을 차단하게 됨으로써 광합성식물에 타격을 준다. 또한 식물은 먹이사슬의 기초가 되므로 물에게도 커다란 영향을 미친다.

증발된 가스로 만들어진 구름 혹은 가열된 대기에서는 O_2와 N_2이 반응해서 대량의 일산화질소가 생성된다. 그것이 산화되면 초산이 되는데 산성비의 원인이 되기도 한다. 또한 SO_2도 성층권에서 산화되면 유산이 되어 산성비의 원인이 된다. 이 두 가지 물질은 처음에는 기체형태로 공급되지만 시간이 경과하면, 최근 지구환경문제로 주목받고 있는 에어로졸과 같은 2차 입자(secondary particles)로 변화한다. 이와 같은 유산이 대량으로 존재했다는 것은 당시의 석회암에 석고($CaSO_4$)가 포함되고 있는 것으로도 알 수 있다. 또한 많은 양의 산성비는 해수의 pH를 떨어뜨렸을 것으로 예상된다.

4.5.3 생물의 대량멸종과 생지화학 순환

K/Pg경계에 순간적으로 있었던 지구표층환경의 극적인 변화는 육지생물과 천해생물에 더욱 충격적인 영향을 주었다. 육지에서는 공룡을 포함해서 체중이 약 25kg 이상이 되는 대형동물과 암모나이트 등과 같이 천해에서 생식하던 생물 대부분이 멸종되었다.[7] 반대로 규조, 방산

---

7) 최근에 보고된 바에 의하면 백악기말에 일어난 공룡의 대멸종 이후에도 70만 년 정도 더 생존한 초식공룡이 있었다고 보고되었다(Fassett등, 2011).

충, 양서류, 어류 등의 생물은 그다지 큰 영향을 받지 않고 생존을 이어 갔다.

고해상도로 $\delta^{13}C$, $\delta^{18}O$를 분석한 결과 Ir이 증가하는 지층에서 해양 탄산염 퇴적물의 $\delta^{13}C$값은 약 1‰내려가고 $\delta^{18}O$값은 약 1.2‰ 정도 내려갔다. 이 $\delta^{13}C$값의 저하는 생물이 대량으로 사멸해서 유기물 기원의 낮은 $\delta^{13}C$값이 탄산계이온이 되어 해양에 공급되었다는 것을 의미한다. $\delta^{18}O$값의 저하는 수온이 약 5℃ 상승한 것을 나타내는데 이런 온난

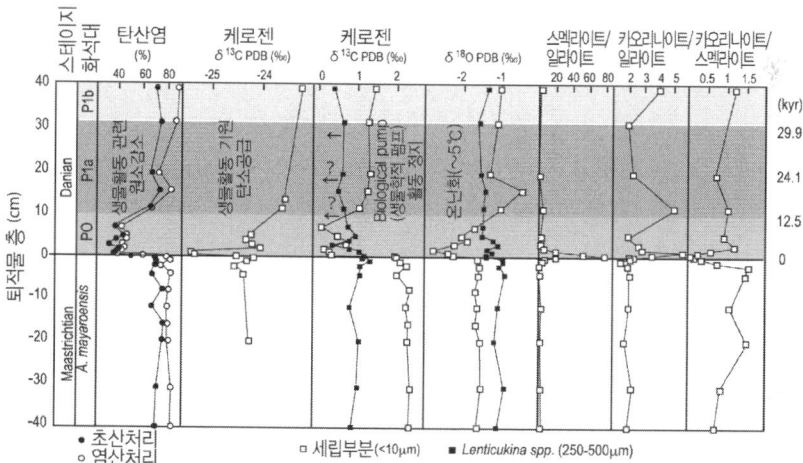

그림 4-14. K/Pg경계에서 탄산염 함유량과 케로젠의 $\delta^{13}C$의 값, 저서성 유공충(검은 색 부분)과 부유성 유공충(흰색 부분)의 $\delta^{13}C$값과 $\delta^{13}O$값, 스멕타이트와 일라이트의 비율, 카올리나이트와 일라이트의 비율, 카올리나이트와 스멕타이트의 비율(Kaiho 등, 1999)을 고분해 해상도로 해석한 결과. 탄산염은 생물생산량이나 산성화를 이해하는 데 지표가 된다. 케로젠은 유기물의 대표적인 화합물로 $\delta^{13}C$값이 탄산염의 $\delta^{13}C$ 값과 똑같은 증감을 나타낼 때는 지구표층 탄소 저장소의 변동을 반영한다고 생각할 수 있다. 유공충의 $\delta^{13}O$값은 수온을 나타낸다. 저서성 유공충과 부유성 유공충의 $\delta^{13}C$ 값과의 차, 즉 전자가 후자보다 아주 작을 경우에는 생물학적 펌프(biological pump) 가 작동한 것을, 차이가 없을 경우에는 생물학적 펌프가 멈추었다는 것을 의미한다. 점토광물 중 카올리나이트가 생성되는 것은 일반적으로 고온이면서 습한 환경을 나타내는 것으로 알려져 있다.

화는 운석 충돌에 의해 CO_2가 방출된 것보다 0~3kyr 정도 늦게 나타났다. 생물펌프가 구동하고 있을 때에는 표층수보다 심층수가 용존탄산 $\delta^{13}C$값이 작아지므로 저서성 유공충 각질에 대한 $\delta^{13}C$값은 부유성 유공충 각질에 비해 작아진다. 백악기 말기에는 이러한 환경에 있었다는 것이 그림 4-14에서 밝혀졌지만 K/Pg경계 직후에는 양쪽에 차이가 거의 없었으며 생물학적 펌프도 대부분 정지하였고 충돌 후 약 13kyr이 경과한 다음 회복된 것으로 나타났다. 이러한 회복은 탄산염과 인의 함유량에서도 나타났다(Kaiho 등, 1999). 지금까지 대량멸종이라는 생물권 시스템이 크게 변한 경우, 생물 종이 회복되기까지는 수~ 수십Myr이라고 하는 기나긴 시간이 필요한 것으로 알려지고 있지만 생지화학 주기는 급속도로 회복되었음을 지시한다(그림 4-14).

공룡의 멸종은 단지 운석충돌에 의해서만 일어난 사건은 아닌 것 같다. 백악기 후기에 캐나다 알버타주에 있던 공룡의 종류는 76Ma에는 35종이었지만 70Ma에는 19종, 65Ma에는 9종으로 줄어들었다(Archibald, 1996; 池谷·北里, 2004). 그 기간에 생물계 전체의 속(genus) 수는 현저히 증가했지만 종수가 감소한 것은 공룡이 눈에 띠게 쇠퇴했다는 것을 말해준다. 공룡의 멸종에 관해서는 몇 가지 가설이 발표되었으며 식생과의 관계도 지적되었다. 즉, 피자식물이 증가하고 먹이가 되는 나자식물이 줄어들었다는 것이라든가 꽃을 피우는 피자식물 때문에 곤충이 증가하고 그것을 먹이로 하는 포유류가 증가했다는 등이다. 포유류의 개체수는 공룡이 자취를 감추어갈 즈음에는 공룡보다 우위에 있었다. 또한 백악기말에 쇠퇴한 다른 생물에 관한 정보로는, 대서양과 인접한 스페인의 비스케만에 있던 암모나이트의 종 수, 대서양의 이노세라무스, 후치이매패의 상대적인 존재도 당시에는 감소하는 경향을 보였다(Keller, 2001).

육지식물에서는 중생대에 번성했던 소철류 등의 나자식물이 감소하고 피자식물이 주체가 되었다. 피자식물은 백악기 전기 아프티안기 (Aptian age)에 출현하였는데 말기에는 식생의 80%를 차지할 정도로 번성하여 세계 대부분의 지역에서 생태학적으로 중요한 위치를 차지하게 되었다(Hughes, 1994).[8] 나자식물은 보다 한랭기후인 고위도 지역으로 서식지를 옮겨 침엽수처럼 잎사귀가 가늘어지면서 환경에 적응해 갔다. 나자식물과 같은 종류인 침엽수도 백악기의 환경변동에 따라 영향을 받았지만 소나무과 등의 몇 종 그룹은 나자식물이 방산되면서 함께 다양성이 증가되었다.

식물상 변화는 동물의 대량멸종보다 일찍 일어난 것으로(백악기 후반) 생각된다. 이러한 동식물상 변화는 백악기 후기에 해수면이 저하되는 경향에 수반되어(Hallam, 1984, 1992) 대륙이 건조해지고, 전 지구적인 한랭화의 영향에 의한 것인지도 모른다. 실제로 고위도 지역의 수온은 약 100Ma 때의 약 23℃에서 65Ma 때에는 약 13℃까지 내려갔다(Savin, 1977; Arthur 등, 1985).

---

8) 한 때 중국의 화석에서 쥐라기 때의 피자식물이 보고된 일이 있었지만 그 지층의 연대가 백악기로 바뀌면서 쥐라기가 아닌 것으로 밝혀졌다. 현재, 피자식물의 출현에 대한 일반적인 견해는 백악기 전기 아프티안기 부근으로 보고 있다.

05

신생대의 지구표층환경

신생대(Cenozoic Era)는 중생대에 이어 K/Pg경계에서 현재까지, 즉 팔레오진(Paleogene period), 네오진(Neogene period), 제4기(Quaternary period)로 나누어져 있다. 이 장에서는 신생대의 대부분을 차지하는 팔레오진과 네오진에 대해 다루고 제4기에 대해서는 다음에 이어지는 6장에서 다루기로 한다. 이 기간 동안 일어난 중요 환경인자에 대해 정리한 것을 책 앞부분의 표와 함께 나타냈고 신생대의 대륙배치에 대해서는 책 뒷부분에 그림으로 나타냈다.

신생대 전반은 기본적으로 온난한 지구표층환경 시스템이 유지되었고 후반은 한랭화와 극지역의 빙하화로 특징지을 수 있다. 특히, 남극대륙 주변에서 일어난 지각의 구조운동은 해양환경(대륙 주위에 있는 해양의 한랭화, 해빙의 생산에 따른 심층수의 형성, 중층수가 용승하면서 변화를 보이게 되는 생물의 생산량과 종류)의 변화를 초래했다. 이러한 기본적인 해양환경 변화는 전 지구적으로 기후가 진화하는 것에도 커다란 영향을 미쳤다. 남극대륙은 현재부터 90Myr 사이에 극지역에 위치했었고 에오세 후기(약 37Ma)까지는 현저한 빙하화는 진행되지 않았던 것 같다. 극점이 대륙과 대륙 사이에 위치한다는 것은 빙상이 발달하는 데 상당히 유리한 환경이 된다. 반대로 해빙의 경우에는 불안정할 뿐만 아니라 해빙 밑에 액체인 해수가 존재하기 때문에 냉각 속도가 빨라질 수 없다는 점에서 불리한 조건이 된다. 실제로 현재 남극대륙에 거대한 빙상이 존재하는 것에 반해 북극해는 해빙만이 존재한다.

백악기가 끝날 때 쯤 팡게아 초대륙은 완전히 분리됐다. 북아메리카대륙과 유럽대륙도 분리되었고 곤드와나대륙이 남극대륙, 오스트레일리아대륙, 아프리카대륙, 남아메리카대륙으로 분리되어 대서양 인도양이 탄생하는 등 현재의 육지와 해양의 기본적 틀이 확립되었다(책 뒷부분의 그림 참조). 신생대 생물권의 특징은 포유류와 조류가 번성한 것이다.

신생대의 지구표층환경은 시간 스케일로 분류하면 이해하기 쉽다. 즉,

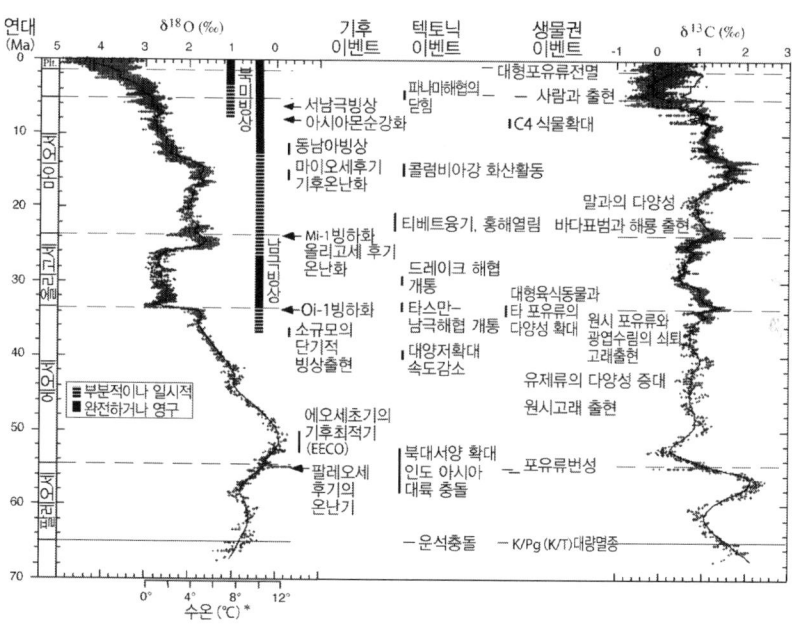

그림 5-1. DSDP/ODP 프로그램을 통해서 40개 지점을 굴삭하여 얻은 시추퇴적물에 포함된 유공충에 대한 동위원소 분석결과를 통합한 그림. 신생대의 저서성 유공충의 $\delta^{18}O$값, $\delta^{13}C$값과 다양한 환경변화(Zachos 등, 2001).

1) 대륙배치나 해협형성을 포함하는 구조지질학적으로 지배되는 10^5년에서 10^7년 스케일, 2) 밀랑코비치 주기로 대표되는 궤도요소로부터 영향 받는 10^4년에서 10^6년 스케일, 3) 급격한 환경변동으로 10^3년에서 10^5년 스케일의 환경변동들이 이에 해당한다(그림 5-1)(Zachos 등, 2001; Lyle 등, 2005a).

5.1 신생대 지구표층환경의 장기변동

5.1.1 신생대의 장기변동에 관계된 지각변동(텍토닉)

신생대의 장기변동과 관련된 중대한 지각변동은 1) 중앙해령의 활동에 수반된 대서양의 확장, 2) 남극주변해역에 있는 두 개의 해협(타스만과 드레이크해협)의 열림과 확장(Kennett, 1977; Stickley 등, 2004; Anderson and Delaney, 2005; Livermore 등, 2005; Scher and Martin, 2006), 3) 테티스해의 소멸, 4) 인도대륙과 아시아대륙의 충돌과 그에 연속된 히말라야와 티베트의 융기(酒井, 1997), 5) 파나마의 융기와 중앙아메리카 통로(Central American Gateway)의 막힘(Haug and Riedermann, 1988) 등이 있다(책 앞부분 표 참조). 지각변동은 풍화 등을 통해 지구표층환경 시스템에 영향을 주고 p_{co_2}를 감소시켰다(e.g., Raymo and Ruddiman, 1992; Pearson and Ralmer, 2000).

5.1.2 신생대의 심층수온과 빙상의 장기변동

심해에 서식하는 저서성 유공충 각질에 대한 $\delta^{18}O$값은 저층수온과 빙상량이 반영된 해수의 $\delta^{18}O$값에 의해 결정된다(그림 5-1). 저층수는 기본적으로 고위도 지역에서 심층수의 침강으로 형성되기 때문에 이 값으로부터 고위도 지역의 표층수온을 추정할 수 있다(그림 1-7)(Zachos 등, 2001).

신생대는 팔레오세(65.5~55.8Ma)부터 시작된다. 온난한 기후였던 팔레오세 중기(middle Paleocene, 59Ma)에서 최적 기후였던 에오세 초기(EECO; Early Eocene Climatic Optimum, 52~50Ma)까지 δ^{18}O값은 약 1.5‰ 감소했다. 당시에는 빙상이 없었기 때문에 수온으로 계산하면 약 6℃ 상승했다는 결론이 된다. 이와 같이 오랜 기간 동안 온난화를 보이긴 했지만 팔레오세/에오세 경계(Paleocene/Eocene boundary, 55.8Ma)에는 일시적으로 온도가 올라갔던 적도 있었다. EECO부터 37Ma까지의 기간, 특히 에오세 중기(45~42Ma)에 거의 기후 변화가 없었던 기간을 제외하면 기후는 한랭화되어 δ^{18}O값이 증가한 누계가 약 1.83‰가 되었다. 육지의 기록에 따르면 빙하가 없었던 시대였던 만큼 빙량에 대한 δ^{18}O값은 보정이 필요하지 않기 때문에 심층수온만 7℃ 정도 내려갔다는 결론이 된다.

에오세와 올리고세 경계(Eocene/Oligocene boundary, 33.9Ma)에는 1‰ 정도 δ^{18}O값이 급격히 증가하는데 개략적으로 추정해보면 0.6‰ 정도의 변화는 빙상의 증가, 0.4‰ 정도의 변화는 수온 저하의 원인으로 추정된다(Miller and Katz, 1987; Zachos 등, 1994). 저서성 유공충의 Mg/Ca비율에서 구한 수온을 기초로 하면 빙상으로 인한 변화가 좀 더 컸을 가능성(약 0.8~1.0‰)이 있다(Lear 등, 2000). 이렇게 환경이 변화된 것을 'Oi-1(Oligocene isotope event 1) 빙하화'라고 한다. 올리고세 이후는 기본적으로 빙상이 존재했던 빙하시대인데 δ^{18}O값을 보면 8Myr에 걸쳐서는 비교적 변화가 작았지만 그 후 급격히 감소하다가 올리고세인 27~26Ma에는 안정된 값을 보였다. 당시의 빙상량은 현재의 약 50%, 심층수온은 약 4℃로 계산되는데 대체로 온난한 기후였을 것으로 추정된다(Zachos 등, 2001). 올리고세의 마지막 시기(26~24Ma)는 기후가 온난화되어 올리고세 후기 온난기(Late Oligocene Warming)로 불리고 있다.

올리고세와 마이오세 경계(Oligocene/Miocene boundary, 23.03Ma)에는 빙하가 일시적으로 발달했던 시기가 있는데 'Mi-1(Miocene isotope event 1) 빙하화'로 불린다. 마이오세 최초인 아키타니안기(Aquitanian, 23.02~20.43Ma)에는 대체로 한랭하고 건조한 기후가 탁월했으며 다음 시기인 바디카니안기(Burdigalian, 20.43~15.97Ma)는 따뜻한 시기로 마이오세 중기의 기후최적기(late middle Miocene climatic optimum, 17~15Ma)로 불린다. 이 시기에는 빙상은 조금 감소하고 심층수온은 다소 상승하는 경향을 보였다(Miller 등, 1991; Boehme, 2003). 다음 시기인 사라바니안기(Serravllian) 중간부터 마이오세 후기로 가면서 한랭화되었는데 이 현상으로 서남극이나 북극에서 빙상이 소규모로 확대되었던 것으로 설명된다(Kennett and Barker, 1990). 마이오세 마지막 시기(약 5.332Ma)에는 한랭화가 일시적으로 정지했었다. 플라이오세(5.332~2.588Ma)에는 북반구에 본격적으로 빙상이 발달(NHG; Northern Hemisphere Glaciation)하는 한랭한 기후였는데 이는 $\delta^{18}O$값이 다시 증가한 것으로부터 알 수 있다(그림 5-1, 그림 1-9)(Zachos 등, 2001; Lisiecki and Raymo, 2005). 단지 피아센디안기(Piacenzian, 3.600~2.588Ma)가 시작되기 시작한 최초에는 일시적으로 한랭화가 정지하였다.

5.2 팔레오진(Paleogene)의 지구표층환경

팔레오진에는 팔레오세(Paleocene; 65.5~55.8Ma), 에오세(Eocene; 55.8~

33.9Ma), 올리고세(Oligocene; 33.9~23.03Ma)의 기간을 말한다. 팔레오진의 기후는 기본적으로 온난하고 중생대에 계속된 지구표층환경 시스템이 유지되었다고 할 수 있다.

5.2.1 팔레오세의 지구표층환경

팔레오세의 지구표층환경은 기본적으로 백악기 후기와 유사한데 기온과 습도가 모두 높았고 남·북극 지역에 빙상은 없었다. 기술한 바와 같이 팔레오세 중기부터 더욱 온난화가 진행되었다. δ^{18}O커브를 기초로 한다면 저층수온은 K/Pg경계와 같거나 그보다 더욱 온난한 기후가 10Myr 이상 계속되었다는 것을 알 수 있다. 남·북아메리카대륙은 백악기부터 이미 분리되어 있었으며 아프리카대륙과 남미대륙은 이 시기에 완전히 분리되었다. 조(鳥)류를 제외하고 공룡이 멸종되었고 포유류가 우세한 시대가 되었지만 몸집이 작은 형태였던 것이 많았다. 식물계에서는 백악기에 이어 피자식물이 번성했다.[1]

5.2.2 팔레오세와 에오세(Paleocene/Eocene) 경계의 지구표층환경

신생대에 보인 급격한 기후변화 중에서 특별히 다루어야 할 것은 팔레오세 후기에 나타난 급속한 온난화(PETM; Paleocene Eocene Maximum)로, 이 현상은 팔레오세와 에오세 경계(55.8Ma)에 일어났으며 그 시기의 이름을 따서 P/E경계 이벤트(사건)이라고 부른다(그림 5-2). 여기에서 일어난 급격한 변화는 1~10kyr이라는 짧은 시간 내에 일어났다가 100kyr

---

[1] 현생 피자식물은 약 400과(科), 20만 종에 이를 정도로 현재도 계속 활발하게 번성해가고 있다(加藤 編, 1997).

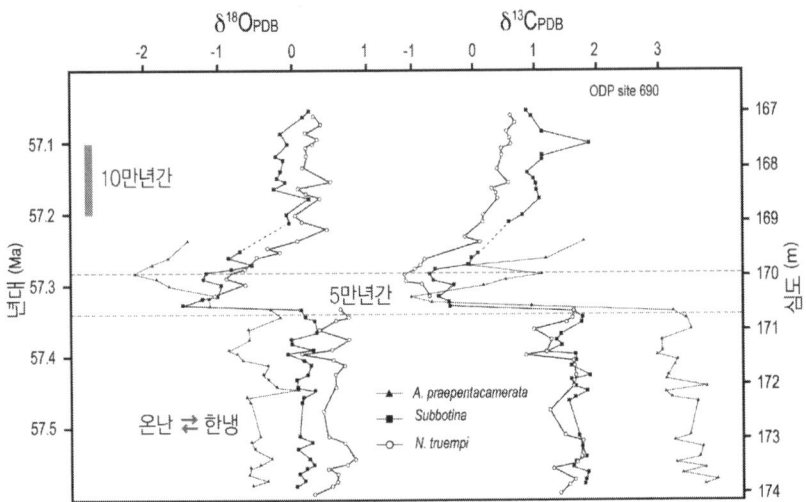

그림 5-2. 에오세와 올리고세 경계의 저서성 유공충 각질의 $\delta^{18}O$값과 $\delta^{18}C$값 연대는 Kennett and Stott(1991)의 그림을 기초로 만들어졌지만 현재는 경계의 연대가 55. 8Ma로 수정되었다. 또한 $\delta^{18}O$값은 +값과 -값이 그림 5-1에서와는 반대로 되어 있다.

에 걸쳐 원래대로 회복되었는데 유공충의 탄산염 각질에 대한 동위원소 $\delta^{18}C$값과 $\delta^{18}O$값의 변동으로 잘 알 수 있다. 이 경계에는 1) 해양, 대기, 대륙의 탄소저장소에서 $\delta^{18}C$값이 - 이상값을 보이고(-3‰), 2) 습윤하고 온난한 기후와 관계된 것으로 생각되는 카올리나이트의 광범위한 분포 증가, 3) 저서성 유공충의 $\delta^{18}O$값으로 추정된 심층수온의 5~6℃ 상승, 4) 해저에 있는 탄산염의 용해, 5) 저서성 유공충 중 35~50%가 멸종, 6) 부유성 유공충 종(Kelly 등, 1996)과 규질편모조인 아펙토디늄(Apectodinium)(Crouch 등, 2001)의 확산되는 특징을 보인다. 더욱이 부유성 유공충의 $\delta^{18}O$값으로부터 구한 해양표층수온은 상승하였는데 저위도의 변화는 그다지 크지 않았지만 고위도에서는 8℃에 달하는 큰 변화가 있었다(Kelly 등, 1996; Thomas 등, 1999).

P/E경계의 가장 큰 특징은 $\delta^{13}C$값이 급격히 내려간 것인데 이러한 현상을 멘틀 기원이 되는 화산가스($\delta^{18}C = -7‰$)로 설명하기 위해서는 1.6 Pg(10^{15})Cyr^{-1}인 CO_2가 방출되어야 한다. 이 화산활동 수준은 현재보다 약 20배 정도인 것으로 계산되지만 이와 같은 대규모 분출은 이 시대에서는 확인되지 않았다. 그림 5-2에 표시한 것처럼 $\delta^{13}C$ 변화가 10kyr 이하로 일어났다는 점에서 현재 가장 주목받는 것은 메탄하이드 레이트의 급격한 붕괴이다(Weissert, 2000). 메탄하이드레이트의 $\delta^{13}C$ 값은 -60‰로 매우 낮기 때문에 약 900~1,500PgC인 메탄하이드레이트의 분해만으로도 $\delta^{13}C$값의 급격한 저하는 설명된다. 이 양은 현재 퇴적물에 저장되어 있는 메탄하이드레이트 총 저장량($0.75~1.5 \times 10^4$PgC)의 약 10%에 해당되고 있어 적당한 범위라고 할 수 있다.

오늘날 이 P/E경계가 주목받는 또 하나의 이유는 현재 진행되는 인위적 온난화와 매우 유사성(analogy)이 있기 때문이다. 10kyr에 걸쳐 공급된 CH_4의 양은 위에서 기술한 메탄하이드레이트 가설 수치실험으로부터는 $0.09~0.15$PgCyr$^{-1} \times 10^4$년이 된다(Dickens 등, 1997). 현재 화석연료에 의해 인위적으로 발생되는 CO_2가 대기 중에 잔존되고 있는 양은 약 3.0PgCyr^{-1}에 달하기 때문에, PETM의 유량은 현대의 30분의 1 정도가 되어 현재 인위적인 온난화와 비슷한 규모에서 행해진 자연적 실험이라고 생각될 수 있다.

$\delta^{13}C$값의 회복속도는 느린 편이어서 이벤트가 시작된 후 약 200kyr이나 걸렸다(Röhl 등, 2000). 이러한 값은 실험을 통해서도 검증되었다(그림 5-3). 다시 말하면 인위적으로 생기는 대기의 CO_2 농도 증가를 어느 지점에서 정지시킨다고 해도 자연적인 과정으로는 원래의 상태로 회복되는 데 수천 년에서 수만 년이 필요하다는 것을 지시한다(Dickens 등, 1977).

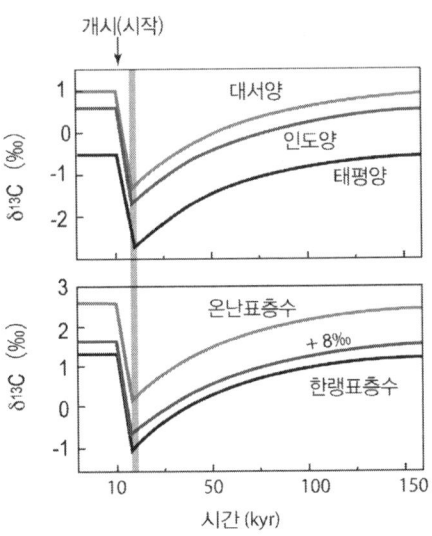

개시(시작)

대서양
인도양
태평양

$\delta^{13}C$ (‰)

온난표층수
+ 8‰
한랭표층수

$\delta^{13}C$ (‰)

시간 (kyr)

그림 5-3. 팔레오세와 에오세 경계의 메탄하이드레이트 융해 및 그 후 회복기의 모델링
(실험)에 의해 검증된 $\delta^{13}C$값 변화(Dickens 등, 1997)

또한 CH_4가 해수의 용존산소 등과 반응하게 되면 몇 년 안에 CO_2로
변하는데 결국 해수에 용해되어 해수를 산성화시킨다. 그러한 현상에
의해 심해의 탄산염은 급격히 용해되고 탄산염보상심도(CCD)는 2,000m
정도 상승하게 된다. 이렇게 흡수된 부분을 보정하면 메탄하이드레이트
의 붕괴에 의한 탄소 방출은 4,000PgC 정도에 달하는 것으로 지적되는데
이 PETM에서 CH_4 공급규모는 훨씬 컸을 수도 있다(Zachos 등, 2005).

메탄하이드레이트가 붕괴되기 위해서는 메탄하이드레이트가 저장되
어 있는 현장의 압력저하나 온도 상승이 필요하다. 붕괴의 요인은 1) 지면
의 일부가 경사면을 따라 아래로 이동하는 해저사태(geohazard)(Katz 등,
1999), 2) 해저의 화산활동으로 인해 생긴 퇴적암 속의 메탄하이드레이
트의 용출(Dickens, 2004)이 제안되었다. 후자는 노르웨이해에서 대규모
화성활동이 있었는데 멘틀에서 상승한 마그마가 퇴적암 속에 대상으로

관입하고 최종적으로 해양에 CH₄가 공급되게 되었다는 학설이다(Svensen 등, 2004).

5.2.3 에오세의 지구표층환경

(1) 에오세의 대기순환

북태평양의 중앙 분지인 샤츠기 해양대지(Shatsky Rise) (당시는 북위 15도)의 기록에 따르면 팔레오세 후기부터 에오세 초기에 걸쳐 풍성진(eolian dust)의 입도가 $8.3\emptyset$에서 $9.3\emptyset$까지 세립화되었다가 올리고세 초기부터 서서히 조립화되었고 현재까지 그러한 경향이 계속되고 있다($8.7\emptyset$)(Janecek, 1985)[2]. 직경이 크다는 것, 즉 $\emptyset$값이 작은 것은 바람이 강했다는 것을 의미하므로 풍성진의 크기는 풍속을 알 수 있는 간접적인 지표가 된다. 백악기 후기부터 팔레오세까지는 온난했기 때문에 바람이 약했을 것으로 예상되지만 이 자료에서는 당시에 바람이 강했던 것을 지시한다. 그 후 에오세 초기로 가면서 바람이 급속도로 약해지는데 이러한 경향은 기본적으로 대서양의 경우에도 적용되고 있어서 에오세에는 전 지구적으로 풍속이 약했던 것으로 추정된다(Hovan and Rea, 1992).

팔레오세 후기부터 에오세 초기에 걸쳐 바람이 약했다는 것은 적도~극지역 사이에서 위도방향의 온도구배가 완만했다는 것을 의미한다. 표층의 수온구배(적도~위도 70도)는 팔레오세 후기에 17℃에서 에오세 초기에 들어와 10℃까지 감소했다(Corfield, 1994). 기본적으로

---

2) 직경을 구분하는 $\emptyset$(파이)스케일은 대수척도, $\emptyset = \log_2 D$(직경 mm단위). 직경 1/16~1/256mm(4~8$\emptyset$)는 실트(silt), 8$\emptyset$ 이상은 점토크기를 나타낸다.

온도구배가 완만할 수 있었던 주된 이유는 고위도지역의 온도가 상승한 영향도 있지만 풍속의 저하와 함께 대기와 해양의 순환도 약해졌음을 의미한다. 극지역이 따뜻해지는 원인으로 온실효과기체(CO_2, CH_4)의 농도 증가가 제안되었지만 아직까지도 정확한 원인은 밝혀지

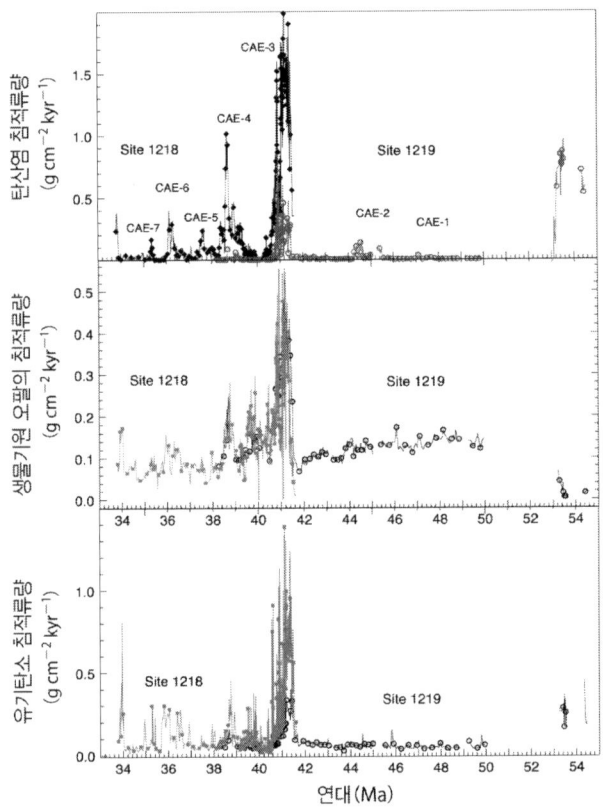

그림 5-4. 에오세의 탄산염 침적 변동(Lyle 등, 2005b). 유기탄소, 생물기원 오팔, 탄산염의 침적유량은 기본적으로 생물생산을 반영하고 있다. Site 1219가 Site 1218에서보다 700m 정도 깊기 때문에 심해에서의 탄산염 용해보다 침적양은 작아진다. CAE-1부터 7과 같이 탄산염이나 오팔의 침적이 1~2Myr에 걸쳐 급격히 증가하는 기간이 있다. 이러한 현상은 대체로 $\delta^{18}O$값이 높은 한랭기에 해당된다. 탄산염의 침적변화는 매우 커서 CCD로 환산하면 1,000m 이상에 달한다.

지 않고 있다. 저위도 지역에서 고염분수가 침강(warm saline deep water)했을 가능성도 지적되었지만, 현재 지중해에서 유출되는 물의 80배에 상당하는 물이 필요하다는 점에서 거의 받아들여지지 못하고 있다(Sloan 등, 1995).

(2) 에오세의 탄산염 침적변동

에오세에는 기본적으로 온난했다. 그러나 $\delta^{18}O$값이 크게 플러스 값으로 이동하는 1~2Myr의 짧은 한랭기에는 탄산염이나 오팔침적이 급격하게 증가했다고 알려져 있다. 탄산염이 침척된 것을 CCD로 환산하면 800m에 달할 정도며, 이 단기간에는 탄산염 보존이 촉진되었다. 예를 들어 42.4~40.3Ma사이의 CAE-3으로 불리는 탄산염 침적의 극대기에는 $\delta^{18}O$값이 1.2‰나 증가했으며 동시에 생물기원 오팔의 침적양도 보통 때보다 4배까지 증가했다. 이 CAE-3 이벤트가 끝났을 때 CCD는 4,400m에서 3,250m로 얕아졌고 그 속도는 100kyr이라는 짧은 기간 내에서 600m나 되어 신생대 중에서도 가장 큰 변화속도를 보인다(그림 5-4)(Lyle 등, 2005b). 게다가 이러한 탄산염침적의 절정은 47~40Ma에는 2.5Myr 간격, 40Ma 이후에는 1.25Myr 간격이라는 주기를 가지는 것 같다. 이런 현상은 태양 이심률의 변화에 해당하는 것으로 일사량의 변화가 중요한 요소로 작용했을 것으로 생각된다(Lyle 등, 2005a). 탄산염 침적은 단순히 생물기원 탄산염의 생산량변화에 그치지 않고 알칼리펌프(alkalinity pump)를 통해 대기 중 CO_2 농도, 해수의 pH, 육상의 탄소량 등과 연계되어 있다. 이와 같이 짧은 기간에 크게 변화한 프로세스에 대해서 아직 밝혀진 바가 없지만 온난기에도 지구표층의 탄소순환이 급격히 변화했다는 점이 확인되었다.

(3) 신생대 북극해의 지구표층환경 변화

신생대 북극해의 지구표층환경에 대해서는 2004년에 수행된 IODP굴삭(ACEX 항해) 결과로부터 새로운 견해가 보고되었다. 과거에는 신생대 중기(약 42Ma) 이후 남극이 한랭화되고 빙상이 발달하게 되었지만 북극은 비교적 온난한 기후 그대로 유지되었을 것이라는 견해가 신뢰를 받았다. 그러나 항해 결과 남극, 북극 모두 기본적으로 같은 시기에

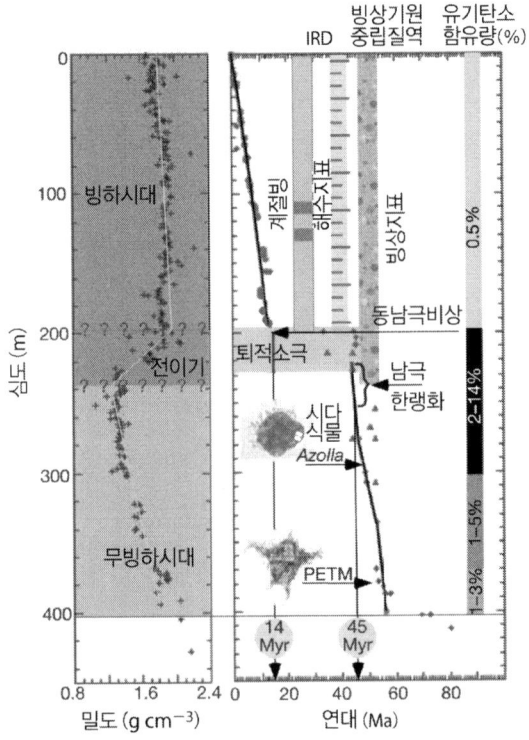

그림 5-5. IODP, ACEX 항해로 얻어진 북극해의 퇴적물연대와 퇴적물의 성질. 북극해는 대륙과 대륙 사이에 존재했으며 약 49Ma에는 적어도 여름에는 물에서 서식하는 양치류가 자랄 수 있는 담수 환경이었다(Pagani 등, 2006; Brinkhuis 등, 2006). 또한 약 45Ma에는 최초의 IRD가 관찰되는 것으로 보아 북극해의 해빙은 지금까지 알려진 것보다 훨씬 이른 시기부터 존재했다.

냉각되었다는 사실이 밝혀지게 되었다.

약 55.8Ma인 PETM시대에 북극해의 해수면 온도는 따뜻했으며 아열대 수준(약 23℃)까지 상승했다(그림 5-5)(Moran 등, 2006; Sluijs 등, 2006). 현재 북극해는 해수로 채워져 있지만 약 49Ma에는 대륙으로 둘러싸여 있었으므로 적어도 여름에는 물 속에서 서식하는 양치류가 자랄 수 있는 담수가 탁월한 환경이 되었다(Pagani 등, 2006; Brinkhuis 등, 2006). 그러나 그 후 한랭화되어 약 45Ma에는 최초로 IRD(Ice Rafted Debris, 빙원표류쇄설물)가 관찰된다. IRD는 봄에 해빙이 융해될 때 해빙에 포함된 모래 크기보다 큰 입자들이 침적된 것으로 해빙의 간접지표로서 이용되어왔다. 즉, 북극해의 해빙은 북미빙상이 본격적으로 발달된 시기(약 8Ma경)보다 훨씬 이른 시기에 존재했다는 것을 알 수 있다. 이 시기에 대규모 빙상이 없었던 것으로 보아 계절적인 빙상 등에 동반되어 IRD가 형성된 것일지도 모른다. 약 14Ma에는 남극 동남부의 빙상, 약 3.2Ma에는 그린란드빙상이 발달하게 되었는데 이들의 영향으로 북극해도 한랭화되었다(Moran 등, 2006).

5.2.4 에오세와 올리고세(Eocene/Oligocene) 경계의 지구표층환경

5.1.2에서 기술한 바와 같이 에오세/올리고세 경계(33.9Ma)에는 해수의 $\delta^{18}O$값이 갑자기 증가했는데 이것을 Oi-1 빙하화라고 부른다(그림 5-6).

이 Oi-1 빙하화는 남극대륙 빙모(ice cap)의 확대에 의한 것으로 주변해역에 IRD나 빙퇴석이 존재했다는 주장과 일치한다(Miller, 1987). 기본적으로 이 시점이 본격적인 빙하시대였음을 의미하는 'Ice House'(빙실지구)의 시작과도 일치하며 이런 환경은 신생대 지구표층환경의 특징이 된다.

이때에 해수면은 55~82m 정도 내려간 것으로 추정되는데 빙모는 현

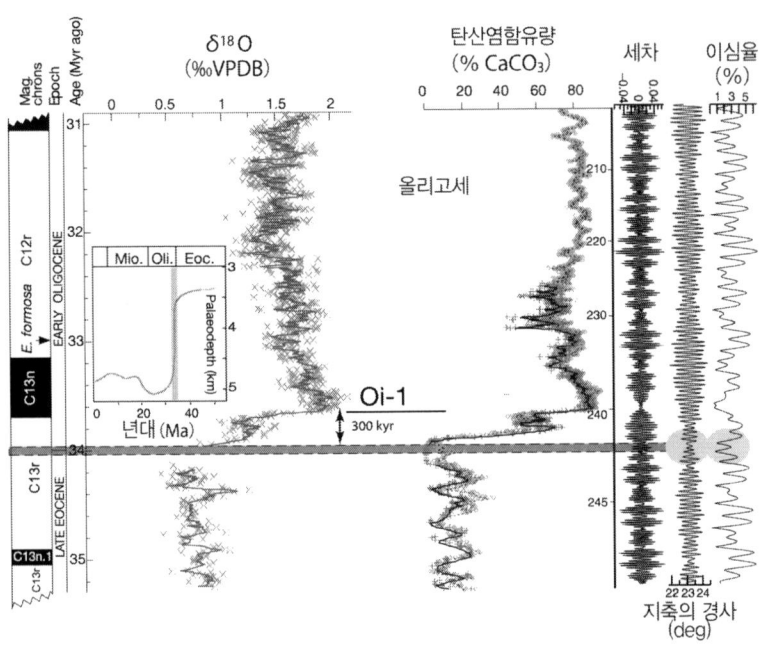

그림 5-6. 에오세와 올리고세 경계(34Ma)부근의 $\delta^{18}O$값과 탄산염 함유량(Lyle 등, 2005a; Coxall 등, 2005). E/O경계와 Oi-1과는 300kyr이라는 시간차가 있다.

재 남극빙상(해수면의 변화로 환산하면 동남극에서 약 63m, 서남극에서 약 5m) 크기의 80~120%에 상당한다. 기후는 갑자기 한랭화되어 $\delta^{18}O$값($\Delta\delta^{18}O$ = +1.0‰, 최댓값은 +1.5‰)은 33.6Ma에 최대가 되었다 (Coxall 등, 2005). $\delta^{18}O$값은 기본적으로 수온과 빙하량에 의존한다. 수온하강에 따른 동위원소 값을 추측할 때 빙상의 형성과 함께 해수면 변화 1m에 대한 해수 중 $\delta^{18}O$값 변화를 0.01‰로 가정한다면, 해수면 이 55m 하강한 경우 해수면 하강에 따른 $\Delta\delta^{18}O$값은 0.55‰이 되므로 심층수 온도는 2℃ 한랭화되었음을 의미하며, 82m인 경우에 $\Delta\delta^{18}O$값 은 0.82‰가 되므로 1℃ 한랭화되었다는 결과가 나온다.

　이러한 급격한 수온변화는 정밀 분석을 통해 확실하게 밝혀지고 있는데 특히 온난한 기간인 에오세부터 올리고세에 이르는 E/O경계에서의 변화는 확실하다. 전이상태(transitional)는 약 200kyr 동안 계속되었고 두 번에 걸친 한랭화 전이기간이 각각 40kyr로 전체적으로 300kyr 이내에 변화가 끝난 것으로 추정된다(Coxall 등, 2005). 또한 δ^{13}C값도 플러스 방향으로 급격히 변화했다(Miller 등, 1991). 이 전이기 동안에 기후/해양시스템은 큰 변화를 동반한 것으로 추측되며 탄산염 보존을 촉진시켜 CCD가 더욱 깊어지게 되고, 1차 생산도 변화했다(Salamy and Zachos, 1999; Van Andel 등, 1975).

(1) 탄산염 보상심도 변화

E/O경계에서 탄산염 보상심도(CCD; Carbonate Compensation Depth)는 1,200~1,500m 깊어져서 지구 규모로 탄산염 보존이 촉진(탄산염 용해의 억제)되었다(Van Andel and Moore, 1974). 이것은 남극대륙에 빙상이 급속도로 확산된 것과 시기적으로 일치한다. 이러한 극적인 변화는 네오진 전체로 볼 때 태평양의 경우 CCD 변화는 200m 이하이다. 이런 큰 변화는 제4기(Pleistocene)에 있었던 빙기·간빙기 변동으로 해수면이 130m 이상이나 변동되는 양상을 보였는데 그 경우에도 CCD 변화는 불과 100m 이하였던 것과 대조적이라 할 수 있다(Farrell and Prell, 1989). 이 CCD의 변화는 δ^{18}O값이 변하는 것과도 일치하고 있다. 이때는 탄산염 보존이 잘 이루어져 태평양 적도역의 탄산염 퇴적이 현재보다 위도방향으로 10도쯤 확대되어 고위도 지역까지 퇴적되었다(Shipboard Scientific Party Leg 199, 2000). Oi-1 빙하화 이벤트가 끝나고 200kyr 후까지 탄산염 퇴적은 50% 정도 감소했지만 CCD는 기본적으로 그 이후인 에오세 수준처럼 얕아지지 않았다.

(2) 타스만해협(Tasman Gateway)의 열림

에오세와 올리고세 경계에 두드러졌던 한랭화의 원인은 아직 확실하게 규명되지 못한 상태이지만 다음과 같은 두 가지 가설이 있다. 즉, 1) 남극대륙의 열적고립화를 초래했을 것으로 추측되는 타스만해협의 개통(열림)(Kennett, 1977)과 2) p_{co_2}의 대기 값이 임계한계 이하로 감소되었다는 것이다.

남극대륙과 오스트레일리아대륙과의 분리는 백악기 후기에 시작되었지만 최종적으로 분리되어 타스만해협이 열리게 된 것은 에오세가 끝날 즈음이었다(그림 5-7)(Exon 등, 2003). 타스만해협이 열렸다고 해도 34Ma 경에는 수심이 50m 정도였으며, 약 32Ma에 2,000m 이상 깊어져 부유성과 천해성 생물이 남인도양과 태평양 사이를 직접 왕래할 수 있게 되었다(Kennett, 1977; Stickly 등, 2004). 이러한 현상에 따라 남극대륙은 열적고립화가 촉진되고 남극대륙이나 그 주변 해역에는 눈과 얼음이 증가하게 되었으며 그 결과 알베도 값이 높아지고 강한 플러스 피드백이 작용했을 것으로 추측되고 있다.

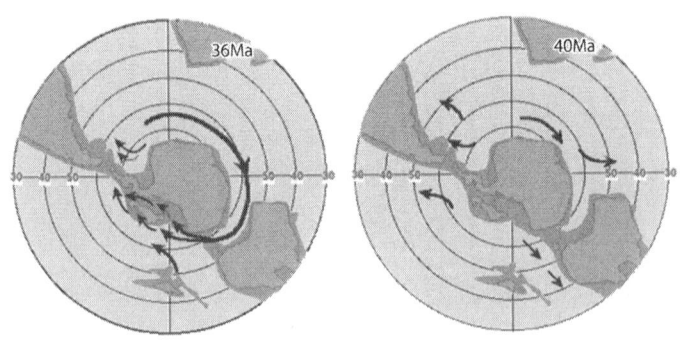

그림 5-7. 남극 주변해역에 있는 두 개의 해협(타스만해협과 드레이크해협)이 형성되는 과정(Kennett, 1977; Stickly 등, 2004; Scher and Martin, 2006).

신생대의 한랭화는 p_{co_2}와 관련되는 것으로 자주 설명되고 있다. 실제로 신생대에 p_{co_2}가 감소되었다고 보고된 바 있는데 p_{co_2}의 미묘한 변화가 빙상의 양을 변화시키는 방아쇠(트리거) 역할을 해서 열방사에 영향을 주었을 뿐만 아니라 대기순환의 형태나 습도 변화에도 영향을 미쳤을 가능성이 높다(그림 7-6). 그러나 빙상을 형성하기 위해서는 p_{co_2} 변화에 동반되는 한랭화 이외에도 수분공급 또한 결정적인 요소가 된다 (Bartek 등, 1996).

(3) 드레이크해협(Drake Passage)의 열림

기본적으로 타스만해협과 드레이크해협이 완전하게 열리고 나서야 비로소 남극주변의 해류가 완벽하게 되었다. 현재 드레이크해협의 개방 시기를 놓고 1) 32~33Ma인 올리고세 초기, 2) 마이오세 초기(22~17Ma)라는 두 가지 학설이 있다. 이와 같이 견해가 크게 엇갈리는 것은 스코티아 (Scotia) 도호(island arc)나 스코티아 마이크로프레이트(micro plate)의 발달에 대한 추정이 어렵기 때문이다. 태평양과 대서양 통로가 개통되었다고는 해도 드문드문 산재해 있는 대륙의 존재나 해저지형이 다양하게 영향을 주었다고 추측된다(Livermore 등, 2005; Scher and Martin, 2006).

5.2.5 한랭화기후가 생명권에 미치는 영향

신생대의 한랭화는 생물화학 순환시스템에도 중요한 영향을 가져왔다.

(1) 규조의 진화와 초본식물 지대의 확대

규조는 현재 1차 생산의 약 40%, 엑스포트(export) 생산의 약 50%를 담당하고 있다. 또한 탄소순환을 다루는 데 있어 중요한 독립영양 플랑크톤으로 해양뿐만 아니라 담수지역에서도 서식하고 있으며 생태학적으로도 가장 발달된 진핵생물로 알려져 있다(Smetacek, 1999). 세포는 생물기원 오팔의 피각(frustule)으로 감싸여져 있다. 규조의 대증식(bloom)으로 나타나는 적조[3]는 일반적으로 해안지역에서 일어난다. 외해에서 일어나는 대증식, 특히 봄철에 북태평양 중·고위도역에서 일어나는 대증식은 용승과정과 관계되어 있는 것으로 생각된다.

신생대 동안 규조의 다양성은 K/Pg경계에 멸종된 후 서서히 번성하기 시작하여 수온이 비교적 높았던 팔레오세나 에오세에는 거의 변화가 없었다. 그 후 에오세와 올리고세 경계(E/O), 그리고 마이오세 중·후기 이후에 급격히 증가하여 현재에 이르고 있다(Spencer-Carvato, 1999). 규조가 번식하는 데에는 원료가 되는 규산 등 주요 영양염이 필요하다.[4]

이러한 현상은 E/O경계 이후에 남극대륙에 빙상이 발달된 것과 연관되어 있다. 빙상의 발달은 극지역의 수온이 낮은 상태로 유지되었다는 것이며 밀도가 높은 심층수 또는 저층수의 형성도 촉진되어 해양 대순환이 활발해진다는 것을 의미한다. 극지역에서 표층수의 침강은 수직혼합을 촉진시키고 결과적으로 표층수에 영양염을 다량으로 공급하게 된다. 또한 해양 전체에서 육지에서 해양으로 영양염이 공급되는 것은 기본적으로 육지에서의 풍화작용이 중요한 영향을 미친다. 풍화의 정도는 육지의 상승속도와 강수량에 큰 영향을 받는다. 대륙의 충돌 등에 의한 대륙의 상승속도와 하천에 있는 현탁물질의 총 공급량과는 플러스의 상

---

3) 적조를 초래하는 생물로는 규조 외에 와편모조 등도 있다.
4) 해양의 1차 생산을 지탱하는 주요 영양염으로는 질산, 인산, 규산이 있다.

관관계(positive relationship)가 있으며(Holland, 1981) 육지의 생태계 변화 또한 하천에서 해양으로 공급되는 실리카 공급이 영향을 주었을 것으로 추측된다.

초본식물은 E/O경계 부근까지는 드물게 존재했지만 고위도지역의 빙하화 등으로 건조화되면서 영역을 확대해 나갔는데 그러한 변화와 함께 유제류(有蹄類)(소 등과 같이 발끝에 발굽이 있는 동물)도 증가해갔다(Janis 등, 2002). 초본식물은 최대 15%(중량)의 실리카를 포함할 수 있으며 플랜트 오팔[5]을 남긴다. 초본식물인 C3식물의 화분은 에오세 초기인 약 55Ma까지 거슬러 올라갈 수 있는데(Jacobs 등, 1999) 플랜트 오팔은 에오세 후기 이후에 증가했다고 보고된 바 있다(Retallack, 2001).

초본식물은 뿌리를 통해 땅 속 깊은 곳에서 실리카를 흡수하고 마른 풀이나 초목을 섭취한 동물의 잔해가 풍화되면 하천이나 지하수를 통해 더욱 많은 실리카가 해양으로 공급되게 된다. 주로 초본식물로 이루어지는 초지는 약 17Ma까지 C3식물이 대부분을 차지하면서 확대되어간 것으로 추정되고(Retallack, 2001), 그 후 약 7Ma에는 C4식물이 진출했다(그림 5-12). 이러한 육지의 환경변화는 해양으로 실리카 공급을 증가시키고 네오진기에 규조의 다양성 확대에 영향을 주었다고 설명된다(Falkowski 등, 2004). 일반적으로 C3식물은 나무나 관엽식물, 그리고 향초 외에도 여러 종류의 초본식물에 많으며, C4식물은 열대 및 아열대

---

5) 플랜트 오팔(plant opal or phytolith)은 토양에 남겨진 식물 규산체를 일컫는 총칭. 벼과(벼·대나무·갈대·참억새 등)나 금방동사니 등인 초본식물부터 떡갈나무 등과 같은 수목에는 규질화된 세포가 존재하는데 식물이 고사된 후에도 식물 규산체는 토양에 화석으로 남는다. 이것이 풍화되어 하천을 통해 바다로 공급되면 해양에서 규산이 증가하게 된다. 또한 플랜트오팔과 관계된 것으로 피자식물 단자엽류가 쌍자엽식물에 비해 SiO_2 함유량이 높다.

의 사반나 초본식물과 온대의 넓은 초원에 있는 초본식물, 그리고 건조 지역의 초본식물에 많다.

(2) 코코리스, 와편모조류

와편모조류는 입자형태인 유기물뿐만 아니라 용존 유기물을 영양염으로 이용하여 동화시킬 수 있다. 쥐라기 및 백악기에 해양에서는 해침에 의해 증가된 연안역환경과 외해의 빈영양 상태인 두 가지 환경 조건에서 이러한 영양염 이용방법은 성공적으로 이루어졌을 것이다(그림 4-3). 광합성 능력을 지닌 와편모조는 1차 생산자로서 먹이사슬에서 중요한 위치를 차지한다. 특히 갈충조는 와편모조류에서 단세포조류를 일컫는 총칭으로 산호와 공생하는 것으로 유명하다.

코코리스는 현재 영양염이 중간 또는 빈영양 환경에서 서식하는 그룹에 속한다. 유기화합물의 일종인 알케논(alkenone)을 생산하는 *Emiliania huxleyi*나 표준화석인 *Coccolithus pelagicus*가 잘 알려져 있다. 코코리스는 외양에서 중요한 1차 생산자이며 작은 탄산염 생물각으로 덮여 있다. 쥐라기와 백악기에 다양성이 증가되었다(그림 4-3). 와편모조와 코코리스의 다양성은 에오세 이후 줄어들기 시작했으며 기본적으로 신생대 중·후기로 가면서 해수면이 하강한 시기와 일치한다(그림 4-3).

(3) 고래류의 진화

규조의 번성과 관련되어 있다고 생각할 수 있는 것 중 하나는 해양의 먹이사슬에서 상위에 존재하는 고래류다. 고래목에 속하는 수생 포유류로, 현존하는 고래의 크기는 약 2m에서 25m를 넘으며 서식지도 적도지역에서 극지역에 걸쳐 서식할 뿐만 아니라 대륙붕에서 외해까지 서식하고 있다. 큰 분류로는 Odontoceti(이빨고래), Mysticeti(수염고래), 에오세 마지막에 멸종된 Archaeoceti으로 분류된다. 최초의 이빨고래는 에오세 중기(52Ma)에 출현했으며, Odontoceti 아목이나 Mysticeti 아목에 해당되는 과(科)는 올리고세에 출현했다. 돌고래(Dorphine)는 이빨고래에 포함되는 것으로 마이오세 후기에 출현하였다.

다음과 같은 환경변화가 고래의 진화에 큰 영향을 미쳤을 것으로 추측된다. 아프리카대륙과 인도대륙이 아시아대륙에 충돌하여 테티스해가 소멸되었을 때쯤 최초의 고래아목인 프로트케투스과(科)가 출현하였다. 고래는 원래 육지에서 생식하던 우제류(하마의 조상)가 현재의 파키스탄 부근에서 해양으로 진출하게 된 것으로 추측된다. 올리고세에는 남극대륙과 오스트레일리아대륙 및 남미대륙이 떨어져 남극순환류가 형성되었고 남극대륙이 고립화되면서 남극해의 용승이 활성화되었다. 그 시기에 대부분의 이빨고래아목과 수염고래아목이 출현하였다. 전 세계에 존재하는 고래가 섭취하는 먹이는 물고기, 연체동물(오징어 등), 갑각류(크릴새우) 등이며 크릴새우는 1차 생산자인 규조를 먹이로 섭취한다. 특히 에오세에서 올리고세로 전이되면서 극지역의 한랭화는 용승을 유발시켜 1차 생산을 높였는데 고래류의 진화에도 이와 같은 환경변화가 반영된 것으로 추측되고 있다(Fordyce and Barnes, 1994).

5.3 네오진(Neogene)의 지구표층환경

네오진 기간은 마이오세(Miocene; 23.03~5.332Ma)와 플라이오세(Pliocene; 5.332~2.588Ma) 기간을 말한다.

5.3.1 마이오세에 완료된 테티스해(Tethys sea)의 소멸

테티스해는 팔레오세에는 중·저위도 지역을 흐르는 해류의 통로였
다. 남극해는 남극대륙과 오스트레일리아대륙, 남미대륙이 서로 결합
되어 있었음으로 대서양-인도양과 태평양으로 나뉘어져 있었다. 테티
스해와 북극해는 천해로 연결되었던 것으로 추정된다(책 뒷부분의 그
림 참조).

테티스해의 폐쇄는 1) 인도대륙이 아시아대륙과 충돌(그림 5-8), 2) 아
프리카대륙이 아시아대륙, 유럽대륙과 충돌, 3) 그리고 최종적으로 오
스트레일리아대륙이 아시아대륙에 접촉되어 오늘에 이르렀다. 인도네
시아의 다도해는 현재 지구적 규모의 해양대순환에서 태평양 표층수가
대서양으로 돌아갈 때 통과되는 지점으로 지구표층환경에도 매우 중요
한 해역이 되고 있다. 인도네시아 제도를 통과하는 심층수는 이미 마이

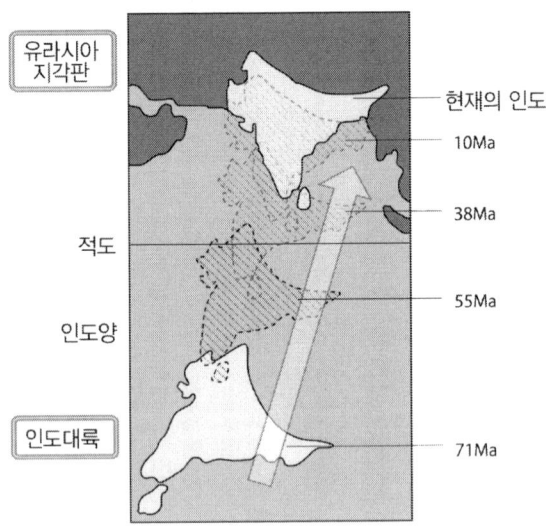

그림 5-8. 아시아판에 충돌하는 인도대륙

오세 중기에는 제한되었으며 특히, 인도양과 서태평양에서 방산충 군집의 차이가 나타난 11Ma경에는 해수 교환이 상당히 어려워졌던 것으로 추측된다(Linthout 등, 1997).

5.3.2 마이오세 전반의 지구표층환경

올리고세와 마이오세(O/M) 경계에는 Mi-1 빙하화가 나타나는 짧은 기간(약 200kyr) 동안 $\delta^{18}O$값의 변화를 수반하고 있는데 이는 빙하화가 급격히 진행되는 현상이 반영된 것으로 생각된다(Shackleton 등, 2000). Oi-1 빙하화와 Mi-1 빙하화는 모두 생물멸종과 관련된 영향으로 PETM과 비교했을 때 작았다. 그러나 Oi-1 빙하화와 Mi-1 빙하화에서는 $\delta^{13}C$값이 작지만 급격히 플러스 방향으로 이동되는데(약 0.8‰) 이는 지구적 규모로 탄소순환 교란이 일어났음을 지시한다(그림 5-1).

올리고세 후기(26Ma)부터 마이오세 중기(15Ma)까지의 기후는 그 전후와 비교했을 때 온난하고 안정적이었다(Miller 등, 1987). 백악기의 빙하가 없었던 때와 비교하면 해수면은 50~60m 내려간 정도였으며 현재에 비하면 빙상은 훨씬 적었다. 특히 마이오세 중기(17~15Ma)의 온난화는 지구적 규모로 마이오세 중기의 기후최적기(middle Miocene climate optimum)라고 불리고 있으며, $\delta^{18}O$값을 근거로 하면 고위도해역의 표층수온도 에오세 후기와 같은 수준이었다. 이 온난기는 고식생과 고토양을 통해서도 증명되었다(Schwartz, 1997).

한편, 마이오세 중기(16~14Ma)의 p_{CO_2}는 현재와 거의 비슷한 수준이거나 그 이하(100~250ppm)였다(Pagani 등, 1999a,b, 2005; Pearson and Palmer, 2000). 그러나 온실효과 기체가 상승하는 일이 없었는데 어떻게 온난한 기후가 유지되었는지에 대해서는 잘 알려져 있지 않다. 16Ma경에는 수증기량이 증가하고 온실효과 기체인 메탄농도가 상승하고 해양 - 대기의 배치변화가 일어났을 가능성이 있다. 콜롬비아(Columbia)천에 있는 홍수현무암(flood basalt)이 가장 큰 분화를 일으킨 시기가 바로 이 시기인 16~14Ma와 일치하지만 p_{co_2}를 급격히 상승시키지는 못한 것 같다.

5.3.3 지각변동이 기후와 탄소순환에 미치는 영향

산맥형성, 판의 섭입 등과 같은 지각변동 요인은 오랜 기간에 걸쳐 지구표층환경 시스템에 영향을 준다. 특히 아주 높은 산맥의 형성은 대기순환과 수권의 순환을 매개로 해서 기후 모드(양식)를 바꾸는 경우도 있다. 에오세 이후 히말라야산맥과 티베트고원이 형성될 때에는 그 규모가 워낙 커서 지역적(regional)이기보다는 전 지구적(global)으로 기후에 영향을 준 것으로 생각된다. 즉, 히말라야산맥의 상승은 북태평양 아열대고기압과 알류샨저기압을 강화시켰다. 반면에 히말라야산맥과 대서양, 그리고 인도양의 순환시스템과의 원격상관(tele-connection)은 히말라야산맥이 융기함에 따라 북대서양고기압이 강화되고 북대서양 온난화가 초래된 것으로 판단된다. 히말라야산맥 형성은 전 지구적인 건조화(Cerling 등, 1997)와 인도 몬순의 강화(Prell 등, 1992)에 한 원인이 되었다.

지각변동과 탄소순환을 포함하는 기후 영향은 지구온난화작용과 한랭화작용으로 분류할 수 있다. 온난화를 초래하는 과정은 1) 섭입된 탄산염이 변성작용에 의해 탈 가스되면서 암석권에 있는 CO_2가 대기권으로 공급되고, 2) 판이 섭입되면서 유기탄소가 분해, 3) 암석권에 유기탄소의 부가량이 감소함으로써 지구표층 저장소의 탄소량이 증가하고,

대기 중에 CO_2가 증가하게 되는 여러 과정을 가진다.

반대로 한랭화에 기여하는 작용으로는 1) 화성암이나 변성암에 포함된 알루미늄 규산염(aluminosilicate)의 화학적 풍화, 2) 화학적 풍화작용으로 지각암이 녹으면서 인산 등과 같은 주요 영양염이 육지에서 해양으로 공급된 결과로 촉진된 1차 생산 증가와 유기탄소의 침적, 3) 섭입대에서 일시적(수백만 년 이상)으로 보존되는 유기탄소의 저장 등을 들 수 있다. 화학적 풍화를 나타내는 간접지표로서 해수 중에 있는 Sr(스트론튬)과 Os(오스뮴) 동위원소 비가 있다. 해양기원인 탄산염 중의 Sr과 Os의 동위원소비의 값이 모두 에오세와 올리고세의 경계를 기점으로 완만하게 증가하고 있다는 것으로 보아 변성암에 풍부한 이들 값은 상대적으로 연대가 오래된 지각이 활발하게 풍화되었다는 것을 지시한다(Pegram 등, 1992).

(1) 히말라야산맥·티베트고원의 성립과 아시아 몬순

남극대륙과 오스트레일리아대륙에서 분리되어 중생대에 북쪽으로 이동한 인도대륙이 약 50Ma에 유라시아대륙과 충돌하기 시작한 후 충돌지대의 앞쪽에 생긴 대규모 습곡·단층대가 바로 히말라야산맥이다 (그림 5-8). 충돌은 인도대륙 서쪽 즉, 현재의 파키스탄과 가까운 방향으로 거의 적도부근을 통과한 부근에서 에오세 초기에 시작되었다. 표고는 1) 고식생, 2) 표고에 따라 차이를 보이는 강수의 $\delta^{18}O$값, 3) 산맥의 전면에 운반 퇴적된 퇴적물의 양 등으로 추정된다. 현재 일반적으로 인정되는 학설은 이미 백악기 또는 팔레오세 때에 섭입과 동반되어 산맥이 형성되었고 산맥의 폭이 좁았지만 부분적으로는 표고가 약 3,000m 이상에 달했다고 한다. 30Ma에 이르러 히말라야산맥의 평균 높이는 약

3,000m가 되었다(Harrison 등, 1998). 마이오세인 24~17Ma가 되면서 상승 속도가 가속화되었는데, $\delta^{18}O$값과 고식생 자료는 15~10Ma까지는 표고가 5,000m에 달했음을 지시하고 있다(Spicer 등, 2003; Rowley 등, 2001).

히말라야 북쪽에 넓게 펼쳐져 있는 티베트고원은 인도대륙이 유라시아판 아래로 충돌하여 섭입되면서 부가되고 지각이 두꺼워져 아이소스타시(지각평형설)에 의해 융기되어 표고 5,000m에 이르는 광대한 고원으로 만들어진 것이다. 동남 티베트 고원의 상승은 13~9Ma에 일어났다(Clark 등, 2005). 반면에 중부 티베트 고원은 이미 15Ma경에 표고 5,000m에 달했다는 학설도 있다. 여하튼 표고가 높은 지역이 광대하게 확대된 것은 지구적 규모의 기후에 커다란 영향을 주었다고 생각된다. 인도몬순은 10~8Ma에 강해졌는데(Prell 등, 1992), 이것은 히말라야산맥이나 티베트고원의 발달과 관계된다는 것이 일반적인 견해이다.

(2) 히말라야산맥·티베트고원의 융기와 풍화

히말라야·티베트 지역의 융기로 인해 하천이 발달하게 되고 하천에 의해 대규모의 침식이 발생하게 된다. 또한 아시아몬순 강화에 따른 강우의 증가로 화학적 풍화가 촉진된 것으로 생각된다. 대륙의 화학적 풍화는 대체로 p_{CO_2}의 저하를 가져오는데 이런 사실은 해수 중 Sr동위원소비의 상승으로 설명할 수 있다(7.2.7). 화학적 풍화에서 화학반응식은 식(1-1, 2, 3, 4)과 같은데, 요약하면 탄산염이 풍화한 경우에는 실질적인 p_{CO_2}의 증감이 없지만 규산알루미늄(aluminosilicate)이 풍화한 경우에는 실질적으로 p_{CO_2}를 감소시킨다. 과거 신생대 후기의 한랭화는 히말라야산맥의 화학적 풍화로 p_{CO_2}의 감소에서 비롯된 것으로 알려지고 있다(Raymo and Ruddiman, 1992).

그러나 현재 히말라야·티베트지역에서 진행되는 풍화에 관해서는, 규산염보다는 탄산염암의 풍화에서 유래된 중탄산이온의 기여가 크고(82%), 갠지스·브라마프톨라천의 ^{87}Sr/^{86}Sr비 또한 높다고 지적되고 있다(그림 5-9)(Quade 등, 1997; Blum 등, 1998; Jzcobson and Blum, 2000). 따라서 (이러한 사실은) 신생대 후기 해양에서 나타난 Sr동위원소비의 변화는 히말라야·티베트지역에서 풍화작용에 의해 변화되는 Sr동위원소비 변화 이외의 다른 요소도 고려해야 한다는 것을 의미한다. 풍화량의 증가는 남극을 포함한 고위도지역의 한랭화와 빙하의 확장이 수반되며, 저위도지역뿐만 아니라 고위도지역에 있는 암석의 풍화량의 증가와도 관련되어 있다는 지적이 있다(Zachos 등, 1999).

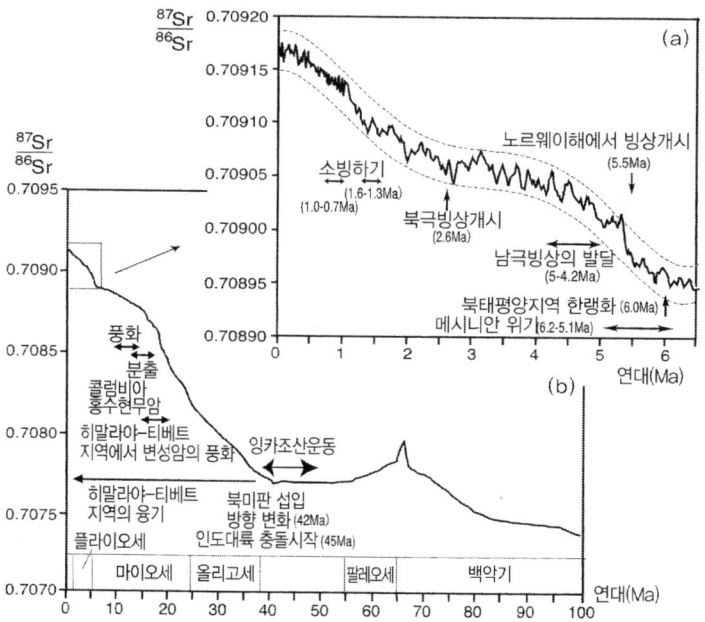

그림 5-9. 해수 중의 ^{87}Sr/ ^{86}Sr비의 변화와 지구조 사건(Raymo and Ruddiman, 1992 등을 中野, 2003이 정리)

(3) 동해의 성립과 광상의 형성

일반적으로 주변해(marginal sea)는 도호(island arc)활동과 관련되어 형성되는데, 도호나 배호분지(back-arc basin)에서 발생되는 화산가스로 인해 지구 규모의 탄소순환에도 영향을 끼쳐왔다. 여기서는 마이오세에 활발한 활동이 관찰된 동해의 형성과 그에 동반된 광물자원과 탄화수소자원을 소개한다.

동해의 확장는 28Ma에 시작되었다. 일본열도는 아시아대륙에서 분리되어 태평양쪽을 향해 이동하고, 동북 일본이 시계방향으로 이동되고 회전하는 것도 서서히 일어났다. 서남 일본의 시계방향 회전은 15Ma경에 급격히 일어났다. 확대가 멈춘 시기는 10Ma로 알려져 있지만 확정된 것은 아니다(Tamaki 등, 1992; Jolivet 등, 1994).

구로꼬(Kuroko)광상은 흑색의 광석으로 섬아연광(ZnS), 방연광(PbS), 황동광(CuFeS$_2$)으로 이루어져 있으며, 각각 아연, 납, 동 등이 광석으로광범위하게 채굴되었다. 구로꼬광상은 제3기 화산암과 성인적으로 관계가 있는 것으로 판단되는 광상이며 일본열도에서 그린터프(녹색 응회암)지역에서 비교적 좁은 폭(약 50m)으로 분포하고 있다. 주로 북해도(Hokkido) 남부에서 동북부에 걸친 지역에 위치하며 구로꼬벨트라고 불리는데 아키타현의 하나오까(花岡)광산(鑛山), 고사까(小坂)광산 등이 유명하다. 구로꼬광상은 동해(배호분지) 확장이 가장 활발했던 15Ma경의 어느 시점에서 도호열개로 형성되었다. 형태는 괴상황화물광상(massive sulfide deposit)으로 분류된다. 광상은 해저의 열수활동에 의해 형성되지만 열수가 반응한 모암이 도호의 암석이다. 이러한 암석에는 중앙해령 현무암보다 금이나 은 등이 풍부하고, 산성암으로부터 마그마수의 기여 가능성이 높아 중앙해령에서 관찰되는 열수

침전물에서보다 금, 은 등과 같은 귀금속 함유량이 높다.

일본의 경우 탄화수소(석유)광상은 아키타(秋田), 야마카타(山形), 니가타(新潟)현의 네오진(Neogene) 퇴적분지 내에 분포하고 있다. 이러한 유전광상에는 화산암이 저류암이 된 경우가 상당히 많아서 전 세계 유전의 대부분이 사암이나 탄산염암을 저류암으로 하는 것과는 대조적이라 할 수 있다(土谷, 1995). 유전지대의 해성층에 협재되어 있는 화산암은 니시구로사와층(西黒沢層)으로 주로 현무암, 온나가와층(女川層)·후나까와층(船川層)에서는 안산암 등, 덴또꾸지층(天徳寺層)에서는 응회질사암·역암 등이며 현무암이 안산암과 산성화산암으로 변화된 것이다. 화성암의 주요 활동시기는 서흑택층이 13Ma에, 여천층이 10Ma이었다.

온나가와층(女川層)은 동북지방 동해쪽에 널리 분포하였다. 이른바 규질세일 혹은 경질혈암이라고 불리는 퇴적암이 나타나며 때로는 규조토화되는 경우도 있다. 변질 또는 재결정작용이 진행되지 않은 경우에는 현미경으로 규질 조각을 관찰할 수 있다. 동해가 확장됨에 따라 해역이 바뀌고 높은 규조 생산량을 초래하는 용승류 등이 특이한 규질퇴적암상 형성에 영향을 미친 것으로 생각된다(Saito 등, 1984). 또한 규조의 번성해역은 대체로 높은 영양염 공급 그리고 높은 1차 생산 해역이다.

5.3.4 마이오세 후기의 지구표층환경

마이오세와 플라이오세의 커다란 차이는 기후의 한랭화와 함께 강우로 대표되는 수권의 순환이 플라이오세에 두드러지게 약해졌고, 그런 현상은 마이오세 후기에 나타나고 있었다. 마이오세 후반인 15~5Ma

기간에 북미에서는 여름철에 강우량이 감소되었으며 북미대륙 내부에는 사막이 형성되었다. 그 원인은 북미서쪽 해안인 현재 워싱턴주에서 켈리포니아주 부근까지 산맥이 형성된 것을 들 수 있다. 그러나 산맥형성이 기후에 미친 영향은 그리 크지 않았을 것으로 생각되고 있는 반면, 북태평양의 표층수온의 하강에 그 원인이 있다는 학설이 있다.

알래스카 순환류(Alaskan Gyre)의 표층수는 8Ma의 여름철에 수온이 현재보다 5℃나 높았다. 마이오세 후기의 표면 해수온도가 현대보다 훨씬 따뜻했지만 북태평양은 한랭화가 진행되었다. 알래스카 순환류는 플라이오세로 향하면서 한랭화되어갔다. 최초로 IRD가 퇴적된 것은 6.6Ma경이었으며(Krissek, 1995), 알래스카에 빙하가 본격적으로 발달한 시기는 4.3Ma이다(Rea and Snoeckx, 1995). 이러한 마이오세 후기의 한랭화는 샤츠끼 해양대지(Shatsky Rise)에서도 확인되었다(Bralower 등, 2006).

북태평양 북부에서 일어난 큰 사건으로는 태평양과 북극해 사이의 베링해협이 연결되었던 것을 들 수 있다. 현재까지도 그 시기에 대해서는 논의가 계속되고 있지만 대서양에 존재했던 이매패류가 태평양에 출현한 시기가 5.5~5.4Ma이므로 이 시기에는 해수의 교환이 충분히 이루어졌던 것으로 생각된다(Gladenkov, 2006). 현재 베링해에서는 태평양에서 대서양으로 해류가 흐르는데 그 유량은 0.8Sv($10^6m^3s^{-1}$)이다(Coachman and Agaard, 1981). 수심은 약 40m인데 빙기와 퇴빙기에는 대륙환경으로 변했기 때문에 약 만 4천 년 전에 인류(호모사피언스)가 이곳을 통과해서 아메리카 대륙으로 건너갔다.

또한 열대지역에서 일어났던 사건으로는 파나마 해협의 소멸을 들 수 있는데 그 원인은 남북아메리카 대륙의 충돌이다. 그러나 카리브해와 멕시코만 주변에는 이미 80Ma에 대서양과 태평양의 심층수 순환이 억제되고 있었던 것 같다(Droxler 등, 1998). 태평양과 대서양과의 CCD 차이는 10Ma경에 관찰되었으므로 심층순환이 제한된 것은 약 10Ma으로 판단된다. 또한 부유성 유공충의 $\delta^{18}O$값의 차이로부터 해협이 닫히고 두 대양이 최종적으로 분리된 것은 4Ma이었던 것으로 추정되고 있다(Duque-Caro, 1990; Lyle 등, 1995).

(1) 메시니안 지중해 염분 위기

메시니안기(Messinian age, 7.256~5.332Ma)는 마이오세 최후의 시대를 구분한 것이다. 이 기간 동안에 지중해에서는 암염이나 석호 등으로 이루어진 증발암이 대량으로 형성되었는데 이것을 '메시니안 지중해 염분 위기(The Mediterranean Messinian salinity crisis)'라고 부른다(Ryle 등, 1973). 이 암염의 형성은 5.96~5.33Ma에 일어난 것으로 현생 누대 가운데 가장 규모가 컸다(그림 5-10).

이 시기에는 지구 규모의 한랭화 등의 영향으로 해수면이 저하되고 지브롤터 해협(Gibraltar Sill)의 수심보다도 더 낮은 수준까지 내려갔다.[6] 그 결과 지중해는 대서양에서 분리되었다. 지중해는 기본적으로 하천에서 유입되는 양보다 증발되는 양이 훨씬 많기 때문에 내해가 건조되어 막대한 양($1 \times 10^6 km^3$)의 증발암이 형성되었다. 현재 지중해에 있는 물의 양은 $3.7 \times 10^6 km^3$이며 강우를 제외한 순수 증발량은 $3.3 \times 10^3 km^3 yr^{-1}$이 된다. 실제로 현재 지중해의 염분도는 북대서양 해수의 경우보다 높은

---

6) 현재 해저수심은 320m로 당시 해수면 저하는 100m이었을 것으로 예상되며 어떻게 해서 지중해가 고립된 것인지에 대해서는 아직까지 정확히 알 수 없다. 현재로서는 섭입에 의한 융기라는 가설도 있다.

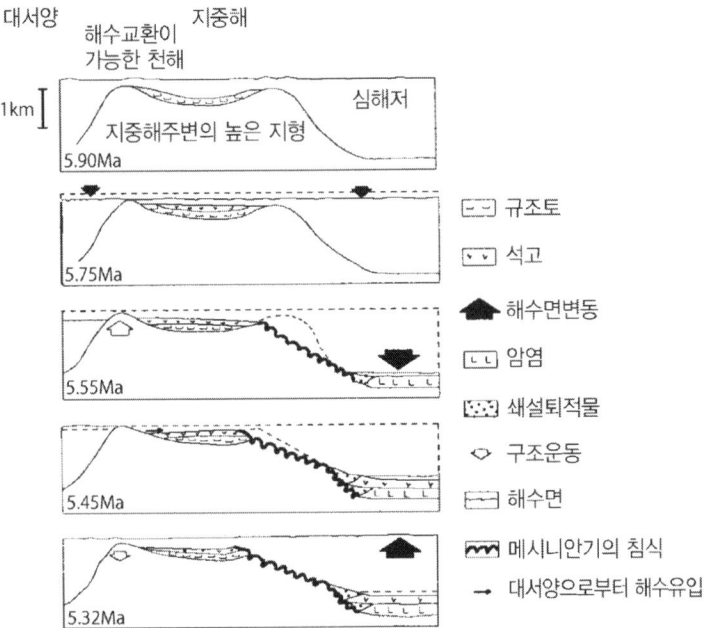

그림 5-10. 메시니안기(7.256~5.332Ma)에 일어난 지중해의 지각변동과 그에 수반된 암염층의 침적(Clauzon 등, 1996)

상태이다. 만약 해협으로 대서양의 해수 유입이 없다면 현재 지중해는 약 1천 년 정도면 완전히 증발되어 없어지게 될 것이다.

염분을 35‰, 해염의 밀도를 1.35gcm⁻³, 해양분지의 평균심도를 2,700m라고 가정한다면 지중해가 완전히 증발되었을 때 두께가 약 70m나 되는 암염층이 형성된다. 메시니안시대에 수차례의 침적으로 암염층 두께가 3,000m에 달한 경우가 있었는데 이 암염층 두께는 지중해 해수가 약 40회 정도 증발한 것에 해당하는 양이다. ODP 846측점 결과를 토대로 하면 (Shackleton 등, 1995) 실제로는 두 단계에 거쳐서 암염층이 형성되는 것 같다. 1) 제1단계(5.75~5.60Ma)는 해수면이 약간 내려가 대륙 주변부에 증발암이 형성된 것, 2) 제2단계(5.60~5.21Ma)는 지중해가 완전히 고립되어 해저협곡이 노출되고 침식이 일어나 심층부에 암염이 퇴적된 것 (Clauzon 등, 1996)이다.

전 지구의 표층환경에 관계되는 것들로는 해수면과 염분의 변화가 있다. 지중해에서 증발된 물은 해수면을 10m 정도 상승시키는 것으로 계산된다(=3,800m(평균수심) $\times 3.7 \times 10^{15}$m/$137 \times 10^{16}$m^3(전 해수량)). Na, Cl 등의 평균 체류시간은 백만 년 이상으로 매우 길다. 메시니안 암염이 형성되면 대서양, 태평양 등과 같은 외양 해수에서 이 암염에 해당하는 염분이 제거된 결과가 된다. 단순계산으로 하면 염분이 3.8 정도 내려갈 가능성이 높은데 이것은 응고점을 약 0.16℃ 상승시킨 효과를 가진다. 결과적으로 고위도 지역에서 해빙형성이 촉진된 것으로 추정된다. 해빙의 형성은 지구의 알베도 값을 높이고 지구 규모의 한랭화를 촉진시키는 역할을 한 것으로 생각된다. 단, 메시니안 지중해 염분 위기가 직접적으로 전 지구의 기후에 영향을 미쳤는지의 여부에 대해서는 아직까지 확실한 증거가 없다.

(2) 마이오세 후기에 C3에서 C4식물로의 식생 변화

신생대의 특징으로 초본식물이 중심인 생태계의 발달을 들 수 있다. 열대역인 사바나는 저위도지역 면적의 반 이상을 차지하는데 초본식물이 대부분인 생태계는 북미대륙이나 아시아대륙 중앙부에서 현저하게 나타난다. 초본식물의 대부분은 벼과(Poacene)로 분류되는데 벼, 밀, 보리, 옥수수, 대나무, 갈대, 사탕수수, 수수, 참억새 등 수백 종류의 속과 약 1만 종류가 있으며, 피자식물 단자엽류에 속한다. 작물로는 옥수수나 잡곡류가 C4식물이고 벼나 밀과 같은 주요 작물은 C3식물이다.

C4식물은 고온이나 건조, 낮은 p_{co_2}, 질소가 부족한 토양이라는 악조

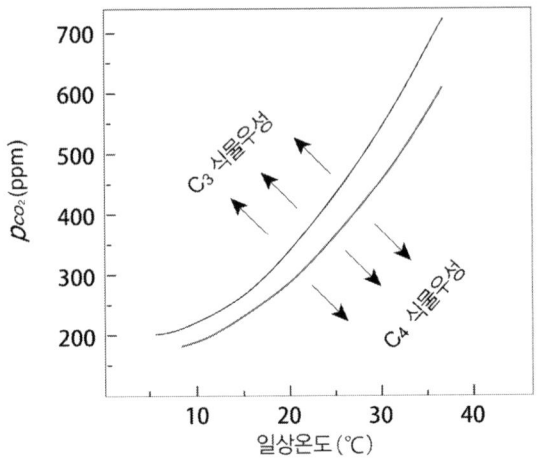

그림 5-11. C3, C4식물의 회로 차이. C3식물의 p_{CO_2}와 C4식물의 p_{CO_2}는 몇 배 정도 차이가 있다. C4식물은 낮은 p_{CO_2}에서도 생육이 가능하다.

건에 적응하기 위해 진화한 것으로 CO_2를 고정하는 데 많은 에너지를 사용하기 때문에 C3식물보다 효율적으로 CO_2를 고정할 수 있다. C4식물의 특징으로는 다음 세 가지가 있다. 1) C4식물의 보상점[7]은 2~5 ppm으로 C3식물의 보상점(40~100ppm)보다 작다. 2) C4식물은 C3식물에 비해 수분사용률(광합성에 이용하는 물과 증발로 없어지는 물의 비율)이 높고 반 건조상태에서 생육이 가능하다. 3) C4식물은 C3식물에 비해 질소이용 효율이 높다(그림 5-11).

C3식물과 C4식물의 $\delta^{13}C$값은 각각 -26‰, -12‰이다. 현존하는 대부분의 C4식물은 초본식물이며 저위도에서 중위도(40도)에 분포하고 있다. 또한 C3식물은 고위도, 높은 고도 혹은 지중해 기후 등에서 관찰되

---

7) 보상점은 기본적으로 식물에서 광합성속도와 호흡속도가 동등해지는 대기 중 이산화탄소 농도를 말한다. 빛의 양에 대한 보상점일 경우에는 호흡에 따른 산소 소비량과 광합성에 의한 방출량이 균형을 맞추어 외관상으로 가스교환이 없을 때의 빛의 강도를 의미한다.

고 있듯이 차갑고 서늘한 계절적 환경인 지역에서 볼 수 있다. 치아화석과 고토양의 탄산염에서 $\delta^{13}C$값이 증가하는 것은 C4식물이 증가한 것을 반영한 것이며 생태계에 존재하는 C3식물과 C4식물의 비율을 기록하고 있을 것으로 판단된다.

북미의 말(equids)에 있는 아파타이트(인회석)의 $\delta^{13}C$값은 그들의 주요 식재료가 약 7Ma에 C4식물로 갑자기 변했다는 것을 나타내고 있다 (Cerling 등, 1997). 식료와 생물 아파타이트 간에 $\delta^{13}C$값의 분별(증가)은 약 14‰인데 생물 아파타이트의 $\delta^{13}C$값이 0‰ 이상인 경우에 원래 유기탄소의 $\delta^{13}C$값은 -14‰보다 큰 값이 되므로 C4식물을 주로 섭식했다는 것을 의미한다(그림 7-4). 마찬가지로 $\delta^{13}C$값이 -8‰ 이하인 경우에는 C3식물이 주요 식재료이었을 것으로 생각된다. 마이오세 최후기 (8~5Ma)에 남아시아(파키스탄)와 아프리카(케냐)에서는 먹이의 종류가 C3식물에서 90% 이상 C4식물로 바뀌었다(Cerling 등, 1997). 이 시기에 있었던 식물의 변화에 맞추어 포유류의 중요 동물상 변화는 대부분의 대륙에서 일어났다.

전체적인 것을 정리하면 초본식물은 에오세 후기에 발전하기 시작해서 마이오세를 거쳐 플라이오세 전기와 중기 사이에 중요한 위치를 확립했다는 것을 알 수 있다. 초본식물은 기본적으로 건조한 기후에 적응해갔다. 7Ma경에는 히말라야산맥이나 티베트고원이 융기하고 그에 따라 풍화가 촉진되고 또한 그 결과 p_{co_2}가 저하되었으며 한랭화된 것으로 추정된다(그림 5-12). 낮은 p_{co_2}에서는 C3식물보다 광합성호흡이 적은 C4식물 쪽이 생육하기에 유리한 경우가 많다.

현재까지 C4식물이 p_{co_2}의 저하와 건조한 기후 중 어느 쪽에 주로 적응해왔는지는 밝혀지지 않은 상태이다. C4식물이 출현한 것 자체는 백

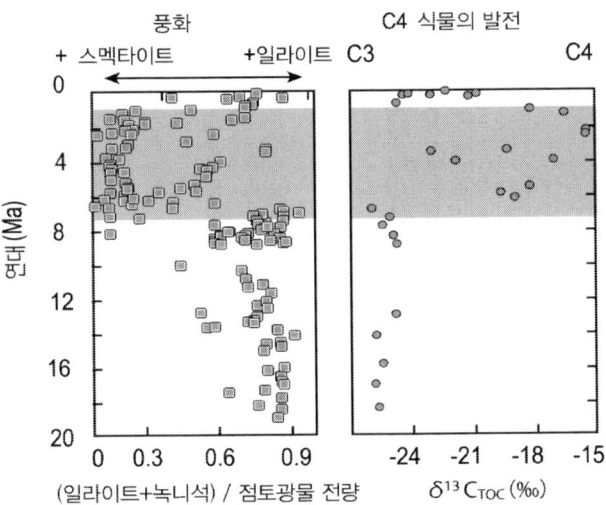

그림 5-12. 약 7Ma 경계에 육지생태계의 δ^{13}C값 변화(Bouquillon 등, 1990; Frano–Lanord and Derry, 1994를 개정)

악기로 간주된다. C4식물의 진화에 대한 중요한 의견으로, C4식물은 단자엽식물과 쌍자엽식물 양쪽에서 볼 수 있으므로 양쪽이 진화되면서 분리되기 이전에 이미 피자식물에 C4식물이 지닌 특이한 일련의 유전 자군이 갖추어져 있었다고 추측된다.

5.3.5 플라이오세의 지구표층환경

플라이오세는 5.332~2.588Ma 기간으로 지구표층환경이 현재보다 온난했던 마지막 시기이다. 플라이오세 전반에는 현재보다 3℃ 정도 따뜻했고 마이오세 최후까지 북반구에 주기적으로 빙하가 발달되었다. 그 경계는 2.75Ma로 지구환경은 혹독한 빙하기에 들어갔다.

북반구에서는 빙하형성이 급속도로 일어났다. 알라스카 외해에서는 규조의 침적이 갑자기 감소되고(Rea 등, 1995) IRD가 돌연 증가하거나 화산활동으로 생긴 화산재가 발견되었는데, 이들 간의 관계에 대해서도 보고된 바 있다(Prueher and Rea, 2001). 즉, 기본적으로 표층수가 성층화되고 영양염이 용승하기 어려워지고 수온도 급속도로 변화하였다. 북태평양은 빙하기와 같이 해빙이 우세한 해양으로 변화되었는데 2.75Ma에는 북미대륙에 빙상이 발달하기 시작한 것으로 추측된다(Haug 등, 2005). 대서양은 태평양보다 완만한 변화를 보였지만 그린란드, 아이슬란드, 노르웨이에서는 3.2Ma에 IRD가 급속도로 증가하였다. 2.72Ma에는 IRD가 더욱 증가해서 분포지역 또한 훨씬 넓어졌으며 북대서양으로 확대되었다. 이런 사실은 빙하가 확대되면서 빙하기원 물질이 해양으로 활발하게 공급되었다는 것을 의미한다.

북반구에서는 플라이오세 후기에 빙하화가 본격적으로 확립되었다. 빙하화되기까지의 과정은 플라이오세 전기인 4.6Ma부터 빙하화가 서서히 진행되었고, 파나마해협의 폐쇄(Haug and Tiedemann, 1998)와 인도네시아 다도해에서 해수 유동이 서서히 제한되었기 때문으로 해석되고 있다. 적도태평양 동쪽 해수에서 $\delta^{13}O$값이 내려가기 시작한 것은 3Ma로, 서쪽과 동쪽 사이에 현저한 차이가 나타났으며 1.5Ma에 워커순환(Walker circulation)[8]이 형성된 것으로 추정된다(Ravelo and Wara, 2004). 즉, 플라이오세의 한랭화는 두 단계에 걸쳐 일어났는데(지역적으로 차이가 있어서) 저위도 지역에서는 제1단계가 3~2.5Ma에, 제2단계는 2~1.5Ma에 일어난 것으로 추정된다(Ravelo 등, 2004). 당시의 p_{co_2}

---

8) 위도가 같으면 일조량도 같은 수준이 된다. 그러나 육지가 해양보다 일조량에 의한 온도 상승효과가 뛰어남으로 육지의 기온은 더욱 높아진다. 육지에서는 상승기류가 우세하며 상대적으로 온도가 낮은 해양은 하강기류가 탁월하다. 열대지방에서는 인도네시아 다도해, 아프리카대륙, 남아메리카대륙의 경우가 상승기류, 태평양 동부, 인도양 서부, 대서양이 하강기류가 된다. 이와 같은 동서방향의 공기순환을 워커순환이라고 한다.

는 370ppm 정도로, 제4기 간빙기에 나타났던 p_{co_2} 값의 130% 정도였던 것으로 추측되고 있다(Van der Burgh 등, 1993).

(1) 파나마해협의 닫힘

파나마해협의 닫히게 된 것은 적도지역뿐만 아니라 전 지구적으로 기후나 환경변동에 영향을 주었다. 파나마해협, 즉 대서양이 태평양과 연결되는 중앙아메리카 수로(Central American Seaway)가 약 3.0~2.5Ma경에 닫히게 됨에 따라 대서양 적도지역은 온난한 표층수가 기원인 멕시코만류가 북상하게 되었다(Bartoli 등, 2005). 이러한 현상에 따라 고염분인 해수가 북대서양 북부로 유입됨으로써 전 지구적인 대순환이 활발해졌다. 더욱이 멕시코만류가 북상하면서 북미대륙의 북부에 많은 양의 수분을 공급하게 되어 빙상의 발달을 촉진시켰다. 이러한 열염순환의 활성화는 확실하게 한랭화가 되는데 되먹임 작용(feed back)으로 상승효과를 가져왔다. 또한 대서양에서 관측된 급격한 환경변화는 북태평양에서도 보고되고 있어 전 지구적 현상임을 알 수 있다(Shimada 등, 2009).

(2) 플라이오세에 나타난 아프리카의 건조화

인류 최고의 알디피테쿠스속(屬)의 라미더스 원인류(Ardipithecus ramidus)는 약 4400Ka에 에디오피아에 살고 있었다(그림 8-1)(White 등, 2009). 약 5~4Ma에는 아프리카는 건조한 기후가 되고 인류 진화에도 영향을 주었을 것으로 추측된다. 아프리카의 습윤·건조한 기후는 태평양의 저위도지역 환경과 관계되었을 것으로 생각된다. 현재 표층수온은 서태평양의 온난한 수괴(WPWP; Western Pacific Warm Pool)가 가장 높은데(연평균 28℃ 이상), 인도네시아 다도해를 분포되어 있으며 열 저장고 기능을 하고 있다. 이 수괴에서 인도네시아 통과류(Indonesian Through Flow)를 통해 팽창된 열량은 인도양으로 운반된다. 당시 인도네시아 통과류에 의해 수송되는 열량의 감소가 적도지역 인도양의 수온을 저하시키고 결과적으로 플라이오세에 아프리카 지역이 건조화되는 원인이 되었던 것으로 생각된다(Lyle 등, 2005a).

06

제4기의 지구표층환경

    신생대 중 가장 마지막으로 분류되는 시대를 제4기(Quaternary period, 2588Ka~현재까지; Head 등, 2008)로 부르며 그 특징은 다음과 같다.

  1) 중·고위도지역이나 산악지대에 빙하가 발달하는 빙기와 간빙기의 주기적인 기후변동이 있으며, 2) 인류의 발전을 가져온 시대라는 특징이 있으며, 3) 퇴적물이나 지층에 환경기록이 가장 많이 남아 있는 시대이므로 분석이나 해석방법이 다른 시대와 비교하면 정밀하다는 특징이 있다.

    제4기는 두 시기로 나눌 수 있다.[1] 1) 플라이스토세(Pleistocene) (2588~11.7Ka)와 2) 홀로세(Holocene)로 나누어지며 홀로세는 영거 드라이아스기(YD기; Younger Dryas stadial)가 끝나고 온난화되기 시작한 시기(역년으로 11.7Ka, ^{14}C연대로 약 1만 년 전)부터 현재에 이르는 온난한 시기를 말한다(그림 1-11)(町田 등, 2003).

---

1) 제4기의 하한은 2588ka로 MIS 103이다. 가우스와 마쯔야마의 경계는 2582ka이다 (http://www.quaternary.stratigraphy.org.uk/). 이 층에서 갑자기 빙상확대나 한랭화가 시작된 것은 아니지만 2.7~2.8Ma에 시작된 지구적 한랭화가 일반화된 시대로 일찍이 고지자기에 의해 정확히 제시된 층을 기저로 정의했다(奧村 등, 2009; 遠藤·奧村, 2010). 또한 Ka=1,000년 역년 전, ka=1,000년 전(^{14}C연대).

6.1 제4기의 빙기·간빙기와 밀랑코비치 주기

6.1.1 밀랑코비치 주기($10^4 \sim 10^5$년 주기)

빙기와 간빙기는 일정한 주기를 가지고 있는데 세르비아의 지구물리학자인 밀랑코비치의 이름을 따서 이 주기를 밀랑코비치 주기(Milankovitch cycle)라고 부른다(그림 6-1). 그 이론은 고위도 지역의 일사량 변화는, 아직 정확하게 증명되지는 않았지만, 실제로 관찰되는 기후나 환경변동과 잘 일치하고 있다는 것이다(e.g., Hays 등, 1976; Imbrie and Imbrie, 1979; Berger, 1988; Broecker and Denton, 1990; Covey, 1984; 增田, 1993).

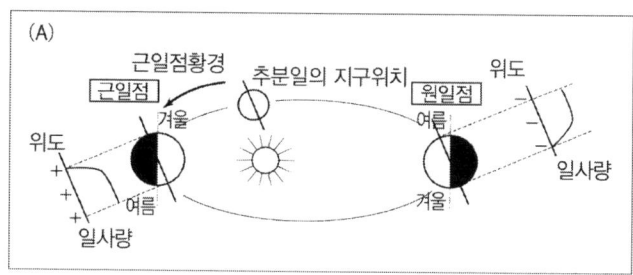

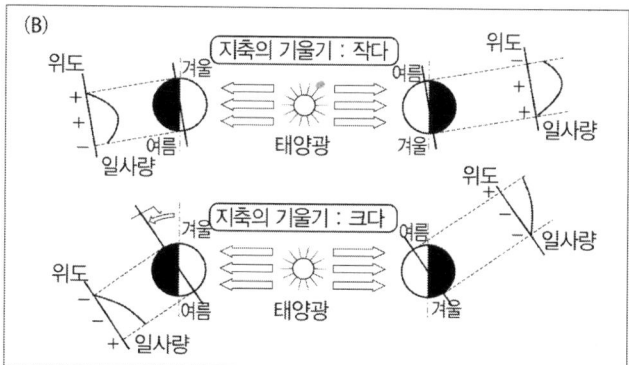

그림 6-1. 밀랑코비치 주기 그림. 궤도 요소와 위도별, 계절별 태양 방사량과의 관계(增田, 1993). +, −는 위도·계절의 장기적인 평균으로부터 편차에 대한 부호를 나타낸다. (A) 근일점의 계절에 따른 차이, (B) 지축의 기울기에 따른 차이

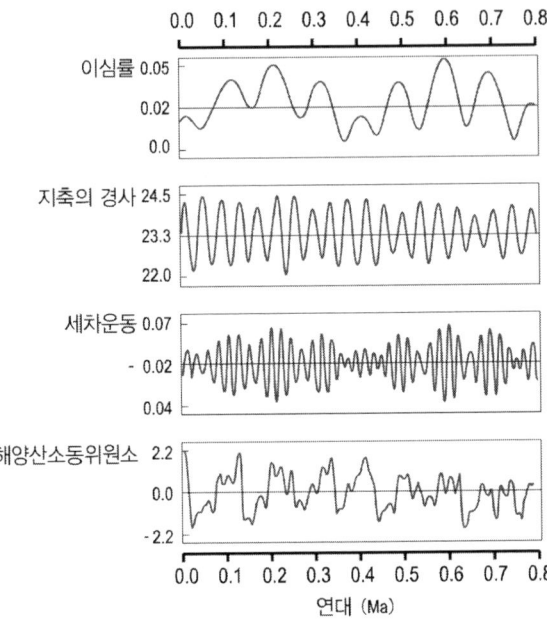

그림 6-2. 플라이스토세 중기(800Ka∼현재)의 지구 공전궤도의 이심률, 지축의 기울기, 세차운동의 변화, 그리고 해양 산소동위원소의 변동(Imbrie 등, 1984를 수정)

일사량은 지구 궤도를 특징짓는 다음 세 가지 파라메타에 의해 지배된다. 즉, 1) 공전궤도의 이심률(eccentricity) 변화, 2) 지축의 기울기(obliquity), 3) 세차운동(precession)이다(그림 6-2).

지구의 공전궤도는 원형이 아니기 때문에 궤도이심률은 약 100kyr주기로 0.005∼0.006까지 변화한다.[2] 지축의 기울기는 22.1∼24.5도 정도 변화하며 주기는 약 41kyr이다. 세차운동은 지축의 방향과 관계되며 주기는 19kyr, 22kyr, 24kyr이다. 지구환경에 대한 영향을 시계열로 해석하면 심층대순환(열염순환)과 같이 고위도지역이 원인일 경우에는

---

2) 정확하게는 95kyr, 125kyr, 400kyr의 주기를 보인다. 지축의 기울기가 크지 않은 범위로 제한되는 것은 큰 위성인 달이 관계되어 있기 때문이다. 화성에서는 위성이 상대적으로 훨씬 작기 때문에 지축의 기울기는 100kyr 주기로 15∼35도 정도로 변화폭이 커진다.

이심률의 주기 41kyr가, 엘니뇨나 남방진동과 같이 저위도지역이 원인일 경우에는 세차운동 주기가 나타나는 경우가 많다.

궤도이심률이 일사량에 미치는 영향은 이심률이 커지면 근일점과 원일점과의 차이가 커져서 세차운동 효과의 진폭을 크게 한다. 그러나 궤도이심률이 연간 일사량에 미치는 효과는 적어서 과거 백만 년에 한정한다면 변동은 0.3%에 불과하다. 또한 지축의 기울기와 세차운동은 각 위도와 계절별로 일사량 분포만 달라질 뿐 전체 일사량에는 변화가 없다. 이러한 것들은 궤도요소 변화에 따른 전체 일사량의 변화가 작다는 것을 의미한다. 따라서 밀랑코비치 이론에서는 전체 일사량보다는 20% 정도로 크게 변동되는 북반구 고위도(북위 78도)의 여름철 일사량이 빙기·간빙기를 불러일으키는 원동력이라고 제안했다. 즉, 빙기와 간빙기의 변동은 북반구에 존재하는 빙상의 불안정성과 관련되어 있다는 것이다.

제4기 동안 북반구 고위도는 해양보다 육지면적이 월등히 많았으며, 대륙은 해양보다 열용량이 적어서 뜨거워지거나 차가워지기 쉽다. 이런 지역에서 여름철의 일사가 약해지면 서늘한 여름이 되고 겨울에 쌓인 눈이 녹지 않아 다음 해까지 빙상량이 증가하게 된다. 이런 현상이 계속되면 거대한 빙상으로 발전하게 된다. 과거 700Ka 동안 100kyr 주기가 탁월했던 것으로 알려져 있지만 이심률 변동이 작은데 어떻게 100kyr 주기로 기후변동이 일어났을까 하는 것에 대해서는 아직까지도 풀리지 않은 문제로 남아 있다. 그 이유로 100kyr 주기가 빙상의 형성이나 쇠퇴에 관계된 고유진동을 반영한 것이라는 학설이 있다(그림 6-2)(Abe-Ouchi, 1993).

6.1.2 해양퇴적물에 보존된 밀랑코비치 주기

밀랑코비치 주기는 해수의 $\delta^{18}O$값이 크게 변동되는 것으로부터 가장 잘 알 수 있다. $\delta^{18}O$값의 변동은 기본적으로 빙상량의 증감이 반영되어 있는데 2500~900Ka 기간 사이에는 41kyr 주기가, 700Ka 이후에는 100kyr 주기가 우세하다(그림 1-9)(Ruddiman 등, 1986; Lisiecki and Raymo, 2005). 뚜렷한 100kyr 주기 중에서 $\delta^{18}O$값의 증감은 비대칭적인 톱니바퀴 모양으로 변화하고 있다. 이러한 현상은 빙상이 성장할 때가 소멸될 때보다 훨씬 시간이 오래 걸린다는 것을 의미한다(그림 1-9). 또한 태평양·대서양·인도양에서 얻어진 $\delta^{18}O$값 커브는 모두 비슷한 변화 형태를 보이고 있으므로 지역적인 편차를 제외하면 전 지구적 규모의 변화로 간주되며 연대를 결정짓는 데에도 사용할 수 있다. 천문학적 변수 등을 고려해서 SPECMAP라고 부르는 표준 산소동위원소비 곡선이 사용되고 있다(1.2.4(1)).

밀랑코비치 주기는 여러 가지 환경변동에서도 확인되고 있다. 대기를 경유하여 운반되는 광물입자가 주체가 되는 풍성진(eolian dust)의 변동은 어떤 지역이나 지구적 규모의 기후변동이 반영되는 경우가 많다(Windom, 1975; Prospero 등, 1981; Janecek and Rea, 1985). 그 예로는 아라비아해에서는 아시아몬순의 영향을 받은 풍성진 공급이 100kyr, 41kyr, 23kyr, 19kyr 주기로 변한다는 것이 확인되었다(Sirocko and Sarnthein, 1989). 또한 생물생산과 관련해서 대서양과 태평양의 적도지역에서는 유기탄소 침적과 $\delta^{18}O$값은 밀랑코비치 주기를 잘 나타내고 있다(Lyle 등, 1988; Pedersen 등, 1988; Kawahata 등, 1998). 심해저에서 탄산염의 용해는 100kyr과 41kyr 주기인 것이 확인되었으며 심층대순환 변동이 북대서양이나 남극해 등의 고위도 지역에서 지배받는 것과 잘 일치하고 있다(Boyle, 1984; Peterson and Prell, 1985b).

6.2 빙기·간빙기의 환경

해수에 대한 산소동위원소비의 변화(그림 1-11)에서 나타난 것처럼 $\delta^{18}O$값은 빙기에 극대, 간빙기에 극소라는 주기를 제4기 동안에 몇 차례나 반복해왔다. $\delta^{18}O$ 값이 빙기마다 조금씩 다르다는 점으로부터 빙기에도 각각 차이가 있다는 것을 알 수 있다. 이러한 현상은 간빙기에도 적용된다. 그러나 빙기·간빙기를 세밀히 조사하여 공통되는 특징을 찾아내는 일도 중요하다. 여기에서는 자료가 가장 잘 갖추어진 최종간빙기부터 현재까지, 즉 MIS(Marine Isotope Stage) 5(약 133ka)부터 MIS 1까지의 한 주기를 중심으로 정리한다.

MIS 5는 최종간빙기를 말하며 온난한 기간이었다. 그 가운데에서도 MIS 5e로 불리는 약 125ka경은 $\delta^{18}O$값이 낮아지며 가장 따뜻한 시기로 홀로세(후빙기)와 대응하는(비슷한) 시기로 간주된다. MIS 4는 $\delta^{18}O$값도 증가하고 빙상도 확대되어 한랭화된 시기이다. MIS 3은 MIS 4와 비교하면 $\delta^{18}O$값도 낮아지고 온난화되었지만 MIS 5와 비교하면 뚜렷하게 빙상량도 많고 기후도 한랭해서 빙하기로 간주하는 경우가 많다. 다음으로 MIS 2는 최종빙기에서 $\delta^{18}O$값이 극대를 보인다. 특히 극대치를 보이는 피크는 최종 빙기 최성기(LGM; Last Glacial Maximum, 20~21ka)라고 불리며 빙상량이 가장 많아 두께가 2~3km나 되는 빙상이 북미의 캐나다와 유럽의 스칸디나비아 등에 존재했었는데 이때는 고위도의 기온이나 p_{CO_2}도 최솟값을 보였다. MIS 1은 거의 후빙기에 속하며 현시대와 같이 온난한 기간이다.

6.2.1 해저퇴적물에서 빙기·간빙기 복원

가장 기본적인 환경인자라고 할 수 있는 수온과 관련해서 1970년대에 수행된 CLIMAP(Climate; Long-Range Investigation Mapping and Prediction)
에 의해 심해저의 미화석 군집해석을 기초로 전 세계적으로 빙기 동안의
표층수온이 복원되었다(그림 6-3)(CLIMAP Project Members, 1976). LGM
기간에 표층수온이 낮아진 정도는 현재와 비교하면 열대지역에서는 작
고(1~2℃ 정도) 고위도지역에서는 컸다(10℃ 정도). 이와 같이 온도변화
가 열대지역에서 작고 고위도지역에서 크다고 하는 특징은 지구표층환
경 시스템이 가진 기본적인 특성으로 1) 백악기와 현재를 비교하면 백악
기에는 적도지역이 수℃, 고위도지역이 20℃ 이상 온난화되었다는 사실,
2) 미래의 지구온난화로 고위도지역에서 크게 온도가 올라간다는 예측
(IPCC, 2001)과 일치한다.

　LGM에는 현존하는 남극빙상이나 그린란드 빙상 외에 대륙빙상으로

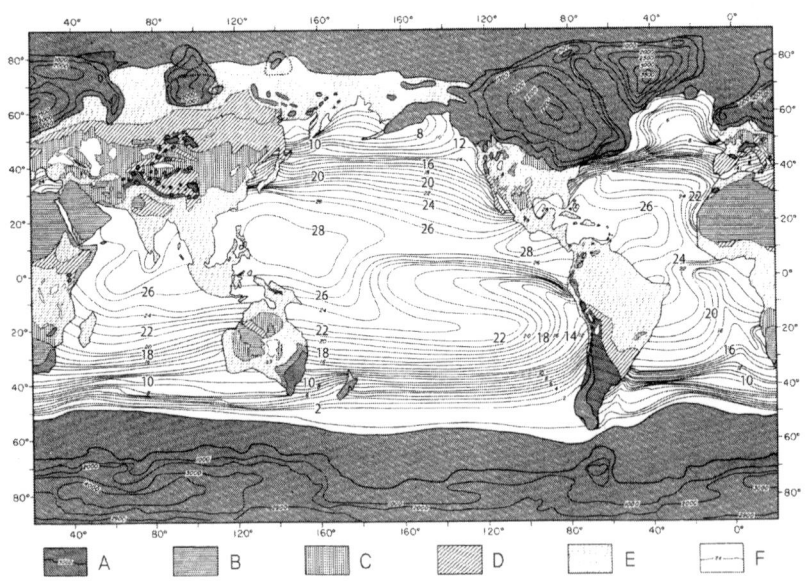

그림 6-3. 심해저의 미화석 군집해석을 기초로 하여 복원된 LGM의 표층수온(CLIMAP
Project Members, 1976). A : 눈과 얼음, B : 사막, C : 과정 중, D : 사바나, E : 삼림,
F : 해양

북미대륙 빙상(로렌라이드-Laurentide, 콜디레라-Cordilleran, 이누이트-Innuitian), 북부 유럽 대륙의 빙상(스칸디나비아-Scandinavian, 영국-British, 바렌츠해-Barents Sea, 카라해-Kara sea)이 발달해 있었으며 해수면은 현재보다도 약 120m 정도 낮았다(그림 6-4). 해수면에 대한 정확한 추정은 바바도스(Barbados), 파푸아뉴기니, 타히티 등의 산호, 보나파르트(Bonaparte) 분지 등 대륙붕 지형을 이용해서 추정되었다(Fairbank, 1989; Chappel and Polach, 1991; Bard 등, 1996; Ypkoyama 등, 2000; Hanebuth 등, 2000; Lambeck 등, 2002; Yokoyama and Esat, 2011).

　해수면은 LGM 이후, 약 19.0Ka경에 시작된 급격한 온도상승으로 인해 상승하기 시작했다(Yokoyama 등, 2000). 그중에서도 특히 급격하게 상승한 것을 융빙펄스 MWP-1A(Melt Water Pulse 1A)라고 부르며 그 시기는 아메리카 바베이도스에서 13.7±0.1~14.2±0.1Ka, 순다(Sunda) 대륙붕에서 14.6~14.3Ka인 것으로 보고되었다. 유사한 형태의 융빙펄스 1B는 11Ka에도 있었다고 지적되고 있다. 융빙펄스시에 해수면 상승 속도는 상당히 빨라서 최대 연간 27mm ($27mmyr^{-1}$)(순간적으로는 $40mmyr^{-1}$)까지 달했다. 또한 해수면 변화는 해수의 $\delta^{18}O$, δD값 변화를 초래하는데 LGM은 홀로세와 비교해서 $\delta^{18}O$, δD값이 각각 1.0±0.1‰, 8±1‰ 높았다. 그때 빙상의 평균 $\delta^{18}O$값은 약 -30‰로 추정되고 있다(Duplessy 등, 2002; Schrag 등, 2002). 빙상의 동위원소 조성이 균일하다고 가정하면 해수면 변동 120m를 고려했을 때 해수면 변동 1m당 0.0088‰이라는 값을 얻을 수 있다. 조초산호를 토대로 한 평균값으로 $0.011‰m^{-1}$를 사용해서 계산한 논문도 있다(Fairbanks and Matthews, 1978).

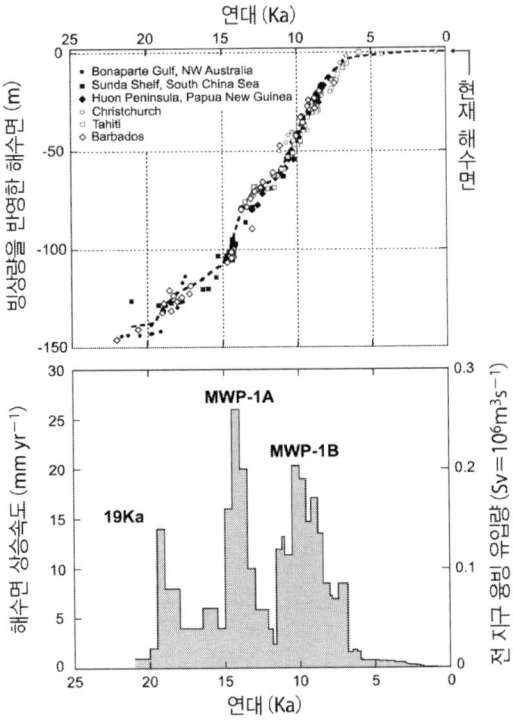

그림 6-4. 과거 2만 5천 년 동안의 해수면 변화(위)와 그 변화에서 얻어낸 100~500년 간의 평균해수면 상승속도 및 전 지구적 융빙수 유입량(하). 19Ka 이벤트와 함께 두 차례에 걸친 융빙펄스(MWP-1A, MWP-1B)로 빙하가 대량으로 융해되었음을 알 수 있다(Okouchi, 2008에서 인용; Fairbanks, 1989; Chappell and Polach, 1991; Bard 등, 1996; Yokoyama 등, 2000; Hanebuth 등, 2000의 자료를 토대로 함). 해수면 변동은 전 지구적으로 일정하지 않고 장소에 따라 큰 차이가 있다는 것을 알 수 있었다. 즉, 상대적인 해수면 변동은 빙하량의 변화와 단순한 관계에 있지 않고 glacio-hydro-isostasy를 고려한 보정이 필요하다.

빙상의 발달과 쇠퇴는 알베도와 대기·물의 순환에도 커다란 영향을 주었다. 빙상 면적의 확대나 대륙붕의 육지화는 알베도의 상승을 초래하고 LGM 동안에 북반구의 한랭화를 야기한 하나의 요인이 되었다 (Broccoli, 2000). 두께 2~3km에 이르는 거대한 빙상은 북반구의 대기

순환에도 영향을 주었으며, 그 후 퇴빙시에 아이소스타시로 인해 육지 지각이 상승할 때도 대기의 흐름에 영향을 주었다.

해양의 중·심층에서 일어나는 대순환 변동은 저서성 유공충의 영양염 지표(Cd/Ca 비율과 δ^{18}C값)으로부터 추정되어왔다. 심층수는 연대가 오래되면 영양염 농도가 상승하고 δ^{18}C값, pH 그리고 용존산소 농도는 내려간다. 현재 심층수는 북대서양 북부에서 생성되어 인도양이나 태평양으로 유입되기 때문에 인도양이나 태평양 쪽의 심층수보다 대서양 심층수가 높은 δ^{18}C 값과 낮은 영양염 농도 값을 나타낸다. 과거 225kyr에 걸쳐 그러한 경향은 빙기나 간빙기와 관계없이 계속된 것으로 나타났으며(Boly and Keigwin, 1985/1986), 기본적인 심층수의 흐름은 대서양에서 시작하여 다른 대양으로 향한다. 단지 북태평양에서 해수의 δ^{18}C가 최솟값을 보이는 수심은 홀로세에 2,000m인데, 이에 비해 LGM에는 3,000m를 나타내고 있어서 다른 수괴 구조가 형성되었을 가능성이 높다. 이와 같은 경향은 인도양, 대서양에서도 나타나고 있다(Matsumoto 등, 2002).

북대서양 심층수(NADW; North Atlantic Deep Water)의 유량은 빙기와 간빙기 동안에 뚜렷한 성쇠를 반복했다(Curry and Lohmann, 1983). LGM에는 NADW가 형성되는 해역이 현재보다 남쪽 방향으로 이동했고 생성량도 감소했다. 따라서 대서양 심층수 순환은 대체적으로 약해지고 체류시간이 증가했으므로 심층수의 평균연령은 증가했다. 그러므로 해양표층에서 침강하는 플랑크톤의 잔해 등이 심층에서 분해되어 생성되는 영양염 농도 또한 증가했다. 더욱이 심층수의 두께도 증가했기 때문에 중·심층에는 다량의 용존 CO_2가 축적되었다. CO_2는 산성기체이므로 중·심층수의 pH는 내려가게 되고 대서양에서는 빙기 동안 탄산염 용해가 촉진되었다(Duplessy 등, 1991). 기본적인 과정은 위의 설명과 같으나 최근 더욱 자세한 연구에서는 LGM 동안 북대서양 심층은 과거 우리가 알고 있었던 것만큼 정체되어 있지 않았다고 제시되고 있어 현재도 연구는 진행 중에 있다(Lynch-Steiglitz 등, 2007). 또한 퇴적물 중 간극수의 $\delta^{18}O$값과 염화물 이온 농도로부터 LGM 동안의 대서양, 남극해, 남태평양의 2,000~4,000m 해저부근의 해수 염분은 1 단위 이상 높은 값을 보이고 있어 -1~-2℃로 결정 수온에 가까웠던 것으로 밝혀졌다(Adkins 등, 2002).

6.2.2 빙상코어로부터 빙기·간빙기의 기록 복원

빙상코어는 매년 쌓인 눈이 얼음이 되어 겹겹이 쌓여서 나이테 (annual band)처럼 된 것으로 대기를 중심으로 한 고해상도 기록을 남긴다. 빙상코어는 그린란드(예를 들면, GRIP, GISP) 남극 보스톡 (Vostok) 돔후지, 에피카(EPICA)와 같은 높은 산에서 채취되고 있다.

남극대륙의 빙상을 굴삭한 보스톡 코어에서 과거 40만 년에 걸친 기록을 그림 6-5, 그림 6-6에 나타냈다(Petit 등, 1999). 빙상의 수소 동위원소비(δD값)(그림 6-5a, 그림 6-6b)에는 얼음이 형성될 때 상공의 대기기온을 기록하고 있다. 그러나 원래 이 동위원소비는 기단의 동위원소비를 반영한다는 다른 견해도 있다. 기온은 빙기·간빙기에 크게 변동(변동폭은 약 12℃)되었다. 기온 최솟값은 거의 일정(1℃ 이내)한 데 반해 최댓값은 MIS 5.5, 7.5, 9.3일 때에 현재(홀로세)보다 높아졌다. 흥미로운 것은 스펙트럴(주기)분석 결과 복수의 주기가 확인되었는데 그중에서 특이한 것은 41kyr 주기가 일사량의 변화와 같은 시기였고 북반구 고위도역에서의 일사량이 보스톡의 기온에 큰 영향을 준 것으

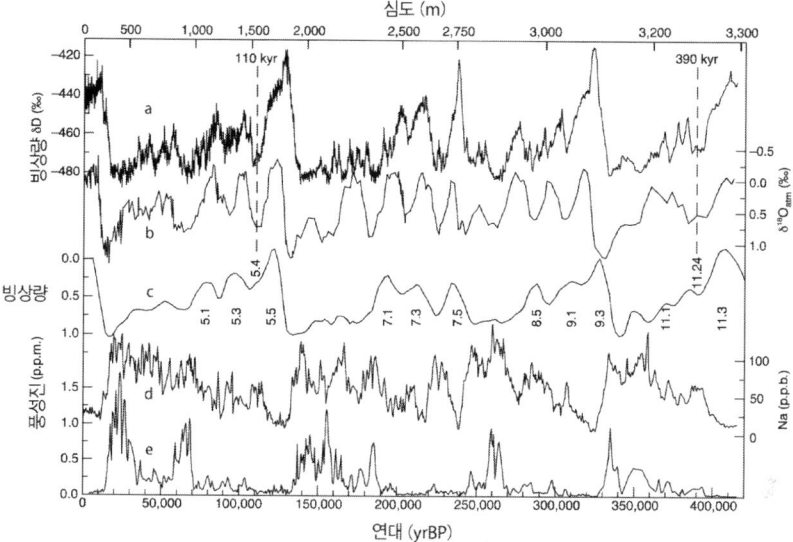

그림 6–5. 남극대륙 보스톡 빙상코어에서 얻어진 과거 40만 년에 걸친 기록 I (Petit 등, 1999). a : 얼음의 수소 동위원소비(δD 값)(‰), b : 얼음에 갇혀 있는 공기에 포함된 O_2의 $\delta^{18}O$ 값(‰), c : 해저 퇴적물 코어에서 얻은 $\delta^{18}O$값으로부터 추정된 빙상량, d : 나트륨(Na) 함유량(ppb), e : 풍성진(ppm).

로 해석할 수 있다. 반면에 $\delta^{18}O_{atm}$값(그림 6-5b)은 얼음에 갇힌 공기의 $\delta^{18}O$값으로 전 지구적 규모의 빙상량(그림 6-6d)과 물의 순환을 반영한다. 이것은 해저퇴적물 코어에서 얻은 $\delta^{18}O$값의 커브(그림 6-5c)를 기초로 추정된 빙상량과도 좋은 상관관계를 갖는다. 더욱이 $\delta^{18}O_{atm}$ 변화는 북위 65℃에서 6월 중순의 일사량 변화(그림 6-6e)와 유사하여 지구규모의 기후변동을 놀라울 만큼 정확히 반영하고 있다.

풍성진(eolian dust)은 대기를 경유해서 수천km나 운반되어온 입자형태의 물질로 좁은 의미로는 알루미노규산염 광물(aluminosilicate)이나 석영이 주가 되는 대륙기원 물질로써, 넓은 의미로는 해염(바다에서 생성된 나트륨) 등이 더해진 것을 의미한다. 빙상코어에 있는 나트

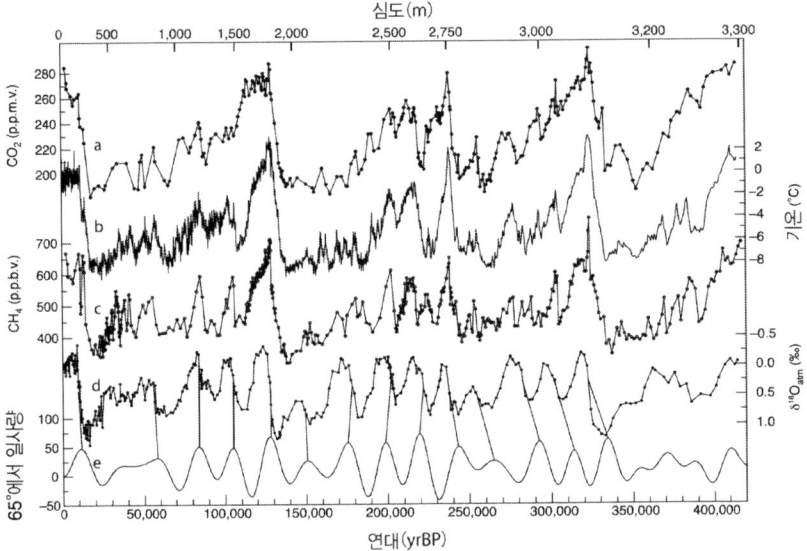

그림 6-6. 남극대륙의 보스톡 빙상코어에서 구한 과거 40만 년에 걸친 기록 II(Petit 등, 1999). a : 얼음에 포획된 CO_2 농도(ppmv), b : 얼음의 수소동위원소 비(δD 값)(‰)로 추정한 기온, c : 얼음에 갇힌 공기의 메탄농도(ppbv), d : O_2의 δ^{18}O 커브, e : 북위 65도의 6월 중순 일사량.

륨(Na) 함유량(그림 6-5d)은 해염의 양을, 풍성진은 사막지대에서 기인한 알루미노규산염 광물의 운반량(그림 6-5e)을 나타내고 있다. 해염은 빙하기에는 120ppb(ngg⁻¹) 정도로 홀로세보다 3~4배 증가하고 기온과는 역상관(r^2=0.7)를 보이며 100kyr, 40kyr, 20kyr의 주기변화를 보이고 있다. 현재 해염의 운반이나 적설은 남반구의 겨울(9월)에 최대량을 기록하므로 빙기에는 위도방향으로 온도 차이가 크며 바람이 발달한 시기에 해염이 운반된 것으로 생각된다.

주로 광물로 이루어진 풍성진은 간빙기에는 약 50ppb로 낮고 빙기에는 1.0~1.5ppm으로 높은데 이와 같이 빙기·간빙기에 변동을 보이기는 하지만 빙상에 포함된 산소·수소동위원소 등에서 구한 기온의 변동인자와는 정량적으로 상관관계가 없는 것으로 나타났다. 매우 큰 변동 폭을 보이고 있어서 보통 퇴적물에서 구한 풍성진 변동이 빙기·간빙기에 몇 배 정도의 차이에 불과했던 것과는 크게 차이가 나고 있어 고위도 지역의 풍성진 운반·침적과 관련하여 빙기·간빙기 간에 큰 편차가 있다는 것을 지시한다. 보스톡의 풍성진은 Sr이나 Nd의 동위원소 분석을 통해 남아메리카의 파타고니아 기원인 것으로 알려져 있는데(Basile 등, 1997) 빙기에는 극전선이 저위도 쪽으로 이동하고 편서풍도 안데스산맥을 걸쳐 중심축이 북상하여 파타고니아 사막주변은 차갑고 건조한 환경이 된다. 그러한 환경에 따라 풍성진 생산이 급격히 증가하면서 운반이 촉진된 것으로 설명할 수 있다(Petit 등, 1999).

그림 6-6a와 c는 얼음에 갇혀 있는 온실효과 가스인 CO_2와 CH_4의 농도를 나타낸다. 양쪽 모두 간빙기에 최댓값을, 빙기에 최솟값을 보이며 각각의 범위는 180~280ppm(MIS 9일 때에 한해서는 300ppm), 320-350~650-770ppb이었다. 퇴빙기에 이들 기체농도와 온도와의 상관관계는 각각 r^2가 0.71과 0.73으로 높았다. 지구 규모로 온난화 효과에 영향을 미치는 온실효과 가스농도의 변화만을 계산하면 약 0.95℃로 계산되지만 실제로 전 지구의 평균온도변화(2~3℃)에 대한 영향은 약 50% 정도이다. 나머지 50%는 수증기와 피드백(되먹임)효과에 의한 것으로 판단된다.

6.2.3 퇴빙기(융빙기)의 환경

15Ka 이후, 빙기에서 홀로세(후빙기)로 전이되는 빙하가 퇴각한 시기(퇴빙기)의 온난화는 단순하게 일방적으로 진행된 것이 아니다. 북유럽에서는 올디스트 드라이아스 한랭기(Oldest Dryas stadial), 보올링

온난기(Bölling Interstadial), 올드 드라이아스 한랭기(Older Dryas stadial), 알레로이드 온난기(Allerod Interstadial), 영거 드라이아스 한랭기(Younger Dryas stadial)와 같이 한랭기와 온난기가 번갈아가며 반복되었다. 일반적으로 빙기·퇴빙기 중에서도 한랭과 온난한 현상은 짧은 기간으로 되풀이되었는데 한랭기를 아빙기(stadial), 간빙기를 아간빙기(interstadial)라고 부른다. 한랭기의 드라이아스라는 명칭은 유럽 등의 고산대에서 생식하는 Dryas의 이름에서, 보일링이나 알레로이드 등과 같이 온난한 기후에 붙여진 이름은 덴마크와 같은 습지대의 이름에서 유래되었다.

영거 드라이아스기(YD기, 12.9~11.55Ka)의 시작은 아메리카 북부를 덮고 있던 로렌시아 빙상이라고 불리는 거대한 대륙빙상의 융해가 큰 역할을 했다고 알려져 있다. 당시의 캐나다는 두께가 2~3km나 되는 로렌타이드 빙상으로 덮여 있었지만 15Ka 이후 진행된 온난화에 따라 녹기 시작하고 융해된 차가운 물은 빙하의 전단에 현재 오대호보다 몇 배나 큰 빙하호를 형성시켰다. 빙하호의 가장자리는 두꺼운 빙하로 둑을 만들었는데 동쪽에 둑을 만들었던 빙하가 12.9Ka에 융해되어 차가운 담수가 단숨에 센트로렌스강을 경유해서 북부 북대서양으로 유출되었다(그림 6-7은 8.2ka 때의 예임).[3]

북대서양 북부는 심층수가 형성되는 곳이다. 빙상의 융해에 동반된 담수 유입은 북부 북대서양의 표층수 밀도를 감소시키고 심층수가 형성되는 해역의 덮개 역할을 한다. 이 때문에 심층수 형성이 억제되어 해양 대순환을 매개로한 전 지구 규모의 기후에 커다란 영향을 주게 된다.

---

3) 이것에는 다른 가설도 있는데 12.9±0.1ka의 지층에서 미세한 다이아몬드가 발견된 점으로 인해 북미대륙에 탄산염 콘드라이트질 운석 혹은 혜성이 충돌한 것이 YD기의 원인일 것이라는 학설도 있다(Kennett 등, 2009).

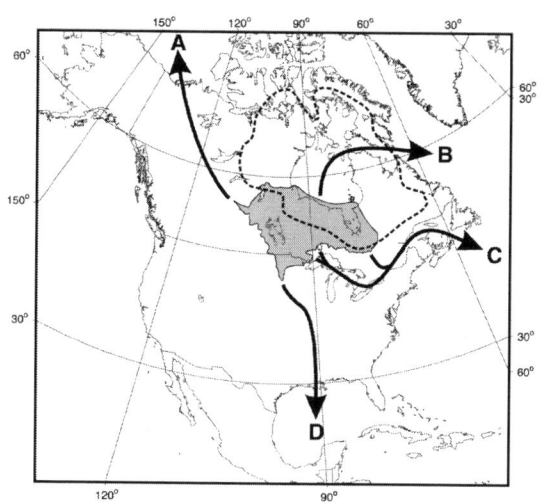

그림 6-7. 북미의 빙상이 녹으면서 아가시호로부터 담수가 유출된 가능 경로(Teller 등, 2002). 점선은 9ka경 로렌타이드 빙상의 범위를 나타낸다. A : 매켄지 협곡에서 허드슨만으로 유출된 경로, B : 허드슨만에서 북극해로 유출된 경로, C : 센트로렌스 수로에서 북대서양 북부로 유출된 경로, D : 미시시피강에서 멕시코만으로 유출된 경로.

기본적으로 이러한 특성은 빙기의 시스템과 유사하며 기후는 갑작스럽게 추워져서 아빙기가 되었다. 당시 그린란드 빙상의 $\delta^{18}O$값은 LGM과 홀로세와의 차이의 약 반 정도로 변화했는데 높은 산의 정상이 현재보다 15℃ 한랭했었다는 것으로 보아 대단히 큰 이벤트였음을 짐작할 수 있다 (Severinghaus 등, 1997). 또한 YD기가 끝날 때는 기온이 급격히 상승했는데 이 상승에 걸린 시간은 극히 짧은 시간 (50년 이하)이었던 것으로 추정된다(Alley 등, 1993).

6.2.4 홀로세(후빙기)의 환경

후빙기인 과거 10kyr를 홀로세라고 하며 8.2Ka에 일어난 한랭화를 제외하면(Alley 등, 1997) 빙상코어의 기온, 풍성진, 메탄농도 등 모두

이 기간에는 안정되어 있다(그림 6-5, 그림 6-6). 홀로세가 다른 간빙기와는 달리 왜 안정되어 있는지는 의문이다. 이 문제는 온난화된 미래의 지구환경에서도 안정될 것인지 아니면 일정 한계치를 넘어 불안정한 상태로 돌아가게 되는 것인지에 대한 논의를 포함해서 주목받고 있다.

그러나 최근의 상세한 연구는 안정적이었던 것으로 생각되었던 홀로세에도 작은 변화이긴 하지만 전 지구적 규모로 온난·한랭기가 반복되었다는 사실이 보고되었다(O'Brien 등, 1995; Bond 등, 1997; Bianchi and McCave, 1999; Bond 등, 2001). 예를 들어, Bond 등(2001)은 일사량변화에 의한 대기순환 변동이 북부 북태평양(Northern North Pacific)에서 수온약층 변화로 더욱 증폭되었다고 보고하였다. 저위도 지역에서도 아시아 몬순으로 인한 강우나 서아프리카 표층수온 변화가 북부 북대서양에서 1000년 동안 일어난 여러 이벤트와 시기적으로 잘 일치하는 것으로 보고되었다(Fleitmann 등; Wang 등, 2005; deMenocal 등, 2000).

이와 같은 결과를 가장 정확하게 보여준 것이 중국남부에 있는 동계동굴(Dongge cave)의 석순(stalagmite)에서 나온 $\delta^{18}O$ 값이다(그림 6-8). 석순에서 나온 $\delta^{18}O$값은 아시아몬순이 9Ka부터 현재까지 북반구 고위도역의 여름철 일사량 감소에 대응해서 대체로 약해졌음을 보이고 있다. 단 몇몇 이벤트는 건조기후를 지시하는 높은 $\delta^{18}O$를 보이며 10~500년 정도 계속 유지되었다. 이벤트가 일어난 시기는 8.2Ka와 4.0Ka 부근인 신석기시대의 문화가 붕괴되는 시대, 그리고 7.2Ka, 6.3Ka, 5.5Ka, 2.7Ka, 1.6Ka, 0.5Ka가 포함되는데 일부는 본드 이벤트(Bond event)와 일치하고 있다(Wang 등, 2005). 본드 이벤트는 북대서양 퇴적물에 빙하기원 표류쇄설물(IRD)이 증가한 사건을 말하는데 상

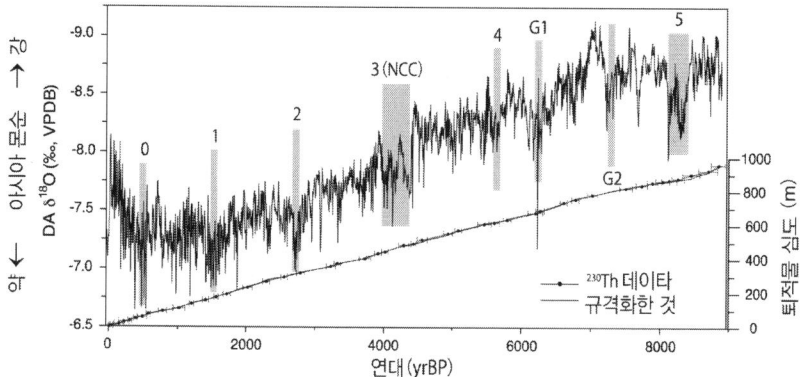

그림 6-8. 중국남부의 동게동굴(DA)에 있는 석순의 δ¹⁸O값(Wang 등, 2005). 0~5까지의 번호는 북대서양에서 일어난 본드 이벤트 번호를 나타낸다. 특히 5는 로렌타이드 빙상에서 대량으로 담수가 유입된 시기와 일치한다. NCC는 중국의 신석기문화가 붕괴된 시기를 나타낸다. G1, G2는 아시아 몬순이 약해진 시기를 나타내며 북대서양에서 빙하기원 표류쇄설물(IRD)이 증가한 시기와 일치한다.

대적으로 차가운 빙기에 해당한다(Bond 등, 2001). 이와 같이 여름철 몬순이 약해진 시기와 본드 이벤트로 지시되는 북부 북대서양의 한랭기가 대체로 시기적으로 일치하는 것은 인도양 남서부에서도 보고되어 있다(Gupta 등, 2003).

홀로세 기간에서 기후변화가 가장 컸던 것은 8.2Ka의 한랭화이다 (Björck 등, 1996). 그린란드 빙상코어의 기록에 의하면 대기 기온이 약 5℃ 내려가고 온난하고 습한 기후로 돌아가기까지 약 200년을 필요로 했다. 이 변동폭은 YD기의 변동폭의 약 반 정도에 해당될 만큼 큰 것이었다. 그 원인으로는 8.5Ka에 캐나다 북부 허드슨만과 그 주변에서 존재했었던 두께가 최대 1,000~2,000m나 되는 로렌라이트 빙상이 후퇴함에 따라 라브라도만에 대량의 담수가 공급되고 그 결과로 북부 북대서양이 냉각화되었다는 가설이 제안되었다. 기본적으로 YD기가 개시된 시기와 마찬가지로 담수가 북부 북대서양으로 유입되면서 해양순환이 변화된 것을 한랭화의 원인으로 생각하고 있다. 단, 담수유출 양의 적고 많음은 확실하지 않지만 그 밖의 경로를 통해서도 유출되었다는 보고도 있다(그림 6-7)(Teller 등, 2002; Clarke 등, 2003).

6.2.5 과거 5회의 간빙기에 나타나는 차이

과거 42만년 동안 간빙기가 다섯 차례 있었는데 심해퇴적물 코어에 있는 저서성 유공충의 산소동위원소 변동을 통해 추정된 간빙기의 온난화 정도는 따뜻한 쪽부터 MIS 5e, 9, 11, 1, 7 순서로 생각된다(Oba and Banakar, 2007). MIS 11은 420~360Ka로 과거 50만 년 사이에서 가장 온난하고 가장 오래 계속된 온난기로(Jerry 등, 2003), 지구궤도 요소에 의한 태양 입사량의 변화나 추정된 p_{CO_2}값이 오늘날의 간빙기 상황(또는 앞으로 예측되는 온난기 초기)과 비슷하다(그림 1-11)(Raynaud 등, 2005). 이와 같이 MIS 5e와 11은 간빙기의 변동 요인이나 메커니즘을 고찰하는 데 중요한 시기로 여겨지고 있다.

6.3 단주기 환경변동(단스가드·오슈가 주기, $10~10^2$년 주기)

홀로세에는 대체로 기온변화가 거의 없었던 시기이지만, 홀로세 이전에는 십~수십 년이라는 단기간에 급격한 기온상승이나 하강이 몇 차례나 일어났다. 이러한 현상은 그린란드 빙상코어의 기록에서 발견되었는데 발견자의 이름인 단스가드(Dansgaard, W.)와 오슈가(Oeschger, H)을 따서 단스가드·오슈가 주기(D-O cycle)라고 부른다. 이와 같이 급격한 변화를 일으키는 과정이 지구표층환경 시스템에 존재한다는 점에서 D-O주기는 주목받고 있다.

그린란드에 있는 캠프센츄리와 다이스리에 있는 빙상코어 중 물의 δ^{18}O값에서 최종빙기·퇴빙기 중 단시간에 갑작스럽고 급격한 기후변화 (D-O주기)가 일어났다는 것을 알 수 있었다(Dansgaard 등, 1993). 이 이벤트는 불과 수십 년 사이에 10℃에 이르는 기온변화를 보이는 것으로 δ^{18}O값은 세 번의 준안정 상태(-41.5, -38, -35‰)를 초월하여 변화하고 있음을 지시하고 있다(그림 6-9).

반면에 북부 북대서양, 특히 드라이챠크 해산 주변을 중심으로 퇴적물코어를 채취하여 분석한 결과 그 속에는 육지기원 조립쇄설물 층이

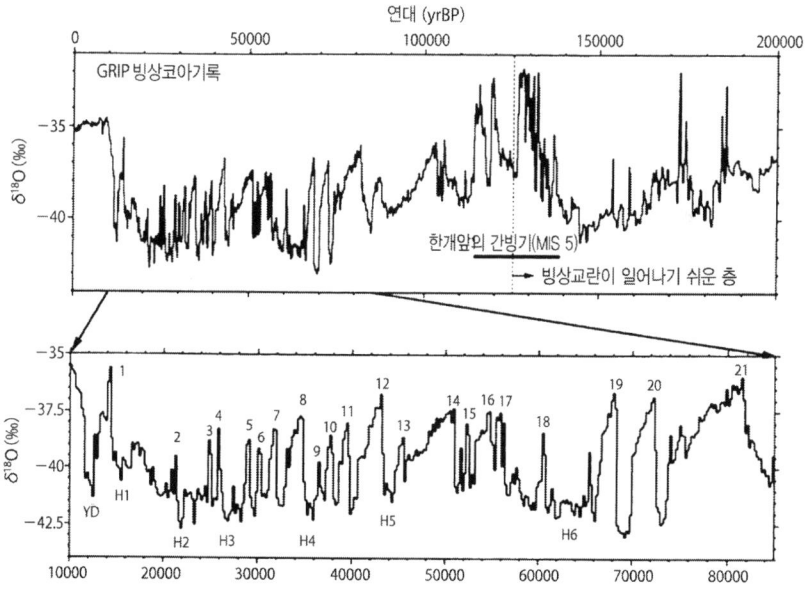

그림 6-9. 그린란드 GRIP 빙상코어에서 과거 200kyr 동안 얼음의 δ^{18}O값 변화(Dansgaard 등, 1993). 아래 그림에 있는 숫자는 D-O주기이며 전체 25 중에서 21까지를 보이고 있다. H1~H6은 하인리히 이벤트.

과거 120kyr에 10회에 걸쳐 퇴적된 것으로 나타났다(Heinrich 등, 1988). 이 육지기원 물질의 퇴적은 빙상의 대규모 붕괴와 관계되어 있는 것으로 추측되었다. 대규모 빙산이 유출된 이벤트를 하인리히 이벤트(Heinrich event)이라고 하는데 그것은 로렌타이드 빙상을 비롯한 북반구 빙상이 D-O주기와 맞추어서 거의 같은 시기에 붕괴를 거듭하면서 빙하기원 표류쇄설물(IRD; Ice-Rafted Debris)층이 퇴적된 것이다. 빙상의 붕괴는 D-O주기 중 한랭화단계의 가장 마지막에서 일어났으며 D-O주기를 특징짓는 급격한 온난화보다 선행되었다고 보고되었다. 이와 같이 빙상의 붕괴와 급격한 기후변동 간에는 서로 밀접하게 관계되어 있다는 것이 명확하게 밝혀졌다.

최근 들어 북태평양 캄챠카반도 외해, 캘리포니아 외해의 산타바바라 분지, 아라비아해 북부 등 세계 곳곳에서 D-O주기와 시기적으로 일치하는 해양환경변동 기록들이 확인되었다(Kotilanien and Shackleton, 1995; Shulz 등, 1998; Hendy and Kennett 등, 2000). 동해와 인도양에서도 D-O주기에 대응하는 대기순환의 변화가 지적되고 있다. 이러한 사실은 범 지구적인 기후변동이나 환경변화의 원동력이 하인리히 이벤트를 일으키는 북부 북대서양에 있음을 지시함과 동시에 D-O주기가 지구표층환경 시스템을 구성하는 다양한 하위시스템의 상호작용을 수반하고 있다고 추측하게 한다.

6.4 빙기·간빙기의 물질순환

물질순환 중에서도 가장 중요한 것으로 주목받고 있는 것이 탄소순환이다. 특히 대기 중에 있는 p_{co_2}가 빙기(약 180ppm)와 간빙기(약 280ppm) 사이에서 변화되었지만 그 변화와 관련된 자세한 정량적 메커니즘은 아직까지 잘 밝혀지지 않은 실정이다(Neftel 등, 1982; Barnola 등, 1987). 이 절에서는 물질순환에 영향을 주는 풍성진과 탄산염용해 그리고 1차 생산에 대해서 다루기로 한다.

6.4.1 대륙기원 풍성진의 공급과 탄소순환에 미치는 영향

육지기원의 규산알루미늄이나 석영을 주로하는 풍성진의 유입량은 현재 $450Tgyr^{-1}$(그중 3%는 하천을 경유)인 것으로 추정된다(Rothlisberger 등, 2004; Jickells 등, 2005). 풍성진이 생산되기 위해서는 강우, 바람, 식생, 지형, 기온 등이 중요 인자로 작용하며 특히 건조해야 한다는 것이 가장 중요한 요소이다(Jickells 등, 2005). 그 밖의 조건들이 일정할 경우 풍성진의 생산량은 풍속의 3승에 비례한다(Prospero 등, 2002).

아시아몬순과 관련해서 살펴보면 인도대륙 주변에서는 겨울철에 동북쪽의 건조한 바람이 육지에서 해양으로 불고, 여름철에는 연안에서 육지를 향해 바람이 불고 있다(Nair 등, 1989; Wang, 2006). 아라비아해 서부에서는 여름철인 6월에서 8월에 걸쳐 몬순이 절정을 보이는데 소말리아나 아라비아반도에서 풍성진이 공급되고 있다(Chester 등, 1985; Sirocko and Sarthein, 1989). 아라비아해 서부(ODP 721와 722 굴삭지점)에서는 풍성기원인 육지기원 물질의 침적유량과 육지기원의 자성광물(대자율)과의 사이에 강력한 양의 상관관계가 확인되었는데(상관계수 = 0.98; n = 94), 과거 3.2Ma에 걸쳐 100kyr, 41kyr, 23kyr, 19kyr의 주기를 보였다. 특히 3.2~2.4Ma 기간 중에는 23~19kyr 주기가 탁월한 것으로 나타났다. 주기분석 결과 세차운동과 관련된 일사량과 조화를 이루고 있었으며 주기 내에서 어떠한 상태에 있었는가를 알 수 있는

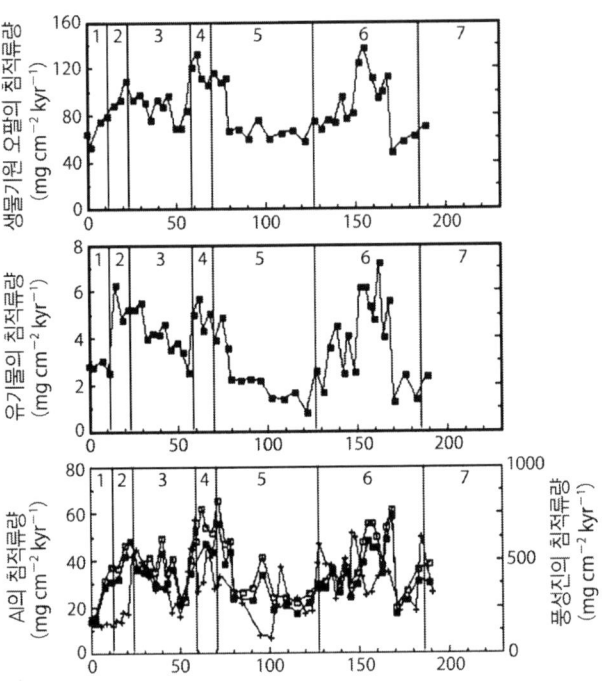

그림 6-10. Hess rise(대지)에서 얻어진 퇴적물 코어 H3571에서 분석된 과거 200kyr의 생물기원 오팔, 유기탄소, 알루미늄, 풍성진의 침적류량(MAR : 질량퇴적속도). 여기서 MAR(mgcm^{-2}kyr^{-1})=10 × LSR × DBD × wt.%이며, LSR(Linear Sedimentation Rates)는 퇴적속도(cmkyr^{-1}), wt.%는 침적류량을 구한 성분의 중량%, DBD는 건조밀도(Dry Bulk Density) (gcm^{-3})이다(Kawahata 등, 2000).

위상동조계수(coherency)는 0.89로 높았다. 2.4Ma 이후에는 41kyr의 주기가 증가하였는데 이렇게 주기가 바뀌게 되는 시기는 북반구에 빙상이 발달하기 시작한 시기와 일치하였다. 이는 고위도에 특징적인 빙상발달과 중·저위도지역의 몬순변화가 연결되어 있다는 것을 지시한다(Raymo 등, 1989).

풍성진 중에서 동아시아가 기원인 것을 황사라고 부른다(成瀬, 2006). 풍성진이 해양에서 일어나는 물질순환에 미치는 영향과 관련하여 편서풍 경로의 바로 아래 지점인 북태평양 중위도지역(Hess Rise)에서 해석이 진행되고 있다(그림 6-10)(Kawahata 등, 2000). 풍성진(황사 석영)의 침적유량은 대체로 빙하기에 많고 간빙기에 적다. 이러한 현상은 2,000km 서쪽에 위치한 샤쯔기 대지(Shatsky Rise)나 오스트레일리아 외해인 남반구에서 얻어진 값과 일치하고 있다(Kawahata, 2002; Maeda 등, 2002). 황사 공급지인 아시아대륙 동부(타클라마칸사막, 고비사막)에서는 간빙기 때보다 빙기 동안에 여름철 아시아몬순이 약해지기 때문에 강수량이 줄어 건조하게 된다. 빙기에는 위도방향의 온도차이가 커져서 바람도 강해졌을 것으로 생각되는데 이러한 두 가지의 효과에 의해 빙기에 황사량이 증가하는 것으로 생각된다. 풍성진 속에 포함된 탄산염이 해양표층의 p_{co_2}를 저하시키는 영향을 조사한 결과 그 효과는 극히 적었다.

풍성진에서 나온 영양염은 생물생산에 영향을 미치는 것으로 알려졌다. 즉, 인(P) 등의 주요 영양염 공급으로 인해 유기물생산이 증가할 가능성은 낮지만, 용출된 실리카에 의해 생물기원 오팔 등이 증가하는 효과가 있을 수 있다. 과거 190kyr간 풍성진, 유기탄소, 생물기원 오팔이라는 세 가지의 시계열 변화는 물질순환과의 사이에서 인과관계가 희박함에도 불구하고 유사성을 보였다. 그 원인은 풍성진의 생산이나 수송, 용승 등에 의한 유기물 또는 생물기원 오팔의 생산을 지배하는 인자가 모두 독립적으로 밀랑코비치 주기에 영향받아 똑같은 변화를 나타내기 때문인 것으로 판단되었다(Kawahata 등, 2000). 이상의 내용들을 정리하면 결과적으로 풍성진이 p_{co_2}에 미치는 영향은 그다지 크지 않았다고 할 수 있다.

6.4.2 심해의 탄산염 용해

탄산염은 퇴적물에 포함된 탄소의 약 75~80%를 차지하고 있다. 현재 해양에서 탄산염 생산은 생물이 담당하고 있다. 생산된 탄산염 중 약 80%는 심해에서 용해되어버리고 약 20%가 퇴적물 중에 매몰된다. 기본적으로 탄산염 함유량의 변화를 지배하는 것은 중·심층에서 일어나는 탄산염 용해강도이다. 용해에 관해서는 1) 탄산염(방해석, 아라고나이트, Mg방해석)의 종류, 2) 포화도(주로 탄산이온 농도($[CO_3^{2-}]$), 정확하게는 활량과 압력에 의존한다) 등이 가장 중요한 인자가 된다. $[CO_3^{2-}]$는 산성도가 증가하면(pH가 내려가면) 감소된다. 용해도는 압력과 함께 상승하기 때문에 같은 수질인 해수에서도 표층이 과포화되어도 중·심층은 불포화가 되는 경우가 많다. 해양대순환에서 중·심층수의 산성도는 연대가 오래될수록 증가하므로 탄산염 용해를 촉진시킨다. 225Ka부터 현재에 이르기까지 전 지구적인 심층수의 흐름은 대서양에서 태평양·인도양 방향으로 흐르고 있으므로 탄산염의 보존성은 대체로 태평양보다 대서양 쪽이 좋다.

빙기와 간빙기에 있었던 해양대순환 경로나 순환속도의 변화 등에 따라 탄산염의 보존이나 용해는 변화해왔다. 대서양에서는 간빙기에 비해 빙기에 탄산염 용해가 촉진되어 CCD(Carbonate Compensation Depth)나 리소클라인(lysocline)이 깊어지고, 반대로 태평양에서는 용해속도가 대서양과는 반대의 경향을 보이는 것으로 보고되었다(Crowley, 1983; Farrell and Prell, 1989). 태평양은 대서양의 변화를 상쇄시킬 만큼 변화되었다. 태평양에서는 빙기에 대서양으로부터 NADW수송이 쇠퇴하고 상대적으로 남극해저층수(AABW; Antarctic Bottom Water)가 강해져서 해수의 산성도가 약해지고 탄산염 보존은 빙기 동안 호전되었다. 탄산염 용해도의 변동에 대한 주기를 분석한 결과 북부 북대서양, 서적도 태평양, 인도양에서는 100kyr과 41kyr 주기를 나타내고 있어 용해도 변동은 고위도지역에서 일어난 심층순환의 변동과 잘 일치하고 있다 (Boyle, 1984; Peterson and Prell, 1985a; Kawahata 등, 1997).

6.4.3 생물의 1차 생산

현재의 1차 생산(primary production)은 해양과 육지를 합해서 약 100PgCyr^{-1}로 추정된다(Koblentz-Mishke 등, 1970; Sundquist, 1985; Asanuma, 2006; Awaya 등, 2006). 빙기와 간빙기의 주기에 따라서 대기에 저장되는 탄소는 크게 달라지는데, 이것을 탄소 중량으로 표시하면 390~600PgC가 되므로 1차 생산량은 수 년이라는 시간 내에 대기 중에 있는 탄소를 교환할 수 있을 정도로 크다는 것을 알 수 있다.

특히 빙기에는 북반구 고위도지역에 대규모 대륙빙상이 발달하고 풍성진량도 증가했으며 건조지역이 사막화되어 육지 생물권에 저장될 수 있는 탄소량이 확실히 감소했을 것으로 추정되고 있다. 실제로 해수의 δ^{13}C값이 약 0.35‰ 내려갔는데 육지기원인 탄소가 해양으로 대량 수송되었기 때문인 것으로 생각되고 있다. 이러한 상황에서 대기 중의 P_{CO_2}을 큰 폭으로 떨어뜨리기 위해서는 해양 저장소의 탄소 저장량이 증가되어야 한다.

현재의 1차 생산은 연안역과 남극해, 그리고 적도의 용승지역에서 높다. 높은 1차 생산을 유지하기 위해서는 주요 영양염으로 불리는 질산과 인산이 있어야 하고 생물기원 오팔각질을 만들기 위해서는 규산이 필요하다. 또한 미량 영양염인 Fe 등도 필요하다. 그림 6-11의 진회색은 용승을, 회색은 실리카(SiO$_2$)가 제한적인 해역을, 밝은 회색

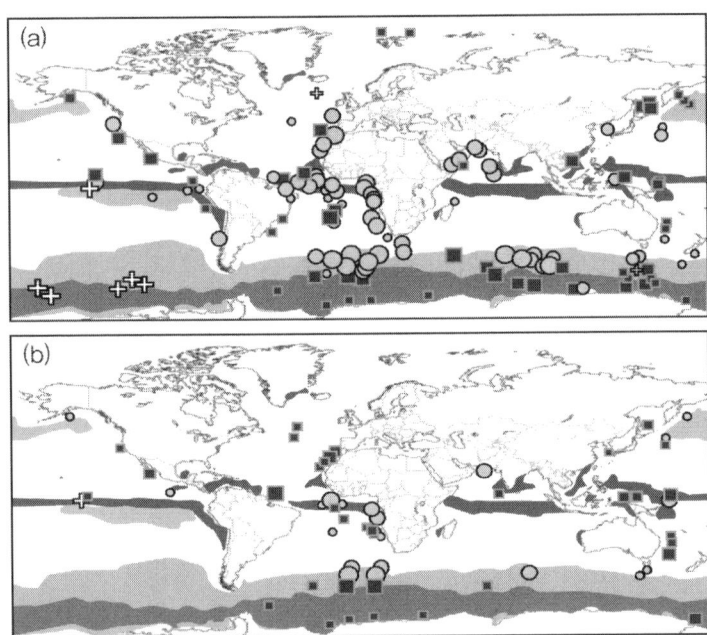

그림 6-11. (a) LGM부터 홀로세 후기(5ka~현재)까지, (b) MIS 5a~d(80~110ka)에서 홀로세 후기(5ka~현재)까지 나타난 엑스포트 생산량의 변화(Kohfeld 등, 2005를 수정). 검은 색의 큰 사각형은 감소를 나타내며 검은 색의 작은 사각형은 약간의 감소를, 흰색의 큰 동그라미는 증가를, 흰색의 작은 동그라미는 약간의 증가를, 넓은 +표시는 뚜렷한 경향을 보이지 않은 것을 나타낸다.

은 HNLC(고영양염 저생물생산, High Nutrient Low Chlorophyll)을 나타낸다. HNLC해역은 주요영양염과 빛의 양이 풍부하게 있어도 생산량이 충분하지 못한 지역으로 Fe 등과 같은 미량 영양염 부족이 그 원인으로 생각되고 있다(Martin and Whitfield, 1983; Martin, 1990). 유기탄소가 퇴적물에 매몰되는 양은 주로 1차 생산의 변화로 결정된다(Lyle 등, 1988; Pederson 등, 1988). 해양에서 코어를 채취하여 1차 생산이 잘 반영된 엑스포트(export) 생산량을 빙기(LGM, 이 경우에는 18~22ka) 때와 간빙기(5ka~현재) 때를 비교해본 결과 지구적 규모의 총량은 빙기 쪽이 높은 것으로 나타났다. 일부 해역(APF; Antarctic Polar Front 남극 극전선)보다 고위도인 해역, 즉 북극해, 오호츠크해, 베링해, 북미 연안역 등에서는 오히려 빙하기 쪽이 낮았다(그림 6-11a)(Kienast 등, 2004; Kohfeld 등, 2005). 1차 생산이 낮아진 원인으로는 해양의 성층화 와 수온의 저하, 그리고 해빙의 피복도(면적, 기간) 등을 들 수 있다 (Jaccard 등, 2005; Monoshima 등, 2007).

빙기에 1차 생산이 증가하는 적도 대서양, 적도 동태평양, 적도 서태평 양에서 주기분석을 한 결과 유기탄소 침적류량과 $\delta^{18}O$값은 기본적으로 세 종류의 밀랑코비치 주기를 나타냈다(Lyle 등, 1988; Rea 등, 1991; Kawahata 등, 1998). 가장 뚜렷하게 나타난 100kyr에 대해서 그 밖의 적도지역에서 얻은 자료와 위상변화를 비교한 결과 적도 대서양에서는 $\delta^{18}O$값에 대해 유기탄소는 위상변화를 거의 보이지 않는 반면에 태평양 적도역에서는 서쪽에서 동쪽으로 향할수록 위상변화가 더욱 느려지는 경향을 보인 것 으로 확인되었다(Lyle, 1988). 세차운동에서 기인된 주기는 고위도지역 보다도 저위도지역에서 일어난 변동의 영향이 큰 것으로 알려져 있다. 이것은 무역풍 변동과의 관계를 지시하고 있다. 태평양 적도역 동부에서 서부에 걸친 시간상의 차이는 무역풍의 강약 → 북적도해류의 변동 → 적도반류의 변동 → 적도용승의 변동 → 표층수로 영양염공급량 변동 → 기초생물생산량의 변동이라는 일련의 과정에서 나타나는 시간차가 반영 되어 있을 것으로 판단된다(Kawahata 등, 1998).

6.4.4 대기 중 p_{co_2}의 지배요인

탄소저장소의 탄소량은 대기 : 해양 : 육지식물과 토양이 각각 1 : 52 : 3

의 비율이므로 대기 중의 p_{co_2}가 변화하는 데에는 해양이 큰 역할을 해왔음이 명백하다(그림 6-6). 이미 설명한 바와 같이 빙기에는 육지의 탄소저장소가 축소되었는데 그만큼 늘어난 p_{co_2}의 증가량(10~45ppm)도 해양이 흡수하게 될 것이다(Laplan 등, 2002).

해양이 CO₂를 흡수하는 과정은 세 가지로 분류된다. 1) 용해펌프(기체가 액체에 미치는 용해효과로 해수의 온도가 낮을수록 CO₂ 흡수율이 좋다). 2) 생물펌프(광합성에 의해 유기물이 생산되는 효과로 영양염이 많아서 광합성이 활발해질수록 CO₂ 흡수율이 높다). 3) 알칼리펌프(탄산염이 CO₂와 반응하면 알칼리도가 커진다. 심층수의 알칼리도가 증가하고 그것이 표층에서 대기와 만나면 CO₂를 흡수할 수 있게 된다)(Berger and Keir, 1984; Boyle, 1988a,b). 기체의 용해도는 수온저하로 상승하고 염분상승으로 하강한다. LGM의 평균수온은 2℃ 정도 내려간 것으로 판단되는데 빙상형성에 동반된 염분의 증가로 1)에 의해 p_{co_2}가 내려간 효과는 10ppm 정도가 된다(Broecker and Takahashi, 1984; Sundquist, 1985).

2)의 생물펌프에 관해서는 몇 가지 프로세스가 제안되었다. 즉, 1) 풍성진의 증가에 따라 Fe 등이 HNLC해역으로 대량 공급되고 그에 따른 1차 생산 증가와 영양염의 재분배(Martin, 1990; Matsumoto 등, 2002)가 첫 번째 프로세스이다. 현재의 HNLC해역 등에 Fe를 살포하여 실험한 결과 적도태평양, 남극해, 북서 북태평양에서 1차 생산이 증가한 것을 확인할 수 있었다(Boyd 등, 2000; Tsuda 등, 2003). 아울러 LGM의 p_{co_2}가 최소일 때 풍성진도 홀로세의 2~3배 정도 증가했다는 것으로부터 이 가설은 매력적이라 할 수 있다. 그러나 홀로세에 공급된 풍성진의 양과 약간 한랭화였던 시기[MIS 5a~d(대략 80~110ka), 당시 p_{co_2}는

230ppm]에 공급되었던 풍성진의 양은 양쪽 모두 낮은 값을 보이고 생물생산은 후자 쪽에서 낮아졌다는 사실로부터(그림 6-11b) 이것만으로는 설명하기 어렵다는 지적이 있다. 생물생산을 매개로 해서 해양저장소에 탄소저장량을 증가시키는 과정으로는 그 밖에 2) 해수면이 낮아짐으로써 육지화된 대륙붕의 퇴적물로부터 영양염 부가, 3) 북대서양 심층수 형성이 억제됨에 따라 해양대순환이 변화되고 그에 따른 영양염 이용 효율이 상승, 4) 전탄소/질산/인산 비율의 변화(Broecker, 1982), 5) 플랑크톤 그룹의 변화(Archer and Maier-Reimer, 1994), 6) 수온 변화로 인한 유기물 분해속도의 변화 등이 있다.

더욱이 생물펌프가 너무 강하면 심층에서는 유기물의 분해로 용존산소 소비량이 증가하고 무산소 수괴가 되는데, 당시의 중·심층이 그와 같은 상황이 되었다는 증거는 없다. 생물펌프가 p_{co_2}의 변화에 중요한 것이라고는 하지만 이 생물펌프의 기여도나 프로세스에 대해서는 추가적인 해석이 필요하다.

3)의 알칼리펌프에 의한 방법은 무산소 수괴를 만들어내지 않는다는 이점이 있다. 실제 대서양에서는 대량의 탄산염이 용해되고 있다는 것에 대해 이미 앞 장에서 설명한 바 있다. 알칼리펌프에서는 심해저의 탄산염 용해가 매우 중요하다. Boyle(1988b)의 계산에 의하면 알카리펌프로 대기 중 p_{co_2} 농도를 약 54ppm 감소시킬 수 있다. 알칼리펌프에서는 심해가 중요한 역할을 하는데 이는 해양대순환이 크게 관계되어 있기 때문이다. 한편 빙상코어 중에 나타난 p_{co_2} 변화는 기온 등에 민감하게 반응하는 것으로 보인다. 알칼리펌프의 중요성에 대해서 충분히 인식하고 있음에도 불구하고 시간과 관련된 느린 반응은 문제점으로 거론될 수밖에 없다.

현재 시점에서 빙기의 p_{co_2}를 한 가지 학설로는 설명되지 않고 있으며 위에서 기술한 몇 가지 학설을 종합하여 설명하고자 노력하고 있다 (Sarmiento and Gruber, 2006). 탄소순환 모델링에서도 빙기·간빙기 규모 혹은 고해상도로 p_{co_2}의 변화는 재현되지 않았다. 그러나 빙기·간빙기의 p_{co_2} 변동 메커니즘을 밝히는 일은 p_{co_2}가 상승해가고 있는 앞으로의 지구환경을 해석하는 데 무엇보다 중요하다.

6.5 기후와 환경변동에 대한 지구적 또는 지역적 응답

지구의 기후와 환경변화를 그림으로 나타내면 저위도는 태양에너지를 받아들이는 '엔진'으로, 고위도 지역은 심층수의 형성 등을 통한 '스위치' 역할을 해왔다고 할 수 있다. 열대지역은 온도가 높고 증발이 활발하기 때문에 에너지 수송이나 물 순환에 중요하다. 반면에 고위도 지역은 밀랑코비치 이론의 기초가 되는 북반구 고위도지역 하계의 일사량의 변화, 심·저층수의 탄생 등이 지구적 규모의 환경에 중요한 요소가 된다. 또한 온도(기온, 수온)는 환경을 결정짓는 가장 중요한 인자 중 하나이므로 일반적으로 기온상승은 포화수증기량이 증가하여 습윤 환경으로 되고, 기온하강은 건조한 환경으로 되는 경향이 있다. 실제로 빙기 동안 북태평양 중·고위도에서는 풍성진이 증가한 것으로부터 건조화되었음을 보이고 있다.

이 절에서는 '원인은 반드시 결과에 앞선다'라는 생각으로 기후와 환경변화에 대한 자세한 해석을 소개한다. 지구적 규모의 환경변동에도 몇 가지 형태가 있다. 즉, 1) 지구적 규모로 같은 변동을 하는 것으로 예를 들면, 빙상의 성쇠로 인한 해수면의 변동, 대기 중 가스농도(p_{co_2}

등) 등은 전 지구적 차원에서 거의 똑같은 변화를 나타낸다. 2) 탄산염 용해 등은 분지나 지역(regional)에 따라 그네의 원리와 같이 서로 보상하는 형태로 변동한다. 이 절에서 거론되는 내용은 가까운 미래에 보완·개정될 수도 있을 것으로 생각된다.

6.5.1 중·저위도의 환경변동과 전 지구적 환경변동

일본 후쿠이현 수월(水月)호의 엽리층이 잘 발달된 퇴적물에서 채취한 코어를 고분해(최대 15년 간격)로 화분을 분석한 결과는 보일링·알레로이드 온난기(Bolling/Allerod interstatial)의 시작은 북대서양에서보다 수백 년 빨랐으며(Nakagawa 등, 2003), 해양대순환이나 편서풍 등의 대기순환 과정을 매개로한 북부 북태평양지역이 북부 북대서양의 변화보다 먼저 일어났다는 것을 지시하고 있다.

저위도 지역인 서태평양의 온난수괴가 있는 인도네시아 다도해에서 빙기에서 간빙기로 옮겨가는 전이기(MIS 2→1, MIS 6→5)를 자세히 해석한 결과 표층수온은 3.5~4.0℃ 정도 상승하는 것으로 나타났으며, 전 지구적인 p_{co_2}의 상승과 거의 일치하는 것으로 나타났지만, 수온상 승은 북반구의 빙상융해 시기보다 2~3kyr 정도 선행되어 일어난 것으로 나타난다(Visser 등, 2003). 이 두 가지 결과는 중·저위도가 기후나 환경변화를 먼저 일으키는 곳이라는 것을 제시하는 것이지만, 관측된 장소가 제한적이므로 이런 사실이 일반화되기는 어렵다. 이러한 점은 아래에 기술하는 것과 같이 빙상코어를 고해상도로 정밀 분석한 결과에 근거해볼 때 고위도에서 변화가 가장 먼저 일어난 것으로 설명하는 편이 현재로서는 더 설득력이 있다.

6.5.2 고위도 환경변동과 전 지구적 환경변동

Shackleton(2000)은 제4기 후기 중에서 가장 뚜렷한 주기(100kyr)에 대해 천문학적 변수를 보정한 해석을 수행했다. p_{co_2}, 남극대륙의 기온, 심층수의 수온 등은 거의 같은 시기에 변동하는 반면 빙상의 양은 이들 변동과 비교했을 때 느리게 변하고 있었다는 것을 밝혀냈다. 이 사실은 100kyr 주기를 가진 빙기·간빙기의 환경변화는 이제까지 알고 있던 것처럼 북반구의 빙상변화에서 기인된 것이 아니라 p_{co_2} 등이 원인이었다는 사실을 강하게 지시하는 것이다. 즉, 남극대륙의 p_{co_2}와 심층수 수온이 같은 시기에 변화한다는 것은 남극해가 빙기·간빙기 동안에 환경변동의 발원지로서 중요하다는 것을 지시하는 것이다.

그러나 그 후, LGM에서 후빙기에 걸친 기간에 대한 자세한 검토가 이루어졌다. 약 19.0Ka에 일어난 대규모 해수면 상승으로(그림 6-4) (Yokoyama 등, 2000; Clark 등, 2004) 융해된 빙상의 기원이 북반구이고 그 시기는 빙상에 있는 p_{co_2}의 상승이 시작된 때(적어도 약 18.0Ka 이후)보다 선행하는 것으로 판명되었다. 이 사실은 p_{co_2}보다는 오히려 북반구 고위도에서 여름철 일사량 증가가 중요한 요소가 된다는 것을 지시한다. 실제로 그린란드의 빙상코어 중 $\delta^{18}O$값에서는 한랭이 가장 심했던 시기가 약 24Ka인 것으로 나타나며, 고위도에서 일사량이 가장 적었을 때와 거의 일치하고 있으며 약 19Ka까지 서서히 기온이 상승되었다는 보고와도 일치했다(Alley 등, 2002). 또한 열대지역의 표층수온은 p_{co_2}나 퇴빙기에 비해 약 1kyr 정도 빨리 올라갔다는 관측 자료와도 일치한다(Scott 등, 2007).

6.5.3 남북 양극 지역 간의 상호작용

메탄농도와 O_2/N_2농도 비율이 고해상도로 연대 대비에 응용될 수 있어 남극과 그린란드의 빙상코어에서 정밀한 대비를 통한 해석이 최근에 발전되었다(Blunier 등, 1998; Blunier and Brook, 2001; EPICA, 2006; Kawamura 등, 2007). 남북 양극을 자세히 비교한 것에서 D-O주기를 관찰한 결과, 그린란드가 한랭화되는 동안(1~2kyr)에 남극은 완만하게 온난화되었고 그 후 그린란드가 급격히 온난화될 때에 남극 기온은 극대가 된 후 급격하게 하강한다는 것을 알 수 있었다. 이 시기에 북반구 고위도 지역은 온난해지고 남극은 한랭기후가 된다. 그린란드

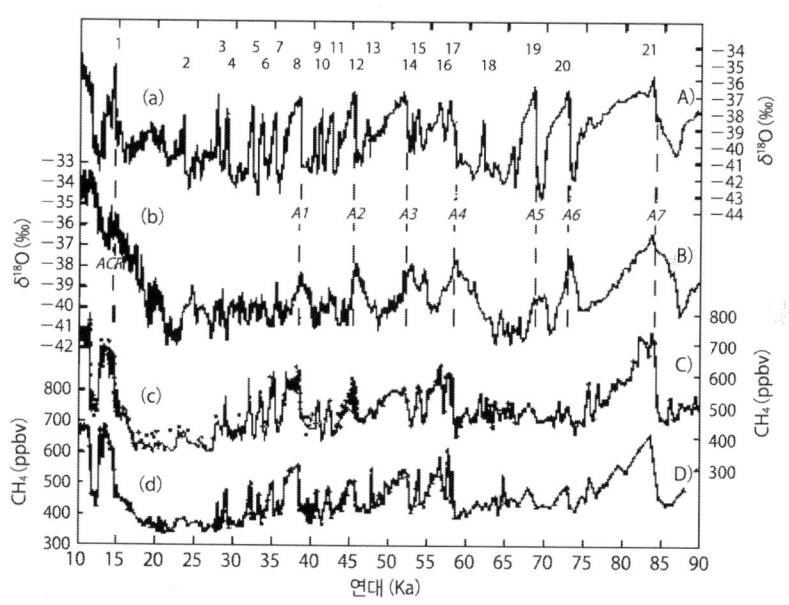

그림 6-12. (a) 그린란드 GISP2 빙상코어의 δ^{18}O값(‰), (b) 남극대륙의 마리버드랜드 빙상코어의 δ^{18}O값(‰), (c) 그린란드 GISP1과 2의 빙상코어와 (d) 남극대륙 마리버드랜드 빙상코어의 공기에 포함된 메탄 농도(ppbv)의 변화(Blunier and Brook, 2001). 맨 위에 표기된 숫자는 D-O사건을 나타내며 A1~A7은 남극의 온난한 이벤트를 나타낸다.

에서는 서서히 한랭화되어가지만 그 동안에 남극은 최소가 되는데 이렇게 해서 한 주기가 된다(그림 6-12)(Blunier and Brook, 2001).

이러한 일련의 현상은 빙산의 유출이나 융해로 북대서양 북부로 유입된 담수로 인해 북대서양 북부의 심층수 형성이 억제되고 태평양 전체의 순환이 약해지게 되어 결국 적도에서 북대서양 북부로 흐르는 표층수의 흐름 또한 약해지는 결과를 초래했다. 그 결과 적도에서 북상하는 표층류에 의한 열 수송이 감소하고 그린란드, 북미, 서구가 한랭화되는 반면에 남쪽으로 향하는 열 수송은 증가하므로 남극은 온난화 하게 된다. 이 현상은 남북 간에 일어나는 열수송에 대한 시소의 원리를 의미한다(Stocker and Johnsen, 2003).

6.5.4 남북반구 강수량의 역상관

저위도 지역에 존재하는 열대수렴대(ITCZ; Intertropical Convergence Zone)는 엘니뇨·남방진동 및 몬순 등과 연계되어 전 지구적인 기후에 영향을 미친다. 중국과 브라질에 있는 석순의 $\delta^{18}O$값을 이용해서 강수량이 복원되었다(그림 6-13)(Wang 등, 2001, 2007; Yuan 등, 2004). 중국에서 강수량은 여름에 부는 온난하고 습윤한 남서풍, 즉 여름몬순의 강약이 반영되어 있다. D-O주기가 관찰되는 해상도로 보면 남북반구의 강수량은 역상관 관계를 보인다. 즉, 중국동부가 습윤할 때 브라질 남부는 건조했었다. 이 현상은 ITCZ가 위도 방향으로 이동된다는 것으로 설명된다. D-O주기가 나타난 아빙기에는 ITCZ가 남쪽으로 이동되었기 때문에 중국에서는 아시아몬순이 약해지고 브라질에서는 더욱 습윤해진다. D-O주기가 있었던 아간빙기에는 위의 경우와 반대 형태로 나타났다.

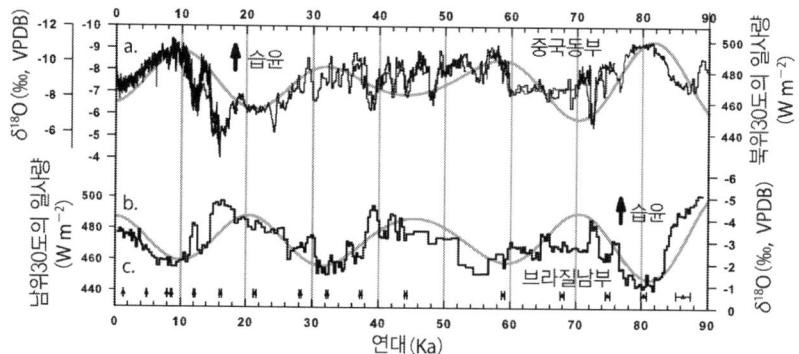

그림 6-13. 과거 90kyr 동안 중국과 브라질에서 일어난 강수량 변화(Wang 등, 2007을 수정). (a) 중국 동부의 동게(Dongge), 훌루(Hulu), 센돈(Shandon)동굴에 있는 석순의 산소동위원소 비(꺽은선) 및 북위 30도의 여름철 일사량(곡선), (b) 브라질 남부에 있는 카베르나(Caverna), 보트베라(Botuvera)동굴에 있는 석순의 산소동위원소 비 및 남위 30도의 여름철 일사량, (c) 카베르나, 보트베라 동굴에 있는 석순의 U-Th 연대와 오차 (2σ). 산소동위원소 비는 기본적으로 강수량의 간접지표로 생각된다.

6.6 서태평양에서 빙기·간빙기의 환경변동

서태평양은 주변해(marginal sea)가 발달되어 있어 그 환경은 해수면 변화에 매우 민감할 뿐만 아니라 지구 규모의 환경변동 효과가 잘 나타난다. 또한 아열대 순환을 구성하는 쿠로시오(Kuroshio)해류 및 이 해류와 관련된 다른 해류는 동아시아뿐만 아니라 북미대륙의 기후에도 영향을 준 것으로 알려져 있다. 이 절에서는 서태평양에서 제4기 후기에 일어났던 환경변화에 대해 알아보기로 한다.

6.6.1 해빙과 북태평양 중층수의 형성(오호츠크해 및 주변 해역)

오호츠크해는 북반구에서 해빙이 분포하는 해역 중 가장 남쪽에 위치한다는 것이 특징인데 주로 아무르(Amur)강에서 담수가 유출되어 해빙이 발달하는 경우가 많다. 현재 오호츠크해 북서부 대륙붕에서는 겨울철에 해빙이 생성될 때 고염분수가 형성되고 냉각되어 북태평양 북서부의 중층(수심 500~800m)에 분포하는 북태평양 중층수(NPIW; North Pacific Intermediate Water)의 주 기원이 된다. 아무르강에서 공급된 Fe 등의 미량 영양분도 이 경로를 통해 태평양으로 흘러가고 있다. 현재 북태평양 북서부에서는 해양대순환에 의한 심층수가 용승하고 겨울철에 일어나는 수직혼합으로 영양염이 유광층에 공급되기 때문에 1차 생산이 높은 해역이 되었으며 용존산소 최소층도 발달하고 있다(그림 6-14)(原田 등, 2009).

LGM 동안에 북태평양 북서지역은 수심 2,000m 부근을 경계로 해수교환(ventilation)이 원활하고 영양염이 결핍된 빙기의 태평양 중층수(GNPIW; Glacial North Pacific Intermediate Water)와 영양염이 풍부한 빙기의 태평양 심층수(GPOW; Glacial Pacific Deep water)의 주요한 두 개의 수괴가 형성되었다(Keigwin, 1998; Matsumoto 등, 2002). 유광층에 영양염 공급이 감소하게 되어 빙기 동안에는 1차 생산은 현재보다도 낮았다. GNPIW의 기원이 되는 지역은 현재와 달리 오호츠크해가 아닌 베링해인 것으로 추측된다(Horikawa 등).

퇴빙기 동안에 두 차례에 걸쳐 일어난 온난화 이벤트 시기에는 성층화가 소멸되고 용승이 일어났는데 특히 베링해를 포함한 고위도 지역에서는 일시적으로 생물생산이 높아졌다(Crusius 등, 2004). 그에 따라 용존산소 극소층이 발달하고 퇴적물에서는 엽리층이 발견되는 경우도 있다(Shibahara 등, 2007; Ishizaki 등, 2009). 이 시기에 오호츠크해나 베링해에 퇴적된 퇴적물에는 경우에 따라서 탄산염 함량이 10배 이상이나 높은 경우도 있었다(Okazaki 등, 2005a, b).

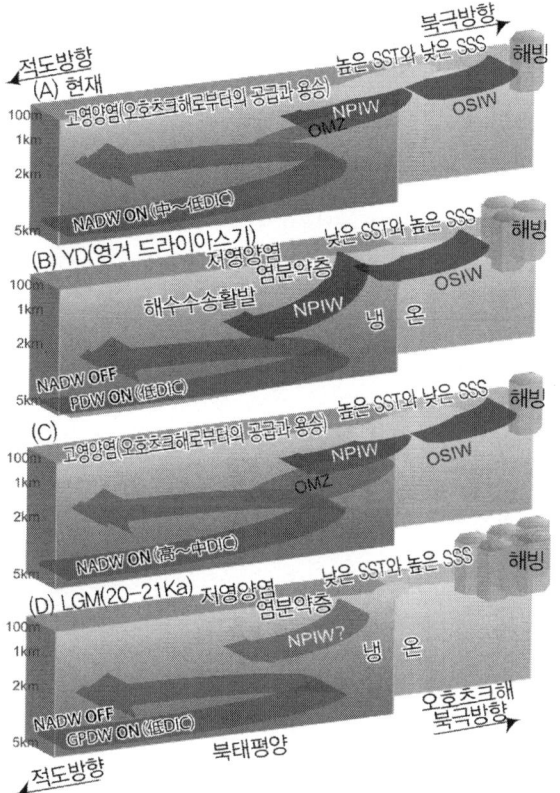

그림 6-14. 북태평양 북서부 및 오호츠크해에서 과거 21Ka 동안 중·심층 수괴와 1차 생산 변동(原田 등, 2009). DIC : 용존무기탄소(Dissolved Inorganic Carbon), GPDW : 빙기의 태평양 심층수(Glacial Pacific Deep Water), NADW : 북태평양 심층수(North Pacific Deep Water), NPIW : 북태평양 중층수(North Pacific Intermediate Water), OMZ : 용존산소 극소층 (Oxygen Minimum Zone), OSIW : 오호츠크해 중층수(Okhotsk Intermediate Water), SSS : 표층 염분도(Sea-surface salinity), SST : 해수표층온도(Sea-surface temperature).

오호츠크해의 해양표층환경은 D-O주기가 일어난 아간빙기에는 여름부터 가을에 걸쳐 수온이 상승하고 염분농도가 낮아졌다고 보고되었는데 이는 코코리스가 형성하는 알케논(alkenones) 연구로부터 밝혀졌다 (Seki 등, 2007; Harada 등, 2006). 이러한 사실은 중국의 종유석에 기록되어 있는 강수량(여름철 아시아몬순의 강도)의 증가와도 일치하였으며 편서풍 제트기류가 티베트고원의 북쪽으로 북상한 점이 그 원인으로 설명되고 있다(Wang 등, 2001; Harada 등, 2006, 2008). 또한 빙원 표류쇄설물(IRD)은 해빙이 형성될 때에 증가하지만 아간빙기에는 감소되어 해빙 형성이 약해졌음을 나타냈다(Sakamoto 등, 2005, 2006).

6.6.2 빙기 동안 고립화와 성층화에 따른 무산소 해수(동해)

동해의 환경은 빙기·간빙기 동안에 크게 변동했다. 동해의 표층은 대한해협(현재 최대수심 130m), 쓰가루해협(130m), 소야해협(55m), 타타르해협(15m)을 통해 외해와 활발한 해수교환이 일어나고 있다. 동해의 최대 수심은 3,700m에 달하며 태평양 심층수가 동해의 심층으로 직접 유입될 수 없기 때문에 동해의 중·심층은 고립되기 쉬워진다. 특히 빙기 동안 해수면이 저하되면 표층수 교환이 정지되어 과거에는 몇 차례에 걸쳐 고립된 분지가 되어 있었다. 현재의 표층수 흐름에 대해서는 쿠로시오해류에서 나누어진 따뜻한 해류가 대한해협으로부터 유입되는데 일부는 다시 북상한다. 쓰가루해협에서 태평양으로 유입되는 표층수와 나머지는 다시 북상하여 소야곶(Soya cape)을 돌아서 오호츠크해에 도착한다.

동해 심층에는 동해의 고유 해수가 존재한다. 특히 동해에서 2,000m 이상 깊은 수심에는 수온이나 용존성분 농도가 아주 균일한 저층수가 존재하고 있다. 이 해수는 높은 용존산소와 저염분이라는 특징을 가지는데 이것은 동해 북부에서 겨울철 시베리아 고기압의 영향으로 매우 한랭한 기후로 밀도가 높아진 표층수가 침강하기 때문이다.

동해의 환경변동에 관해서는 해협에서 해수의 유·출입에 관한 것뿐

만 아니라 다양한 연구결과가 밝혀지고 있다(그림 6-15)(Oba 등, 1991;
Ishiwatari 등, 1999; Takei 등, 2002; Kuroyanagi 등, 2006; 黑柳 등,
2006). 그림에서 1) 85~27Ka에 주요 해협이 개방되었지만 전형적으로
염분도가 높은 쓰시마 난류(TWC; Tsushima Warm Current)는 유입되
지 못하였고 염분도가 조금 낮은 해수가 유입되었다. 따라서 수직순환
이 약하게 일어나면서 저층환경은 무산소 상태(anoxic)나 약한 산소가
있는 상태(weakly oxic) 사이에서 변화되었다. 2) 27~17Ka에는 표층에
서 해수 교환이 약하게 일어나고 주변 하천에서 담수가 유입되어 성층
화가 진행되고 수직혼합이 방해를 받게 되어 심해저는 무산소상태가
되었다. 3) 융빙기인 17~10Ka에는 쓰가루해협에서 오야시오해류가 유

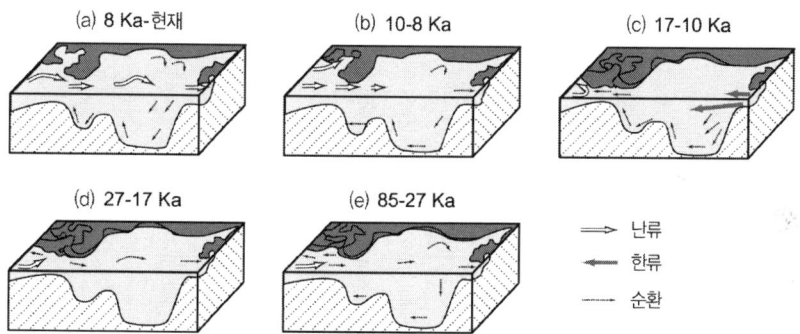

그림 6-15. 동해의 고환경 변천사(Oba 등, 1991을 최근에 행한 연대측정결과를 참고
로 연대를 개정; 각각 Takei 등, 2002; Oba, 2006; Kim 등, 2000; Ishiwatari 등,
1999; Kuroyanagi 등, 2006; 黑柳 등, 2006 등 다양한 자료가 있다). 유입하는 해
수의 특징을 종합하면 해양환경은 큰 변화가 있었다. (a) 8Ka 이후 : TWC가 본격적
으로 동해로 유입 (b) 10~8Ka : TWC가 대마해협에서 일진일퇴를 거듭하면서 동해로
유입, (c) 17~10Ka : 현재보다 염분의 농도가 높은 차가운 오야시오 해류가 쓰가루해
협으로부터 동해로 유입, (d) 27~17Ka : 동해표층에 담수가 공급되고 (e) 85~27Ka :
동해에는 TWC가 유입되지 않았고 아마도 동중국해에서 황해에 걸쳐 약간 저염분이
면서 한랭한 표층수가 유입.

입되어 저층의 용존산소 농도가 회복되었다. 4) 10~8Ka에는 TWC가 본격적으로 유입되면서 용존산소가 회복되고 탄산염 보상심도는 1,000m 이내로 급격히 낮아졌다. 쓰가루해협에서 해류는 매우 복잡한데, 아표층(수심 약 20~40m)은 오야시오해류가 우세했지만 표층에서는 동해의 표층수가 일본열도의 하북반도(下北半島) 외해 표층으로 유입되기 시작하여 쓰가루난류의 영향이 강해졌다. 이러한 현상은 6.2Ka까지 계속 되었으며 이와 같이 해류가 상하층에서 반대방향으로 흐르는 상태를 바로클리닉(baroclinic)이라고 한다. 5) 8~0Ka에는 현재와 마찬가지로 TWC가 지속적으로 유입되어 동해의 고유수를 형성시켰으며 해저의 환경은 산화적인 상태가 되었다. 6.2Ka부터 쓰가루해협에서는 모든 해류가 동해에서 태평양을 향해 흐르게 되어 현재와 같은 상태가 되었다.

6.6.3 암색퇴적층의 형성과 D-O주기(동해, 동중국해, 남중국해)

동해의 퇴적물은 밝고 어두운 색을 반복하는 호상구조 층이 D-O주기에 대응해서 나타나고 있다(Tada, 1994; Tada 등, 1999). 암(어두운)색 퇴적물의 형성은 D-O주기가 아간빙기(온난기)에 대응하고 있다. 이것은 1) 황하강이나 양쯔강의 하천유량이 증가하고 저염분인 동중국해 연안수가 동해로 많이 흘러들어와 해수교환을 약화시켜 저층수 순환이 약해졌다는 것, 2) 영양염이 많이 포함되어 있는 표층수가 유입되어 해양표층에서 1차 생산이 증가하고 저층으로 다량의 유기물이 수송된 결과에 의한 것, 3) 저층수의 용존산소가 부족하여 암색퇴적층이 형성된 것으로 추정된다.

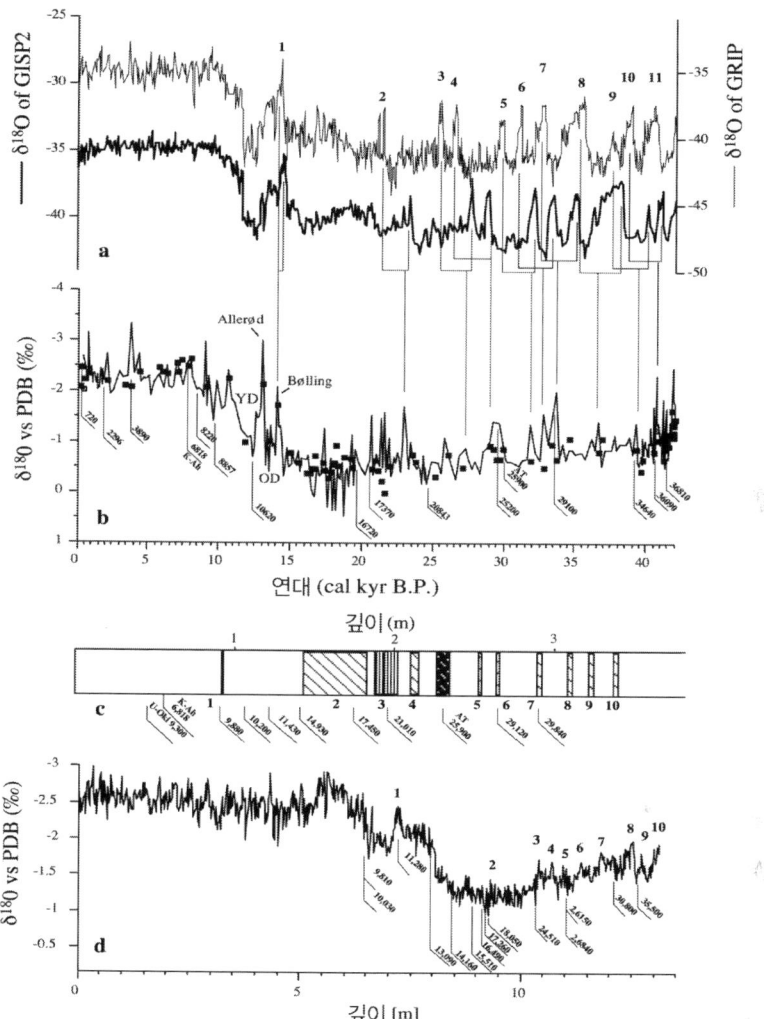

그림 6-16. 빙상코어의 δ18O값(GISP 2 : Dansgaard 등, 1993; Grip : Mayewski 등, 1994)과 (b) MD982195코어의 δ18O값 비교(Ijiri 등, 2005). (a)와 (b)를 연결하는 선은 MD982195코어에서 δ18O값의 마이너스방향 피크와 GRIP 2, 그리고 GISP빙상코어에서 관찰된 D-O주기 이벤트와의 대응을 나타낸다. (b)에 있는 실선은 *G. ruber* s.s.에서 얻어진 δ18O값을 나타낸다. 사각형은 *G. ruber* s.s. *G.ruber*의 혼합시료(Wang, 2000)로 얻은 δ18O값을 나타낸다. (c) D-O주기 이벤트와 14C연대를 기입한 동해 퇴적물코어의 암색층(Tada 등, 1999). (d) D-O주기 이벤트와 14C연대를 나타내는 남중국해의 퇴적물 코어의 *G.ruber* s.s. δ18O 값(Wang 등, 1999).

동중국해 북부의 남녀분지에서 채취한 퇴적물에서 *Globigerinoides ruber*를 분석한 결과 $\delta^{18}O$값은 큰 마이너스 피크(높은 -값)를 보였다. 이러한 현상은 담수가 유입되었다는 것을 의미하며 D-O주기에 대응하는 것으로 해석되었다(Ijiri 등, 2005). 이와 똑같은 변화는 남중국해에서도 보고되었는데 D-O주기를 나타내는 아간빙기에 여름철 몬순이 강해진 결과 대량의 담수가 남중국해로 흘러들어가 염분도가 저하된 것이 $\delta^{18}O$값에 나타났다고 해석되었다(그림 6-16)(Wang 등, 1999). 이들이 가진 원격연결(tele-connection)의 메커니즘으로는 북반구에서 편서풍의 사행과 관련되어 있다고 지적되었다(Wang and Oba, 1998). 여름철 몬순은 서태평양에서 대륙을 향해 많은 양의 수분을 운반하고 폭우를 초래한다. 비가 내리는 위도는 편서풍의 위치에 의존하는데 현재의 여름철 편서풍은 북위 40~50도상에 위치한다. LGM에는 북대서양 해역이 차가워져서 고압대가 유지되고 편서풍도 강해져서 동아시아에서 편서풍의 위치는 북위 30도 부근까지 남하했다(COHMAP members, 1988). 반대로 D-O주기에 있는 아간빙기에는 동아시아 편서풍도 약해져서 그 위치가 현재 여름철과 마찬가지로 북위 40~50도에서 유지되고 많은 비가 동반되었다.

6.6.4 적도태평양 및 아열대순환에 대한 반응(일본의 가고시아 외해, 동중국해, 서적도태평양)

태평양 중·저위도지역인 아열대·열대지역에는 큰 표층순환이 존재한다. 북적도해류가 동적도태평양에서 서태평양의 온난한 수괴에 도달하고 그곳에서 출발한 쿠로시오해류는 동중국해로 유입하고, 일본 열도의 태평양연안을 따라 북상한 후 일본 동북지역 앞바다에서 동쪽으로 방향을 바꾸어 쿠로시오지류가 되어 다시 북미대륙 주변 해역을 돌아서 남동방향으로 방향을 바꾸면서 최종적으로 한 바퀴를 도는 커다란 순환이 된다.

서태평양 온난수괴(Western Pacific Warm Pool)는 지구상에서 가장 수온이 높은 수괴로, '열 엔진'의 근원이 되고 있다. LGM에는 서적도태평양에서 수온하강은 미약했으며(Ohkuchi 등, 1994; Thunnel 등, 1994; Martinez 등, 1997), 면적이 약간 축소되긴 했지만 서태평양의 온난한 수괴는 빙하기에도 존재했다. 인도차이나반도, 말레이반도, 수마트라, 보루네오, 자바섬 대륙붕은 해수면이 낮아지면서 육지가 되었고 선더랜드(Sundaland)라고 부른다. 마찬가지로 뉴기니아와 오스트레일리아 사이에 있는 대륙붕도 육지화되어 사플란드(Sahulland)가 되었다. 이러한 환경변화로 인해 인도네시아 다도해 주변해역과 주변 육지는 현재보다 건조했다(Kawahata, 1999).

동중국해도 해수면 하강으로 인해 대륙붕이 육지화되어 드넓은 저지대가 출현하게 되었고 해안선은 중국에서 바다 쪽으로 약 500km나 뻗어나가 육지기원 물질이 운반되는 데에도 큰 영향이 있었다(Kawahata 등, 2006). 이와 같은 저지대는 실트질 퇴적물이 주로 퇴적되기 때문에 홍수가 날 경우에는 불안정하다. 이 광활한 저지대에는 초본식물이 무성했었다는 결과가 화분 분석을 통해 밝혀졌다(Kawahata and Ohshima, 2004). 또한 화분 분석으로부터 해안선이 바다 쪽으로 수 백km나 이동되었지만 쿠로시오 해류의 방향은 현재와 크게 다르지 않았다(Kawahata and Ohshima, 2002).

북태평양 아열대 순환의 서쪽끝인 일본의 가고시마 외해에서는 겨울철 수온(알케논 수온)은 세차운동에 대응해서 23kyr과 30kyr의 주기를

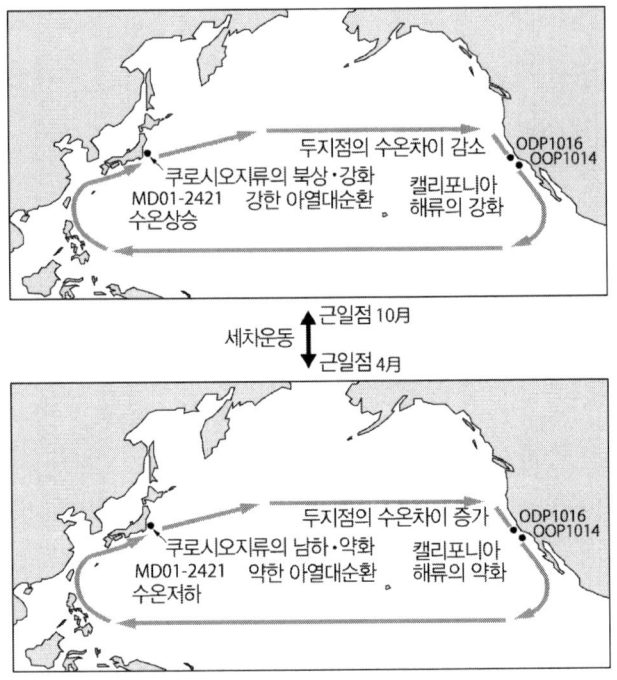

그림 6-17. 북태평양 아열대 해양순환의 세차운동에 대한 반응(山本, 2009)

보였다(Yamamoto 등, 2004). 전체적으로 간빙기에 온난하고 빙기에 한냉화되었다. 이 수온은 쿠로시오 지류와 오야시오 경계가 위도 방향으로 이동된 것을 반영하고, 쿠로시오가 강할 때는 유량이 크게 온난화되고 반대일 경우에는 한랭화된다(Qui and Chen, 2005). 다음으로 순환이 끝나는 동쪽 캘리포니아 외해의 ODP1016과 ODP1014 두 지점 사이의 수온차로부터 북에서 남으로 흐르는 캘리포니아해류의 강도를 평가하였다. 즉, 수온차이가 크고 작음은 흐름의 강약과 일치한다(Bograd and Lynn, 2003). 온도 차이는 1.4~6.1℃ 범위에서 변하는데 간빙기에 작고 빙기에 커지는 경향을 보였다. 게다가 과거 140ka에 걸쳐 일본 가

고시마 외해의 표층온도(SST; Sea Surface Temperature)와 캘리포니아 외해의 표층온도 차이는 역상관 관계를 나타냈으며 23kyr과 30kyr 주기를 나타냈다. 위상분석 결과 쿠로시오지류의 흐름이 강하거나 약할 때에는 캘리포니아 해류도 마찬가지로 강하고 약한 양상을 보이고 있어 세차운동 강제력에 대응해서 변동하고 있음을 지시하고 있다. 근일점이 10월일 때에는 순환이 강하고 4월에는 약했다(그림 6-17)(Yamamoto 등, 2007).

07

초장기 환경변화

지구표층환경 시스템을 연구하는 데 있어서는 시간해상도를 높인 해석도 중요하지만 전체적인 상황을 해석하는 것도 큰 변화를 파악하는 데 중요하므로 여기서는 초장기적인 표층환경의 변화에 대해 다루기로 한다. 신뢰가능한 자료가 많은 현생누대를 중심으로 대기 중 p_{O_2} 농도 등 생명권의 탄생이나 진화 등에 밀접하게 관련된 사항에 대해서는 선캄브리아시대를 포함하여 설명한다.

7.1 선캄브리아시대 이후의 지구표층환경 시스템 변화

7.1.1 유리산소 농도(p_{O_2}와 P_{O_2})의 변화

생물지구화학의 근간을 이루는 원소는 산소로 암석권을 포함하여 지구를 구성하는 원소 중에서도 존재도가 가장 높다. 지구의 산소는 대부분 규산알루미늄 등의 형태로 강하게 결합되어 있다. 대기 중에서는 유리산소(O_2)로 해수 중에는 산소분자로 존재할 수 있게 되기까지는 지구 역사의 반 정도에 달하는 시간이 필요했다. 지구표층환경 시스템에서 대기·해양에서 O_2를 증가시키는 과정으로는, 1) 광합성으로 인한 산소 생성, 2) 자외선 등과 같은 전자파로 산화물에 결합된 산소의 분리 등이 있다. 반대로 O_2를 감소시키는 과정으로는 1) 광합성에 의해 생성된 유기물의 산화 분해, 2) 암석에 있는 C^0(원소형태의 탄소), S^{2-} (황화물 이온), Fe^{2+}의 산화, 3) 화산가스가 포함하는 SO_2, H_2S, CO 등 과의 반응을 들 수 있다.

선캄브리아 시대에 시아노박테리아가 탄생하고 광합성을 통해 산소 와 유기물이 생산되게 되었다. 유기물은 퇴적 후 시간이 경과하게 되면 케로젠(kerogen)이라고 부르는 난분해성 고분자로 변한다. 이것은 석 유 또는 천연가스의 전단계 물질로 생각되는 것으로 퇴적암에 있는 유 기물 중 약 90% 이상을 차지하는 것으로 알려져 있다. 이렇게 해서 퇴 적암에 포함된 케로젠이나 열변성물질인 화석연료로서 존재하는 유기 물이 생산되었을 때 발생될 수 있는 산소생산 총량은 약 $129 \times 10^{19} \text{mol}$ 로 계산된다. 그러나 현재 대기 중에는 산소가 약 $3.8 \times 10^{19} \text{mol}$밖에 존 재하고 있지 않으므로 계산된 총량의 3%밖에 남아 있지 않다는 결론이 된다(표 7-1). 아래에 기술하는 바와 같이 원생누대에 형성된 호상철광 상에 동반되는 철의 산화($Fe^{2+} \rightarrow Fe^{3+}$) 등에 의해 상당히 많은 양의 O_2 가 소비된 것으로 판단되는데, 이에 대해 정량적으로 계산한 결과는 어

표 7-1. 지구표층환경 시스템에서 산소의 존재량과 유량

유기물 매몰에 따른 산소 증가량 ($10^{13} \text{molyr}^{-1} O_2$)		산소 감소량 ($10^{13} \text{molyr}^{-1} O_2$)	
해양	1.00 ± 0.25	암석함유 ^0C의 산화	0.75 ± 0.19
육지	$0.31 - 0.63$	S^{2-}의 산화	0.38 ± 0.13
증가량	$1.25 - 1.56$	Fe^{2+}의 산화	0.13 ± 0.06
		화산분화가스 중 SO_2, H_2 등의 산화	0.16 ± 0.09
		감소량	1.41
퇴적물 중 유기물		$570 (10^{18} \text{mol } O_2)$	
석유·석탄의 유기물		$0.61 - 0.84 (10^{18} \text{mol } O_2)$	
현재 대기		$38 (10^{18} \text{mol } O_2)$	

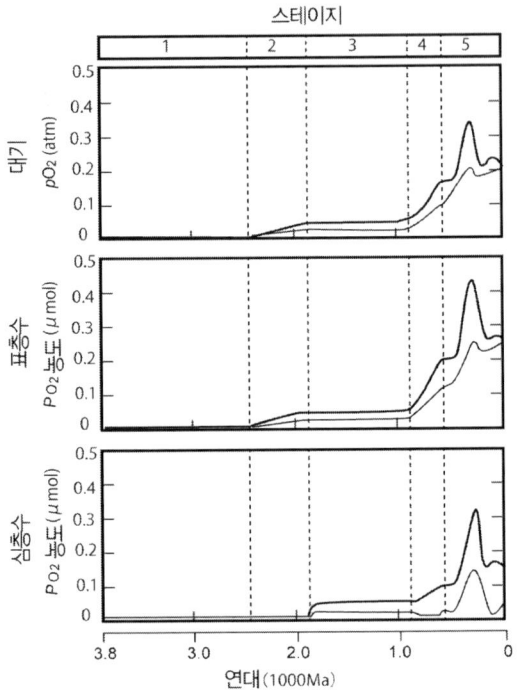

그림 7-1. 대기 중 산소농도(p_{O_2})와 심층해수 및 표층해수(P_{O_2})의 산소농도 변화(Holland, 2009를 개정). 그림에서 위의 가로축은 p_{O_2}로 분류한 스테이지, 스테이지 1(3800~2400Ma), 2(2400~1800Ma), 3(1800~850Ma), 4(850~540Ma), 5(540~0Ma).

떻게 해석하는지에 대한 답을 주지 못하고 있다.

지구역사 전체를 통해 대기 중 p_{O_2}나 해수 중 P_{O_2}는 크게 변화해왔다 (그림 7-1)(Holland, 2009). 2700Ma에 시아노박테리아에 의해 O_2가 생산되었고 해수에 용존하는 막대한 양의 철이 산화에 O_2가 다시 소비되었다. 표층수는 2400Ma경에 다소 산화적인 상태로 변했을지도 모르지만 심층은 여전히 무산소상태가 계속된 것으로 추정된다. 1800Ma에는 호상철광상 형성은 거의 끝나지만 육지에서는 1900Ma 이후 적색사암 (red sandstone)이 관찰되므로 이 시점에서 최초로 대기, 해양(표층, 심층) 전반에 유리산소가 퍼진 것으로 판단되고 있다. 호기성인 박테리아가 미토콘드리아가 되어 세포 내에서 공생했다는 점으로 보아 진핵생물은 더욱 높은 $P_{O_2}(p_{O_2})$상태에서 효율적으로 에너지를 획득할 수 있게 되었다. 미토콘드리아의 산소호흡은 파퇴르점($P_{O_2}(p_{O_2})$=0.01PAL)을 넘게 되면 가능한 것으로 알려지고 있다(2.3.4 참조). 초기의 아크리타크(소속 불명의 단세포형태의 미화석에 대한 총칭)는 2520Ma경에 출현한 것으로 추측되는데(Zang, 2007), 만약 이것이 진핵생물로 증명이 된다면 그 출현 시기는 원생누대 초기가 되지만 아직까지 여러 가지 의견이 있다.

그 후 850Ma까지는 p_{O_2}가 크게 상승했다는 증거가 없다. 광합성에 의한 유기물 생산과 분해 그리고 대륙의 화학풍화에 따른 산소 소비가 균형을 이루었을 것으로 판단되고 있다. 850~540Ma인 원생대 후기는 전 지구동결 시기를 제외하면 탄산염의 $\delta^{13}C$은 최고의 플러스값을 보인다. 이 원인은 막대한 양의 유기탄소가 해양저장소에서 제거되었기 때문으로 추정된다(Berner, 2004; Halverson 등, 2005). 또한 에디아카라 화석군 등을 통해 알 수 있는 생물 진화도 p_{O_2}의 증가에 힘입어 이루어진 것으로 추정되고 있다. 한편 전 지구 동결시에는 빙상퇴적물과 함께 호상철광상 등도 형성되었기 때문에 두꺼운 얼음으로 인해 대기와 해양과의 기체 교환이 방해를 받아 해양심층이 무산소상태로 되돌아갔다고 판단되기도 한다.

캄브리아기 초기의 p_{O_2}는 약 20% 정도로 현재와 거의 같은 수준이었다. 현생누대를 거치서 p_{O_2} 표층수의 p_{O_2}는 대규모적인 유기물의 매몰을 반영하여 석탄기에 최댓값을 보이는데 그 값은 약 30%에 달했다. 백악기 동안에 석유의 기원이 되는 유기물의 대량침적도 p_{O_2} 및 표층수의 P_{O_2}의 최댓값과 같이 나타나지만 백악기는 해양 무산소 이벤트 (OAE; Ocean Anoxic Events)에서 볼 수 있듯이 해양 내부가 무산소 혹은 빈산소 상태에 빠진 경우도 있었으므로 심층수의 P_{O_2}가 저하되었을 가능성도 있다.

곤충은 폐를 지니고 있지 않을 뿐만 아니라 코나 숨구멍도 없이 단지 몸 옆에 기문이라고 부르는 바늘구멍만한 기공이 체절마다 하나씩 열려 있다. 곤충은 이 기문을 이용해서 확산된 산소를 들이마시기 때문에 흡수효율이 낮고 일반적으로 곤충의 크기도 작다. 그러나 석탄기를 중심으로 한 시대에는 p_{O_2}가 30% 정도 높아서 거대한 곤충이나 육지에서 서식하는 절지동물이 활약할 수 있었다.

사람이 뿜어내는 호흡 중의 p_{O_2}(16%)에는 꽤 많은 산소가 남아 있는데,[1] 조류의 폐에 붙어 있는 기낭은 들이마실 때와 내뱉을 때 두 번에 걸쳐 폐로 공기를 통과하기 때문에 보다 많은 양의 산소를 섭취할 수가 있다(平沢, 2010). 현재의 조류가 공기밀도가 아주 낮은 상공에서도 호흡할 수 있는 것이나 쥐라기에 p_{O_2}가 매우 낮았던 환경에서 공룡이 거대화될 수 있었던 것 등은 기낭이 있었기 때문이다.

산업혁명 이전인 홀로세의 자연상태에서는 대기권의 p_{O_2}는 정상상태로 증감이 없었던 것으로 판단되고 있다(표 7-1). 식물의 광합성으로 생성된 유기물이 그대로 분해 또는 소비되어버리면 광합성으로 산소가 많이 생산된다 해도 p_{O_2} 증감은 없다. 반대로, 생산된 유기물이 퇴적물

---

1) 공기 중에 산소(p_{O_2})는 21%가 있고 물속에는 겨우 0.5%밖에 없어서 공기가 산소를 더 많이 포함한다. 인간이 익사하는 것은 산소가 부족하기 때문인데, 산소를 21% 용해시킬 수 있는 액체가 있으면 그 속에서 호흡할 수 있다. 펠풀오르톨푸틸아민용액은 다량의 산소를 용존시킬 수 있으므로 실험용 쥐로 실험한 결과 액체 속에서도 호흡할 수 있다는 것이 확인되었다.

속에 매몰되면 매몰된 유기물이 광합성할 때 발생된 O_2만큼 지구표층환경 시스템(대기·해양)에 p_{O_2}가 더해진다. 그러한 유량은 자연에서 물질순환 만으로는 육지, 해양 모두 합해서 약 $1.4 \times 10^{13} molyr^{-1}$이지만, 반대로 p_{O_2}가 감소하는 역할을 하는 육지의 암석 풍화로 약 $1.26 \times 10^{13} molyr^{-1}$, 화산가스의 산화로 약 $0.16 \times 10^{13} molyr^{-1}$로 거의 균형을 이루고 있다.

현재는 화석연료의 연소 등으로 P_{CO_2}의 증가($1.5 ppmyr^{-1}$=대기의 존재량으로 환산하면 $0.27 Pmolyr^{-1}$)가 특히 주목받고 있는데 화석연료의 연소는 산소를 소비시키는 작용을 하기 때문에 p_{O_2}는 $3.3 ppmyr^{-1}$(=$0.60 Pmolyr^{-1}$)의 속도로 감소하고 있다. 이 유량을 풍화($0.069 ppmyr^{-1}$=$1.26 \times 10 molyr^{-1}$)와 비교하면 약 50배가 된다.

7.1.2 해수에 용존하는 천이금속의 농도변화

해수에 용존하는 천이금속의 농도는 p_{O_2}나 P_{O_2}와 밀접한 관계가 있는 것으로 추측되는데 그 변동을 기준으로 크게 6개의 기간으로 분류할 수 있다. 즉, 1) 4600~2500Ma, 2) 2500~1800Ma, 3) 1800~800Ma, 4) 800~500Ma, 5) 500Ma~현재(그림 7-2). 2500Ma 이전의 해양은 무산소 수괴로 산소는 암석권에 머물러 있었다. 이것이 2700Ma에 탄생된 시아노박테리아에 의해 유리산소가 발생하게 되고 철은 Fe^{2+}에서 Fe^{3+}로 산화되어 2500~1800Ma에는 호상철광상이 생성되었고 용존 철이 급격히 감소되었다. 2500Ma에는 산화적 풍화가 증가하면서 몰리브덴(Mo)과 레니늄(Re)의 공급량이 증가한 것으로 추측된다(Anbar 등, 2007). 1800~800Ma에 대해서는 잘 알려지지 않았지만 표층수에서 P_{O_2}가 상승하였지만 중·심층에서는 여전히 P_{O_2}가 낮고 H_2S 가스를 다량으로 함유하고 있었다고 추정된다(Canfield, 1998; Lyons, 2008; Arnold 등, 2004). 800~500Ma에

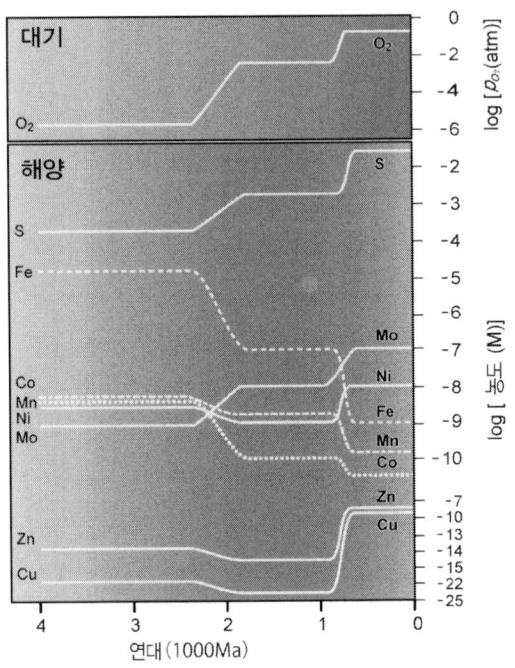

그림 7-2. 해수의 천이금속 농도의 시간적 변화(Anbar, 2008). 여기서 추정값은 근사치를
나타내는 것으로 단순히 지구화학모델과 과거 퇴적물을 통해 추측된 것을 토대로 한다.
흑백의 농도는 2400Ma 이전의 환원적이고 유황이 결핍되어 있던 환경에서 1800~
800Ma에 H_2S가 풍부한 해수로 변화된 것를 나타낸다. 그리고 800Ma 이후에는 완전히
산화적인 상태로 변화했다.

는 p_{O_2}가 급상승하면서 유황은 유산이온의 형태로 농도가 상승했다
(Canfield, 2005).

천이금속의 농도변화는 생물지구화학의 진화를 반영하고 있다.
2500Ma 이전에 해수는 환원적 환경이었으므로 Fe 농도는 현재보다 4단
위 정도 높은 $50\mu M$에 달했다고 계산되었다(Holland, 1973). Fe와 Mo는
질소를 초산화시키는 효소로서 중요한데 기본적으로 두 개의 원소 농도
가 낮았던 800Ma 이전에는 초산의 공급이 충분하지 않아서 1차 생산을

억제했을 수도 있다(Anbar and Knoll, 2002). 정상적인 해양저장소에서는 Fe의 유입과 함께 Fe의 침전도 일어나서 현재보다 더욱 역동적인 Fe의 순환이 이루어졌을 것이다. 이때 Fe의 침전과정에는 (ortho)인산염의 흡착침적이 촉진되는데 3200~1900Ma의 해수 중 인산농도는 현재의 10~25%정도여서 생물생산이 억제되었던 것으로 생각된다. 그러한 원인으로는 광합성효율과 탄소매몰률의 저하가 초래되어 오랜 기간에 걸쳐 p_{o_2}가 낮게 유지되었기 때문인 것으로 생각된다(Bjerrum and Canfield, 2002). 더욱이 Mo는 산화조건하에서는 MoO_4^{2-}의 착이온이 되기 때문에 현재 해수의 천이금속 중에서 가장 많이 용존해 있는 원소가 되었다(평균농도 105nM, 잔류시간은 약 800kyr).

Cu는 N_2O에서 N_2로 탈질되는 과정에 필요한 효소의 중요 원소이다. 그런 까닭에 Cu농도가 낮았던 800Ma 이전에 대기는 N_2O가 풍부한 상태였을 것으로 추측된다(Buick, 2007). 메탄생성과 관련된 것으로 생각되는 Ni는 환원적인 환경하에서 메탄생성에 중요한 역할을 해온 것 같다. 이 절에서는 Fe, Mo, Re, Cu 등의 농도변화에 영향을 주는 인자에 대해 기술했는데 금속원소는 금속착체로서 해수에 존재해왔다고 하는 가설이 있는 만큼 앞으로 이에 대한 연구가 기대된다.

진핵생물의 진화는 대략 800Ma 이후 p_{o_2}가 상승했던 시기와 일치하는데 p_{o_2}의 증가와 함께 Ni, Mo, Zn, Cu의 농도는 상승하고 Fe, Mn, Co의 농도는 감소했다. 현재 진핵생물은 원핵생물보다 Zn을 필요로 하며 Fe, Mn, Co는 필요로 하지 않는다. 또한 효소에서는 Co 대신 Zn을 쓰고 있으며 초산동화(질산동화)에는 Mo을 필요로 하는 것으로 알려져 있지만 이것은 과거 지구표층환경 시스템에서 생육환경을 반영하고 있을 것으로 판단된다(Dupont 등, 2006).

7.2 현생누대의 지구표층환경 시스템 변화

7.2.1 기후와 해수면의 변화

현생누대(Phanerozoic Eon)의 기후상태는 크게 변화해왔다. 현생누대 542Myr 동안에 온난기후, 한랭기후가 각각 네 차례(선캄브리아기시대부터 계속된 것을 포함하면 한랭기후는 다섯 차례) 반복되었다(Frakes 등, 1992; Shaviv and Veizer, 2003). 온난기후와 한랭기후의 기간을 비교하면 온난기후가 지속된 시간은 50~100Myr, 한랭기후의 기간은 제3기를 제외하면 37~80Myr로 비교적 짧고 주기적으로 반복된 일은 없었던 것 같다(Frakes 등, 1992).

캄브리아기가 시작된 시기에는 원생누대 후기부터 계속되어 온 한랭기후가 탁월했다(약 532Ma까지). 캄브리아기 초기부터 오르도비스기 후기까지(약 532~463Ma)는 온난한 기후가 유지되었으며 해수면도 높았고 시대의 흐름과 더불어 생물 다양성도 증가했다. 이 기간 초기에는 암염이나 석고 등과 같은 증발암이 형성되었다. 또한 오르도비스기에 화산활동은 활발했었다.

오르도비스기 후기부터 실루리아기 초기(약 463~429Ma)까지 해수면은 여전히 높았지만 기후는 한랭화되었다. 이 기간은 34Myr로 비교적 짧았지만 생물상에 관해서는 범세계적인 멸종사건이 많았으며, 특히 오르도비스기~실루리아기 경계에 있었던 이벤트에는 대부분 화석 종류가 멸종되었다는 점에서 가장 큰 이벤트로 인식되고 있다. 이것은 오르도비스기 후기의 빙하작용에 의해 일어나게 된 것 같다. 빙하기는 특히 오르도비스기의 가장 말기에 약 10Myr에 걸쳐 계속되었는데 번성과 쇠퇴가 3~4차례 반복되었다. 그 최성기에는 해수면이 내려갔으며 해양

순환이 강해져 심해에서 해저침식이 진행되고 용존산소량이 증가했다 (Barnes 등, 1995).

실루리아기 초기에서 석탄기 초기에 걸친(약 429~339Ma) 기후는 다시 온난한 상태로 회복되었고 기온도 높아졌다. 데본기 초기부터 석탄기 중기에 걸쳐서 화산활동은 육지·해양 모두 비교적 활발했을 것으로 추정되는데 이런 환경에서 지구 내부로부터 지구 표층저장소로 많은 양의 CO_2가 공급된 것 같다(Frakes 등, 1992). 거의 같은 시기에 대량의 유기탄소와 탄산염이 침적되었으며 온난기후 후반에는 암염이나 석고 등과 같은 증발암이 형성되었다.

석탄기 초기에서 페름기 후기(약 339~259Ma)까지의 80Myr에 걸쳐 기후는 한랭했고 해수면도 내려갔다. 페름기에는 대량의 증발암과 함께 석탄이 풍부한 셰일이 침적하였다.

페름기 후기부터 쥐라기 전기(약 259~185Ma) 사이에는 온난기후가 우세했다. 해수면은 비교적 낮았으며 강수량도 상대적으로 적어서 암염이나 석고가 침적하였다. 이 기간에는 제1급에 해당되는 생물멸종 사건이 두 차례 일어났다(책 맨 앞의 그래프 참조). 페름기/트라이아스기 경계(P/T경계)에 있었던 멸종사건에서는 해퇴에 의해 해양분지가 소멸되고 생식지의 파괴로 이어졌을 것으로 추측된다. 이러한 큰 사건으로 팡게아 초대륙에서 육지 면적이 확대되고 기후는 더욱 불안정해졌다. 페름기 종말 직전에 해퇴는 멈추고 해진이 시작되었다. 페름기가 끝날 무렵에는 대규모 화산활동이 일어나 해수 중 p_{O_2}가 내려가게 되는 시기도 종종 있었는데 이 현상 또한 생물이 멸종하는 데 하나의 원인이 되었을 것으로 추측된다. 멸종에는 여러 가지 원인을 생각할 수 있는데 대륙 바로 밑에서 발생되는 슈퍼플룸 활동 등이 지적되었다(그림 3-17)(磯崎, 1995, 1997). 한편 해안부근의 육지에서는 해진으로 인해 육상생물이 서식장소를 빼앗겨 대부분이 소멸되었다. 트라이아스기의 가장 말기에 일어난 사건은 해양생물에 커다란 영향을 미쳤다(Erwin, 1995).

쥐라기 중기에서 백악기 초기(약 185~140Ma)에 걸쳐서 기후는 전후와 비교했을 때 한랭화되었지만 그 정도는 크지 않아 평균기온은 현재보다도 높았던 것 같다(Frakes, 1979). 해수면은 쥐라기 초기(195Ma)부터 백악기 후기에 걸쳐 대체로 상승했지만 백악기 초기(140Ma)나 쥐라기에 빈번히 내려간 경우도 있었다(그림 4-4, 그림 4-8)(Hardenbol 등, 1998). 백악기 후기(100~70Ma)에 보였던 해수면 상승은 슈퍼플룸과 관계가 있는 것으로 생각된다(그림 4-5).

백악기 초기에서 에오세 중기까지의 기간(약 140~45Ma)은 기본적으로 무빙하(무빙상)시대로 해수면도 높고 기후도 온난했다(그림 4-4). 에오세/올리고세 경계(33.9Ma)에서 남극대륙에 본격적인 빙상이 탄생된 것으로 보인다(그림 5-1, 그림 5-6). 이것은 남극대륙과 남미-오스트레일리아 대륙이 분리되면서 남극순환류가 형성되어 남극대륙이 열적으로 고립화된 것과 밀접한 관련이 있는 것으로 추측된다. 또한 거의 같은 시기에 육지로 에워싸인 북극도 대기순환 등을 통해 주변과의 열수지가 변하게 되면서 한랭화가 시작되었다.

팔레오진에는 마이오세에 잠깐 온난화했던 때도 있었지만 기후는 전체적으로 한랭화되어 있었다(그림 5-1). 더욱이 제4기에 들어서서 남극대륙과 더불어 북미·유럽대륙에 대규모 빙상이 빙기에 발달하게 되어 한랭화를 한층 더 심화시켰다(그림 1-11).

7.2.2 생물다양성과 유기물 매몰의 변화

생물의 다양성은 지구적 규모의 멸종을 몇 번이나 경험하면서도 현생누대를 통해 증가해왔다. 다양성이 극단적으로 감소된 시기는 오래된 시기부터 오르도비스기 말(O/S 경계), 데본기 후기(F/F 경계), P/T 경계, 트라이아스기 말(T/J 경계), K/Pg 경계 등이다. 예를 들어 P/T 경계는 현생누대 중 가장 큰 멸종사건으로 평가되고 있는데 경계 바로 직후에는 주로 식물플랑크톤의 작용에 의해 지구생물 화학순환은 약 0.1Myr 동안에 회복되었지만 생물종 수가 회복되는 데는 약 20Myr이라는 시간이 필요했다.

생물의 멸종은 생물 종수의 감소로 나타나는데 탄소침적이라는 양적인 관점에서 보면 블랙셰일, 석탄, 석유 등의 생성은 유기탄소가 대규모로 매몰되었다는 것을 나타낸다(책 맨 앞의 그래프 참조). 석탄이 대규모로 생성된 것은 석탄기 후기에 북미와 유럽지역에 리그닌과 같은 난분해성 유기물을 가진 거대한 양치식물이 출현한 것과 관계가 있었던 것 같다. 한편 중국, 인도, 오스트레일리아 등과 같은 지역의 석탄 생성 시기는 주로 페름기였다. 트라이아스기, 쥐라기, 백악기에서 제3기에 걸쳐서도 석탄은 생성되었는데 중생대에는 나자식물이 우세해지면서 이들에 의해 유기물로부터 석탄이 생성되었다.

한편, 석유의 생성은 백악기에 압도적으로 많았으며 현재 매장량의 약 50% 이상을 차지한다. 석유의 근원암인 블랙셰일은 유기탄소를 수 % 이상 함유하고 있어서 흑색을 띤다. 현생누대를 통해 지역이나 기간이 한정되긴 하지만 석유가 많이 생성되었다. 특히 유럽에서는 백색의 석회암층에 유기탄소가 풍부한 흑색퇴적층이 협재되어 나타나는데 두 가지가 대조적인 색을 띠고 있어서 구별하기 쉽다. 블랙셰일에 포함된 유기물의 일부는 최종적으로는 석유로 숙성되며 저류암으로서 공극률이 높은 석회암이 동시에 퇴적된 것은 중동지역에서 석유가 생산되는 데에 아주 좋은 조건이 되었다. 현재 석유의 매장은 중동지역에 치우쳐 있는데 이 지역은 당시 테티스해에 위치해 있어서 용승이 활발하여 1차 생산도 높고 유기물의 퇴적속도도 높은 지역이었을 것으로 생각되고 있다.

7.2.3 해수 중 용존 무기탄소의 $\delta^{13}C$변화

해수에 용존된 무기탄소는 해수의 pH가 8.1 정도이면 중탄산이온 (HCO_3^-)이 주요이온이 된다. 탄산염과 중탄산이온의 동위원소 분별계수는 작기 때문에 탄산염의 $\delta^{13}C$값은 중탄산이온의 $\delta^{13}C$값을 반영하게 된다. 한편, 용존 중탄산이온과 유기물과의 동위원소 분별계수는 탄산염이 침전될 때의 분별과 비교하면 대단히 크다. 즉, 유기물은 해수의 용존무기탄소보다 압도적으로 ^{12}C가 풍부해서 유기탄소 매몰량이 증가함에 따라 해수저장소에서 ^{12}C가 우선적으로 제거된다(해수무기탄소 및 해성탄산염의 $\delta^{13}C$값은 커진다). 반대로, 유기물이 산화되어 해양으로 용출되거나 유기탄소 매몰속도가 떨어지게 되면 해수 무기탄소 및 해성탄산염의 $\delta^{13}C$값은 감소된다. 즉, 지구상에 존재하는 90% 이상의 식물을 구성하는 C3광합성회로의 경우(예 : 벼, 밀), $\delta^{13}C$값은 -25‰(-20~-30‰), C4식물(예 : 옥수수, 사탕수수)의 $\delta^{13}C$값은 -13‰(-6~-19‰), 선인장류나 파인애플과 같은 CAM(Crassulacean Acid Metabolism)식물의 경우에는 C3식물과 C4식물의 중간값을 나타낸다(그림 7-3). 따라서 해양의 용존 무기탄소나 해성탄산염의 $\delta^{13}C$값 변화는 해저퇴적물에 매몰되는 유기탄소량의 변화와 식물그룹을 반영한다.

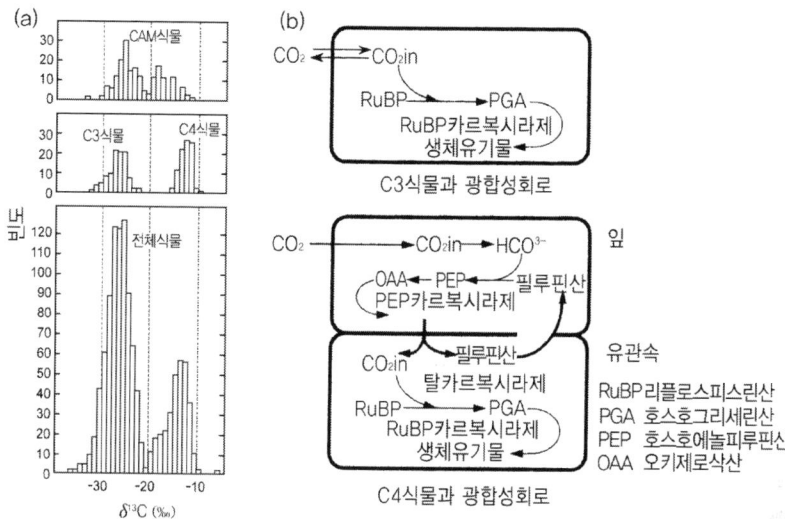

그림 7-3. (a) 육지식물 C3, C4, CAM식물의 유기탄소가 가진 $\delta^{13}C$값, (b) C3, C4,식물의 광합성회로

현생누대 동안 해수 중 용존 무기탄소의 $\delta^{13}C$값 변동곡선은 주로 완족류인 저Mg방해석(low magnesium calcite), 유공충 등에서 구할 수 있다(앞 표 참조). 현생누대에 $\delta^{13}C$값 커브는 -1±1‰에서 +2±1‰ PDB로 점점 증가하는 초장기적인 경향과 더불어 캄브리아기에서 실루리아기에 걸쳐 상승하고 데본기에 최솟값을 보인 후 다시 석탄기까지 상승하고 고생대에는 높은 값을 유지한다. 중생대와 신생대에는 1~3‰의 범위다. 이러한 장기변동에 단기적인 변화가 중첩되어 있다. 단기적인 피크는 탄소동위원소 사건(carbon isotopic event)으로 부르며, 유기물이 풍부한 셰일의 퇴적, 1차 생산의 증가, 생물의 대량멸종 등을 반영하고 있어 동위원소비 층서의 기준층으로 이용되는 경우도 많다(Hasegawa, 1997).

지구표층의 탄소저장소가 변화하면 유기물의 $\delta^{13}C$값도 마찬가지로 변화하게 된다. 양쪽을 정량적으로 자세하게 해석한 결과는 적지만 장기적인 탄산염과 유기탄소의 탄소분별은 종래의 25‰이라고 하는 견해보다는 최근 연구결과 평균 30‰ 정도임을 지시한다(Hayes 등, 1999). 실제로 탄소동위원소의 분별작용은 식물의 종류뿐만 아니라 p_{co_2}에도 의존하는 것으로 알려졌다(Kump and Arthur, 1999). 기본적으로 지구표층 저장소에서 유기탄소가 제거되고 그 매몰량이 증가하면 p_{co_2}는 감소하고 탄산염과 유기탄소 양쪽의 $\delta^{13}C$값은 증가한다.

7.2.4 유황동위원소비의 변화

대기-해양-지각의 상호작용에서 유황의 순환에는 주로 세 가지 과정이 중요하다. 1) 해수 중에 용존하는 유산이온이 석고/경석고 형태로 퇴적암으로 제거되고 그 퇴적암은 육지에서 다시 빗물에 의해 용해되어 해양으로 돌아온다. 2) 해수 중에 용존하는 유산이온이 유산환원박테리아에 의해 퇴적암에 황철광(FeS_2) 등의 유화물로 제거되고 그 퇴적암이 육지에서 빗물에 의해 산화되어 다시 황산이온으로 해양으로 돌아온다. 3) 해령의 열수순환계에서 해양지각암과 해수의 유산이온이 반응해서 환원되고 유화광물로 제거된다. 그 유화광물은 해구에서 섭입되어 일부는 마그마에 포함되었다가 육지의 화산활동에 의해 SO_2나 H_2S로 대기에 방출된다. 이들 SO_2나 H_2S는 광반응 등에 의해 짧은 시간 내에 황산이온으로 바뀌어 해양으로 돌아온다(그림 7-4). 해양에 존재하는 유산이온이 모두 퇴적암이나 해양지각으로 제거되어 해양저장소로 돌아가는 한 차례의 순환에 걸리는 시간은 8Myr인 것으로 추정된다.

해수 중에 용존하는 유산이온과 석고/경석고 사이의 동위원소 분별

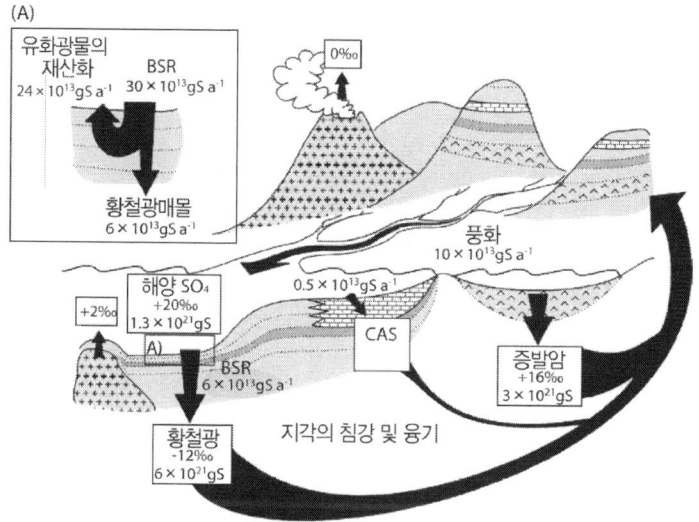

(A)

유화광물의
재산화
$24 \times 10^{13} gS\,a^{-1}$

BSR
$30 \times 10^{13} gS\,a^{-1}$

0‰

황철광매몰
$6 \times 10^{13} gS\,a^{-1}$

풍화
$10 \times 10^{13} gS\,a^{-1}$

해양 SO₄
+20‰
$1.3 \times 10^{21} gS$

$0.5 \times 10^{13} gS\,a^{-1}$

+2‰

(A)

BSR
$6 \times 10^{13} gS\,a^{-1}$

CAS

증발암
+16‰
$3 \times 10^{21} gS$

황철광
-12‰
$6 \times 10^{21} gS$

지각의 침강 및 융기

그림 7-4. 유황순환 모식도(Bottrell and Newton, 2006). 그림에 있는 BSR, CAS는 각각 박테리아에 의한 황산환원(bacterial sulfate reduction), 탄산염에 수반되는 유산염(carbonate-associated sulfate)을 나타낸다.

은 무시될 정도로 작기 때문에(Raab and Spiro, 1991) 증발암 중 유산염의 $\delta^{34}S$값은 해양에 용존해 있는 유산염의 $\delta^{34}S$값을 지시하는 것이 된다. 한편, 현재 환경에서 유산환원균의 활동에 따른 생성유화물과 유산이온 사이에는 40~60‰ 정도의 분별작용이 있으며 가벼운 동위원소를 풍부하게 지닌 유황이 환원 상태인 유화물에 농축된다. 따라서 가벼운 $\delta^{34}S$값을 가진 퇴적물 중의 유화물이 풍화되고 산화되어 해양으로 운반되면 해수 중 유산이온의 $\delta^{34}S$값은 다시 감소하게 된다(앞의 표 참조).

고생대 초기에 $\delta^{34}S$값은 +30‰로 최댓값을 보이고 데본기에는 최솟값 +17‰까지 감소하고, 다시 단기간에 +28‰까지 증가해서 고생대 말기인 페름기 후기에 최솟값 +10‰를 나타낸다. 그 후 현재는 +20‰

까지 상승했다. Kump(1989)의 모델에 의하면 황철광의 매몰은 고생대 전반에는 현재보다 2배 정도 컸고 그 후 석탄기에서 페름기까지는 현재의 0.5배 정도까지 내려가서 최근 180Myr 사이에는 거의 변화가 없었는데 이는 현생누대의 $\delta^{34}S$값으로부터 알 수 있다. $\delta^{34}S$값을 해석하는 데는 증발암뿐만 아니라 해성 탄산염에 포함되는 유산이온의 $\delta^{34}S$값을 측정하여 구하는 방법이 있다(Burdett 등, 1989; Kampschulte 등, 2001).

신생대 해수 중 유산이온의 $\delta^{34}S$값 변화에 대해서는 중정석(barite, $BaSo_4$)을 이용한 연구 결과가 있다. 즉, 65Ma에서 55Ma 사이에 +19‰에서 +17‰로 감소하고, 55Ma에서 45Ma에 걸쳐 +17‰에서 +22‰까지 증가, 35Ma에서 2Ma에 걸쳐 거의 일정한 값을 유지한 후 0.8‰ 감소된 것을 알 수 있다(책 맨 앞의 그래프 참조).

7.2.5 대기 중 이산화탄소농도(p_{co_2})의 변화

대기 중 p_{co_2}는 온실효과, 해양의 pH변화를 통해서 지구표층환경 시스템에 막대한 영향을 끼쳤다. 지질학적인 기록에 의하면 현생누대에는 탄산염 침적이 갑자기 중단된 시기가 있었다고 보고되어 있다. 그 원인으로는 p_{co_2}의 급속한 증가가 지적되었다. 예를 들어, 트라이아스기/쥐라기 경계에서는 화산활동의 급증으로 인해 p_{co_2}가 상승하였다(Palfy, 2003). 그 결과로 지구적 규모의 생물멸종이 일어났다. 아라고나이트는 방해석(calcite)보다 산성에 약해서 용해되기 쉽기 때문에 아라고나이트 생물각을 지닌 생물이 방해석(calcite) 생물각을 가진 생물로 치환되는 진화가 일어났다(Palfy, 2003; Hautmann, 2004). 더욱이 p_{co_2}는 pH를 떨어뜨려 탄산염의 용해 정도에 영향을 미쳐 생물경화작용까지 영향을 주는 데 반해 해수의 Mg/Ca비율은 결정형성 기구에 작용해서 생물각 중의 탄산 종류를 지배한다(7.2.8 참조).

탄산염 생물각을 만드는 생물 그룹의 성쇠는 p_{co_2}에 의존하는 것으로 생각되며 용존 탄산이온 양은 pH에 의존하는데 생물이 어느 종류의 용존 탄산이온을 이용하느냐에 따라서도 p_{co_2}와 관련이 있는 것으로 생각된다. 캄브리아기에서 신생대까지 p_{co_2}는 큰 변화를 보여 왔다. 시아노 박테리아와 조류는 높은 p_{co_2}와 낮은 p_{co_2} 때에 각각 우세했다는 학설도 있다(Yates and Robbins, 2001). 또한 낮은 p_{co_2} 쪽이 pH가 상승하기 때문에 중탄산이온의 비율은 높아진다(그림 7-5).

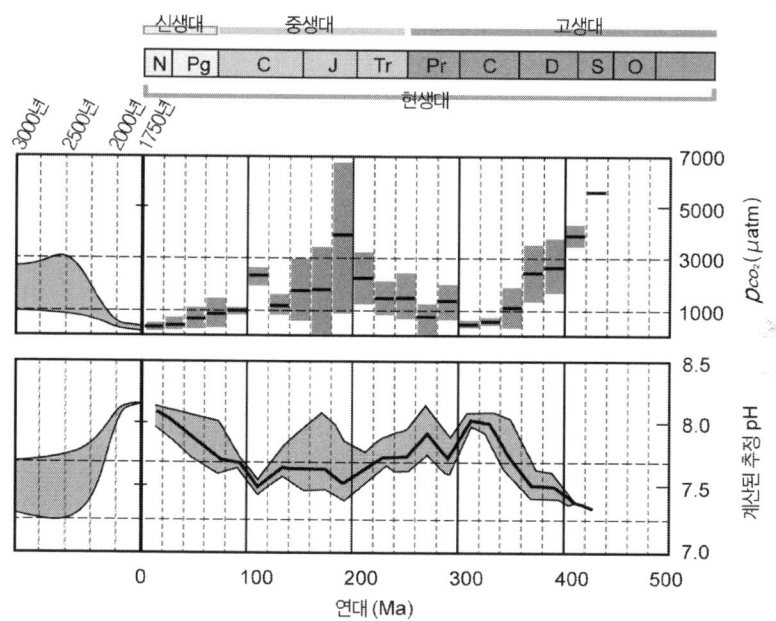

그림 7-5. 현생누대(그림 오른쪽)와 미래에 예상되는(그림 왼쪽) (a) p_{co_2}와 (b) 계산으로 얻어진 해양의 pH변화(Ridgwell and Zeebe, 2005). 가로로 된 점선은 다음 세기에 예상되는 p_{co_2}와 pH범위를 나타낸다. 그림의 회색과 검은색은 현생누대의 p_{co_2}와 pH 범위(±1σ)와 평균값을 각각 나타낸다.

해수에 용존하는 붕소(B)는 pH에 따라 이온 종 비율이 달라지며 이온 종류에 따라 동위원소비도 다르다. 따라서 탄산염에 보존된 붕소의 동위원소비를 분석하여 당시의 pH를 구할 수 있다. 더욱이 전탄산이나 알칼리도 등을 가정해서 최종적으로는 p_{co_2}를 구할 수 있다. 이러한 방법으로 신생대 동안 추정된 p_{co_2}에 대한 발표도 있었다(Pagani 등, 2005). 신생대 초기(약 60~45Ma)에는 p_{co_2}가 현재보다 상당히 높았을 것으로 믿어진다. 예를 들어, 60~52Ma에는 부유성 유공충의 δ^{11}B값으로부터 추정된 pH를 근거로 하면 p_{co_2}가 아마도 2,000μatm 이상이었던 것으로 추측된다 (Pearson and Palmer, 2000). 이 값은 백악기의 p_{co_2}와 같거나 더 높기 때문에(Takashima 등, 2006) 값이 너무 크다는 의견도 있다. 과거 해수의 δ^{11}B값에 상당한 오차가 있을 수도 있다는 것은 추정치에 불확실성을 가져오는 원인으로 생각되고 있다(Lemarchand 등, 2000; Pagani 등, 2005).

p_{co_2}를 추정하는 방법에는 식물 잎사귀의 기공 밀도를 조사하여 그 성질을 기초로 하는 경우도 있다. 그러한 화석정보를 근거로 하면 58~54Ma시기의 p_{co_2}는 300~450ppm로 붕소(B)동위원소를 토대로 한 것과 비교하면 작은 값이 된다(Royer 등, 2001).

7.2.6 해수의 δ^{18}O값 변화

제4기의 해수 중 δ^{18}O값은 10^4~10^5년이라는 짧은 스케일로 크게 변화해왔는데 이러한 변화는 대륙빙상의 번성과 쇠퇴로 설명되고 있다 (1.1.2(2)와 6.2). 긴 시간스케일(10^6~10^8년)에서는 수권과 암석권과의 반응이 중요하다. 전 지구의 δ^{18}O 평균값은 달에 있는 현무암이나 콘드라이트질 운석의 전암(bulk)에 나타나는 δ^{18}O값과 비슷한 약 +6‰

(SMOW 스케일)로 추정되고, 전체 멘틀에 있는 감람암의 +5.5‰, 해양지각의 약 +6‰이라는 값도 수권과 암석권이 반응과정에서 만들어진 값임을 지시하고 있다.

해수와 암석권이 반응할 때는 온도가 가장 중요하다. 1) 저온일 때 해수와 해양지각과의 반응에서는 풍화에 의해 점토광물이 생성되지만 점토광물은 ^{18}O가 풍부해서 해수의 $\delta^{18}O$값은 감소하는데 저온일수록 이 경향은 커진다. 2) 반대로 해양지각과 고온에서 열수반응을 할 때는 변성암의 $\delta^{18}O$값은 감소하고 해수의 $\delta^{18}O$값은 증가한다. 이러한 반응 온도의 분기점은 약 250℃로 녹니석이나 녹렴석이 출현하는 녹색암의 생성과 일치한다. 따라서 해양저 확장이 느려지면 열수반응이 억제되고 해수의 $\delta^{18}O$값은 감소하게 된다. 그러나 확장속도를 변화시켜도 그 영향은 작아서 해수 중 $\delta^{18}O$값의 변화량은 ±1‰ 정도에 그칠 것으로 평가된다(Gregory and Taylor, 1981).

Veizer 등(1999)은 완족류를 중심으로 해서 Mg함유량이 낮은 방해석의 생물기원 탄산염을 대상으로 2,000개의 시료를 분석했다. 그 결과 최저값이었던 오르도비스기에서 제4기까지에 해당되는 500Myr 기간에 $\delta^{18}O$값은 약 7‰ 상승한 것으로 나타났다. 이 연구에 이용된 생물기원 탄산염은 현재의 신선한 탄산염각질에 필적할 만큼 변질되지 않은 것이어서 $\delta^{18}O$값은 2차적(퇴적 후의 변질작용)인 값이 아니라 초기 단계의 값이 그대로 보존되고 있다고 생각된다. 이 값이 확실하다면 현생누대 동안 시대가 새로워질수록 $\delta^{18}O$값이 증가하는 경향은 해수와 해양지각과의 고온반응이 한층 약해졌거나 아니면 저온에서 풍화가 증가한 것에서 원인을 찾을 수 있다. 다시 말하면 전자는 확장속도가 감소했다는 것이고 후자는 육지 혹은 해저에서 풍화가 증가한 것을 반영하는 것이다(Walker and Lohmann, 1989).

위의 내용과는 별개로 해수량의 변화가 이와 같은 $\delta^{18}O$값에 영향을 미쳤다는 주장도 있다. 즉, 현재는 해양지각의 변성암이 동반되는 해구에서 멘틀로 제거되는 물의 양이 멘틀에서 방출되는 물의 양보다 많아지면 (초과하게 되면) 해수량이 감소된다는 모델 결과가 나왔다(그림 7-6) (Wallmann, 2001). 이 계산에 의하면 현생누대 동안 해수량은 6~10%

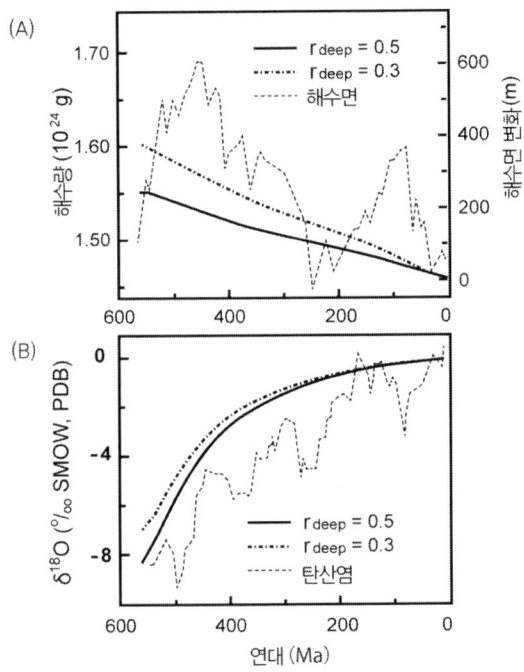

그림 7-6. 해수량과 산소동위원소비의 변화(Wallmann, 2001). (a) 현생누대 전체를 대상으로 두 가지 모델을 통해 얻어진 해수량과 Hallam(1992)에 의해 구해진 해수면 변화. 해수량이 10% 감소하게 되면 지구적 규모의 해수면효과는 대략 400m에 달한다. (b) 박스모델에 의해 계산된 해수의 $\delta^{18}O$값(‰ SMOW)의 변화와 Veizer 등(1999)에 의해 정리된 해양 생물기원 탄산염의 $\delta^{18}O$값(‰ PDB)과의 비교. 모델 계산으로 섭입대에서 속성작용이나 변성작용으로 인해 방출되고 해양으로 돌아오는 순환율(γ)을 변환시킨 경우에 해수 중 $\delta^{18}O$값 변화를 점선으로 표시하였다.

(0.09~0.14 × 10g) 감소하고, 수분은 고온변성암의 함수광물에 의해 멘틀로 운반되어 $\delta^{18}O$값이 낮은 물이 점차적으로 제거되었다는 결론이 나온다. 최종적으로 해수 중 $\delta^{18}O$값이 증가하고 생물기원 탄산염에 보존된 기록과 일치한다.

7.2.7 해수의 Sr동위원소비 변화

해수에서 Sr의 체류시간은 4100kyr인데 해수의 혼합(약 1.5kyr)과 비교하면 충분히 긴 시간이므로(Veizer, 1989) 어떤 시간에서든 모든 해양에서 동일한 조성을 나타낸다. 해수 중 Sr은 다음과 같은 세 가지 기원이 있다. 1) 육지를 구성하는 화강암 등과 같은 암석의 풍화생성물이 들어 있는 하천수에서 $^{87}Sr/^{86}Sr$비는 0.711 이상의 높은 값을 보인다. 2) 현무암 등과 같은 염기성암으로 보통 중앙해령에서 열수활동에 의해 해수로 공급된 것으로 $^{87}Sr/^{86}Sr$비는 0.703 정도의 낮은 값을 보인다. 3) 해수에서 침전된 탄산염으로 이는 해수의 조성과 별 차이가 없다. 기본적으로 해수의 $^{87}Sr/^{86}Sr$비는 1)과 2)의 기여도에 따라 결정된다. 하천이 상대적으로 크게 기여하면 그 비율은 커지고 해령확장과 동반된 열수활동이 활발하면 비율은 감소된다(Burke 등, 1982). 그러나 여기서 주의할 것은 대륙성 쇄설물이 해양으로 운반되는 것만으로는 해수의 $^{87}Sr/^{86}Sr$비가 상승하지 않는다. 즉, 해수의 $^{87}Sr/^{86}Sr$비를 변화시키는 데는 하천수, 지하수, 열수 등에 Sr이 용존체로 기여해야 한다.

^{87}Sr과 ^{86}Sr은 모두 안정동위원소이지만 암석에서 $^{87}Sr/^{86}Sr$비가 다르게 나타나는 이유는 다음과 같이 설명할 수 있다. 암석 중의 ^{87}Sr은 ^{87}Rb의 붕괴로 생성된다. ^{87}Rb는 반감기 488억 년에 ^{87}Sr로 붕괴된다(표 AP-1).

최초에는 $^{87}Sr/^{86}Sr$비가 같았다고 해도 Rb가 풍부한 암석은 시간이 경과될수록 $^{87}Sr/^{86}Sr$비율이 증가하게 된다. 일반적으로 대륙지각을 구성하는 암석에는 Rb가 많고 멘틀을 구성하는 암석에는 Rb가 적다. 해양지각은 상대적으로 Rb가 덜 포함된 멘틀암에서 생성되므로 $^{87}Sr/^{86}Sr$비는 대륙지각에 비해 작아진다.

$^{87}Sr/^{86}Sr$비는 현생누대 초기에는 현재와 거의 같은 수준인 0.709였는데, 450Ma, 370Ma, 330Ma, 250Ma, 150Ma에 가장 낮은 값을 보였다. 해양저에 증거가 많이 남아 있어 검증 가능한 백악기를 보면, 슈퍼플룸 활동이 활발하고 대규모로 해양대지가 형성되었다(Larson, 1991). 약 125~80Ma에는 해양지각도 확장속도가 빨라져 현재의 1.5~2배 수준으로 증가했으며(표 참조), 열수활동 또한 활발해서 낮은 $^{87}Sr/^{86}Sr$비가 나타났다.

슈퍼플룸은 백악기 중기 이외에도 오르도비스기 중기에 활동했다고 지적되고 있다. 점토암인 벤토나이트(bentonite)에 변질된 화산재가 광범위하게 분포되어 있는데 Hoff 등(1992)은 오르도비스기 중기의 K-벤토나이트의 연대를 454Ma로 결정했다. 이것은 1,000km³의 화산재 양에 상당하는 것으로 현생누대 전반에 걸쳐 알려진 분화 중에서 가장 큰 규모의 사건이다. 오르도비스기 이벤트를 백악기와 비교하면 비슷한 점이 상당히 많다. 즉, 1) 이 시기에 해수면이 현생누대 중에서 가장 높고, 2) 탄산염 침적도 광범위했으며(Berner, 1990), 3) 자성은 정자극으로 역전된 기록이 드물다는 것, 4) 469~443Ma쯤에는 블랙셰일이 광범위하게 침적했다는 것과 같은 특징이 있다. 이들 화산활동에 의해 생성된 암석의 변질이나 열수활동의 영향으로 해수 중의 $^{87}Sr/^{86}Sr$비도 낮은 값을 보이는 것으로 판단된다. 더욱이 오르도비스기 중기에 블랙셰일 등의 침적은 일반적으로는 무산소 수괴의 형성과 관련되어 있어야 하지만 생물권, 특히 저서 생물상에 거의 영향을 미치고 있지 않은 점은 흥미로운 일이다.

7.2.8 해수의 Mg/Ca비 변화

Mg은 암석권, 수권, 생물권에서 중요한 원소이다. 해수의 농도는 하천으로부터 원소 유입, 퇴적물에 의한 제거, 해령에서 열수활동과 관련된 열수변질 등으로부터 지배받는다(Von Damm 등, 1985a,b; Von Damm and Bischoff, 1987). 특히 Mg은 하천에서 유입되는 양의 약 50%가 해저 열수계에서 제거되고 있다. 해수 중에서 평균 체류시간은 대략 13Myr로 아주 오랜 시간이지만 해령활동과 밀접하게 관련되어 있는 열수활동의 성쇠에 따라 현생누대 기간에 해수 중 Mg/Ca비는 크게 변동되어왔다. 실제로 해수 중 용존 Mg/Ca비의 변화는 해수의 $^{87}Sr/^{86}Sr$비와 서로 마주보는 것과 같은 대칭관계를 갖는데 이는 증발암 자료에서 구한 해수의 Mg/Ca비 변동곡선과 잘 일치하고 있다(Hardie, 1996).

최근, 해수의 Mg/Ca비 변동이 주목을 받고 있는 것은 Mg/Ca비가 생물의 경화작용에 큰 영향을 준다고 평가되고 있기 때문이다. 형성하는 광물종은 Mg/Ca 비가 높은 시기에는 아라고나이트, Mg/Ca비가 낮은 시기에는 방해석 골격을 가진 생물이 우세했다는 것이 화석으로 확인되었다(Lowenstein 등, 2001). 현생생물을 이용한 사육실험에서도 이러한 사실을 뒷받침하는 결과가 나왔다(Ries, 2004). 더욱이 광물 종뿐만 아니라 생물광화 속도에도 큰 영향을 주는 것으로 나타났다(Stanley 등, 2005). 다만 Stanley 등 연구팀이 대상으로 한 것은 해양탄산염의 침전물, 시멘트물, ooids 등을 만드는 하등생물들이다(Stanley and Hardie,

1998, 1999). 석회화 생물 중에서도 유공충 등은 고등그룹에 속하며 스스로가 체내수의 화학조성을 조정할 수 있기 때문에 외계에 있는 Mg/Ca 등으로 광물이 바뀌는 일은 특이하다.

하등한 석회화 생물군을 중심으로 방해석이 탁월했던 시기는 고생대 캄브리아기부터 석탄기 초기, 쥐라기부터 백악기까지이며 캄브리아기 초기, 석탄기 중기부터 트라이아스기, 그리고 제3기에는 아라고나이트가 탁월했던 시기로 알려져 있다. 특히 캄브리아기에는 초기부터 중기에 걸쳐 석탄각 광물이 큰 변화를 보이고 있어서 해양환경이 크게 변화했음을 반영하는 것으로 보인다. 중생대에 슈퍼플룸이 활발했을 때에는 방해석 골격을 가진 생물이 탁월했다. 서유럽에서 자주 눈에 띄는 백악기 절벽은 코코리스의 방해석 각질로 구성되어 쵸크(chalk)가 대량으로 퇴적되었는데 이것도 당시 Mg/Ca비 등의 해수조성과 잘 일치한다.

7.2.9 해수의 Ca동위원소비 변화

현생누대 시기의 해수의 $\delta^{44}/^{40}$Ca비는 탄산염과 인산염의 Ca동위원소 분석을 통해 얻어졌다. 여기서

$$\delta^{44}/^{40}Ca = [(^{44}Ca / {}^{40}Ca)_{\text{시료}} / (^{44}Ca / {}^{40}Ca)_{\text{표준}}-1] \times 1000 \ [2)]$$

이들 광물 값은 해수의 Ca동위원소비($\delta^{44}/^{40}$Ca$_{sw}$), 침적된 광물, 수온, 속도론적 효과의 영향을 받는다(표 7-2). 현재의 $\delta^{44}/^{40}$Ca$_{sw}$비는 1.88±0.1‰

---

2) 칼슘동위원소 분석의 표준으로 이용되는 물질은 미국의 국립표준기술연구소(National Institute of Standards and Technology)가 제공하고 있는 인증 표준물질(Standard Reference Material), 시약번호 915a이다.

표 7-2. 해수와 방해석 껍데기(완족류, 시석(Belimnite), 유공충, 이매패, 해양에서 자생하는 인산염)의 Ca동위원소분별 값($\alpha_{cc/sw}$)

물질	$\alpha_{cc/sw}$	1000 ln($\alpha_{cc/sw}$) (‰)	$\delta^{44/40}$Ca온도 의존성 (‰°C^{-1})
완족류	0.99915[a]	− 0.85	< 0.015
시석	0.99860[b]	− 1.40	< 0.020
유공충	0.99906[c]	− 0.94	< 0.020
이매패	0.99850[d]	− 1.50	～ 0.250 [f]
해양 자생 인산염	0.99910[e]	− 0.90	< 0.020

[a] Gussone 등, 2005; Farkas 등, 2007; [b] Farkas 등, 2007; [c] Heuser 등, 2005;
[d] Steuber and Buhl, 2006; [e] Schmitt 등, 2003; [f] Immenhauser 등, 2005.

로 수심과 상관없이 지구적 규모에서 동일한 값을 갖는다. 그 이유는 체류시간이 약 1Myr로 길어 심층대순환에 소요되는 1.5kyr과 비교했을 때 매우 혼합이 잘 되었기 때문이다. 해수의 $\delta^{44/40}$Ca$_{sw}$비에 영향을 주는 인자 중에서 하천에서 유입된 값은 정확히 알 수 없지만 대략 0.8±0.2‰ 로 보고 있다(Zhu and Macdougall, 1998). 고온열수의 $\delta^{44/40}$Ca비는 약 0.9±0.2‰로 단시간에 크게 변화하지 않은 것으로 생각되고 있다(Amini 등, 2006). 중앙해령에서는 저온분출도 중요한 것으로 알려져 있는데 그 값은 더 작을 것으로 생각되며 열수 전체의 $\delta^{44/40}$Ca비는 0.7‰ 정도로 추정된다. 돌로마이트(dolomite)가 될 때 방출되는 해수 중 $\delta^{44/40}$Ca비는 0.3±0.2‰ 정도로 추정된다. 또한 침적하는 방해석과 아라고나이트의 $\delta^{44/40}$Ca 비는 약 0.95±0.3‰와 약 0.4±0.2‰이며 탄산염 전체로는 약 0.7±0.2‰로 추정되고 있다.

추정된 $\delta^{44/40}$Ca$_{sw}$비는 전체적으로 오르도비스기의 값인 약 1.3‰에서 현재의 약 2.0‰까지 증가하고 있으며, 석탄기 초기부터 페름기 초기, 오르도비스기 중기, 데본기 중기/후기, 페름기 후기 등에서 볼 수 있는 단기간에 나타나는 플러스 피크(값), 그리고 실루리아기 중기, 데본기 후기, 석탄기 초기, 쥐라기 후기, 백악기 초기/후기, 제3기 등에서는 짧은 기간의 마이너스 피크(값)이 관찰되었다. 이 변화를 해석하기 위해 해령확장 속도, 돌로마이트화, p_{co_2}, 육상풍화 등을 $^{87}Sr/^{86}Sr$비, Mg/Ca비 등을 이용하여 계산해본 결과, $\delta^{44}/^{40}Ca_{sw}$비를 지배하는 결정적인 인자는 열수활동과 같은 지각변동 관련인자로 이것에 침적하는 광물종의 변화가 더해진 것을 지시한다(그림 7-7)(Farkas 등, 2007). 더욱이 von Allmen 등(2010)은 현재 생존하는 완족동물 종류에 대해 동일각(균일각) 내부에서 약 0.3‰의 불균질이 나타나고 있음을 확인했는데 과거의 $\delta^{44}/^{40}Ca$비를 계통적으로 복원할 때 화석시료 중 어느 부분을 분석해야 하는지에 대한 의문을 제시하고 있다.

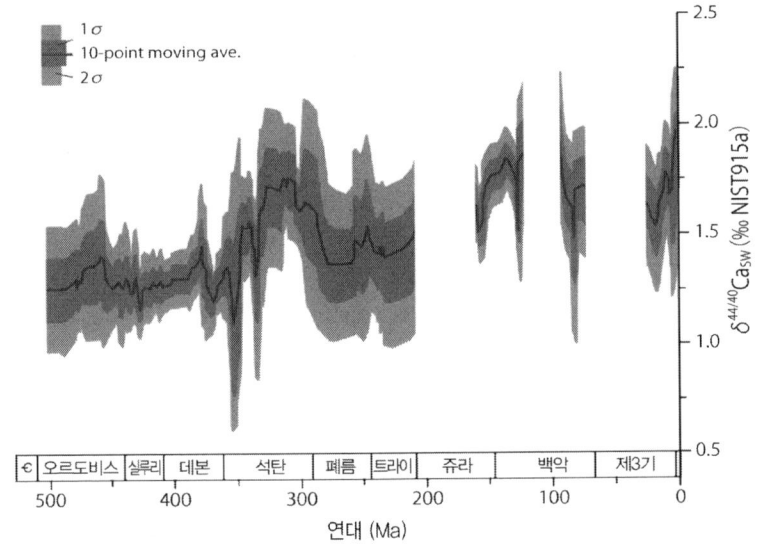

그림 7-7. 해양의 생물기원 탄산염 분석 값을 기초로 한 현생누대의 $\delta^{44}/^{40}Ca_{sw}$비 변화. 이동평균(굵은 선)은 10개의 값을 평균한 값이며, 회색으로 칠한 부분은 Gaussian 분포를 나타내는 것으로 68%(±1σ)와 95%(±2σ)의 범위이다(Farkas 등, 2007; 시간스케일은 Harland 등, 1990).

7.2.10 해수의 실리카농도

선캄브리아시대 동안에 용존 실리카의 침적은 오팔($SiO_2 \cdot nH_2O$), 점토광물, 제올라이트, 유기물, 아마도 박테리아와 반응했을 것으로 추측되지만 해양저장소에서 제거되는 패턴은 기본적으로 무기적이었다(Siever, 1992). 그러나 오르도비스기 이후부터는 이와 같은 무기적인 제거는 대규모로 일어나지 않았으며 생물기원 오팔이 생성과 침적되는 생물과정이 중요한 역할을 담당했다(Maliva 등, 1989). 진핵생물에 의한 용존 실리카의 고정은 캄브리아기에 출현한 방산충이 오르도비스기 이후에 진화하면서 변화된 것으로 생각된다. 그 당시 해수 중 용존 실리카 농도는 처트(chert)가 형성되는 과정에 오팔(Opal)-CT라고 하는 광물이 노듈(단괴) 등에 침적되는 것으로 봐서 아마도 이 광물의 포화수준보다 약간 높은 수준의 농도였을 것으로 생각된다. 실제로 용존 실리카가 포화되었을 경우 방산충의 생산은 질산이나 철 등이 제한적인 원소가 되고 있다. 그리고 최종적으로 백악기에 규소가 등장하면서 (4.3.5 참조) 용존 실리카 농도는 현재 수준까지 내려갔다고 생각되고 있다(그림 7-8)(Racki and Cordey, 2000).

고생대의 용존 실리카 농도는 $60mgL^{-1}$을 넘을 정도로 높았는데 P/T경계 부근에서 대량멸종이 있은 후 단계적으로 감소해서 신생대에는 규조의 번식과 더불어 $2mgL^{-1}$을 밑도는 수준까지 내려갔다. 고생대에서 중생대에 걸친 시기에는 용존산소와 Fe, 그리고 용존 실리카가 서로 연관되었을 가능성도 지적되고 있다. P/T경계의 해양에서는 무산소상태(anoxic)가 나타났는데, 무산소상태가 되면 해수 중 Fe농도가 상승했을 것으로 추정된다. 규조는 산소를 매개로 해서 Fe를 선택적으로 이용하는데(Falkowski 등, 1998), 이런 상황은 규질플랑크톤의 진화에도

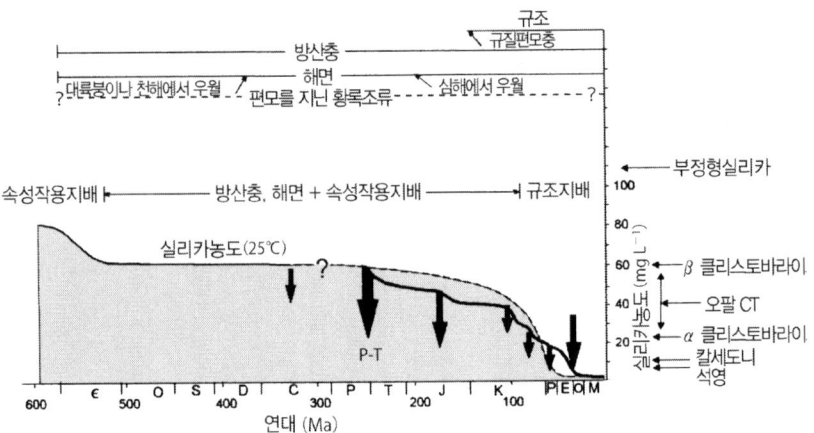

그림 7-8. 현생누대 동안 실리카농도의 변화(Racki and Cordey, 2000)

영향을 주었을 것이다.

현재 해양의 실리카농도는 전형적인 심층수의 경우가 50~100μM(3~6mgL^{-1}) 이고, 표층수가 0~30μM(0~1.8mgL^{-1})로 대서양이 훨씬 낮다(Nelson and Dorch, 1996). 또한 규조나 방산충의 일부는 생산이 가장 활발한 장소가 극지의 용승지역인데 개체의 크기나 껍질이 두꺼운 규조는 기본적으로 용승이 활발한 고위도 지역에서 볼 수 있다(Falkowski 등, 1998). 전체적으로 신생대를 거치면서 방산충 껍데기의 무게 감소와 규조가 더욱 다양해지는 것과는 역상관관계를 보인다(Harper and Knoll, 1975). 해양의 얕은 층에서 서식하는 해면의 경우에도 껍데기가 얇아지거나 실리카 농도가 높은 심해로 서식지를 옮긴 종도 있다(Gammon 등, 2000).

현재 편모조 *synurophyte flagellates*는 실리카 농도가 매우 낮은 상태에서도 생존하며 생물경화작용을 하고 있다고 알려져 있다. 이 그룹은 장래에 어떤 이유로 용존 실리카 농도가 더욱 내려갔을 때 생태계에서 우점종이 될 가능성이 있다.

7.3 우주선이 기후에 미치는 영향

이제까지 지구표층환경 시스템에 영향을 주는 지구 외의 현상 중 운석 등과 같이 짧은 시간에 일어나는 충격적인 사항에 대해서만 언급했는데, 최근에는 태양계 밖에서 일어나는 여러 가지 사건이 지구표층환경 시스템이나 생명진화에 관계되어 있을 것이라는 견해가 논의되고 있어 여기서 소개한다(Svensmark, 2007).

지면에 도달하는 태양의 일사 총량은 약 $200Wm^{-2}$로 1750년과 비교했을 때 현재는 $+1.6Wm^{-2}$ 증가한 것으로 추정된다. 증가 원인의 대부분은 CO_2를 비롯한 온실효과 기체인데 이 원인에는 정량적 평가가 어려운 구름의 양이 빠져 있기 때문이다. IPCC의 보고서에서도 구름에 의한 기후의 방사강제력은 $-0.3 \sim -1.8Wm^{-2}$로 평가의 폭이 클 뿐만 아니라 CO_2에 의한 값 $+1.7Wm^{-2}$과 비교해도 큰 값이 된다. 저층의 구름은 현재 평균적으로 지구표면의 25% 이상을 덮고 있는 것으로 판단되고 있으며 이것이 일사를 반사한다. 단순한 모델로 가정하면 구름양이 2% 정도만 증가해도 방사강제력은 $-1.2Wm^{-2}$가 된다. 구름의 생성되는 과정에서는 일사에 포함되는 가시광선이나 자외선보다도 강력한 은하로부터 도달하는 우주선, 즉 높은 에너지의 신성(新星) 등에서 발생되는 μ입자가 중요한데, 특히 고도 3.2km보다 저층에 있는 구름과 우주선량(CRF; Cosmic Ray Flux)과의 상관은 매우 높다(Marsh and Svensmark, 2000).

오늘 날, 이렇게 우주선이 기후에 미치는 영향에 대한 가설은 기후과학자나 환경관련 학자로부터 인정을 받지 못하고 있지만 지구가 경험해온 기후나 환경을 상세하게 설명할 수 있다는 점을 지적하고 싶다(그림 7-9).

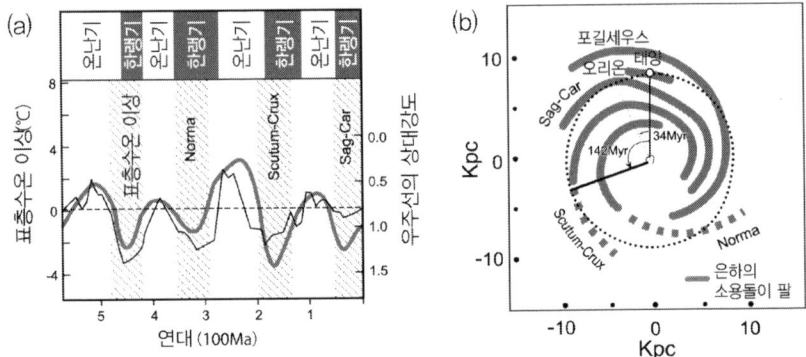

그림 7-9. (a) 열대지역의 표층수온 커브(온도 ℃로 표시)에서도 나타나듯이 현생누대에 걸쳐 '온난지구'와 '한랭지구'는 네 차례 반복되었다. 한랭화기후 시기는 태양계가 은하의 소용돌이 팔(spiral arms)을 횡단할 때 나타나는 우주선량의 증가시기와 일치하고 있다. 굵은 선은 우주선량을 나타내며 가는 선은 수온을 나타낸다. (b) 은하계의 소용돌이 팔과 태양계 위치와의 관계는 과거 200Myr간에는 각도 ∅의 차이로 표시 가능하다. 최근 소용돌이 팔을 통과한 것은 ∅1와 ∅2로 각각 100°, 25° 회전했을 때였다(Svensmark, 2006). 태양계가 각각의 와상완을 통과하게 되면 구름의 양이 증가해서 기후는 한랭화되었다 (Svensmark, 2007).

현생누대의 기후상태는 한랭기후와 온난기후가 번갈아가며 되풀이 해왔다(Frakes 등, 1992). 그러나 그 원인은 잘 이해되지 않고 있다. 실제로 가장 영향이 클 것 같은 p_{co_2}와 한랭, 온난과의 사이에서는 전체적으로 상관관계가 인정되고 있지 않다. 다만, 이러한 무상관은 수억 년 간에 변동한 p_{co_2} 추정이 모델결과에 근거하기 때문에 그 정확도에 문제가 있을 수 있다. 한편, CRF와 탄산염의 $\delta^{18}O$값에서 구한 수온과의 사이에는 강한 상관관계가 확인되었는데 해수온도 변동의 66%가 CRF에서 기인되는 것으로 해석되었다. 이 CRF의 변동은 기본적으로 태양계가 은하의 소용돌이 팔(spiral arms)을 옆으로 통과하는 순간에 증가한다.

과거 200Ma에 걸친 은하의 와상완과 태양계와의 관계를 해석한 결과, Spr-Car로 불리는 와상완, Scrutum-Crux로 불리는 와상완을 통과한 시기는 각각 34±6Ma와 142±8kyr로 추정되었는데 적도지역에서 일어난 수온저하와 일치했다.

태양의 밝기는 지구가 탄생된 초기에는 현재의 67.7% 수준이었는데 대기 조성 등이 현재와 같은 수준이라고 한다면 25K° 한랭화된 것이 된다. 지구탄생 이래 20억 년 동안은 빙기에 대한 기록이 없는 만큼 온난했을 것으로 추측하고 있다. 탄생 당시의 태양은 활동적이었기 때문에 태양풍이 강하고 에너지가 높은 우주선을 뿜어내었기 때문에 구름 등이 형성되지 않고 지구표층은 온난한 상태로 유지되었을 것이다.

08

인간권의 성립과 현대 및
근 미래 환경의 행방

    인류는 제3기 말에 탄생하여 제4기에 크게 발전하게 되었다. 인류의 활동은 20세기 후반에 들어서는 지구 규모로 환경문제를 일으킬 만큼 확대되어 '인간권'으로 부를 수 있는 세계를 구축했다(松井, 2005). 8장에서는 인류시대의 환경변화에 대해 기술하면서 더불어 46억 년간 이어져온 지구표층환경 변화 관점에서 '인간권'이 확대되어가고 있는 현대와 가까운 미래의 지구표층환경에 대한 상징적인 내용에 대해 다루기로 한다. 또한 인류의 진화계통에 대해서는 몇몇 교재에 소개되고 있으므로 여기서는 간략하게 추가하기로 한다(町田 등, 2003; 일본 제4기학회편, 2007).

8.1 인류의 발전과 환경

8.1.1 인류의 진화계통

    인류는 영장류에서 분기되어 탄생된 것으로 생각되고 있는데, 인류의 탄생과 진화는 화석인류를 연구하는 고인류학과 유전자정보를 통해 조상을 찾고자 하는 분자생물학적 연구의 두 가지 측면에서 탐구되어왔

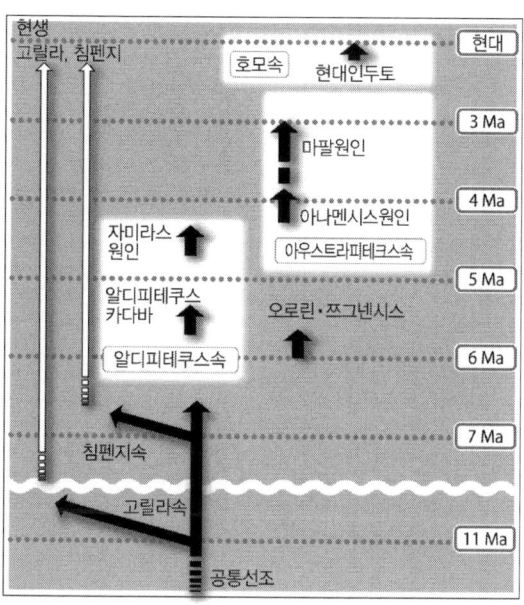

그림 8-1. 원숭이에서 인간이라는 속(Homo)으로 진화. 인류는 11Ma에 고릴라, 7Ma에 침팬지로 분리되어 4.4Ma에 탄생되었다. 원인류(猿人類)에서 원인(原人)으로, 그리고 다시 새로운 인간으로 발전하여 현대인에 이르렀다. 전신이 골격인 것으로는 알디피테 쿠스속인 라미다스 원인이 가장 오래되었다(White 등, 2009).

다. DNA분석으로부터 사람이 침팬지와 깊은 관계에 있다는 것을 알아 냈다. 유인원과 원인의 경계에 위치하며 뇌의 용량이 약 350cc로 원숭이 보다 크지만 인류의 특징인 이족보행 근거가 없는 것으로 중앙아프리카, 차드 7000~6600Ka[1] 지층에서 사에란트로프스(Sahelanthropus)화석이 발견되었다. 가장 오래된 전신골격 화석, 알디피테쿠스(Ardipithecus ramidus)(약 4400Ka)가 에디오피아에서 발견되었는데 신장이 약 120cm, 체중 약 50kg로 직립 이족보행을 한 것으로 판단된다(White 등, 2009) (그림 8-1).

---

1) 8A : Ka=1000년 역년 전, ka=1000년 전(14C연대).

오스트랄로피테쿠스속(屬)에서는 뇌용량은 400~500cc까지 증가하고 두 개골은 유인원의 것과는 확실하게 달랐다. 에디오피아의 아파지역에 분포하는 3000Ka 지층에서는 오스트랄로피테쿠스 아파렌스(Australopithecus afarensis)(뇌 용량은 약 400cc)가 발견되었다. 오스트랄로피테쿠스속에 이어 호모 하빌리스(Homo habilis)(뇌용량은 600cc)가, 호모 에렉투스(Homo erectus)가 출현하였는데 호모 에렉투스의 뇌 용량은 800cc 이상까지 커졌다(그림 8-2).

우리 인간은 호모 사피엔스(Homo sapiens)에 속하는데 최초로 도구를 사용한 호모 하비리스, 불을 사용한 호모 에렉투스(원인)로 진화했으며 호모 사피엔스의 뇌의 용량은 1,200cc를 넘을 정도까지 발달했다.

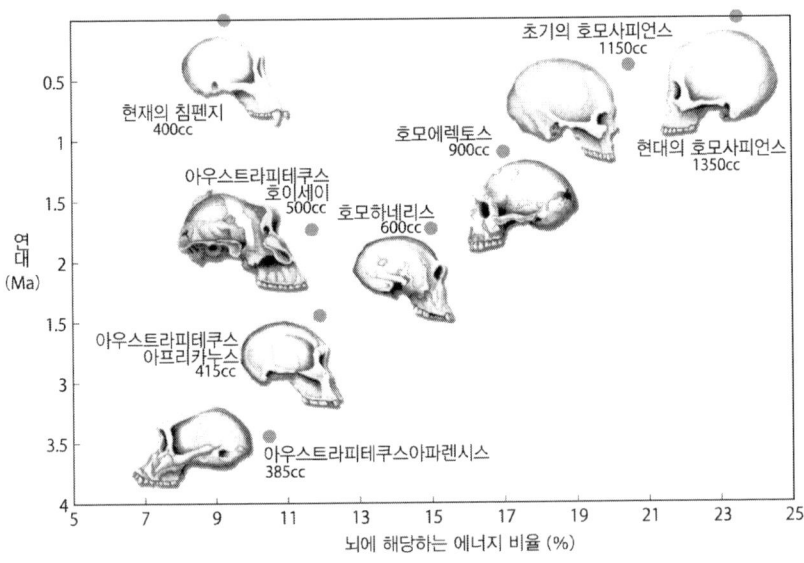

그림 8-2. 커지는 뇌와 증가하는 필요 에너지(Milton, 1993). 인류 진화의 역사를 보면 뇌는 시대와 함께 커지고 보다 많은 에너지를 필요로 하게 되었다. 현대인은 오스트랄로피테쿠스류와 비교해서 뇌에 할당된 에너지양의 비율은 10~12%가 더 많다.

유인원 화석은 모두 아프리카에서 발견되었으므로 인류가 탄생한 곳은 아프리카일 것으로 추정되지만 이들이 여기저기 흩어져서 파생된 자바원인(Homo erectus erectus)(약 1500~1000Ka)이나 북경원인(Homo erectus pekinensis)(약 500~230Ka)은 이름에서 알 수 있듯이 호모 에렉투스에 속하지만 우리 인간의 직접적인 조상이 되지는 않는다. 직접적인 인류의 조상은 아프리카에서 20만 년 전(약 196Ka)에 탄생하여 수만 년 전(약 60Ka)인 빙기에 여러 곳으로 흩어진 것으로 생각된다(海部, 2005; McDougall 등, 2005).

　인류 이외의 다른 동물에는 여러 아종이 있는 것과는 달리 인류에 한 종밖에 없는 이유는 인류가 모든 동물을 능가하는 이동력과 적응력을 가진 역사상 가장 강한 생물이기 때문이다. 35Ka경에 유럽에서는 네안데르탈인이, 시베리아에서는 호모 에렉투스가 생존했었던 것으로 보고되었으며, 짧은 기간이긴 하지만 지구상에 여러 종이 공존했던 시대도 있었던 것 같다. 인류의 생태적 지위에는 다른 동물처럼 비슷한 두 개의 생물종이 같은 영역에 존재하지 않았다. 이 때문에 홀로세 무렵에는 호모 사피엔스가 모든 생태적 지위를 독점하게 되었다.

　인류는 아프리카를 출발해서 전 세계로 확산되어갔는데 유럽과 같이 위도가 높고 일조량이 약한 지역에서는 자외선을 받아들여 비타민D 등을 피부에서 합성시킴으로써 뼈의 발육을 촉진시킨다거나 면역계의 이상을 피하기 위해 피부색이 하얀 쪽이 유리했다. 백인은 멜라노머(melanoma, 멜라닌 색소가 존재하는 세포에서 발생하는 피부암, 점과 유사한 악성종양) 병에 걸리는 사람이 다른 인종에 비해 상대적으로 많은데 황색인종의 100배나 된다. 백인은 고위도지역에 적응했기 때문에 하얀 피부로 진화했는데 최근 오존층파괴에 따른 자외선 증가로 오스트레일리아 등의 남반구에서는 오존홀에서 기인하는 자외선 확대로 인해 백인의 피부암이 급증하고 있다.

8.1.2 인류의 진화와 대사 소비 에너지

인류는 진화가 단성분인 영장류와는 직립이족보행, 거대한 뇌 그리고 한랭지까지 분포한다는 것 등으로 근본적으로 다르다. 최근 연구결과 특히 문명을 가져온 뇌의 발달은 에너지대사와 밀접하게 관련되어 있음이 발표되었다(Leonard, 2002).

영양학적으로 보아도 인간의 거대한 뇌는 매우 특수한 것이어서, 단위중량으로 비교하면 아무런 활동을 하지 않고 안정을 취하고 있을 때마저도 근육조직의 16배에 달하는 에너지를 소비한다. 인류가 안정할 때의 기초대사(소비에너지)는 같은 크기의 표유류와 비교했을 때 특히 많다고 할 수는 없지만 매일 섭취하는 에너지의 대부분을 뇌에 할당하고 있다. 성인 뇌의 기초대사량은 총에너지 소비의 20~25%에 달하며 보통 영장류의 8~10%를 크게 웃돌고 포유류 일반의 3~5%를 훨씬 넘어서는 것이다.

성인 1명의 뇌가 최대로 활성화될 때는 1시간에 10g의 글루코오스를 산화할 수 있다(佐藤·細矢, 1998). 37℃(310.15K)에서 글루코오스, 이산화탄소, 산소의 생성 엔탈피(enthalpy)를 보면

$\Delta Hf(C_6H_{12}O_6) = -1274\text{kJmol}^{-1}$, $\Delta Hf(CO_2) = -393.5\text{kJmol}^{-1}$,

$\Delta Hf(H_2O) = 285.4\text{kJmol}^{-1}$

이다. 글루코오스의 반응식은

$C_6H_{12}O_6 + 6\overset{.}{O}_2(기체) = 6CO_2(기체) + 6H_2O(액체)$

이므로 글루코오스의 산화반응 ΔHf은 -2,799kJmol^{-1}{=6 × (-393.5)+6 × (-285.4)-(-1,274)}이 된다. 글루코오스의 분자량은 180이므로 뇌의 발열량은 43W=(10g) × (2,799kJmol^{-1})/{(180gmol^{-1})(3,600s)}으로 계산된다.

음식물을 섭취해서 소화하면 대부분을 신진대사하고 열로 방출된다. 20대 남성이 필요로 하는 칼로리 양은 평균 체중 65kg이라고 할 때 약 2,000kcal(kcal=8,400kJ)이다. 이것을 전등으로 비유하자면 약 100W에 해당된다(97W=8,400 × 1,000/(24hr × 60min × 60s)). 그리고 Cp(비열용량)=4.2kJ K^{-1}kg^{-1}로 만약 육체에서 어떤 기능도 하지 않고 정지되었다고 한다면(닫혀 있는 계라고 한다면) 체온은 31℃ (30.8K=(8,400kJ)/{(4.2kJ K^{-1}kg^{-1}) × (65kg)} 상승하는 효과에 해당 된다. 실제로는 열적으로는 자유롭기 때문에 체내에서의 발열과 외부로 방출되는 열(수분 증발 및 피부로부터의 열의 방출)은 균형이 맞는다. 뇌 활동의 활성화에는 칼로리가 필요하기 때문에 보다 효율적이고 칼로리가 풍부한 식사를 할 필요가 있다(Milton, 1993).

8.1.3 중동지역에서 융빙기~홀로세 동안 기후변동과 인류활동

현재 흑해의 수심 150~200m 이상 되는 깊은 해역은 고농도 황화수소가 존재하는 무산소 수괴가 형성되어 있다. 혐기적 해양환경으로 된 것은 최근 5~6Ka경으로 빙기에는 해수면이 낮고 보스포라스해협 넘어에 있는 해수가 유입될 수 없었던 만큼 흑해는 담수호였다(Degens and Ross, 1972). 최종 빙기에는 동유럽 주변에도 해수면이 낮아 융빙기에는 융빙수가 도너우강을 따라 흑해로 유입되고 흑해의 수위는 급속도로 상승했다. 갑작스런 해수면 상승으로 인해 흑해 주변에 이주해 살던 사람들은 이동하지 않을 수 없었고 민족이동의 계기가 된 것으로 알려지고 있다. '노아의 대홍수'라고 하는 것이 바로 이 해수면 상승을 일컫는 것이라고 하는 설도 있다(Ryman and Pitman, 1999). 그러나 10Ka부터 흑해와 지중해가 계속 연결되어 있었다고 하는 보고도 있어 현재까지도 논쟁이 계속되고 있다.

시리아에서 레바논에 걸친 지중해연안의 레반트지방에서는 약 10Ka경에 북쪽으로부터 민족이동이 있었다. 이 레반트지방은 폭이 수십km나 되는 대규모 지대였는데 보리경작이 시작된 곳으로도 알려져 있다. 약 25Ka경에는 이 레반트 통로에 거대한 호수가 존재하였고 사해의 수면도 현재보다 150m나 높았던 것으로 알려진다. LGM을 거쳐 융빙기에는 호수의 수면이 급속도로 낮아졌고 영거 드라이어스(YD)기(한랭기)에 들어서자 레반트 통로는 상당히 건조한 환경이 되었다. 거주민은 식량위기에 직면하게 되었고 이렇게 건조화된 저지대에서 농경활동이 시작된 것이 아닐까 추측된다. 재배형 벼과의 화분이 출현한 것은 YD기와 일치하고 있다(安田, 2004a).

중동지역 이외로 시야를 넓혀보면 농경은 전 세계 여러 곳에서 다발적으로 시작된 것이 아닐까 생각된다. 농경 자체는 수렵이나 채취와 비교했을 때 유지와 관련된 많은 노력이 요구되어 이동생활을 할 수 없다는 단점도 있지만 반면에 곡물 식료품을 저장·보관할 수 있다는 커다란 이점이 있다.

8.1.4 홀로세의 인류활동과 주변환경

4대 문명 중에서 메소포타미아문명, 인더스문명, 황하문명은 모두 건조한 아시아와 습윤한 몬순 아시아가 접하는 건조한 환경과 습한 환경

사이를 흐르는 커다란 대하(강) 유역에서 탄생했다. 이와 같이 기후에 민감한 지역에서는 기후가 안정적이었다고 하는 홀로세에서도 환경은 큰 변동을 보였다. 이들 지역에서는 5.7Ka경에 기후의 건조화가 현저해졌으며 주변의 건조지역에서 유목민이 큰 강 주변으로 모여드는 한편 대하 유역에서 생활하던 농경민족과 문화가 융합해서 도시문명이 만들어진 것으로 판단되고 있다(安田, 2004a).

선사시대에서 현대에 이르기까지 인류의 활동과 주변환경과의 관계에 대해서는 독일의 홀트마르호수에서 연구한 보고가 있다(安田, 2004a). 여기에서는 인간의 활동으로 인해서 7.3Ka(BC 5300)에 호수 주변의 생태계가 크게 바뀌고 토양 등의 유입량이 증가하게 되어 퇴적물 중에 연호(매년 쌓이는 퇴적물)의 두께도 증가되었다고 생각된다. 6.3Ka(BC 4300)에는 곡물화분이 증가한 점으로 보아 농경이 더욱 활발해 졌던 것으로 추측된다. 이 원인으로 기후 한랭화가 지적되었으며 농경은 그러한 환경에 인간이 적응한 것이라고 해석될 수 있다. 4.5~3.8Ka(BC 2500~1800)까지는 거주개념이 없이 방치상태였던 것으로 추측되는데 그 직후인 청동기시대인의 거주가 시작된다. 특히 그 중에서도 3.8Ka(BC 1800)부터 철기시대가 시작될 때 개척 등으로 삼림파괴가 진행되었다. 연호퇴적물의 침적속도는 급상승했고 이러한 상태는 로마시대 말기인 400AD까지 계속되었다. 민족대이동 시기를 거쳐 950AD에 중세의 대규모 개척시대를 맞이하여 농경활동은 활발해졌고 현재에 이르렀다.

8.1.5 일본의 조몬시대

조몬(繩文, Jomon)시대는 플라이스토세 말기부터 홀로세에 걸친 일본에서 볼 수 있는 시대를 말하는데 세계적으로는 중석기시대에서 신석기 시대에 해당된다. 조몬시대는 지역에 따라 차이가 있기는 하지만 약 16.5Ka부터 전형적인 수전경작이 실시된 야요이시대까지에 해당되는 기간이며 새끼줄 무늬가 붙어 있는 조몬 토기가 산출되는 특징을 가진다(川幡, 2009). 토기의 형식을 기준으로 여섯 단계의 시대로 분류된다. 즉, 초창기(^{14}C연대로 약 13ka(약 15.5Ka (IntCal09에서 역년으로 환산))~약 9.5ka(약 10.7Ka)), 조기(~6ka(~6.8Ka)), 전기(~5ka(~5.7Ka)), 중기(~4ka(~4.4Ka)), 후기(~3ka(~3.2Ka)), 만기(~2.5ka(~2.7Ka))(Habu, 2004)이다.

조몬시대는 퇴빙기에서 홀로세에 걸친 기간이므로 초기에는 해수면도 낮았고 한랭기후가 월등했다(Lambeck and Chappell, 2001). 해수면은 그 후에 상승했는데, 특히 조몬시대 중기(약 5Ka)에는 관동지방에서는 해수가 내륙까지 침입하게 되었는데 이것을 조몬해진이라 부른다. 기후는 현재보다 온난했던 것으로 추정된다(松島, 2006; 일본 제4기학회, 2007). 주거형태는 수혈식(지표에서 1m 정도의 깊이로 구덩이를 파고 그 위에 풀 등으로 지붕을 만들어 얹은 형태) 주거가 많았으며 취락을 구성하고 있었다. 조몬시대는 기본적으로 식물 채집을 기반으로 해서 생활했는데(佐佐木, 1991), 식사의 형태로는 전체 식료 중 40%가 어패류, 30%는 동물의 고기, 30%는 C3형 식물을 통해 영양을 섭취한 것 같다(赤沢·南川, 1989; 南川, 2001). 일본 전체 인구는 조몬 초기에 2만 명, 조몬 중기에 최대 26만 명에 달하였다가 말기에 8만 명으로 감소했다. 전국적으로 나타난 경향이라는 점에서 아마 평균기온과 관계가 있었던 것으로 지적되었는데 증명되지는 않은 상태이다. 평균 수명은 약 15년으로 짧았다(小山·杉藤, 1984; 小山, 1984).[2] 더욱이 당시 일본의 인구는 야요이시대(弥生時代)에 60만 명, 헤이안(平安)중기에 500만 명, 무로마치시대(室町時代)에 1,000만 명, 에도시대(江戶時代) 후기에 3,000만 명으로 증가했다(鬼頭, 2007).

(1) 일본의 산나이마루야마(三內丸山)유적(조몬 중기)

산나이마루야마 유적은 아오모리시에 위치하며 일본에서는 고고학적으로 가장 조몬시대 연구가 잘 진행된 유적이다(아오모리현(靑森縣), 2002; 아오모리현 敎育委員會, 2002; Habu, 2008). 종래 조몬인의 생활상으로는 사람들이 수렵채집을 하고 동물이나 식물이 고갈되면 섭취할 음식을 얻기 위해 이동생활을 한 것으로 생각된다. 그러나 이 유적은 홀로세 중기(조몬 중기)에 해당되는 것으로 현재도 과거 조몬인의 생활관이 크게 바뀔 정도의 중요한 발견이 계속되고 있다.

그들은 정착생활을 하며 생활 정도가 꽤 높은 삶을 살았다고 생각된다. 발굴 조사 및 방사성 탄소연대를 측정한 결과 조몬인이 생존했던 기간은 역년대로 약 5.9Ka에서 약 4.2Ka까지인 약 1700년간이었다.

육지는 삭박되기 쉬운 장소로 기록이 남아 있지 않을 수 있기 때문에 유적과 가까운 무쓰만에서 연속적인 기록이 남아 있는 해저 주상퇴적물을 채취하여 과거 8kyr 동안에 일어난 해양과 육지의 환경을 복원하였다(川幡 등, 2009). 산나이마루야마 유적에서는 약 5.9Ka에 기후가 온난화됨에 따라 밤과 같은 열매를 채취할 수 있었다. DNA의 유사성 등으로부터 밤에 대해서는 재배의 가능성도 지적되고 있다(예를 들면, 辻, 1995; Kitagawa and Yasuda, 2004). 물고기, 조개, 해조 등과 같은

---

2) 단, 15세라고 하는 평균 수명은 남성이 16.1세, 여성이 16.3세(小山, 1984)인데 어느 정도 성장한 사람은 30세 정도까지 생존하기도 했다는 것을 알 수 있다.

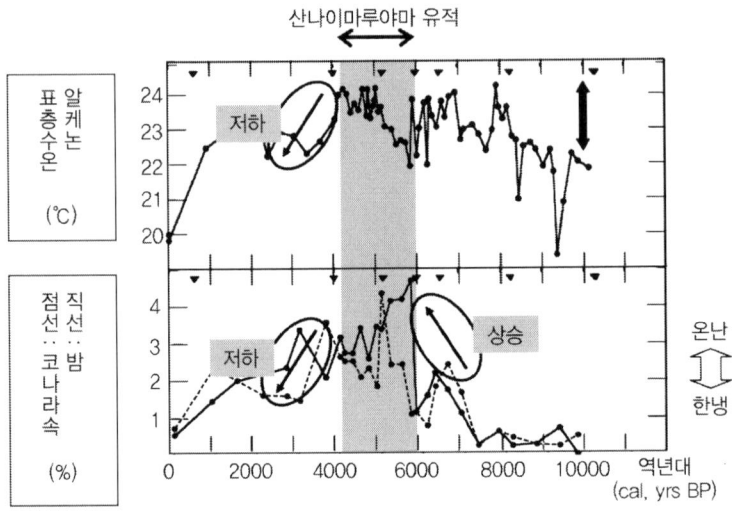

그림 8-3. 산나이마루야마 유적에서 나타난 수온, 기온(화분 분포)의 변화. 4,200년 전에 수온이 급격히 내려간 것을 알 수 있다(Kawahata 등, 2009).

해양생물 생산도 높아졌고 해산물도 많아졌다. 그러한 환경 때문에 조몬인은 약 5.9Ka에 이곳에서 정착하게 된 것으로 추정되고 있다(예를 들면, 辻 등, 1983; 吉田, 2006). 그러나 약 4.2Ka에 수온과 기온이 2℃ 급격히 떨어지게 되어 밤과 같은 육지 열매를 수확하기가 곤란해지자 사람들은 유적지를 방치한 것으로 판단된다(그림 8-3).

이 시기에 북쪽의 메소포타미아문명(4.2Ka)(Weiss 등, 1993; deMenocal, 2001), 장강문명(Shijiahe culture, 4.2~4.0Ka)(Yasuda 등, 2004) 등과 같은 세계의 문명도 쇠퇴했다. 현대의 지구온난화에서는 금세기 안에 세계 평균기온이 2℃ 정도 상승할 것이라는 추정도 있는데 현대사회에 있어서도, 특히 농림수산업 부문은 기후의 영향을 쉽게 받으므로 2℃라는 기온변화는 1차 산업 등이 주체가 되는 공동체에게는 크나큰 충격을 초래할 수 있을 것이다.

8.1.6 기원 이후의 인류활동과 주변환경

빙상코어나 수목의 연령폭 등을 이용해서 과거 1000년 동안에 진행된 북반구 기온을 복원한 자료에 의하면 1886~1975년의 평균과 비교해서 일본의 가마쿠라(鎌倉)시대는 평년 수준을 유지하였으며 무로마치(室町)시대 초기에는 한랭했고 무로마치시대 안정기에는 다시 평년수준으로 되었다가 오우닝(応仁)의 난이 일어난 시기에 다시 한랭이었으며 이후 센코쿠(戰國)시대, 에도(江戶)시대에도 비교적 한랭했다가 20세기 후반에는 온난해졌다(그림 8-4)(Mann 등, 1999).[3] 이와 같은 결과는 중세 유럽에서도 온난·한랭기가 있었는데 각각 중세 온난기(MWP; Medieval Warm Reriod, 약 900~1230AD)와 소빙기(LIA; Little Ice Age, 1600~1850AD)라고 불리는 과거의 정성적 추정과 일치한다.

위와 같은 원인은 태양의 활동이나 화산활동에 원인이 있다는 지적도 있다. 온난·한랭기는 태양활동의 중세 극대기(1100~1250AD), 마운드 극소기(1645~1715AD)와 시기적으로 거의 일치하는 것으로도 알려져 있다. 또한 1815AD에 발생한 인도네시아 탬보라산(Tambora)의 대분화는 피나투보 화산 대폭발(1991AD)처럼 화산재를 대기에 내뿜어서 다음 해 여름에 전 지구의 기온이 연평균 0.5~1℃ 내려갔다고 추정되고 있다. 다만 화산활동이 기후에 미치는 영향은 짧은 기간 동안에 불과하기 때문에 전 지구적으로 오랫동안 기온이 내려가기 위해서는 전 지구적으로 화산활동이 더욱더 활발해야 한다.

---

3) Mann 등(1999)의 자료를 복합해서 얻은 북반구의 평균값이다. δ^{13}C값을 기초로 반정량적으로 기온을 추정하면 일본에서는 고분(古墳)시대, 나라(奈良)시대, 가마쿠라시대, 에도시대가 대체로 한냉한 것으로 나오지만, Mann 등 (1999)의 추정과 일치하지 않은 부분이 있다(丸山, 2008). 한편, 일본근해에서 알케논을 이용한 수온 해석을 시작했는데, Mann 등(1999)이나 丸山(2008)의 경우와 다른 부분이 있어 앞으로 정량적인 해석이 필요하다.

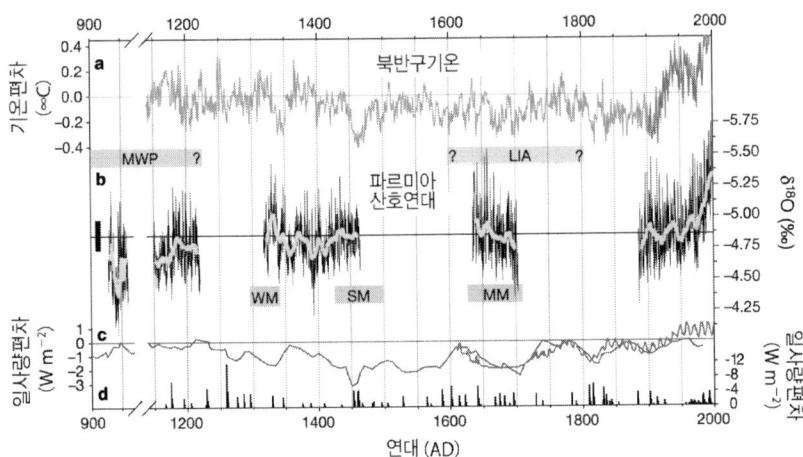

그림 8-4. 역사연대의 기온과 일사량 변화(Cobb 등, 2003). (a) 여러 가지 간접지표를 이용해서 얻은 북반구의 평균기온(단, 1900년 이후의 중첩된 자료는 계측기를 이용한 관측자료) (b) Palmyra (6°N, 162°W) 산호 연륜의 δ¹⁸O값(가는 선은 월별자료, 굵은 선은 10년간의 평균). (c) 검은점의 증감(끊어진 선)과 10Be(지그재그 모양)를 토대로 한 일사량 편차. (d) 빙상코어에 포함된 화산재 기록. LIA(Little Ice Age)는 소빙기, MWP (Medieval Warm Period)는 중세 온난기를 표시한다. MM(Maunder Minimum)은 마운드 극소기, SP(Spoerer minimum)는 슈페라 극소기, WM(Wolfe minimum)는 울프 극소기로 태양활동의 극소기를 나타낸다.

이와 같은 기온의 온난과 한랭은 역사시대에 일어난 것임으로 문헌 기록에도 남아 있다. 17세기 중반에 유럽의 빙하가 발달하게 되어 네덜란드의 운하나 하천이 완전히 동결되는 광경이 자주 나타나게 되었는데 이런 장소에서 사람들은 스케이트 등을 탈 수도 있었다(Van Andel, 1981). 1780년 겨울에는 뉴욕만이 동결되었다. 한편, 일본에서는 교토의 벚꽃 개화에 대한 기록으로부터 헤이안시대가 비교적 온난했다는 것을 알 수 있었는데 1600~1850AD에 있었던 강추위는 혹독해서 대설과 냉하(평년보다 기온이 낮은 여름)가 계속되어 오사카(大阪)주변의 요도가와 강(江)이 완전히 얼어붙은 경우도 있었다.

최근 행해진 모델실험 결과에 의하면 지구로 입사되는 태양에너지 350Wm^{-2} 중에 태양활동의 변동에 의한 에너지 감소 0.3Wm^{-2}, 화산재에 의한 에너지감소 0.2Wm^{-2} 정도만으로도 소빙기 상태를 재현할 수 있는 것으로 나타났다. 따라서 단 1%에 불과한 에너지 차이가 있다 하더라도 지구표층환경 시스템에 미치는 효과가 대단히 크다고 할 수 있다.

또한 중세 온난기·소빙하기에 관해서는 2001년 IPCC(Intergovernmental Panel on Climate Change, 기후변화에 관한 정부간 패널) 발표지를 보면 기온변화의 세계적 동시성이나 평균기온이 내려가는 경향이 어떠한 일관성을 보이지 않는다. 따라서 지구적(global)이라고 하기보다는 광역적(regional) 규모일 가능성이 높다고 지적하고 있다. 또한 과거 1000년 동안 일어난 ENSO를 연구한 결과 가장 강력한 ENSO활동은 17세기 중기에 일어났으며 평균기온 등과는 특별한 연관성이 확인되지 않았다(Cobb 등, 2003). ENSO가 언제 시작된 것인지에 대해 논의가 진행되고 있는데 350만 년 전의 산호 골격에 그와 관련된 기록이 있다는 것이 최근 밝혀졌다(Watanabe 등, 2011).

8.1.7 홀로세의 인류활동과 지질재해

지질재해에는 지진, 해일, 화산, 해저사태 등과 같은 여러 가지 재해가 포함된다. 현대에도 지질재해는 인간 사회에 심각한 영향을 끼치는데 과거에는 더욱 큰 지질재해가 있었던 것으로 보고되었다.

섭입대의 화산활동은 종종 폭발적 분화를 동반한다. 대규모 분화는 거대한 화산 쇄설물이나 쓰나미(해일)를 함께 발생시켜 인근 지역에 파괴적인 피해를 끼친다. 더욱이 미립자나 이산화유황, 할로겐 등과 같은 가스가 대량으로 대기로 방출되기 때문에 표층환경과 생태계는 넓은 범위에 걸쳐 영향을 받게 된다.

일본의 사쓰마반도 남쪽에 위치한 기까이 칼데라의 대규모 수중분화(7.3Ka)에서는 마그마 분화량이 54km³이고 화산쇄설물은 해상을 100km 이상 북상해서 가고시마 주변까지 화산쇄설류 퇴적물을 남겼다. 또한

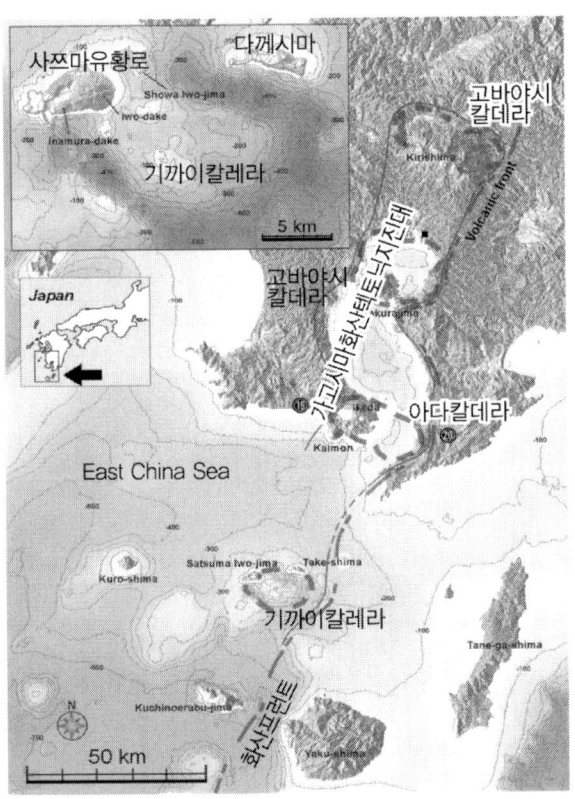

그림 8-5. 일본 가고시마현의 오오스미(大隅)해협, 기까이 칼데라주변의 지형도(Maeno and Taniguchi, 2007). 현재 해면상에 보이는 사쓰마 유황도와 다케시마는 기까이 칼데라의 북쪽 끝에 해당된다. 화산쇄설물은 야쿠시마까지도 유입되었는데 조몬시대의 특징적 삼나무 무늬는 칼데라의 대분화가 있기 전이라는 증거도 된다. 조몬시대의 우에노하라 유적 역시 K-Ah의 영향을 받았다.

야쿠시마까지 남하하기도 하였다(그림 8-5)(Maeno and Taniguchi, 2007). 이 수중분화로 인해 일본 남쪽에 위치한 큐슈의 조몬문화가 치명적인 타격을 받게 되어 사라지게 되었다. 이때 유입된 화산재는 기카이-아카 호야(K-Ah) 테프라(tephra, 분화구에서 분출되는 화산성 쇄설(碎屑) 물질의 총칭)로서 동북지방까지 운반된 기록이 있어 고(古)환경을 해석할 때 화산재 연대를 결정하는 데 큰 역할을 하고 있다(町田·新井, 2003).

이와 같이 대규모 화산분화로는 1883AD에 일어난 인도네시아의 크라카토(Krakatau)(Carey 등, 2000; Winchester, 2003)와 3.5Ka에 있었던 그리스의 산토리니(Santorini)(McCoy and Heiken, 2000; Sigurdsson 등, 2006)가 유명하다. 피나투보화산 분화는 금세기 최대 규모로 보고되었는데 다량의 화산재가 남중국해에 침적되었다(Wiesner 등, 1995). 호모사피엔스가 탄생된 이후에 화산분화 중 최대였던 것은 73Ka경에 분화한 인도네시아 스마트라섬의 토바(Toba)화산으로 마그마 분화량은 2,800km³로 기까이 칼데라의 50배에 해당되며 지구적 규모에서 한랭화가 수 년 이상 계속되는 환경적 영향을 미친 것 외에도 전 세계 인구가 급격히 줄어들게 되어 인류멸종 위기에 처할 만큼의 최악의 상황까지 악화했었다는 주장도 있다.

화산활동은 기후변동에 중요한 역할을 한다는 학설도 있다. 그린란드 빙상코어(GISP2)에는 110~9Ka 기간에 화산분출에 동반된 유산염층이 약 850번(layer) 확인되었는데 가장 빈번했던 시기인 17~6Ka와 35~22Ka 는 기후변동이 한랭화를 촉진시켰다고 한다(Zielinski 등, 1996).

대지진과 함께 쓰나미 재해가 일어난 경우도 있다. 예를 들면 메이와(明和)시대에 발생한 쓰나미(1771AD)로 일본 오끼나와(沖繩)섬 남쪽 야에야마(八重山)에서 3만 명이 사망하였으며 해안에는 직경 3m에 이르는 산호단괴가 큰 파도에 의해 육지로 올라왔다(Suzuki 등, 2008; Arakoka 등, 2010). 2011년에 발생한 동 일본 대지진에서도 연안의 테트라포트(tetrapod)가 육지로 올라와 이동된 것이 관찰되었는데 쓰나미로 인한 운반력이 대단히 강력했다는 것을 보여주고 있다.

8.2 인간권과 현대 및 미래의 지구표층환경

8.2.1 에너지 소비량의 증가

인류활동의 발전과 함께 에너지소비는 급격히 증가해왔다(그림 8-6). 인류를 에너지소비에 따라 원시인, 수렵인, 초기농업인, 고도농업인, 산업인, 기술인으로 분류할 수 있다(일본, 電力中央硏究所 編, 1998). 식료만을 소비하는 가장 원시적인 생활을 했던 것은 원시인으로 $2,000kcal^{-1}$를 소비했다. 땔감을 태워 얻은 에너지를 난방이나 요리 등에 사용하게 된 수렵인은 소비량이 $5,000kcal^{-1}$까지 증가했다. 초기 농업인은 BC 약 5000년에 문명을 개척한 사람들로 곡물을 재배하고 가축 에너지를 이용했다. 이런 활동에 이용되는 소비량은 원시인의 수 배($12,000kcal^{-1}$)에 달했다. 14~15세기 북서 유럽에는 석탄, 수력, 풍력 등을 이용해서 난방용으로 불을 사용했으며 가축을 운송도구로서 이용했다. 이렇게 고도농업인은 $26,000kcal^{-1}$로 원시인보다 1단계 높은 에너지를 소비했다. 그 후 산업혁명을 거쳐 와트에 의해 증기기관이 발명되고 18세기에는 마침내 산업인이 등장하게 된다. 산업인은 합계 $77,000kcal^{-1}$(부문별로는 식료관계 $7,000kcal^{-1}$, 가정·상업관계 $32,000kcal/day$, 공업·농업관계 $24,000kcal^{-1}$, 운송관계 $14,000kcal^{-1}$)를 소비했다. 1970년대 미국사람의 중심이 되었던 기술인은 합계가 23만$kcal^{-1}$로 원시인보다 2단위 이상(100배 이상)의 에너

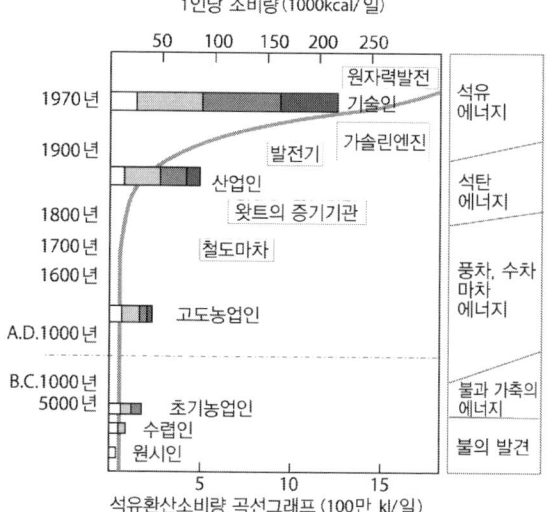

1인당 소비량(1000kcal/일)

그림 8-6. 인류와 에너지의 관계(일본, 전력중앙연구소 편, 1998). 원시인은 식료만을 소비해온 1Ma의 동아프리카인, 수렵인으로는 땔감을 이용한 100Ka의 유럽인이다. 초기농업인은 곡물을 재배하고 가축을 이용한 7Ka경 사람들이다. 고도로 발달한 농업인은 수력·풍력 그리고 운송수단으로 가축을 이용한 14세기 유럽인이다. 산업인은 증기기관을 사용한 19세기 영국인이며 기술인은 전력을 사용하고 자동차를 운전한 1970년대 미국인이다.

지를 소비했으며, 그 후에도 아주 높은 에너지소비 증가를 나타냈다(일본, 전력중앙연구소 편, 1998). 특히 산업혁명 이후에 에너지소비 증가율은 매우 높았고 18세기 이후에 석탄과 석유를 연소시켜 대량의 CO_2를 방출해왔다.

위에서 구분한 고도농업인, 산업인, 기술인은 경제의 발전단계에 따라 현재도 전 세계에 존재한다. 개발도상국의 농업인이 산업인, 또는 산업인이 기술인으로 발전하게 되면 세계 전체의 에너지소비는 설령 세계의 전 인구가 증가하지 않더라도 늘어나게 된다. 향후, 중국과 인도 등에서 인구가 더욱 증가하고 경제가 발전하게 되면 에너지 소비는 한층 더 촉진될 것이다. 과거에도 10~18세기 전반에 중국과 인도 두 나라는 선진

국이었으며 당시 세계 GDP의 50% 이상을 차지했던 것으로 알려져 있다 (Maddison, 2001).

8.2.2 물 부족 문제와 가상의 물

인류활동의 증가는 에너지소비뿐만 아니라 물을 소비하는 것에도 나타난다. 지구는 물의 혹성으로 불리는데 해수를 중심으로 한 염수가 전체의 97.3%를 차지하고 있으며 보통 생활에 필요한 담수는 2.7%밖에 존재하지 않는다. 게다가 강수나 하천 등은 한쪽으로 상당히 편재되어 있어서 인간의 생활에 필요한 수자원은 장소와 계절에 따라 크게 달라진다. 한 사람이 하루에 필요로 하는 물의 양은 100±50L 정도로 추정된다. 이 양은 생활용수(가정용수, 사무실이나 식당 등에서 사용하는 도시용수)를 이르는데, 일본 동경의 가정용수를 예로 들면 화장실, 목욕, 취사, 세탁에서 차지하는 비율은 각각 대략 28%, 24%, 23%, 16%가 된다. 선진국 사람들은 이 정도의($100L^{-1}$) 물을 소비하고 있지만 대다수의 사람들은 그 은혜를 모르고 사용하고 있을 뿐이다.

현재 세계 인구는 60억 명에 달하므로 모든 인간이 필요량을 소비할 경우 전체 소비량은 $6 \times 10^{11}L^{-1}$가 된다(U. S. Census Bureau, 2010). 이에 더하여 농업과 공업제품을 생산하는 데에도 물이 필요한데 이와 같이 생산단계에서 사용되는 물을 '가상수'라고 부른다. 향후 전 세계에서 물의 소비는 빠른 속도로 증가할 것으로 예상되기 때문에 물 문제는 현대 지구환경 및 사회문제의 하나로 크게 부각되고 있다. 실제로 전세계은행부총재인 이스말 세라게르딘은 "21세기는 물을 둘러싸고 전쟁이 일어나는 세기가 될 것이다"라고 하였다. 2050년에 90억 명에 이를 것으로 추정되는 세계 인구가 살아가기 위한 식량생산에 필요한 물의 중요성은 더욱 커진다(Clarke and King, 2004).

일본의 경우 생활용수 사용량은 2003년에 $142 \times 10^8 m^3 yr^{-1}$($142 \times 10^{11} Lyr^{-1}$)로 한 사람당 하루 평균량은 $316 L人^{-1}$, 수도보급률은 96.9%였다(일본, 國土交通省, 2010). 또한 2000년 미네랄워터 등 식수의 수입량은 연간 $19.5 \times 10^4 m^3 yr^{-1}$ 이었으며, 맥주 등과 같은 주류를 포함하면 연간 $100 \times 10^4 m^3 yr^{-1}$이 된다. 그 외 여러 가지에 관계된 산업 등에 소비되는 물이 필요하며 일본 전체의 총 수산자원 사용량은 약 $900 \times 10^8 m^3 yr^{-1}$로 추정되고 있다. 소비국(수입국)에서 만일 가상수를 생산하려고 할 때 필요한 수자원량을 가상 투입수양(virtually required water)이라고 한다.

다양한 식료생산에도 물이 필요한데 정제과정의 손실 등을 고려하면 소맥분(밀가루)은 2,000배, 쌀은 3,600배, 닭고기는 4,500배, 소고기는 약 2만배의 수자원이 필요하다. 일본의 경우 식량수입으로 $640 \times 10^8 m^3 yr^{-1}$나 되는 국내 수자원을 사용하지 않는 것으로 계산되었다(그림 8-7). 한편 공업수의 경우에는 가상수의 총수입량 $14 \times 10^8 m^3 yr^{-1}$은 총수출량 $13 \times 10 m^3 yr^{-1}$에

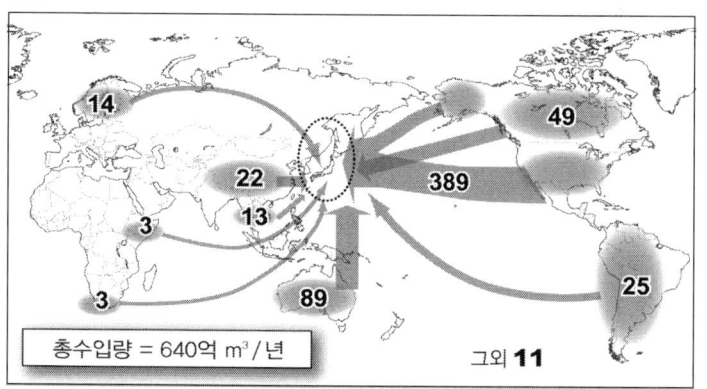

그림 8-7. 일본의 가상수 총 수입량(단위는 억m³/년). 가상(투입)수는 소비국(수입국)에서 그것을 만든다고 가정할 때 필요한 수자원량을 지시한다. 일본의 경우 수입하는 가상수의 대부분은 식료에 의한 것으로 총량은 640억m³/년이 된다(沖, 2003).

거의 필적한다. 현재 일본의 식료자급률은 해마다 감소하는 추세이며 현재 칼로리를 기준으로 자급률은 40%, 곡물 자급률은 28%로, 세계 173 개국 지역 중 124위에 해당하는데 선진국 중에서는 물론 최하위에 머물고 있어 앞으로도 대량의 식료와 가상수 수입은 계속될 것으로 생각된다. 따라서 앞으로 식량 자급률을 유럽 수준으로 끌어올리기 위한 사회·경제 적 시스템의 개혁이 요구된다.

8.2.3 지구온난화의 대표적 환경변화속도

지구표층의 온도는 기본적으로 태양방사와 지구에서 우주를 향해 방 사되는 열방사의 균형에 의해 결정된다. 온실효과기체로 인해 열에너 지가 축적되어 온난화되고 기후가 변화하게 되는데 이것이 지구온난화 문제이다. 온실효과기체가 지구온난화에 미치는 기여도는 CO_2가 약 60%, 메탄 하이드레이트가 20%, 일산화탄소가 약 6%, 특정 프레온가 스 등의 CFC 및 HCFC와 할론(halon)이 약 14%이다. 기상·기후에 따 라 변화가 심해서 생략되는 경우가 많은 수증기는 중요한 온실효과기 체의 하나이며 구름은 태양광을 반사하는 한랭인자의 기능을 한다.

지구온난화의 영향으로 다음과 같은 사항들이 지적되고 있다. 1) 육 지의 빙상량 감소(그린란드 등), 2) 해양의 해빙량 감소(북극수 등), 3) 해 수면의 상승에 따른 해변 손실 등이 포함된 육지나 산호초의 매몰(菅, 2009), 4) 연안지역에서 높아진 해수면에 의해 초래하는 피해 증가, 5) 표 층 해수온도의 상승에 따른 열대성 저기압의 거대화, 6) 온난화에 따른 말라리아나 뎅기열 등의 전염병 증가, 7) 급속도로 온난화됨에 따라 지 역이나 해역의 기후변화에 수반된 생태계 파괴(산업적으로는 어업 등 에 미치는 영향이 포함됨), 8) 강우 등의 변화에 따른 해양표층과 중층의 성층화 및 해양대순환에 미치는 영향 등을 들 수 있다.

IPCC의 제 3차(2001) 및 제 4차(2007) 보고서 등을 참고하면 20세기의 평균기온은 1세기 동안에 0.6℃ 상승한 것으로 나타났고 21세기말까지는 평균기온이 훨씬 큰 1.4~5.8℃ 정도까지 상승할 것으로 예상되고 있다. 이러한 변화속도는 매우 빨라서 자연 상태에서 큰 변화를 보였던 융빙기와 비교해도 100~1,000배 정도 높은 특징이 있다. 현대사회에서 몇 ℃ 정도의 상승이 중요하지 않다는 것으로 생각하지 않을 사람도 있겠지만 농작물 수확은 기상변화로부터 커다란 영향을 받기 때문에 1차 산업이 주체가 되는 공동체에서는 큰 타격을 초래하게 된다(8.1.5(1))(Kawahata 등, 2009).

현재를 자연현상의 관점에서만 본다면 제4기의 빙기 · 간빙기라는 밀랑코비치 주기의 영향 아래 있다고 할 수 있다. 홀로세는 작은 이심률과 세차 등이 있어서 MIS 11과 비슷하다. 이것은 온난하고 비교적 안정된 간빙기가 약 30kyr간 계속되어 한 단계 전인 MIS 5의 간빙기가겨우 3kyr이었던 것과는 대조적이라 할 수 있다(EPICA, 2004; Broecker and Stocker, 2006). 그래서 홀로세는 앞으로 50kyr 정도 지속될 것인지도 모른다. 이러한 것은 모델 실험에서도 지적되고 있다(Berger and Loutre, 2002). 그렇다면 인위적인 원인에 의해 p_{co_2}가 1,000ppm을 넘어서게 되고 다시 그 이상으로 상승할 경우에는 어떻게 될 것인가? 개인적인 견해로 빙기는 다시 찾아오지 않을 것으로 생각된다. 왜냐하면 신생대에 빙상이 형성되기 시작한 것은 p_{co_2}가 약 700~1,000ppm보다 더 내려갔을 때부터인데 이 값은 한랭지구와 온난지구의 경계이기 때문이다. 더욱이 인류의 활동으로 화석연료에 의해 대기로 더해지는 CO_2의 공급속도는 매우 빨라서 해양의 심층순환에 의해 심층수의 CO_2

이행속도를 훨씬 웃도는 것으로 예측되어 2,200~2500년에는 p_{co_2}가 2,000~3,000ppm에 달할 것으로 예상되기 때문이다(그림 7-4).

8.2.4 p_{co_2}의 증가에 따른 '해양산성화'와 대멸종

CO₂는 산성기체이므로 p_{co_2}가 상승하면 해수의 pH를 떨어뜨려 해양산성화를 촉진시킬 우려가 있기 때문에 새로운 지구환경문제로 대두되고 있다(Kleypas 등, 1999; Orr 등, 2005; Raven 등, 2005). 현재의 p_{co_2} (380ppm)에서는 해수의 평균 pH는 8.06인데 산업혁명 이전(280ppm)의 pH가 8.17었던 것과 비교하면 이미 200년 동안 pH가 0.1단위 내려간 것이다. 앞으로도 CO₂의 방출이 계속되면 2150년에 최고 값(약 20 Gtyr⁻¹)이 되며, 이 후 점차적으로 화석연료의 소비가 감소하지만 해양 중·심층에서도 CO₂가 용해되기 때문에 2300년경의 p_{co_2}는 1900ppm이 되고 표층수의 pH는 0.77단위 내려가는 것으로 계산되고 있다.

p_{co_2}가 상승하면 해수의 용존 전무기탄소($=H_2CO_3+HCO_3^-+CO_3^{2-}$)는 증가한다(그림 8-8). pH의 저하는 이온 균형에 영향을 주어 CO_3^{2-}가 급속히 감소한다. 생물기원 탄산염의 보존성은 용해도적(Ksp)에 의해 평가되는데, 평형정수 $Ksp'(= [Ca^{2+}] [CO_3^{2-}])$는 온도, 염분, 압력(수심)의 함수이다(Millero, 1995). 해수 중 [Ca²⁺]는 전체 해수에서 일정하기 때문에 pH가 감소하면 CO_3^{2-}의 활량이 내려가고 $K=[Ca^{2+}][CO_3^{2-}]$도 떨어지며 결과적으로 탄산염의 포화도가 내려간다.

현재 열대지역의 표층해수는 아라고나이트에 대해 과포화상태지만 pH수준이 내려가게 되면 산호 등 석회질 각을 형성하는 생물의 석회화속도가 변화한다는 사실이 알려졌다. P_{co_2}가 560ppm까지 상승할 경우에 산호의 골격형성 속도는 최대 40%까지 떨어진다고 제안되었다(Kleypas

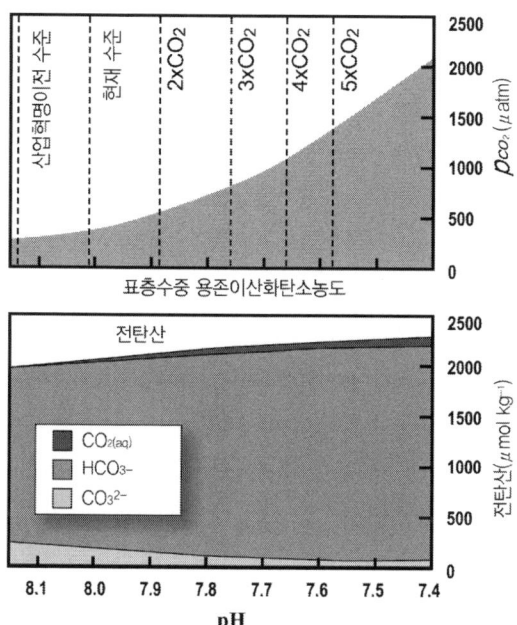

그림 8-8. p_{CO_2}의 변화와 pH, 전 탄산농도의 변화. 물 속의 용존 탄산이온, 중탄산이온, 이산화탄소의 농도를 병기했다.

and Langdon, 2006). 산호 *Acropora intermedia*와 *Porites lobata*를 대상으로 8주간 수행한 산성화 피복 실험에서는 해수 P_{CO_2}가 약 300ppm일 때와 비교해서 600ppm일 때와 1,200ppm일 때 P_{CO_2}의 석회화 속도는 각각 약 80%, 약 60%로 떨어지는 것으로 나타났다(Anthony 등, 2008). 똑같은 현상은 저서유공충 등에서도 나타났다(Kuroyanagi 등, 2009).

해양산성화가 더욱 심각하게 영향을 미치는 지역은 수온이 낮고 계절에 따라 풍속이 빠르고 표층수가 혼합되기 쉬운 남극해와 북극해이다. 대부분의 CO_2가 용해되기 때문에 pH도 내려가서 금세기말에 p_{CO_2}가 약 600ppm이 된다고 가정할 경우 남극해 표층수는 탄산염(아라고나이트)에 대해 불포화가 된다고 계산된다. 그래서 익족류(Pteropoda), 코코리스, 유공충 등과 같이 탄산염 각을 가지는 생물은 생존에 위협을 받게 된다(IPCC, 2007). 탄산염 용해는 압력에 의존하는 성질도 있어 심해에서는 더욱 용해가 촉진된다. 미래에 해양 산성화는 해수의 pH에 완충역할을 하는 탄산염 퇴적물이 적은 태평양이 더욱 심각한 문제를 겪게 될 것이다. 즉, 팔레오세/에오세 경계에서 관찰된 것과 같은 유공충을 중심으로 한 대량멸종이 심해에서 일어날 것으로 예상된다(Kawahata 등, 2009).

8.2.5 에너지자원과 지구환경문제

주요한 화석연료로 석유, 석탄, 천연가스가 있다. 일본의 경우 2004년 통계에 따르면 1차 에너지의[4] 일본내 공급은 석탄 22%, 석유 등 원유가 48%, 천연가스가 15%, 수력발전 4%, 원자력발전 11%인 것으로 나타났다. 약 30년 전인 1975년에는 석탄이 18%, 석유 등 원유가 73%, 천연가스가 3%, 수력발전이 6%, 원자력발전이 2%이어서 석유가 상대적으로 감소하고 천연가스와 원자력발전이 큰 폭으로 증가했다는 것을 알 수 있다(일본, 總務省統計研究所, 2007).

탄화수소를 주체로 한 석탄, 석유, 천연가스와 같은 각각의 에너지자원에서 같은 양의 에너지를 얻으려 할 때 배출되는 CO_2양에는 큰 차이가 있다. 상대비로 나타내면 석탄, 원유, 천연가스 순으로 100 : 75 : 57이 된다. 질소산화물 NOx는 석탄이 100, 원유가 71, 천연가스가 20이 된다. 일본에 수입되는 액화천연가스는 미리 유황 성분을 제거해서 수입되기 때문에 유황산화물의 배출량은 석탄이 100, 원유가 68, 천연가

---

4) 석유, 석탄, 천연가스, 수력 등 자연 상태에서 얻은 에너지는 '1차 에너지'라고 하고, 전기 등과 같이 사용하기 쉽게 가공된 에너지는 '2차 에너지'라고 한다.

스는 0이다. 그러므로 환경보존 차원에서 천연가스 사용은 가장 바람직한 에너지원이라 할 수 있고 석탄은 그 반대라 할 수 있다. 바꾸어 말하면 '환경 친화적인 생활'을 위해서는 석탄을 주로 사용하고 있는 경우에는 석유로, 석유를 주원료로 사용하고 있는 경우에는 천연가스로 전환함으로써 CO_2 및 관련 오염물질의 배출량을 줄일 수 있다. 실제로 선진국은 최근 20~30년 사이에 천연가스 소비를 급속도로 확대해 왔다(川幡, 2008). 그러나 가격이 높아서 개발도상국에서는 천연가스 보급이 원활하게 이루어지고 있지 않다.

한편 원자력 발전은 가동되는 동안에는 거의 CO_2를 배출하지 않기 때문에 저탄소 사회를 구축한다는 관점에서 최근 주목을 받아왔다. 그러나 방사성핵종은 그 원소가 가진 독성과 함께 방사선을 내보내기 때문에 환경에 노출되지 않도록 주의해야 한다. 그럼에도 불구하고 2011년 동일본 대지진에서 후쿠시마 원자력발전소 사고, 1986년 체르노빌 원자력발전소 사고, 1979년 쓰리마일섬 원자력발전소 사고 등, 커다란 사고가 발생한 것을 생각한다면 인류가 원자력을 취급하는 데는 한층 높은 기술개발이 필요하고 시스템 관리를 완벽하게 할 필요가 있다(川幡, 2011).

인류가 앞으로 사용할 수 있는 에너지 자원을 고려해볼 때 매장되어 있는 에너지 자원인 원유와 천연가스로는 100년 정도(Edwards, 1997), 석탄이 1500년 정도 있는 것으로 예상된다. 이러한 자원문제가 가진 특징을 앞에서 기술한 바와 같이 지구환경 문제 차원에서 생각하면 지구환경의 보전이라는 의미에서는 석탄 → 원유 → 천연가스로 전환하는 것이 바람직하지만 자원 보호라는 측면에서는 원유·천연가스 → 석탄과 같은 방향으로 바꿔가는 것이 바람직하다. 금세기에는 서로 다른 두

방향의 갈림길에서 이 문제를 놓고 첨예하게 대립된 양상을 보일 것으로 예상된다. 유일한 해결책은 저탄소 사회를 확립하는 것인데 태양광이나 태양열 발전 등과 같은 자연에너지를 이용한 기술은 여전히 발전하는 단계에 있다.

8.2.6 육지 동물이 지닌 탄소중량과 '지구에 있는 용량의 한계'

지금까지 지구온난화 문제나 자원문제에 대해 기술하였는데 이와 같은 문제가 대두된 것을 한마디로 요약하면 인류활동이 지구적 차원에서 인식될 만큼 규모가 커졌기 때문이다. 그러나 자연의 힘은 지구적 규모에서는 여전히 너무도 큰 것이므로 인류활동이 자연을 지배하고 있다는 생각은 옳지 않다(Lomborg, 2001).

1970년대 자원과 관련된 '지구의 용량 한계'가 인식되었는데 환경적인 측면에서도 '용량의 한계'라는 말에 맞아떨어지는 현상이 속속 밝혀지고 있다. 즉, 최근 들어 부각된 물 문제, 프레온이나 할론에 의한 오존층 발생, 위험 화학물질에 따른 환경오염 등이 거기에 해당된다.

인류활동이 세상에 존재하는 물질량을 지배해왔다고 하는 관점을 상징적으로 나타내는 것이 육지동물의 중량이다. 종수로는 압도적으로 곤충이 많지만 중량을 비교해보면 아주 흥미로운 결과가 나온다. 즉, 야생동물은 불과 150~300T(10^{12})g밖에 존재하지 않는 데 반해 사람은 330Tg, 소는 650Tg, 돼지는 170Tg, 양은 120Tg, 닭은 60Tg, 말이 20Tg로 동물 전체(약 1600Tg) 중에서 야생동물은 고작 10% 정도에 불과하고, 인간이 20%, 나머지 70%가 가축이다. 중량을 기준으로 할 경우에 육지의 동물은 거의 인간에 의해 지배되고 있다는 것을 알 수 있다(그림 8-9). 인류는 현재 약 66억 명으로 2050년이 지나면서 약 100억 명

그림 8-9. 육지에 현존하는 동물의 현존 양. 단위는 Tg(테라그램 = ×10^{12}g)

에 이를 것으로 예상된다. 인구가 증가할수록 인간이 식료로 하는 가축은 더욱 필요해질 것이고 삼림을 개척해서 농경지를 넓힐 것임으로 더욱더 야생동물이 서식할 공간은 점점 좁아지게 될 것이다. 과거 4억 년간 육상동물 중 야생동물이 100%를 차지했지만 중량비로 10%를 밑돌게 될 날도 멀지 않은 것 같다. 기본적으로 동물의 생산은 식물의 1차 생산을 기초로 하고 있으며 인간이 음식으로 이용하지 않는 목초를 섭취한 가축이 결국은 고기가 되어 사람들의 식탁 위에 오르게 되는 것을 보면 가축의 생산은 이 과정을 효율적으로 수행하는 것이라고 생각할 수 있다. 하지만 금세기 말에는 이 모든 것이 용량의 한계에 다다르게 될 것으로 추정된다.

8.2.7 지구표층환경 시스템의 중심

탄소순환을 중심으로 지구표층환경 시스템의 중심에 대해 기술한다. 동물은 60% 정도의 수분을 함유하고 있으므로 탄소로 환산한 중량은 동물 전체로 약 300TgC로 추정된다. 육지의 생물권에는 550PgC, 토양에는 1500P(10^{15})gC가 존재한다. 육지의 생물권은 대부분이 식물체라서 육지 생물권에서 동물이 차지하는 탄소 비율은 0.05% 정도가 된다. 탄소 유량을 보면, 육지식물의 광합성 양은 약 $60PgCyr^{-1}$에 달할 정도로 매우 크며 육지의 탄소순환에서 동물의 역할은 작다고 할 수 있다. 해양의 경우 식물과 동물을 다 합친다 해도 생물 총량은 1.7PgC 정도이고 식물의 광합성 양은 약 $40PgCyr^{-1}$가 된다. 이와 같이 탄소순환에서 동물이 차지하는 비율은 작기 때문에 물질순환이라는 차원에서 보면 압도적인 식물량과 광합성 양에 의해 지구표층환경 시스템이 결정되는 것이라고 할 수 있다.

지구표층의 탄소저장소는 대기권, 육지(생물권 및 토양), 수권, 암석권이라는 네 개의 영역으로 분류하는 경우가 많다. 현존량은 대기권에 750PgC, 육지의 생물권에 550PgC, 토양에 1,500PgC, 수권의 대부분을 차지하는 해양에 4만 PgC이며, 이것을 비율로 표시하면 대기권 : 육지 : 해양 : 암석권이 1 : 3 : 50 : 9,000이 된다. 암석권에는 막대한 양의 탄소가 저장되어 있지만 대기나 해양 등 협의의 지구표층환경 시스템에 포함되지 않기 때문에 짧은 시간이라는 스케일에서는 다른 저장소와의 상호작용이 적다. 이와 같이 해양에 탄소가 압도적으로 많이 저장되어 있는데 그중 1%만 대기로 이동한다 해도 p_{co_2}가 150%로 되어버린다. 또한 물은 대기와 비교해서 열용량이 크기 때문에 전 지구의 온도변화에 대해서도 해양은 지구 전체의 온도변화에 큰 역할을 하고 있다. 빙기·간빙기가 되풀이되었던 제4기에도 외양 환경이 변화했을 때는 육지 환경도 크게 변화했었다. 이처럼 해양에서도 외양은 환경변화의 중심적인 역할을 하고 있다.

선캄브리아시대에 우세했던 화학합성세균 등을 포함한 세균의 활동은 어떻게 평가할 수 있을까? 이들은 현재도 가장 근본적인 물질순환을 담당하고 있다. 즉, 광합성에 의해 합성된 유기물 혹은 동물체 등을 생물 사후에 본래의 무기적인 영양염으로 돌이키는 역할을 한다. 만일 이와 같은 생물이 없다면 야생동물이 죽은 사후에도 육체가 분해되지 못하고 가는 곳마다 동물의 유해가 그대로 방치될 것이다. 재생된 영양염은 다시 생물로 흡수되어 또 다른 생명체로서 되살아난다. 이처럼 지구표층환경 시스템에서 물질순환은 선캄브리아시대에 탄생한 미생물(고세균, 진정세균, 진핵생물)등에 의해 현재까지 지탱되어 왔다. 지구표층환경 시스템의 진화는 오늘날 두뇌가 발달된 인간이라고 하는 동물을 탄생시켰으며 선캄브리아시대에 시작된 물질순환의 중요한 기능은 현재도 여전히 계속되고 있다고 할 수 있다.

참고문헌

문헌은 장별로 정리하였다.

阿部 豊·中村正人(1997) 比較感星字. 松井孝典編, 岩波書店, 233~365.

Alvarez, W., Kauffiman, E. G., Surlyk, F., Alvarez, L., Asaro, F. and Michel, H. V. (1984) *Science*, 223, 1135~1141.

Alvarez, W., Smit, J., Lowrie, W., Asaro, F., Margolis, S. V., Claeys, P., Kastner, M. and Hildebrand, A. R.(1992) *Geology*, 20, 697~700.

Bambach, R. K.(2006) Ann. Rev. *Earth Planet. Sci.*, 34, 127~155.

Bard, E., Arnold, M., Fairbanks, R. G. and Hamelin, B.(1993) *Radiocarbon*, 35, 191~199.

Band, E., Arnold, M., Hamelin, B., Tisnerat-Laborde, N., Cabioch, G.(1998) *Radiocarbon*, 40, 1085~1092.

Beck, J. W., Richards, D. A., Edwards, R. L., Silverman, B. W., Smart, P. L., Donahaue, D. J., Hererra-Osterheld, S., Burr, G. S., Calsoyas, L., Jull, A. L. and Biddulph, D.(2001) *Science*, 292, 2453~2458.

Broecker, W. S. and Peng, T. H.(1982) *Tracers in the Sea. Lamont-Doherty Geological Observatory*, Columbia University, 690p.

Currie, L. A., Klouda, G. A., Benner, Jr. B. A., Garrity, K. and Eglinton, T. l. (1999) *Atm. Environ.*, 33, 2789~2806.

Dziewonski, A. M. and Anderson, D. L.(1981) Phys. *Earth Planet. Iner.*, 25, 297~357

Edwards, R. L., Chen, J. H. and Wasserburg, G. J.(1987) *Earth Planet. Sci. Lett.*, 81, 175~192.

Eglinton, T. I., Benitez-Nelson, B. C., Pearson, A., McNichol, A. P., Bauer, J. E. and Druffel, E. R. M.(1997) *Science*, 277, 796~799.

Emiliani, C.(1955) J. *Geology*, 63, 538~575.

Godwin, H.(1962) *Nature*, 195, 944.

Hayes, J. D. and Pitman, III.(1973) *Nature*, 246, 18~22.

平野弘道(2006) 멸종고생물학. 岩波書店, 255p.

Hsu, L. J. and McKEnzie, J. Q.(1985) *In : Natural Variation in Carbon Diozide and the Carbon Cycle, Archean to Present*. Sundquist, E. T. and Broecker, W. S., eds., *Geophys. Monogr. ser.*, 32, AGU, 487~492.

Ikeda, T. and Tajika, E.(1999) *Geophys. Res. Lett.*, 26, 349~352.

池浴仙之·北里 洋(2004) 지구생물학-지구와 생명의 진화. 동경대학출판회, 228p.

Imbrie, J., Shackleton, N. J., Pisias, N. G., Morley, J. J., Prell, W. L., Martinson. D. G.,

Hays, J. D., McIntyre, A. and Mix, A. C.(1984) *In : Milankovitch and Climate(Pt. 2)*. Berger, A. L., Imbrie, J., Hayse, J., Kukla, G. and Saltzman, B., eds., D. Reidel, 269~305.

IPCC "*Climate Change*" 2001(2001) http://www.ipcc.ch/ipccreports/tar/wg1/index.htm .

Irving, E., North, F. K. and Couillard, R.(1974) Canad. *J. Earth Sci.*, 11, 1~17.

伊藤 孝(1993) 지질학잡지, 99, 739~753.

Kaiho, K., Kajiwara, Y., Tazaki, K., Ueshima, M., Takeda, N., Kawahata, H., Arinobu, T., Ishiwatari, R.. Hirai, A. and Lamolda, M. A.(1999) *Paleoceanogr.*, 14, 511~524.

兼岡一郎(1998) 연대측정개론. 동경대학출판회, 315p.

唐戸俊一郎(2000) 유동학(rheology)과 지구화학. 동경대학출판회, 251p.

加藤雅啓論, 岩槻邦男·馬渡峻輔監修(1997) 식물의 다양성과 계통. 裳華房, 314p.

Kaufman, A. Broecker, W. S.(1965) *J. Geophys. Res.*, 70, 4039~4054.

川幡穗高(1998) 지질학논집, 49, 185~198.

川幡穗高(2008) 해양지구환경학 -생물지구화학순환에서 읽는다. 동경대학출판회, 280p.

川上紳一(1995) 縞縞学. 동경대학출판회, 253p.

Kawamura, K., Nakazawa, T., Aoki, S., Sugawara, S., Fujii, Y. and Watanabe, O.(2003) *Tellus*, 55B, 126~137.

Kawamura, K., Parrenin, F., Lisiecki, L., Uemura, R., Vimeux, F., Severinghaus, J. P., Hutterli, M. A., Nakazawa, T., Aoki, S., Jouzel, J., Raymo, M. E., Matsumoto, K., Nakata, H., Motoyama, H., Fujita, S., Goto~Azuma, K., Fujii, Y. and Watanabe, O.(2007) *Nature*, 448, 912~916.

Kennett, J. P.(1982) *In : Marine Geology*, Kennett, J. P., ed., Prentice-Hall, 695~751.

Kitagawa, H. and van der Plicht, J.(1998) *Radiocarbon*, 40, 505~516.

小林和男(1977) 해양저과학. 동경대학출판회, 312p.

小玉一人(1999) 고지자기학. 동경대학출판회, 248p.

Larson, R. C.(1991a) *Geology*, 19, 549~550.

Larson, R. C(1991b) *Geology*, 19, 963~966.

Larson, R. L.(1995) 일본경제사이언스, 80~86.

Libby, W. F.(1952) *Radiocarbon Dating*. University of Chicaco Press, 124p.

Lisiecki, L. E. and Raymo, M. E.(2005) *Paleoceanogr.*, 20, PA1003, doi : 10.1029/ 2004PA001071.

町田 洋·新井房夫 편(1992) 화산재 아틀라스-일본열도와 그 주변. 동경대학출판회, 276.

町田 洋·新井房夫 편(2003) (신편)화산재 아틀라스- 일본열도와 그 주변. 동경대학출판회, 336p.

Martinson, D, G., Pisias, W. G., Hays, J. D., Imbrie, j., Moore, Jr, T. C. and Shackleton, N. J.(1987) *Quat. Res.*, 27, 1~29.

Matsumoto, K., Kawamura, K., Uchida, M., Shibata, Y. and Yoneda, M.(2001) *Geophys, Res. Lett.*, 28, 4587~4590.

Miller, K. G., Kominz, M. A., Browning, J. V., Wright, J. D., Mountain, G. S., Katz,

M. E., Sugarman, P. J., Cramer, B. S., Christie-Blick, N. and Pekar, S. F.(2005) *Science*, 310, 1293~1296.

Mook, W. G.(1986) *Radiocarbon*, 28, 799.

Morrow, J. R., Schindler, E. and Walliser, O. H.(1996) *In : Global Events and Event Stratigraphy in thy Phanerozoic.* Walliser, O. J., ed., Springer, 53~61.

夏緑(2009) 바이러스, 미생물에 대해 알기 쉬운 책. 秀和시스템, 208p.

North, G. R.(1981) *J. Geophys. Res.*, 19, 91~212.

Ohkouchi, N., Eglinton, T. I., Keigwin, L. D. and Hayes, J. M.(2002) *Science*, 298, 1224~1227.

Ohkushi, K., Suzuki, A., Kawahata, H. and Gupta, L. P.(2003) *Marine Micropaleontol.*, 48, 281~290.

Palmer, A. R.(1983) *Geology*, 11, 503~504.

Pitman, W. C. and Golovchenko, X.(1983) *Society Economic Paleontology and Mineralogy(SEPM)* Special publication, 33, 41~58.

Raup. D. M. and Stanley. S. M.(1971) *Principles of Paleontology.* Freeman, 388p.

Reimer, P. J., Baillie, M. G. L.,Bard, E., Bayliss, A., Beck, J. W., Bertrand, C. J. H., Blackwell. P. G., Buck, C. E., Berr, G. S., Cutler, K. B., Damon, P. E., Edwards, R. L., Fairbanks, R. G., Feiedrich, M., Guilderson, T. P., Hogg, A. G., Hughen, K. A., Kromer, B., McCormac, G., Manning, S., Ramsey, C. B., Reimer, R. W., Remmele, S., Southon, J. R., Stuiver, M., Talamo, S., Taylor, F. W., van der Plicht, J. and Weyhenmeyer, C. E.(2004) *Radiocarbon,* 46, 1029~1058.

Reimer, P. J., Baillie, M. G. L.,Bard, E., Bayliss, A., Beck, J. W., Blackwell, P. G., Bronk-Ramsey, C., Buck, C. E., Burr, G. S., Edwards, R. L., Friedrich, M., Grootes, P. M., Guilderson, T. P., Hajdas, I., Heaton, T. J., Hogg, A. G., Hughen, K. A. Kaiser, K. F., Kromer, B., McCormac, F. G., Manning, S. W. Reimer, R. W., Richards, D. A., Southon, J. R, Talamo, S., Turney, C. S. M., van der Plicht, J. and Wey-henmeyer, C. E.(2009) *Radiocarbon*, 51, 1111~1150.

酒井 均·松久辛敬(1996) 안정동위원소 지구화학. 동경대학출판회, 403p.

Sakai, H., Sakai, H., Yahaagi, W. Fujii, R., Hayashi, T. and Upreti, N.(2006) *Palaeogeogr. Palaeoclimatol. Palaeoecol.*, 241, 16~27.

Seattle : *Quaternary Reseach Center*, University of Washington.

URL : http://radiocarbon.pa.qub.ac.uk/calib/calib.html.

Sepkoski, J. J., Jr.(1995) *In : Global Events and Event Stratigraphy in the Phanerozoic.* Walliser, O. H., ed., Springer, 35~51.

Shackleton, N. J. and Opdyke, N. D.(1973) *Quat. Res.*, 3, 39~55.

鹿園直建(1995) 과학, 65, 324~333.

鹿園直建(1997) 지구시스템 화학~환경자원의 해석과 예측. 동경대학출판회, 319p.

鹿園直建(2006) 지구학 입문. 慶應義塾대학출판회, 246p.

鹿園直建(2009) 지구혹성시스템 과학입문. 동경대학출판회, 232p.

Stetter, K. O.(1996) *Ciba Foundation Symposium*, 202, 1~18.

Stuiver, M., Reimer, P. J., Bard, E., Beck, W. E., Burr, G. S., Hughen, K. A., Kromer, B., McCormack, F. G., Plicht, J. V. D. and Spurk, M. (1998a) *Radiocarbon*, 40, 1041~1083.

Stuiver, M., Reimer, P. J., and Braziunas, T. F.,(1998b) *Radiocarbon*, 40, 1127~1151.

鈴木啓三(1980) 물과 수용액, 공립전서, 298p.

鈴木啓三(2004) 물 이야기·10강-물과 관련된 과학과 환경문제. 화학동인, 218p.

田近英一(2000) 과학, 70, 397~405.

Tajika, E.(2003) *Earth Planet. Sci. Lett.*, 214, 443~453.

田近英一(2007) 지학잡지, 116, 79~94.

Takashima, R., Nishi, H., Hayashi, K., Okada, H., Kawahata, H., Yamanaka, T., Fernando, A. G. and Mampuku, M.(2009) *Palaeogeogr. Palaeoclimatol. Palaeoecol.*, 273, 61~74.

巽 好幸(1995) 섭입대의 마그마학-전 멘틀 다이나믹을 향하여. 동경대학출판회, 200p.

上田誠也(1989) 판테트닉스. 암파서점, 268p.

横山祐典(2002) 지학잡지, 111, 883~899.

Zachos, J. C. and Arthur, M. A.(1986) *Paleoceogr.*, 1, 5~26.

2. 선캄브리아시대의 지구표층환경

阿部 豊(2005) 일본기상학회 2005년도 춘계대회 공개 심포지움 '지구환경의 진화와 기후 변화', 지구환경문제위원회 공동주최, 4~7.

Amelin, Y., Lee, D. C. and Halliday, A. N.(2000) *Geochim. Acta*, 64, 4205~4225.

Appel, P., Polat, A. and Frei, R.(2009) *Chemical Geology*, 258, 105~124.

Baadsgaard, H., Nutman, A. P., Bridgwater, D., Rosing, M., McGregor, V. R. and Alla~art, J. H.(2007) *Earth Planet. Sci. Lett.*, 68, 221~228.

Botrell, S. B. and Network, R. J.(2006) *Earth Sci. Rev.*, 75, 59~83.

Brocks, J. J., Logan, G. A., Buick, R. and Summons, R. E.(1999) *Science*, 285, 1033~1036.

Buick, R.(1992) *Science*, 255, 74~77.

Buick, R.(2003) *In : Palaeobiology II(Paleobiology)*. Briggs, D. and Crowther, P. R., eds., Wiley~Blackwell, 13~21.

Butterfield, N. J., Knoll, A. H. and Swett, K.(1994) *Fossils and Strata*, 34, 1~84.

Canfield, D. E.(1998) *Nature*, 396, 450~453, doi : 10.1038/24839.

Cates, N. L. and Mojzsis, S. J.(2007) *Earth Planet. Sci. Lett.*, 255, 9~21.

Cook, P. M. and Shergold, J. H.(1986) *Phosphate Deposits of the World Proteroic and Cambrian Phosphorites*, vol, 1, Cambridge University Press, 385p.

Douglas, S., Zauner, S., Fraunholz, M., Beaton, M., Penny, S., Deng, L. T., Xu, X. Reith, M., Cavalier~Smith, T. and Maier, U. G.(2001) *Nature*, 410, 1091~1096.

Erwin, D. H.(2003) *In : Palaeobiology II(Paleobiology)*. Briggs, D. and Crowther, P. R., eds., Wiley~Blackwell, 25~31.

Farquhar, J., Bao, H. and Thiemens, M.(2000) *Science*, 289, 756~758.

Frakes, L. A., Francis, J. E. and Syktus, J. I.(1992) *Climate Modes of the Phanerzoic*. Cambridge University Press, 286p.

Han, T. M. and Runnegar, B.(1992) *Science*, 257, 232~235.

Haqq-Misra, J. D., Domagal~Goldman, S. D., Kasting, P. J., and Kasting, J. F.(2008) *Astrobiology*, 8, 1127~1137.

平野弘道(2006) 멸종고생물학, 암파서적, 255p.

Hoffman, P. F., Kaufman, A. J., Halverson, G. P. and Schrag, D. P.(1998) *Science*, 281, 1342~1346.

Holland, H. D.(2006) *Phil, Trans, Roy. Soc.* B, 361, 903~915.

掘越 叡(2010) 지각 진화학. 동경대학출판회, 360p.

Hu, G. X., Rumble, D. and Wang, P. L.(2003) *Geochim. Cosmochim. Acta*, 67, 3101~3118. doi : 10.1016/S0016~7037(02) 00929~8

池谷仙之·北里 羊(2004) 지구생물학~지구와 생명의 진화. 동경대학출판회, 228p.

井上 勲(2006) 30억 년에 걸친 조류(藻類)의 자연적 역사. 동해대학출판회, 472p.

梶原良道(1977) 현대광상학의 기초. 立見辰雄 편, 동경대학출판회, 215~228.

Kakegawa, T. and Nanri, H.(2006) *Precam. Res.*, 148, 115~124.

Kasting, J. F.(1987) *Precam. Res.*, 34, 205~229.

Kasting, J. F.(1993) *Science*, 259, 920~926.

Kasting, J. F., Pavlov, A. A. and Siefert, J. L.,(2001) *Orig. Life Evol. Biosphere*, 31, 271~285.

Kasting, J. F.(2004) *Sci. Amer.*, 80~85.

Kirschvink, J. L., Gaidos, E. J., Bertani, L. E., Beukes, N. J., Gutzmer, J., Maepa, L. N. and Steinberger, R. E.(2000) *Proc. Natl. Acad. Sci.*, 97, 1400~1405.

Klein, C. and Beukes, N. J.(1992) *In : The Proterozoic Biosphere : A multidisciplinary study*. Schopf, J. W. and Klein, C., eds., Cambridge University Press, 139~146.

Knoll, A. H.(2003) *Life on young Planet : The first three billion years of evolution on earth*. Princeton University Press, 277p. (斎藤隆央 번역(2005) 생명 탄생 최초 30억 년. 紀伊國屋서점, 390p)

Komiya, T., Maruyama, S., Nohda, S., Masuda, T., Hayashi, M. and Okamoto, S.(1999) *J. Geology*, 107, 515~554.

態澤峰夫·丸山茂德 편집(2002) 증식 테토닉스와 전 지구사 해독. 암파서적, 407p.

Lepland, A., van Zuilen, M. A., Gustaf Arrhenius, G., Whitehouse, M. J. and Fedo, C. M.(2005) *Geology*, 33, 77~79.

丸山茂德·磯崎行雄(1998) 생명과 지구의 역사. 암파서점 543, 275p.

Melezhik, V. A., Fallick, A. E., Rychanchik, D. V. and Kuznetsov, A. B.(2005) *Terra Nova*, 17, 141~148. doi : 10.1111/j.1365~3121.2005.00600.x.

Miller, R. McG.(1983) *In : Evolution of the Damara Orogen of South West Africa/Namiba*. Miller, R. McG. ed., Geol. Soc. South Africa, Spec. Pub., 11, 431~515.

Miller, S. L.(1953) *Science*, 117, 527~528.

Mojzsis, S. J., Arrhenius, G., Mckeegan, K. D., Harrison, T. M., Nutman, A. P. and Friend, C. R. L.(1996) *Nature*, 384, 55~59.

Mojzsis, S. J., Harrison, T. M. and Pidgeon, R. T.(2001) *Nature*, 409, 178~181.

Mojzsis, S. J., Coach, C. D., Greenwood, J. P., McKeegan, K. D. and Harrison, T. M.(2003) *Geochim. Cosmochim. Acta*, 67, 1635~1658. doi : 10.1016/S0016~7037(03)00059~0

Moorbath, S., O'Nions, R. K., Pankhurst, R. J., Gale, N. H. and McGregor, V. R.(1972) *Nature*, 240, 78~82.

Moorbath, O'Nions, R. K. and Pankhurst, R. J.(1973) *Nature*, 245, 138~139.

Ohmoto, H., Kakegawa, T. and Lowe, D. R.(1993) *Science*, 262, 555.

大本 洋(1994) 과학, 64, 360~370.

大谷栄治·掛川 武(2005) 지구·생명－그 기원과 진화. 공립출판, 196p.

O'neil, J., Carison, R. W., Francis, D. and Stevenson, R.(2008) *Science*, 321, 1828~1831.

Ono, S., Eigenbrode, J. L., Pavlov, A. A., Kharecha, P., Rumble III, D., Kasting, J. F. and Freeman, K. H.(2003) *Earth Planet. Sci. Lett.*, 213, 15~30. doi : 10.1016/S0012~821X(03)00295~4.

大島泰郎(1995) 열수에서 시작된 생명. 동경화학동인. p.

Rashby, S. E., Sessions, A. L., Summons, R. E. and Kewman, D. K.(2007) *Proc. Natl. Acad. Sci.*, 104, 15099~15104.

Rasmussen, B., Fletcher, I. R., Brocks, J. J. and Kiburn, M. R.(2008) *Nature*, 455, 1101~1104.

Schidlowski, M.(1988) *Nature*, 333, 313~318.

Schidlowski, M.(1993) *In : Organic Geochemistry*, Engel, M. H. and Macko, S. A., eds., Plenum Press, 639~655.

Schopf, J. W.(1999) *Gradle of Life*. Princeton University Press, 367p.

Scott, C., Lyons, T. W., Bekker, A., Shen, Y., Poulton, S. W., Chu, X. and A. D.(2008) *Nature*, 452, 456~459.

Seilacher, A., Boss, P. K. and Pfuger, F.(1998) *Science*, 282, 80~83.

Stanley, S. M.(1992) *Exploring Earth and Life through Time*. W. H. Freeman and Co., 538p.

Sterrer, K. O.(1994) In : *Early Life on Earth*. Nobel Symposium No. 84, Bengtson, S., ed., Columbis University Press, 143~151.

Sterrer, K. O.(1999) *FEBS Lett.*, 452, 22~25.

Symons, D. T. A.(1975) *Geology*, 3, 303~306.

Takai, K., Gamo, T., Tsunogai, U., Nakayama, N., Hirayama, H., Nealson, K. H. and Horikoshi, K.(2004) *Extremophiles*, 8, 269~282.

Ueno, Y., Yamada, ., Yoshida, N., Maruyama, S. and Isozaki, Y.(2006) *Nature*, 440, 516~519.

Ueno, Y., Johnson, M., Danielache, S., Eskebjerg, C., Pandey, A. and Yoshida, N.(2009)

Proc. Natl. Acad. Sci., 106, 14784~14789.

Wilde, S. A., Valley, J. W., William, H., Peck, W. H. and Graham, C. M.(2001) *Nature,* 409, 175~178.

Xiao, S.(2004) *In : The Extreme Proterozoic : Geology, Gepchemistry and Climate.* Jenkins, G., Mc-Menamin, M., Sohl, L. and Mckay, C., eds., *Geophys. Monogr. Ser.,* AGU, 146, 199~214.

山中健生(1999) 독립영양세균의 생화학. 아이비씨, 207p.

Yang, W. and Holland, H. D.(2003) *Amer, J. Sci.,* 303, 187~220.

3. 고생대의 지구표층환경

Ahlberg, P. E. and Milner, A. R.(1994) *Nature,* 368, 507~514.

Algeo, T. J. and Scheckler, S. E.(1998) *Phil. Trans. Roy. Soc. Lond.* B, 353, 113~130

Ashman, M. R. and Puri, G.(2002) *Essential Soil Science : A clear and concise introduction to soilscience.* Blackwell, 198p.

Beering, D. J. and Woodward, F. I.(2001) *Vegetation and the Terrestrial Carbon Cycle : modeling the first 400 million year.*(及川武久 감수(2004) 식생과 대기 4억 년 역사. 동경대학학술출판회, 454p.)

Berner, R. A.(1997) *Science,* 276, 544~546.

Boisvert, C. A.(2005) *Nature,* 438, 1145~1147.

Boisvert, C. A., Mark~Kurik, E. and Ahlberg, P. E.(2008) *Nature,* 456, 636~638.

Bowring, S. A., Erwin, D. H., Jin, Y. G., Martin, M. W., Davidek, K. and Wang, W.(1998) *Science,* 280, 1039~1045.

Briggs, D. E. G.(1991) *Amer. Scientist,* 79, 130~141.

Briggs, D. E., Erwin, D. H., Collier, F. J. and Clark, C.(1991) *The Fossils of the Burgess Shale.* Smithsonian Institute, 238p. (大野照文 번역 및 감수(2003) 버제스혈암화석도감. 朝倉書店, 231p.)

Chen, J. Y., Huang, D. Y., Peng, Q. Q., Chi, H. M., Wang, X. Q. and Feng, M.(2003) *Proc. Natl. Acad. Sci.,* 100, 8314~8318.

Coates, M. I.(2003) *In : Paleobiology II(Paleobiology).* Briggs, D. and Crowther, P. R., eds., *Wiley~Blackwell,* 74~82.

Crowell, J. C.(1999) *Memor. Geol. Soc. Ame.,* no. 192.

DiMichele, W. A. and Phillips, T. L. (1994) *Palaeogeogr. Palaeoclimatol. Palaeoecol.,* 106, 39~90.

DiMichele, W. A.(2003) In : *Palaeobiology II.* Briggs, D. E. G. and Crowther, P. R., eds., Blackwell Science, 79~82.

Edwards, D., Selden, P. A., Richardson, J. B. and Axe, L.,(1995) *Nature,* 377, 329~331.

Edwards, D.(2003) In : *Palaeobiology II(Paleobiology)*. Briggs, D. and Crowther, P. R., eds., Wiley~Blackwell, 63~66.

Erwin, D. H,(1990) *Trends Ecol. Evol.*, 4, 225~229.

Forey, P. and Janvier, P.(1993) *Nature*, 361, 129~134.

Fortey, R.(2000) Trilobite! Alfred A. Knopf, 320p. (垂水雄二 번역(2002) 三葉虫의 수수께기- 「進化의 목격자」 놀라운 생태. 早川書房, 342p.)

Frakes, L. A., Francis, J. E. and Syktus, J. I.(1992) *Cliamte Modes of the Phanerozoic.* Cambridge University Press, 286p.

Gastaldo, R. A., DiMichele, W. A. and Pfefferkorn, H. W.(1996) *GSA today*, 6, 1~7.

Gehling, J. G., Jensen, S., Droser, M. L., Myrow, P. M. and Narbonne, G.(2001) *Geol. Mag.*, 138. 213~218.

Gould, S. J.(1989) Wonderful Life : *Evolutionary history of life*, Burggess Shale. W. W. Norton. 347p. (渡辺政隆 번역(2000) 원더풀 라이프 버제스 셰일과 생물 진화 이야기. 하야카와문고 NF, 602p.)

Gray, J. (1993) *Palaeogeogr. Palaeoclimatol. Palaeoecol.*, 104, 153~169.

Hallam, A. and Wignall, P. B.(1999) *Earth Sci. Rev.*, 48, 217~250.

平野弘道 (2006) 멸종고생물학. 岩波書店, 255p.

Irving, E. and Pullaish, G.(1976) *Earth Sci. Revi.*, 12, 35~64.

Isozaki, Y., Maruyama, S. and Furuoka, F.(1990) *Tectonophys.*, 181, 179~205.

Isozaki, Y. (1994) *In : Pangea : Global Environments and Resources.* Embry, A. F., Beauchamp, B. and Glass, D. J., eds., *Canad. Soc, Petrol. Geol.*, Memoir, 17, 805~812.

磯崎行雄 (1995) 과학, 65, 90~100.

Isozaki, Y. (1997) *Science*, 276, 235~238.

磯崎行雄 (1997) 과학, 67, 543~549.

Isozaki, Y. Kawahata, H. and Ota, A.(2007) *Global Planetary Change*, 55, 21~38.

Jeran, A. J., Selden, P. A. and Edwards, D.(1990) *Science*, 205, 658~666.

Jin, Y. G., Zhang, J. and Shang, Q. H.(1994) *Canad. Soc. Petrol. Geol. Mem.*, 17, 813-822.

Kani, T., Fukui, M., Isozaki, Y. and Nohda, S.(2008) *J. Asian Earth Science*, 32, 22~33.

Kanmera, K. Sano, H. and Isozaki, Y.(1990) *In : PreCretaceous Terranes of Japan.* Ichikawa, K., Mizutani, S., Hara, I., hada, S. and Yao, A., eds., *Publication IGCP Project #224*, Osaka, 49~62.

Kawahata, H., Okamoto, T., Matsumoto, E. and Ujiie, H.(2000) *Quat. Sci. Rev.*, 19, 1279~1291.

Kirshvink, J. L., and Raub, T.(2003) *Compres Rendus Geoscience*, 335, 65~78.

小林快次·栃内 新(2008) 지구와 생명의 진화학, 沢田 健 등, 편집. 홋카이도대학출판회, 143~160.

Little, C.(1983) *The Colonisation of Land : origins and adaptations of terrestrial animals.* Cambridge University Press. 308p.

Long, J. A.(2003) *In : Palaeobiology II(Paleobiology)*. Briggs, D. and Crowther, P. R., eds., Wiley~Blackwell, 52~57.

松井正文 編, 岩槻邦男·馬渡峻輔監修 (2006) 척추동물의 다양성과 계통. 裳華房, 403p.

三木成夫(1989) 생명형태의 자연잡지(제 1권). 裳華房書院, 484p.

Morris, S. C.(1997) *Journey to the Cambrian : the Burgess Shell and the explosion of animal life.*(松井孝典 번역 및 감수(1997) 캄브리아기에 존재한 괴이한 생물들, 講談 社現代新書, 301p.)

Musashi, M., Isozaki, Y. and Kawahata, H.(2010) *Global Planetary Change*, 73, 114~122.

Nakazawa, T. and Ueno, K.,(2009) *Palaeoworld*, 18, 162~168.

Nakazawa, T., Ueno, K., Kawahata, H., Fujikawa, M. and Kashiwagi, K.(2009) *Sedimentary Geology*, 214, 35~48.

夏 綠(2009) 미생물을 잘 알 수 있는 책, 秀和시스템, 208p.

Parker, A.(2003) *In the Blink of an Eye : the cause of the most dramatic events in the history of life.* Perseus Pub., 316p.

Putnam, N. H., Butts, t., Ferrier, D. E., Furlong, R. F., Hellsten, U., kawashima, T., Robinson~Rechavi, M., Shoguchi, E., Terry, A., Yu, J. K., Benito~Gutiérrez, E. L., Dubchak, I., Garcia~Fernandez, J., Gibson~Brown, J. J., Grigoriev, I. V., Horton, A. C., de Jong, P. J., Jurka, J., Kapitonov, V. V., Kohara, Y., Kuroki, Y., Lindquist, E., Lucas, S., Osoegawa, K., Pennacchio, L. A, Salamov, A. A., Satou, Y., Suaka~Spengler, T., Schmutz, J., Shin~I, T., Toyoda. A., Bronner~Fraser, M., Fujiyama, A., Holland, L. Z., Holland, P. W., Satoh, N., Rokhsar, D. S.(2008) *Nature*. 453, 1064~1071.

Raup, D. M.(1979) *Science*, 206, 217~218.

Retallack, G. L.(2001) *Soils of the Past : an introduction to paleopedology*. Wiley=Blackwell, 512p.

Ross, C. A. and Ross, J. R. P.(1987) *Late Paleozoic Sea Levels and depositional Sequences.* Cushman Foundation for Foraminiferal Research Special Publication, 24, 137~149.

實吉達郎(2008) 너무 재미있는 동물기一六時虫, 괴팍한 돼지, 전설의 독조, 육지에서 다니는 물고기, 크리에이티브 소프트뱅크, 208p.

佐藤矩行編(1998) 원색동물의 생물학, 동경대학출판회, 258p.

Scheckler, S. E.(2003) *In : Palaeobiology II.*(Paleobiology). Briggs, D. and Crowther, P. R., eds., Wiley~Blackwell, 67~71.

Selden, P. A.(2003) *In : Palaebiology II.* Briggs, D. E. G. and Crowther P. R., eds., Blackwell Science. 71~74.

Sepkoski, J. J. Jr(1981) *Paleobiology*. 7, 36~53.

Sepkoski, J. J. Jr(1986) *In : Patterns and Process in the History of Life*. Raup, D. M. and Jablonski, D., eds., Springer~Verlag, 227~295.

白山義久 編, 岩槻邦男·馬渡峻輔(2000) 무척추동물의 다양성과 계통. 裳華房, 324p.

Shu, D., Conway Morris, S. and Zhang, X. L.(1996) *Nature*, 384, 156~157.

Shu, D., Chen, L., Han, J. and Zhang, X. L.(2001) *Nature*, 411, 472~473.

鈴木庸一・真下 清(2002) 유기자원화학~석탄·석유·천연가스, 三共出版, 236p.

Tatsumi, Y., Kani, T., Ishizuka, H., Maruyama, S. and Nishimura, Y.(2000) *Geology*, 28, 580~582.

Urashima, T. and Saito, T.(2005) *J. Appl. Glycosci.*, 52, 65~70.

van Tuinen, M. and Hadly, E. A.(2004) *J. Mol. Evol.*, 59, 267~276.

Westneat, M. W., Betz, O., Blob, R. W., Fezzaa, K., Cooper, J. and Lee, W.(2003) *Science*, 299, 558~560.

Whittaker, R. H. and Likens, G. E.(1975) *In : Primary Productivity of the Biosphere*. Lieth, H. and Whittaker, R. H., eds., Ecol. Stud. 14, Springer~Verlag, 305~328.

Wray, G. A. Levinton, J. S. and Shapiro, L. H.(1996) *Science*, 274, 568~573.

矢部 衛(2006) 척추동물의 다양성과 계통. 松井正文編, 岩槻邦男·馬渡峻輔 監修, 裳華房, 46~93.

安井金也・窪川かおろ(2005) 활유어류(lancelets) 두색동물의 생물학, 동경대학출판회, 276p.

Young, G. C.(1997) *Journal of Vertebrate Paleontology*, 17, 1~25.

4. 중생대의 지구표층환경

Archibald, J. D.(1996) *Dinosaur Extinction and the End of an Era*. Columbia University Press, 226p.

Arthur, M. A. and Natland, J. H.(1979) *In : Maurice Ewing Series*, 3. Talwani, M., Hay, W. and Ryan, W. B. F., eds., AGU, 385~401.

Arthur, M. A., Dean. W. E. and Schlanger, S. O.(1985) *In : Natural Variation in Carbon Diozide and the Carbon Cycle : Archean to Present*. Sundquist, E. T. and Broecker, W. S., eds., *Geophys. Monogr. Ser.*, 32, AGU, 504~529.

Alvarez, L. W., Alvarez, W., Asaro, F. and Michel, H. V.(1980) *Science*, 208, 1095~1108.

Alvarez. W., Kauffiman, E. G., Surlyk, F., Alvarez, L., Asaro, F. and Michel, H. V.(1984) *Science*, 223. 1135~1141.

Alvarez, W., Smit, J., Lowrie, W., Asaro, F., Margolis, S. V., Claeys, P., Kastner, M. and Hildebrand, A. R.(1992) *Geology*, 20, 697~700.

Barron, E. J. and Washington, W. M.(1982) *Palaeogeogr. Palaeoclimatol. Palaeoecol.*, 40. 103~133.

Barron, E. J. and Peterson, W. H.(1990) *Paleoceanogr.*, 5, 319~337.

Benest, D. and Froeschlé, C.(1998) *Impacts on Earth*. Springer, 223p.

Berner, R. A.(1990) *Science*, 249, 1382~1386.

Berner, R. A.(1994) *Amer. J. Sci.*, 294, 56~91.

Berner, R. A. and Kothavala, Z.(2001) *Amer. J. Sci.*, 301, 182~204.

Bice, K. L. and Norris. R. D.(2002) *Paleoceanogr.*, 17. 1029/2002PA000778.

Bice, K. L.. Birgel, P. A., Meyers, K. A.. Dahl, K.~U. and Norris, R. D.(2006) *Paleoceanogr.*, 21. 1029/2005PA001203

Bown, P. B., Lees, J. A. and Young, J. R.(2004) *In : Coccolithophores from Molecular Processes to Global Impact.* Thierstein, H. R. and Young, J. R., eds., Springer, 481~508.

Brumsack, H. J.(1980) *Chemical Geology*, 31. 1~25.

Brusatte, S.(2008) Dinosaurs. Quercus Publishing. (椿 正晴 번역·北村雄一監修(2010) 되살아나는 공룡·대백과. 소프트뱅크 크리에이티브, 224p.)

Caldeira, K. and Rampino, M. R.(1991) *Geophys. Res. Lett.*, 18, 987~990.

Cerling, T. E.(1991) *Amer. J. Sci.*, 291. 377~400

Chacon~Baca, E., Beraldi~Campesi, H., Cevallos~Ferriz, S. R. S., Knoll, A. H. and Golubic, S.(2002) *Geology*, 30, 279.

Chiappe, L. M.(2001) *In : Paleobiology II.* Briggs, D. E. G., ed., Blackwell Science, 102~106.

Coccioni, R. and Luciani, V.(2005) *Palaeogeogr. Palaeoclimatol. Palaeoecol.*, 224, 167~185.

Coffin, M. F. and Eldholm, O.(1994) *Rev. Geophys.*, 32, 1~36.

Coffin, M. F., Duncan, R. A., Eldholm, O., Fitton, J. G., Frey, F. A., Larsen, H. C., Mahoney, J. J., Saunders, A. O., Schlich, R. and Wallace, P. J.(2006) *Oceanogr.*, 19, 159~160.

Dameste, J. S. S. and Koster, J.(1998) *Earth Planet. Sci. Lett.*, 148, 165~173.

Dean, W. E.(1981) *Init. Repts. DSDP*, 62, 869~876.

DeConto, R. M. and Pollard, D.(2003) *Paleogeogr. Paleoclimatol. Paleoecol.*, 198, 39~52.

Deroo, G., Herbin, J. P., Roucache, J., Tissot, B., Albrecht, P. and Schaeffle, J.(1978) *Init. Repts. DSDP*, 41, 865~873.

Duval, B., Moore, J. C., et al.(1984) *Init. Repts. DSDP*, 78A.

Ekart. D. D., Cerling, T. E., Montanez, I, P., and Tabor, N. J.(1999) *Amer. J. Sci.*, 299, 805~827.

Eldholm, O. and Coffin, M. F.(2000) *In : The History and Dynamics of Global Plate Motions.* Richards, M. A., Gordon, R. G. and van der Hilst, R. D., eds., Geophys. Monogr., 121. AGU, 309~326.

Erbacher, J., Huber, B. T., Norris, R. D. and Markey, M.(2001) *Nature*, 409, 325~327.

Erwin, D. H.(1995) *In : Global Events and Event Stratigraphy in the Phanerozoic.* Walliser, O. H., ed., Springer, 251~264.

Falkowski, P. G., Katz, M. E., Knoll, A. H., Quigg, A., Raven, J. A., Schofield, O. and Taylor, F. J. (2004a) *Science*, 305, 355~360.

Falkowski, P. G., Schofield, 0., Katz, M. E., van de Schootbrugge, B. and Knoll, A. H.(2004b) *In : Coccolithophores : from molecular processes to global impact.* Therstein, H. and Young, J. R., eds., Elsevier, 429~453.

Fassett, J. E., Heaman, L. M. and Simonetti, A.(2011) *Geology*, 39, 159~162.

Fastovsky, D. E. and Weishampel, D. B.(2005) The Evolution and Extinction of the Dinosaurs(真鍋真 감수 및 번역(2006) 공룡학-진화와 멸종의 수수께끼. 丸善, 496p).

Forster, A., Schouten, S., Moriya, K., Wilson, P. A. and Sinninghe Damsté, J. S.(2007) *Paleoceanogr.*, 22, PA1219.

Frakes, L. A.(1979) *Climates throughout Geologic Time.* Elsevier, 310p.

Frakes, L. A. and Francis, J. E.(1988) *Nature*, 333, 547~549.

Frakes, L. A., Francis, J. E. and Syktus, J. I.(1992) *Climate Modes of the Phanerozoic.* Cambridge University Press, 274p.

Freeman, K. H. and Hayes, J. M.(1992) *Global Biogeochemical Cycles*, 6, 185~198.

Furnas, M. J.(1990) *J. Plankton Res.*, 12, 1117~1151.

Hallam, A.(1981) *Palaeogeogr. Palaeoclimatol. Palaeoecol.*, 35, 1~44.

Hallam, A.(1984) *Ann. Rev. Earth Planet. Sci.*, 12, 205~243.

Hallam, A.(1992) *Phanerozoic Sea~level Changes.* Columbia University Press, 266p.

Haq, B. U., Hardenbol, J. and Vail, P. R.(1987) *Science*, 235, 1156~1167.

Hillebrandt, A. von(1994) Cahiers de l'univcrsite Catholique de Lyon, *Series Science*, 3, 27~53.

平野弘道(2006) 멸종고생물학. 岩波書庖, 255p.

平山 廉(2001) 공룡의 모든 것. 新星出版社, 142p.

House, M. R.(1988) *In : Cephalopods : Present and Past.* Wiedmann, J. and Kullumann, J., eds., Schweizerbat'sche Verlag, 1~16.

Huber, B. T., Leckie, R. M., Norris, R. D., Bralower, T. J. and CoBabe, E.(1999) *J. Foraminiferal Res.*, 29, 392~417.

Huber, B. T., Norriis, R. D. and MacLeod, K. G.(2002) *Geology.* 30, 123~126.

Hughes, N. F.(1994) *The Enigma of Angiosperm Origins.* Cambridge University Press, 303p.

池谷仙之・北里 洋(2004) 지구생물학-지구와 생명의 진화. 동경대학출판회 228p.

Irving, E., North, F. K. and Couillard, R.(1974) *Canad. J. Earth Sci.*, 11, 1~17.

磯崎行雄(1997) 과학, 67, 543~549.

Jenkyns, H. C.(1980) *Geol. Soc. Lond*, J., 137, 171~188.

Ji, Q., Currie, P., Norrell, M. A. and Ji, S. A.(1998) *Nature* 393, 753~761.

Kaiho, K., Kajiwara, Y., Tazaki, K., Ueshima, M., Takeda, N., Kawahata, H., Arinobu, T., lshiwatari, R., Hirai, A. and Lamolda, M. A.(1999) *Paleoceanogr.*, 14, 511~524.

川幡穗高(1998) 지질학논집. 49. 185~198.

Kawahata, H., Suzuki, A. and Ohta H.(1998) *Geochem. J.*, 32, 125~133.

Keller, G.(2001) *J. Planet. Space Sci.*, 49, 817~830.

Klemme, H. D. and Ulmishek, G. F.(1991) *Amer. Assoc. Petrol. Geolog.* Bull., 75, 1809~1851.

Kooistra, W. H. C. F. and Medlin, L. K.(1996) *Molecular Phylogenetist Evolution*, 6, 391~407.

Kuroda, J. and Ohkouchi, N.(2006) *Paleontol. Res.*, 10, 345~358.

Kuroda, J., Ogawa, N. O., Tanimizu, M., Coffin, M. F., Tokuyama, H., Kitazato, H. and

Ohkouchi, N.(2007) *Earth Planet. Sci., Lett.*, 256, 211~223.

黑田潤一郎・鈴木勝彦・大河内直彦(2010) 지학잡지 119, 534~555.

Kuypers, M. M. M., Schouten, S., Erba, E. and Sinninghe Daste, J. S.(2004) *Geology*, 32, 853~856.

Larson, R. C.(1991a) *Geology*, 19, 549~550.

Larson, R. C.(1991b) *Geology* 19. 963~966.

丸山茂德深・深尾良夫・大林政行(1993) 과학, 63, 373~386.

Maruyama, S.(1994) *J. Geol. Soc. Jpn.*, 100, 24~49.

丸山茂德(1997) 과학, 67, 498~506.

松井正文 編, 岩槻邦男・馬渡峻輔 감수(2006) 척추동물의 다양성과 계통. 裳華房424p.

松井孝典(1999) 再現, 거대운석충돌~6500만 년 전의 수수께끼를 푼다. 岩波과학도서, 117p.

Merico, A., Tyrrell, T., Brown. C. W. Groom, S. B. and Miller, P. I.(2003) *Geophys, Res. Lett,*. 30. Article number 13371337.

Miller, K. G. Sugarman, P. J., Browning, J. V., Kominz, M. A., Hernandez J. C., Olsson, R. K., Wright, J. D. Feigenson, M. D. and Van Sickel. W.(2003) *Geology*, 31, 585~588.

Miller, K. G. Kominz M. A. Browning. J. V., Wright. J. D. Mountain, G. S., Katz, M. E. Sugarman, P. J., Cramer, B. S., Christie~Blick, N. and Pekar, S. F.(2005) *Science*, 310, 1293~1298.

Miller, K. G.(2009) *Nature Geoscience*, 2, 465~466.

Moriya, K., Nishi, H., Kawahata, H., Tanabe, K. and Takayanagi, Y.(2003) *Geology*, 31, 167~170.

Moriya, K., Willson, P. A., Friedrich. O., Erbacher, J. and Kawahata, H.(2007) *Geology*, 35, 615~618.

守屋和佳(2008) 일본고생물학회 제 157回 例会予稿集, C9.

Moriya, K., Kawahata, H., Willon, P. A. and Nishi, H.(2009) *8th International Symposium on the Cretaceous System*, Hart, M. H., ed., Plymouth, 144~145.

Moriya, K.(2011) *Paleontol. Res.*, 15, in press.

Norris, R. D., Kroon, D., Klaus, A., et al.(1998) *Proc. ODP, Init. Repts.*, 171B, College Station, TX (ODP).

Ohkouchi, N., Kawamura. K., Wada, E. and Taira, A.(1997) *High abundances of hopanoids and hopanoic acids in Cretaceous black shales*. Ancent Biomolecules, 1, 183~192.

Olsen, P. E., Fowell, S. J., and Cornet, B.(1990) *Geol. Soc. Amer. Spec. Pap.*, 247, 585~594..

Orr, J. C., Fabry, V. J., Aumont, O., Bopp, L., Doney, S. C., Feely, R. A., Gnanadesikan, A., Gruber. N., Ishida, A., Joos, F., Key. R. M., Lindsay K., Maier~Reimer. E., Matear, R., Monfray, P., Mouchet, A., Najjar, R. G. Plattner. G. K., Rodgers, K. B., Sabine, C. L., Sarmiento, J. L.,. Sclhitzer, R., Slater, R. D., Totterdell, I. J., Weirig, M. F., Yamanaka, Y. and Yool, A.(2005) *Nature*, 437, 681~686.

Padian, K. and Chiappe, L. M.(1998) *Biological Rev.*, 73, 1~42.

Rau, G. H., Arthur, M. A. and Dean, W. E.(1987) *Earth Planet. Sci. Lett.*, 82, 269~279.

Retallack, G. J., Veevers, J. J. and Morante, R.(1996) *Geol. Soc. Amer. Bull.*, 108, 195~207.

Retallack, G. J. A.(2001) *Nature*, 411, 287~290.

Ridgwell, A.(2005) *Marine Geol.*, 217, 339~357.

Sano, Y. and Pillinger, C. T.(1990) *Geochem. J.*, 24, 315~325.

Savin, S. M.(1977) *Ann. Rev. Earth Planet. Sci.*, 5, 319~355.

Schlanger, S. O. and Jenkyns, H. C.(1976) *Geologie en Mijnbouw*, 55, 179~184.

Shackleton, N. J. and Kennett. J. P.(1975) *Init. Repts. DSDP*, 29, 743~755.

Shaviv. N. and Veizer. J.(2003) *GSA Today*, 13, 4~10.

鹿園直建(1995) 과학, 65, 324~333.

Spencer-Carvato. C.(1999) P*alaeontologica Electronica.* 2, art. 4.

多田隆治(2004) 진화하는 지구혹성시스템, 동경대학지구혹성시스템 과학강좌 편, 동경대학출판회, 139~158.

Takashima, R., Nishi. H., Huber, B. T. and Leckie, M.(2006) *Oceanogr.*, 19, 82~92.

Takashima, R., Nishi, H., Hayashi, K., Okada., H., Kawahata, H., Yamanaka, T., Mampuku, M. (2009) *Palaeogeogr. Palaeoclimatol Palaeoecol.*, 273, 61~74.

Tejada, M. L. G., Suziuk, K., Kuroda, J., Coccioni, R., Mahoney, J. J., Ohkouchi, N., Sakamoto, T. and Tatsumi, Y.(2009) *Geology*, 37, 855~858.

Tuirstein. H. R. and Young, J. R.(2004) Coccolithophores from Molecular Processes to Global Impact. Springer, 562p.

Tissot, B.(1979) *Nature*, 277, 463~465.

Vail, P. R., Mitchum. R. M., Todd. R. G., Widmier, J. M., Thompson III, S., Sangree, J. B., Bubb, J. N. and Hatlelid, W. G.(1977) *In : Seismic Stratigraphy~Applications to Hydrocarbon Exploration.* Payton. C. E., ed., *Mem. Amer. Assoc. Petrol. Geol.*, 26, 49~205.

Yamamura, M., Kawahata, H., Matsumoto, K. Takashima, R. and Nishi. H.(2007) *Palaeogeogr. Palaeoclimatol. Palaeoecol.*, 254, 477~491.

Yapp, C. J. and Poths, H.(1996) *Earth Planet. Sci. Lett.*, 137, 71~82.

Zehr, J. P., Carpenter. E. J. and Villareal, T. A.(2000) *Trends in Microbiology*, 8, 68~73.

5. 신생대의 지구표층환경

Anderson. L. D.and Delaney, M. L.(2005) *Paleoceanogr.*, 20, 1~16.

Bartek, L. R., Henrys. S. A., Anderson, J. B., and Barrett, P. J.(1996) *Marine Geol.*, 130, 79~86.

Bartoli, G., Sarnthein, M., Weinelt, M., Erlenkeuser, H., Garbe~Schonberg, D. and Lea. D. W.(2005) *Earth Planet Sci. Lett.*, 237, 33~44.

Blum, J. D., Gazis, C. A., Jacobson, A. D. and Cham~berlain, C. P.(1998) *Geology*, 26, 411~414.

Boehme, M.(2003) *Palaeogeogr. Palaeoclimatol. Palaeoecol.*, 195, 389~401.

Bouquillon. A., France-Lanord, C., Michard, A. and Tiercelin, J.(1990) *In : Proc. ODP. Sci. Res.,116*, Cochran, J. R., Stow, D. A. V., et al. eds., College Station, TX(Ocean Drilling Program), 43~58.

Bralower. T. J., Premoli Sliva. I. and Malone, M.J.(2006) [online] *Proc. ODP Sci. Results*, Leg 198. 47p(http://www-odp.tamu.edu/publications/198_SR/VOLUME/SYNTH/SYNTH.PDF)

Brinkhuis, H., Schouten, S., Collinson, M. E., Sluijs, A., Sinninghe Damsté. J. S., Dickens, G. R., Huber, M., Cronin, T. M., Onodera, J., Takahashi, K., Bujak, J. P., Stein,R., van der Burgh, J., Eldrett, J. S., Harding, I. C., Lotter, A. F., Sangiorgi, F., van Konijnenburg-van Cittert, H., de Leeuw, J. W., Matthiessen J., Backman. J., Moran, K. and the Expedition 302 Scientists(2006) *Nature*, 441, 606~609.

Cerling, T. E., Harris, J. M., MacFadden, B. J., Leakey, M. G., Quade, J., Eisenmann, V. et al.(1997) *Nature*, 389, 153~158.

Clark, M. K., Maheo, G., Saleeby, J. and Farley, K. A.(2005) *GSA Today*, 15. 4~10.

Clauzon, G., Suc, J. P., Gautier. F., Berger, A. and Loutre, M. -F.(1996) *Geology*, 24, 363~366.

Coachman, L. K., and Agaard, K.(1981) *In : The Eastern Bering Sea Shelf : Oceanography and Resources*. Hood. D. W. and Calder, J. A., eds., University of Washington Press. 95~110.

Corfield, R. M.(994) *Earth Sci. Rev.*, 37, 225~252.

Coxall, H. K., Wilson, P. A., Palke, H., Lear, C. H. and Backman, J.(2005) *Nature*, 433, 53~57.

Crouch, E. M., Heilmann-Clausen, C., Morgans, H. E. G., Rogers, K. M., Egger, H. and Schmitz. B.(2001) *Geology*, 29, 315~318.

Dickens, G. R., Castillo, M. M. and Walker, J. G. C.(1997) *Geology*, 25, 259~262

Dickens, G. R.(2004) *Nature*, 429, 513~515.

Droxler, A. W., Burke, K. C., Cunningham. A. D., Hine, A, C., Rosencrantz, E. Duncan, D. S., Hallock, P. and Robinson, E.(1998) *In : Tectonic Boundary Conditions for Climate Reconstructions*, Crowley, T. J. and Burke, K. C., eds., Oxford University Press. 169~191.

Duque-Caro, H.(1990) *Palaeogeogr. Palaeoclimatol Palaeoecol.*, 77, 203~234.

Exon, N. F., Kennett, J. P. and Malone, M. J.(2003) *Proc. ODP Sci. Results*, 189, 1~37.

Falkowski, P. G., Schofield, O., Katz, M. E., van de Schootbrugge, B. and Knoll A. H.(2004) *In : Coccolithophores : from Molecular Processes to Global Impact*. Therstein, H. and Young, J. R., eds., Elseveir, 429~453.

Farrell, J. W. and Prell, W. L.(1989) *Paleoceanogr.*, 4, 447~466.

Fordyce, R. E. and Barnes, L. G.(1994) *Ann. Rev. Earth Planet. Sci.*, 22, 419~455.

France-Lanord, C. and Derry, L. A.(1994) *Geochim. Cosmochim. Acta*, 58, 4809~4814.

Gladenkov, A. Yu.(2006) *Stratigraphy and Geological Correlation*, 14, 73~90.

Harrison, T. M., Yin, A. and Ryerson, F. J.(1998) *In : Tectonic Boundary Conditions for Climate Reconstruction.* Crowley, T. J. and Burke, K. C., eds., Oxford University Press, 39~72.

Haug, G. H. and Tiedemann, R.(1998) *Nature*, 393, 673~676.

Haug, G. H., Ganopolski, A., Sigman, D. M., Rosell-Mele, A., Swann, G. E. A., Tiedemann. R., Jaccard, S. L., Bollmann, J., Maslin, M. A., Leng, M. J., and Eglinton, G. (2005) *Nature*, 433, 821~825.

Holland, H. D.(1981) River transport to the oceans. *The Sea*, 7, Emiliani, eds., John Wiley & Sons, 763~800.

Hovan, S. A. and Rea, D. K.(1992) *Geology*, 20, 15~18

Jacobs, B. F., Kingston, J. D. and Jacobs, L. L.(1999) *Annals of the Missouri Botanical Garden*, 86, 590~643.

Jacobson, A. D. and Blum, J. D.(2002) *Geology*, 28, 463~466.

Janecek, T. R.(1985) *Init. Repts. DSDP*, Heath, G. R., Burckle, L. H. et al. eds., 86, 589~603.

Janis, C. M., Damuth, J. and Theodor, J. M.(2002) *Palaeogeogr. Palaeoclimatol. Palaeoecol.*, 277, 184~198.

Jolivet, L., Tamaki, K. and Fournier, M.(1994) *J. Geophys, Res.*, 99, B11, 22237~22259.

加藤雅啓 편, 岩槻邦男·馬渡峻輔 감수(1997) 식물의 다양성과 계통. 裳華房, 314p.

Katz, M. E., Pak, D. K. Dickens, G. R. and Miller, K. G.(1999) *Science*, 286, 1531~1533.

Kelly, D. C., Bralower, T. J. Zachos, J. C. Silva, I. P. and Thomas, E.(1996) *Geology*, 24, 423~426.

Kennett, J. P.(1977) *J. Geophys. Res.*, 82, 3843~3860.

Kennett, J. P. and Barker, P. F.(1990) *Proc. ODP Sci. Results*, 113, 937~960.

Kennett. J. P. and Stott, L. D.(1991) *Nature*, 353. 225~229.

Krissek, L. A.(1995) *Proc. ODP Sci. Results*, 145, 179~195.

Lear, C. H., Elderfield, H. and Wilson, P. A. (2000) *Science*, 287, 269~272.

Leng. M. J. and Eglinton, G.(2005) *Nature*, 433, 821~825

Linthout, K. Helmers, H. and Sopaheluwakan, J.(1997) *Tectonophys.*, 281, 17~30.

Lisiecki, L. E. and Raymo, M. E.(2005) *Paleoceanogr.*, 20. PA1003, doi : 10.1029/2004PA001071.

Livermore, R. Nankivell, A., Eagle, G. and Morris, P.(2005) *Earth Planet. Sci. Lett.*, 236, 459~470.

Lyle, M., Dadey, K. A. and Farrell, J. W.(1995) *Proc. ODP Sci. Results*, 138, 821~831.

Lyle, M., Barron, J., Bralower, T. J., Huber. M., Lyle, A, 0., Revelo, A. C., Rea, D. K.

and Wilson, P. A.(2005a) *Rev. Geophys.*, 46, RG2002.

Lyle, M. W., Lyle, A. O., Backman, J. and Tripati, A.(2005b) *Proc. ODP Sci. Results*, 199, 1~35.

(http://www-odp.tamu.edu/publications/199_SR/VOLUME/CHAPTERS/219.PDF)

Miller, K. G.(1987) *Paleoceanogr.*, 2, 1~19.

Miller, K. G. and Katz, M. E.(1987) *Micropaleontol.*, 33, 97~149.

Miller, K. G., Fairbanks, R. G. and Mountain, G. S.(1987) *Paleoceanogr.*, 2, 1~19.

Miller, K. G., Wright, J. D. and Fairbanks, R. G.(1991) *J. Geophys. Res.*, 96, 6829~6848.

Moran, K., Backman. J., Brinkhuis, H., Clemens, S. C., Cronin, T., Dickens, G. R., Eynaud. F., Gattacceca, J., Jakobsson, M., Jordan, R. W., Makinski, M., King, J., Koc, N., Krylov,A., Martinez, N., Matthiessen, J., McInroy, D., Moore, T. C., Onodera, J., 0'Regan, M., Pälike, H., Rea, B., Rio, D., Sakamoto, T., Smith, D. C., Stein, R., St. John, K., Suto, I., Suzuki, N., Takahashi, K., Watanabe, M., Yamamoto, M., Farrell. J., Frank, M., Kubik, P., Jokat, W. and Kristoffersen, Y.(2006) *Nature*, 441, 601~605.

中野孝教(2003) 자원환경지질학-지구의 역사와 환경오염을 읽는다. 자원지질학회, 217~226.

Pagani, M., Arthur, M. A. and Freeman, K. H.(1999a) *Paleooceanogr.*, 14, 273~292.

Pagani, M., Freeman, K. H. and Arthur, M. A.(l999b) *Science*, 285, 875~877.

Pagani. M., Zachos, J. C., Freeman, K. H., Tipple. B. and Bohaty, S.(2005) *Science*, 309, 600~603.

Pagani M., Pedentchouk, N., Huber, M., Sluijs, A., Schouten, S., Brinkhuis, H., Sinninghe Damsté, J. S., Dickens, G. R. and Expedition 3102 Scientists(2006) *Nature*, 443, 671~675.

Pearson, P. N.. and Palmer, M. R.(2000) *Nature*, 406, 695~699.

Pegram, W. S., Krishnaswami, S., Ravizza, G. E. and Turekian, K. K.(1992) *Earth Planet. Sci. Lett.*, 113, 569~576.

Prell, W. L., Murray, D. W., Clemens, S. C. and Anderson, D. M.(1992) *Geophys. Monogr. Ser.*, 70. Duncan, R. A. and Rea, D., eds., AGU, 447~469.

Prueher, L. M. and Rea, D. K.(2001) *Palaeogeogr. Palaeoclimatol. Palaeoecol.*, 173, 215~230.

Quade, J., Roe, L., DeCelles, P. G. and Ojha, T. P.(1997) *Science*, 276, 1828~183l.

Ravelo, A. C. and Wara, M. W.(2004) *Oceanogr.*, 17, 32~4l.

Ravelo, A. C. Andreasen, D. H., Lyle, M., Lyle, A. O. and Wara M. W.(2004) *Nature*, 429. 263~267.

Raymo, M. E. and Ruddinman, W. F.(1992) *Nature*, 359, 117~122.

Rea, D. K. and Snoeckx, H.(1995) *Proc. ODP Sci. Results*, 145, 247~256.

Rea, D. K., Basov., I. A., Krissek, L. A. and the Leg 145 scientific party(1995) *Proc. ODP Sci. Results*, 145, 577~595.

Retallack, G.(2001) *J. Geology*, 109, 407~426.

Röhl, U., Bralower, T. J., Norris, R. D., and Wefer, G.(2000) *Geology*,28,927~930.

Rowley, D. B., Pierrehumbert, R. T. and Currie, B. S.(2001) *Earth Planet. Sci. Lett.*, 188, 253~268.

Ryan, W. B. F. and nine others. eds.(1973) *Init. Repts. DSDP.* 13. Washington. D. C., U.S. Government Printing Office. 1447p.

Saito. Y., Takayasu, T. and Matoba, Y.(1984) *Memoirs of the National Science Museum*, 17, 15~22.

酒井治孝(1997) 히말라야의 자연지-히말라야를 통해 먼 일본열도를 내다본다. 동해대학출판회, 292p.

Salamy, K. A. and Zachos, J. C.(1999) *Palaeogeogr. Palaeoclimatol Palaeoecol.*,145, 61~77.

Scher, H. D. and Martin, E. E.(2006) *Science*, 312, 428~430.

Schwartz, T.(1997) *Palaeogeogr. Palaeoclimatol Palaeoecol.*, 129, 37~50.

Shackleton, N. J., Hall, M. A. and Pate. D.(1995) *Proc. ODP Sci. Results*, 138, 337~355.

Shackleton, N. J., Hall, M. A. Raffi, I. Tauxe, L. and Zachos. J.(2000) *Geology*, 28, 447~450.

Shimada, C., Sato, T., Yamasaki, M., Hasegawa, S. and Tanaka, Y.(2009) *Palaeogeogr. Palaeoclimatol. Palaeoecol.*, 279, 207~215.

Shipboard Scientific Party of Leg 199(2002) *Proc. ODP Sci. Results*, 199, 1~87.

Sloan, L. C., Walker, J. C. G., Moore, T. C., Rea. D.K and Zachos, J. C. (1995) *Paleoceanogr.*, 10, 347~356.

Sluijs, A., Schouten, S., Pagani, M.,Woltering, M., Brinkhuis, H., Sinninghe Damsté, J. S., Dickens, G. R., Huber, M., Reichart, G. -J., Stein, R., Matthiessen, J., Lourens, L. J., Pedentchouk, N., Backman, J., Moran, K. and the Expedition 302 Scientists(2006) *Nature.* 441, 610~613.

Smetacek, J.(1999) *Protist*, 150, 25~32.

Spencer-Carvato, C.(1999) *Palaeontologica Electronica*, 2, 1~268. (http://palaeo-electronica.org/1999_2/neptune/issue2_99.htm)

Spicer, R. A., Harris, N. B. W., Widdowson, M., Herman, A. B., Guo, S., Valdes, P. J., Wilfe, J. A. and Kelley, S. P.(2003) *Nature*, 421, 622~624.

Stickley, C. E., Brinkhuis, H., Schellenberg, S. A., Sluijs, A., Rohl, U., Fuller, M., Grauert, M., Huber. M., Warnaar, J. and Williams, G. L.(2004) *Paleoceanogr.*,19, PA4027. doi : 10.1029/2004PA001022.

Svensen, H., Planke, S., Malthe-Sorenssen, A.,Jamtveit, B., Myklebuts, R., Eidem, T. R. and Rey, S. S.(2004) *Nature*, 429, 542~545.

玉木賢策(1992) 과학, 62, 720~729.

Tamaki, K., Suehiro, K., Allan, J., Ingle, J. C. Pisciotto, K. A.(1992) *Proc. ODP Sci. Results.* 127~128, 1333~1350.

Thomas, D. J., .Bralower, T. J.. and Zachos, J. C.(1999) *Paleoceanogr.*, 14, 561~570.

土谷信之(1995) 지질뉴스, 495, 47~53.

Van Andel, Tj, H. and Moore, T. C.(1974) *Geology*, 2, 87~92.

Van Andel, Tj, H., Heath, G. R. and Moore, T. C.(1975) *Geol. Soc. Amer.*, 143, 134p.

Van der Burgh, J., Visscher, H., Dilcher, D. L. and Kurschner, W. M.(1993) *Science*, 260, 1788~1790.

Weissert, H.(2000) *Nature*, 406, 356~357.

White, T. D., Asfaw, B., Beyene, Y., Haile-Selassie, Y., Lovejoy, C. O., Suwa, G. and WoldeGabriel, G.(2009) *Science*, 326, 75~86.

Zachos, J. C., Stott, L., D. and Lohmann, K. C.(1994) *Paleoceanogr.*, 9, 353~387.

Zachos, J. C., Opdyke, B. N., Qinn, T. M., Jones, C. E. and Halliday, A. N.(1999) *Chemical Geology*, 161, 165~180.

Zachos. J., Pagani, M., Sloan, L., Thomas, E. and Billups, K.(2001) *Science*, 292, 686~693.

Zachos, J. C., Röhl, U., Schellenberg, S. A., Sluijs, A., Hodell, D. A., Kelly, D. C., Thomas, E., Nicolo. M., Raffi, I., Lourens, L. J., McCarren, H. and Kroon, D.(2005) *Science*, 308, 1611~1615.

6. 제4기의 지구표층환경

Abe~Ouchi, A.(1993) *Zurcher Geographische Schriften*, No.54, 134p.

Adkins, J. F., McIntyre, K. and Schrag, D. P.(2002) *Science* ,298, 1769~1773

Alley, R. B., Meese, D. A. Shuman, C. A. Gow, A. J., Taylor, K. C., Grootes, P. M., White, J. W. C. Ram, M., Waddington, E. D., Mayewski, P. A. and Zielinski, G. A.(1993) *Nature*, 362, 527~529.

Alley, R. B., Mayewski, P. A., Sowers, T., Stuiver, M., Taylor, K. C. and Clark, P. U.(1997) *Geology*, 25, 483~486.

Alley, R. B. Brook, E. J. and Anandakrishnan, S.(2002) *Quta. Sci. Rev.*, 21, 431~441.

Archer, D. and Maier-Reimer, E.(1994) *Nature*, 367, 260~264.

Asanuma, I.(2006) *In : Global Climate Change and Response of Carbon cycle in the Equatorial Pacific and Indian Oceans and Adjacent Landmasses.* Kawahata, H. and Awaya, Y., eds., *Elsevier Oceanography Series*, Vol. 73, Elsevier, 89~106.

Awaya, y., Kodani, E. and Zhuang, D.(2006) *In : Global Climate Change Response of Carbon cycle in the Equatorial Pacific and Indian Oceans and Adjacent Landmasses.* Kawahata, H. and Awaya, Y., eds., *Elsevier Oceanography Series*, Vol. 73. Elsevier, 107~133.

Bard, E., Hamelin, B., Arnold, M., Montaggioni, L., Cabioch, G., Faure, G. and Rougerie, F.(1996). *Nature*, 382, 241~244.

Barnola, J. M., Raynaud, D., Korotkevich, Y. S. and Lorius, C.(1987) *Nature*, 329, 408~414.

Basile, I. Grousset, F. E., Revel, M., Petit, J. R. Biscaye, P. E. and Barkov, N. I.(1997) *Earth Planet. Sci. Lett.*, 146, 573~589.

Berger, A. L.(1988) *Rev. Geophys.*, 26, 624~657.

Berger, W. H. and Keir, R.(1984) *In : Climate Processes and Climate Sensitivity.* Hansen, J. E. and Takahashi, T., eds., *Geophys. Monog.*, 29, AGU, 337~351.

Bianchi, G. G. and McCave, N.(1999) *Nature*, 397, 515~517.

Björck, S., Kromer, B., Johnsen, S., Bennike,0.,Hammarlund, D., Lemdahl, G., Possnert, G., Rasmussen, T. L., Wolfarth, B., Hammer, C. U. and Spurk, M.(1996) *Science*, 274, 1155~1160.

Blunier, T., Chappellaz, J. Schwander, J., Dällenbach, A., Stauffer, B., Stocker, T. F., Raynaud, D. Jouzel, J., Clausen, H. B., Hammer, C. U. and Johnsen, S. J.(1998) *Nature*, 394, 739~743.

Blunier, T. and Brook, E. J.(2001) *Science*, 291, 109~112.

Bograd, S. and Lynn, R.(2003) *Oceanogr.*, 50, 2355~2370.

Bond, G., Showers, W., Cheseby, M,. Bond, R., Almasi, P., deMenocal, P., Priore, P., Cullen, H., Hajdas, I. and Bonani, G.(1997) *Science*, 278, 1257~1266.

Bond. G., Kromer. B., Beer, J., Muscheler, R., Evans, M. N., Showers. W., Hoffmann, S., Lotti-Bond, R., Hajdas, I. and Bonani, G.(2001) *Science*, 294. 2130~2136.

Boyd, P. W., Watson, A. Law. C. S., Abraham. E. R., Trull, T., Murdoch, R., Bakker, D. C. E., Bowie, A. R., Buesseler, K. O., Chang, H., Charette, M., Croot, P., Downing, K., Frew, R., Gall, M., Hadfield, M., Hall, J., Harvey, M., Jameson, G., LaRoche, J., Liddicoat, M., Ling, R., Maldonado. M. T., McKay, R. M., Nodder, S. Pickmere, S., Pridmore, R., Rintoul, S., Safi, K., Sutton, P., Strzepek. R., Tanneberger., K., Turner, S., Waite, A. and Zeldis, J.(2000) *Nature*, 407, 695~702.

Boyle, E. A.(1984) *In : Climate Processes and Climate Sensitivity.* Hansen, J. E., and Takahashi, T., eds., *Geophys. Monorg. Ser.*, 29, AGU, 360~368.

Boyle, E. A. and Keigwin, L. D.(1985/86) *Earth Planet Sic. Lett*, 76, 135~150.

Boyle, E. A.(1988a) *Nature*, 331, 55~56.

Bovle, E. A.(1988b *J. Geophys. Res.*, 93, 15701~15714.

Broccoli, A. J.(2000) *J. Climate*, 13, 951~976.

Broecker, W. S.(1982) *Geochim. Cosmochim. Acta*, 46, 1689~1705.

Broecker. W. S. and Takahashi, T.(1984) *In : Climate Processes and Climate Sensitivity.* Hansen, J. and Takahashi, T., eds., Geophys. Monogr., 29. AGU, 314~326.

Broecker, W. S. and Denton, G. H.(1990) *Sci. Amer.*, 262, 48~66. (前野紀一 번역(1990) 일본경제 사이언스, 3. 57~67.)

Chappell, J. and Polach, H.(1991) *Nature*, 349, 147~149.

Chester, R., Sharples, E., J., and Sanders, G. S.(1985) *J. Sediment. Petrol.*, 55, 37~41.

Clarke, G., Leverington, D., Teller, J. and Dyke, A.(2003) *Science*, 301, 922~923.

Clark, P. U., McCabe,A. M., Mix, A. C. and Weaver, A. J.(2004) *Science*, 304, 1141~1144.

CLIMAP Project Members(1976) *Science*, 191, 1131~1137.

COHMAP members(1988) *Science*, 241, 1043~1052.

Covey, C.(1984) Sci. Amer., 250, 58~66. (前野紀一 번역(1984) 일본경제과학지. 4, 144~154.)

Crowley, T. J.(1983) *Marine Geology*, 51, 1~14.

Crusius, J., Pedersen, T. F., Kienast, S., Keigwin, L. and Labeyrie, L.(2004) *Geology*, 32, 633~636.

Curry, W. B. and Lohmann, G. P.(1983) *Nature*, 306, 577~580.

Dansgaard, W., Johnsen, S., Clausen, H. B., Dahl-Jensen. D., Gundestrup, N. S., Hammer, C. U., Hvidberg, C. S., Steffensen, J. P., Sveinbjornsdottir, A. E Joulse, J. and Bond, G.(1993) *Nature*, 364, 218~220.

deMenocal, P., Ortiz, J., Guilderson, T. and Sarnthein, M.(2000) *Science*, 288, 2198~2202.

Duplessy, J. C., Labeyrie, L., Juillet-Leclerc, A., Matire, F., Duprat, J. and Sarnthein, M. (1991) *Oceanologica Acta*, 14, 311~324.

Duplessy, J. C., Labeyrie, L. and Waelbroeck, C.(2002) *Quat. Sci. Rev.*, 21. 315~330.

遠藤邦彦·奥村晃史(2010) 제4기 연구, 49, 69~77.

EPICA(2006) *Nature*, 444, 195~198.

Fairbanks, R. G. and Matthews, R. K.(1978) *Quat. Res.*, 10, 181~196.

Fairbanks, R. G.(1989) *Nature*, 342, 637~642.

Farrell, J. W. and Prell, W. L.(1989) *Paleoceanogr.*, 4, 447~466.

Fleitmann, D., Burns, S. J., Mudulsee, M., Neff, U., Kramers, J., Mangini, A. and Matter, A.(2003) *Science*, 300, 1737~1739.

Gupta, A. K., Anderson, D. M. and Overpeck, J. T.(2003) *Nature*, 421, 354~357.

Hanebuth, T., Stattegger, K. and Grootes, P. M.(2000) *Science*, 288, 1033~1035.

Harada, N., Ahagon, N., Sakamoto, T., Uchida, M., Ikehara, M. and Shibata, Y.(2006) *Global and Planetary Change*, 53, 29~46.

Harada, N., Sato, M. and Sakamoto, T.(2008) *Paleocenogr.*, 23, PA3201, doi : 10.1029/2006PA001419.

原田尚美·木元克典·岡崎裕典·長島佳菜·Axel Timmermann·安部彩子(2009) 제4기 연구, 48, 179~184.

Hays, J. D., Imbrie, J. and Shackleton, N. J.(1976) *Science*, 19, 1121~1132.

Head, M. J., Gibbard, P. and Salvador, A.(2008) *Episode*, 31, 234~237.

Heinrich, H.(1988) *Quat. Res.*, 29, 142~152.

Hendy, I. L. and Kennett, J. P.(2000) *Paleoceanogr.*, 15, 30~42.

Horikawa, K., Asahara, Y., Yamamoto, K. and Okazaki, Y.(2010) *Geology*(in press).

Ijiri, A., Wang, L., Oba. T. Kawahata, H.. Huang, C. Y. and Huang, C. Y.(2005) *Palaeogeogr. Palaeoclimatol. Palaeoecol.*, 219, 239~261.

Imbrie, J. and Imbrie, K. P.(1979) *Ice ages : Solving the Mystery*. Enslow, 224p.(小泉格 번역 1982) 빙하시대의 수수께끼를 푼다. 岩波書庖 273p.)

Imbrie, J., Hays, J. D., Martinson, D. G., McIntyre, A., Mix, A. C., Morley, J. J., Pisias,

N. G., Prell, W. L. and Shackleton, N. J.(1984) *In : Milankovitch and Climate : Understanding the Response to Orbital Forcing.* Part 1. Berger, A., Imbrie, J., Hays, J., Kukla, G. and Saltzman, B. D., eds., Reidle, 269~305.

IPCC, "Climate Change"(2001) *The Scientific basis. Contribution of Working Group1 to the Third Assessment Report of the Intergovernmental Panel on Climate Change.* Cambridge University Press.

Ishiwatari, R., Yamada, K., Matsumoto, K., Houtatsu, M. and Naraoka, H.(1999) *Paleoceanogr.*, 14, 260~270.

Ishizaki, Y., Ohkushi, K., Ito, T. and Kawahata, H.(2009) *Geo-Marine Letters.* 29, 125~131.

Jaccard, S. L., Haug, G., H. Sigman, D. M., Pedersen, T. F., Thierstein, H. R. and Roehl, U.(2005) Science, 308, 1003~1006.

Janecek, T. and Rea, D. K.(1985) *Quat. Res.*, 24, 150~163.

Jerry, M. Oppo, D., Cullen, J. and Healey, S.(2003) *Geophys, Monogr.*, 137, 69~85.

Jickells, T., An, Z. S., Andersen, K. K., Baker, A. R., Bergametti, G., Brookes, N., Cao, J. J., Boyd, P. W., Duce, R. A., Hunter, K. A., Kawahata, H., Kubilay, N., LaRoche, J., Liss, P. S., Mahowald, N., Prospero, J. M., Ridgwekkm, A. J., Tegen, I. and Torres, R.(2005) *Science,* 308, 67~71.

Kaplan, J. O., Prentice, I. C. and Buchmann, N.(2002) *Geophys, Res. Lett.*, 29, 1079.

Kawahata, H., Ahagon, N. and Eguchi, N.(1997) *Geochem, J.*, 31, 85~103.

Kawahata, H., Suzuki, A. and Ahagon, N.(1998) *Marine Geology*, 149, 155~176.

Kawahata, H.(1999) *Paleoceanogr.*, 14, 639~652.

Kawahata, H., Okamoto, T., Matsumoto, E. and Ujiie, H.(2000) *Quat. Sci. Rev.*, 19. 1279~1291.

Kawahata, H. (2002) *Palaeogeogr. Palaeodimatol. Palaeoecol.*, 184, 225~249.

Kawahata, H. and Ohshima, H.(2004) *Global and Planetary Change*, 41, 251~273.

Kawahata, H., Nohara, M., Aoki, K., Minoshima, K. and Gupta L. P.(2006) *Global and Planetary Change*, 53, 108~121.

Kawamura, K., Parrenin, F., Lisiecki, L., Uemura, R. Vimeux, F. Severinghaus, J. P., Hutterli. M. A., Nakazawa, T., Aoki, S., Jouzle, J., Raymo. M. E., Matsumoto, K., Nakata, H., Motoyama, H., Fujita, S., Goto-Azuma, K., Fujii., Y. and Watanabe, O.(2007) *Nature*, 448, 912~916.

Keigwin, L. D.(1998) *Paleoceanogr.*, 13, 30~42.

Kennett, D. J., Kennett, J. P., West, A., Mercer, C., Que Hee. S. S., Bement. L., Bunch, T. E. and Sellers, M.(2009) *Science*, 323, 94.

Kienast, S. S., Hendy, I. H., Crusius, J., Pedersen, T. F. and Calvert, S .E.(2004) *J. Oceanogr.*, 60, 189~203.

Kim, J.-M., Kennett, J. P., Park, B.-K., Kim, D. C., Kim, G. Y. and Roark, E. B.(2000) *Paleoceanogra.*, 15, 254~266.

Koblentz-Mishke, O. J., Volkovinsky, V. V. and Kabanova, J. G.(1970) *In : Scientific*

Exploration of the South Pacific. Wooster, W. S., ed., National Academy of Sciences, 183~193.

Kohfeld, K. E., Quere, C. E., Harrison, S. P. and Anderson, R. F.(2005) *Science*, 308, 74~76.

Kotilainen, A. T. and Shackleton, N. J.(1995) *Nature*, 377. 323~326.

黑柳あざえ・川幡穂高・大串健一(2006) 화석, 79, 33~42.

Kuroyanagi, A., Kawahata, H., Narita, H. Ohkushi, K. and Aramaki, T.(2006) *Global and Planetary Change*, 53. 92~107.

Lambeck, K.,Yokoyama, Y. and Purcell, A.(2002) *Quat. Sci. Rev.*, 21, 343~360.

Lisiecki, L. E. and Raymo, M. E.(2005) *Paleoceanogr.*, 20. PA1003, doi : 10.1029/ 2004PA00l071.

Lyle, M.(1988) *Nature*, 335, 529~532.

Lyle, M., Lyle, A. O., Backman, J. and Tripati, A.(1008) *Proc. ODP Sci. Results,* 199. Wilson, P. A., Lyle, M. and Firth, J. V., eds., 1~35.

Lynch~Stieglitz, J., Adkins, J. F., Curry, W. B., Dokken, T., Hall, I. R., Herguera, J. C., Hirschi, J. J. M., Ivanova, E. V., Kissel, C., Marchal, O., Marchitto, T. M.. McCave, I. N., McManus, J. F., Mulitza, S., Ninnemann, U., Peeters, F., Yu, E. F. and Zahn, R. (2007) *Science*, 316, 66~69.

町田洋・大場忠道・小野　昭・山崎晴雄・河村善也・百原　新編(2003) 제4기학. 朝倉書店, 36p.

Maeda, L., Kawahata, H. and Nohara, M.(2002) *Marine Geology*, 189, 197~214.

Martin, J. M. and Whitfield, M.(1983) *In : Trace Elements in Sea Water.* Wong, C. S., Boyle, E., Bruland, K. W., Burton, J. D. and Goldberg, E. D., eds., Plenum, 265~296.

Martin, J. H.(1990) *Paleoceanogr.*, 5, 1~13.

Martinez, J. I., De Deckker. P. and Chivas, A.(1997) *Marine Micropaleontology*, 32, 311~340.

増田耕一(1993) 기상연구노트, 177, 223~248.

Matsumoto, K., Oba, T., Lynch-Stieglitz, J. and Yamamoto, H.(2002) *Quat. Sic. Rev.*, 21, 1693~1704

Mayewski, P. A., Meeker, L. D., Whitlow, S. I. Twickler, M. S., Morrison, M. C., Bloomfield, P., Bond, G. C. Alley, R. B., Gow, A. J., Grootes, P. M., Meese, D. A.,Ram, M.. Taylor. K, C. and Wumkes, M. A.(1994) *Science,* 263, 1747~1751.

Minoshima, K., Kawahata, H. and Ikehara, K.(2007) *Palaeogeogr. Palaeoclimatol. Palaeoecol.*, 254, 430~447.

Nair, R. R., Ittekkot, V., Manganini, S. J., Ramaswamy, V., Haake, B., Degens, E. T., Desai, B. N. And Honjo, S.(1989) *Nature*, 338, 749~65l.

Nakagawa, T., Kitagawa, H., Yasuda, Y., Tarasov, P. E., Nishida, K., Gotanda, K., Sawai, Y. and Yangtze River Civilization Program Members(2003) *Science*, 299, 688~691.

成瀬敏郎(2006) 풍성진과 황사. 朝倉書底. 197p.

Neftel, A., Oeschger, H., Schwander, J., Stauffer, B. and Zumbrunn, R.(1982) *Nature*, 295, 220~223.

Oba, T., Kato, M., Kitazano, H.,Koizumi, I. Omura, A., Sakai, T. and Takayama, T.(1991) *Paleoceanogr.*, 6, 499~518.

大場忠道(2006) 지학잡지, 115, 652~660.

Oba, T. and Banakar, V. K.(2007) *The Quaternary Research*, 46, 223~234 (in English with Japanese abstract).

O'Brien, S. R., Mayewski, P. A., Meeker, L. D., Meese, D. A., Twickler, M. S. and Whitlow, S. I.(1995) *Science*, 270, 1962~1964.

Ohkouchi, N., Kawamura, K., Nakamura, T. and Taira, A.(1994) *Geophys Res. Lett.*, 21. 2207~2210.

大河内直彦(2008) Changing Blue-기후변화의 수수께끼에 머물다. 岩波書店, 346p.

Okazaki, Y., Takahashi, K., Asahi, H.. Katsuki, K., Hori, J.,. Yasuda, H., Sagawa, Y. and Tokuyama, H.(2005a) *Deep-Sea Research* II. 52(16~18), 2150~2162.

Okazaki, Y., Takahashi, K., Katsuki, K., Ono, A., Hori, J., Sakamoto, T., Uchida, M., Shibata, Y., Ikehara, M. and Aoki, K.(2005b) *Deep-Sea Research* II. 52, 2332~2350.

奥村晃史・佐藤時幸・熊井久雄・鈴木毅彦・渡辺真人(2009) 일본 제4기 학회 강연 요지집, 39, 56~57.

Pedersen, T. F., Pickering, M., Vogel, J. S,. Southon, J. N. and Nelson, D. E.(1988) *Paleoceanogr.*, 3, 157~168.

Peterson, L. C. and Prell, W. L.(1985a) *In : Natural Variation in Carbon Dioxide and the Carbon Cycle.* Archean to Present, Geophys. Monogr. Ser., 32, Sundquist, E. T. and Broecker, W. S., eds., AGU, 251~269.

Peterson, L. C. and Prell, W. L.(1985b) *Marine Geology*, 64, 259~290.

Petit, J. R., Jouzel, J., Raynaud, D., Barkov, N. I. Barnola, J. M., Basile, I., Bender, M., Chappellaz, J., Davis, M., Delaygue, G., Delmotte, M., Kotlyakov, V. M., Legrand, M., Lipenkov, V. Y, Lorius, C., Pepin, L., Ritz, C., Saltzman, E. and Stievenard, M.(1999) *Nature*, 399, 429~436.

Prospero, J. M., Glaccum, R. A. and Nees, R. T.(1981) *Nature*. 289, 570~572.

Prospero, J. M., Ginoux, P., Torres, O. Nicholson, S. E. and Gill, T.E.(2002) *Reiv. Geophys.*, 40, 1002.

Qui, B. and Chen, S.(2005) *J. Phys. Oceanogr.*, 35, 2090~2103.

Raymo, M. E., Ruddiman, W. F., Backman, J., Clement, B. M. and Martinson, D. G.(1989) *Paleoceanogr.*, 4, 413~446.

Raynaud, D., Barnola, J. M. Souchez, R., Lorrain, R., Petit, J. R., Duval, P. and Lipenkov, V. Y. (2005) *Nature*. 436, 39~40.

Rea, D. K., Pisias, N. G. and Newberry, T.(1991) *Paleoceanogr.*, 6, 227~244.

Rthlisberger, R., Bigler, M., Wolff, E. W., Joos, F., Monnin, E. and Hutterli, M. A.(2004)

Geophys. Res. Lett., 31, Art. No. L16207.

Ruddiman, W. F., Raymo, M. and McIntyre, A.(1986) *Earth Planet Sci. Lett.*, 80, 117~129.

Sakamoto, T., Ikehara, M., Aoki, K., Iijima, K., Kimura, N., Nakatsuka, T. and Wakatsuchi, M.(2005) *Deep-Sea Research* II. 52, 2275~2301.

Sakamoto, T., Ikehara, M., Uchida, M., Aoki, K., Shibata, Y., Kanamatsu, T., Harada, N., Iijima, K., Katsuki, K. Asaih, H., Takahashi, K., Sakai, H. and Kawahata, H.(2006) *Global and Planetary Change*, 53, 58~77.

Sarmiento, J. L. and Gruber, N.(2006) *Ocean Biogeochemical Dynamics*. Princeton University Press, 526p.

Schrag, D. P., Adkins, J. P., McIntyre. K., Alexander, J. L., Hodell, D. A., Charles, C. D. and McManus, J. F.(2002) *Quat. Sci. Rev.*, 21, 331~342.

Seki, O., Nakatsuka, T., Kawarnura, K., Saitoh, S. and Wakatsuchi, M.(2007) *Marine Chemistry,* 104, 253~265.

Severinghaus, J. P., Todd Sowers, T., Brook, E. J., Alley, R. B. and Bender, M. L.(1997) *Nature*, 139, 141~146.

Shackleton, N. J.(2000) *Science*, 289, 1897~1912.

Shibahara, A., Ohkushi, K., Kennett, J. P. and Ikehara, K.(2007) *Paleoceanogr.*, 22, PA3213, doi : 10.1029/2005PA001234.

Shulz, H., Rad, U. V. and Erlenkeuser, H.(1998) *Nature*, 393, 54~57.

Sirocko, F. and Sarnthein, M.(1989) *In : Paleoclimatology and Paleometeorology : Modern and past patterns of global atmospheric transport.* Leinen, M. and Sarnthein, M., eds., *NATO ASISer.*, 401~433.

Stocker, T. F. and Johnsen, S. J.(2003) *Paleoceanogr.*. 18, 1087. doi : 10.1029/2003PA000920.

Stott, L., Timermann, A. and Thunell, R.(2007) *Science.* 318, 435~438.

Sundquist, E. T.(1985) *In : Natural Variation in Carbon Dioxide and the Carbon Cycle. Archean to Present.* Geophys, Monogr. Ser., 32. Sundquist, E. T. and Broecker, W. S., eds., AGU, 5~59.

Tada, R.(1994) *Paleogeogr. Paleoclimatol. Paleoecol.*, 108, 487~508.

Tada, R., Irino, T. and Koizumi, I.(1999) *Paleoceanogr.*, 14, 236~247.

Takei, T., Minoura, K., Tsukawaki, S. and Nakamura, T.(2002) *Paleoceanogr.*, 17, 11-1~10.

Teller, J. T., Leverington, D. W.and Mann., J. D.(2002) *Quat. Sci. Rev.*, 21. 879~887.

Thunell, R., Anderson, D., Gellar, D. and Miao, Q.(1994) *Quat. Res.*, 14, 255~264.

Tsuda, A., Takeda, S., Saito, H., Nishioka, J., Nojiri, Y., Kudo, I., Kiyosawa, H., Shiomoto, A., Imai, K., Ono, T., Shimamoto, A., Tsumune, D., Yoshimura, T., Aono, T., Hinuma, A., Kinugasa, M., Suzuki, K., Sohrin, Y. Noiri, Y., Tani, H. Deguchi, Y., Tsurushima, N., Ogawa, H., Fukami, K., Kuma, K. and Saino, T.(2003) *Science.* 300, 958~961.

Visser, K.,Thunell, R. and Stott, L.(2003) *Nature*, 421, 152~155.

Wang, B.(2006) *Asian monsoon.* Springer, 787p.

Wang, L. and Oba. T.(1998) *The Quaternary Research,* 37, 211~219. (in English with Japanese abstract)

Wang, L., Sarnthein, M., Erlenkeuser, H., Grimalts, J., Grootes, P., Heilig, S., Ivanova, E., Kienast, M., Pelejero, C. and Pflaumann, U.(1999) *Marine Geology,* 156, 245~284.

Wang, L.(2000) *Palaeogeogr. Palaeoclimatol. Palaeoecol.,* 161, 381~394.

Wang, X., Auler. A. S., Edwards, R. L., Cheng, H., Ito, E., Wang, Y., Kong, X. and Solheid, M.(2007) *Geophys. Res. Lett.,* 34, L23701, doi : l0.1029/.2007GL031149.

Wang, Y., Cheng, H., Edwards, R. L., An, Z. S., Wu, J. Y., Shen, C. C. and Dorale, J. A. (2001) *Science,* 294, 2345~2348.

Wang, Y., Cheng, H., Edwards, R. L., He, Y., Kong, X., An, Z., Wu, J., Kelly, M. J., Dykoski, C. A. and Li, X.(2005) *Science,* 308, 854~857.

Windom, H. L.(1975) *J. Sediment. Petrol.,* 45, 520~529.

Yamamoto, M., Oba, T., Shimamune, J. and Ueshima, T.(2004) *Geophys. Res. Lett.,* 31, Ll6311. doi : 10.1029/2004GL020l38.

Yamamoto, M., Yamamuro, M. and Tanaka, Y.(2007) *Quat. Sci. Rev.,* 26,405~414.

山本正伸(2009) 화석, 86, 44~57.

Yokoyama, Y., Lamberk, K. De Deckker, P., Johnston, P. and Fifield, L. K.(2000) *Nature,*4 06, 713~716.

Yokoyama, Y. and Esat, T. M.(2011) *Oceanography,* 24, 54~69.

Yuan, D. X., Cheng, H., Edwards, R. L., Dykoski, C. A., Kelly, M. J., Zhang, M. L., Qing, J. M., Lin, Y. S., Wang, Y. J., WU, J. Y., Dorale, J. A., An, Z. S. and Cai, Y. J.(2004) *Science,* 304, 575~578.

7. 초장기 환경변화

Amini, M., Eisenhauer, A., Bohm, F., Fietzke, J., Bock, B., GarbeSchonberg, D., Lackschewitz, K. S. and Hauff, F.(2006) *Geophys. Res.,* Abstr. 8, Sref-ID : 1607 ~7962/gra/EGU06-A-08864.

Anbar, A. D. and Knoll, A. K.(2002) *Science,* 297, 1137~1142.

Anbar, A. D., Duan, Y., Lyons, T. W., Arnold, G. L. Kendall. B., Creaser, R. A., Kaufman, A. J., Gordon, G. W., Scott, C. Garvin, J. and Buick, R.(2007) *Science,* 317, 1902~1906.

Anbar, A. D.(2008) *Science,* 322, 1481~1483.

Arnold, G. L., Anbar, A. D., Barling, J. and Lyons, T. W.(2004) *Science,* 304, 87~90.

Barnes, C., Fortey, R. A. and Williams, S. H.(1995) *In : Global Events and Event Stratigraphy in the Phanerozoci.* Walliser, D. H. ed., Springer, 139~172.

Berner, R. A.(1990) *Science,* 249, 1382~1386.

Berner, R. A.(2004) *The Phanerozoic Carbon Cycle : CO2 and O2.* Oxford University Press.

Bjerrum, C. and Canfield, D. E.(2002) *Nature*, 417, 159~162.

Bottrroll, S. H. and Newton, R. J.(2006) *Earth Sci. Rev.*, 75, 59~83.

Buick, R.(2007) *Geobiology*, 5, 97~100.

Burdett, J. W., Arthur, M. A. and Richardson, M.(1989) *Earth Planet. Sci. Lett.*, 94, 189~198.

Burke, W. H., Denison, R. E., Hetherington, E. A., Koepick, R. B., Nelson, H. F. and Otto, J. B. (1982) *Geology*, 10, 516~519.

Canfield, D. E.(1998) *Nature*, 396, 450~453.

Canfield, D. E.(2005) *Ann. Rev. Earth Planet, Sci.*, 33, 1~36.

Dupont, C. L., Yang, S., Palenik, B. and Bourne, P. E.(2006) *Proc. Nalt. Acad. Sci.*, 103, 17822~17827.

Erwin, D. H(1995) *In : Global Events and Event Stratigraphy in the Phanerozoic.* Walliser, O. H.,ed., Springer, 251~264.

Falkowski, P. G., Barber, R. T. and Smetacek, V.(1998) *Science*, 281,200~206.

Farkas, J., Buhl, D., Blenkinsop, J. and Veizer, J.(2007) *Earth Planet. Sci. Lett.*, 253, 96~111.

Frakes, L. A.(1979) *Climates throughout Geologic Time.* Elsevier, 310p.

Frakes, L. A., Francis, J. E. and Syktus, J. I.(1992) *Climate modes of the Phanerozoic.* Cambridge University Press, 274p.

Gammon, P. R., James, N. P. and Pisera, A.(2000) *Geology*, 28, 855~858.

Gregory, R. T.and Taylor, H. P.(1981) *J. Geophys. Res.*, 86, 2737~2755.

Gussone, N., Boehm, F., Eisenhauer, A., Dietzel, M., Heuser, A., Teichert, B. M. A. and Reitner, J.(2005) *Geochim. Cosmochim. Acta*, 6, 4485~4494.

Hallam, A.(1992) *Phanerozoic Sea-Level Changes.* Columbia University Press.

Halverson, G .P., Hoffman, P. F., Schrag, D. P., Maloof, A. C. and Rice, A. H.(2005) *Geol. Soc. Amer. Bull.*, 117, 1181~1207.

Hardenbol, J., Thierry, J., Farley, M. B., Jaquin, T., de Graciansky, P. C. and Vail, P. R.(1998) *In : Mesozoic and Cenozoic Sequence Chronostratigraphic Framework of European Basins.* Graciansky, P. C., Hardenbol, J., Jaquin, T. and Vail, P. R., eds., SEPM Spec. Pub., 60, Society for Sedimentary Geology, 3~13.

Hardie, L. A.(1996) *Geology*, 24, 279~283.

Harland, W. B., Armstrong, R. L., Cox, A. V., Craig, L. E., Smith, A. G. and Smith, D. G.(1990) *A Geologic Time Scale.* Cambridge University Press.

Harper, H .E. and Knoll, A. H.(1975) *Geology*, 3, 175~177.

Hasegawa, T.(1997) *Palaeogeogr. Palaeoclimatol. Palaeoecol.*, 130, 251~273.

Hautmann, M.(2004) *Facies*, 50, 257~261.

Hayes, J. M., Strauss, H. and Kaufman, A. J.(1999) *Chemical Geology*, 161,103~125.

Heuser, A., Eisenhauer, A., Boehm, F., Wallmann, K. Gussone, N., Pearson, P. N., Naegler, T. F. and Dullo, W. Ch.(2005) *Paleoceanogr.*, 20, PA2013. doi : 10.1029/2004PA001048.

平沢達矢(2010) 과학, 80, 1091~1097.

Hoff, W. D., Bergstrom, S. M. and Kolata, D. R.(992) *Geology*, 20, 875~878.

Holland, H. D.(1973) *Economic Geology*, 68, 1169~1172.

Holland, H. D.(2009) *Phil. Trans. Roy. Soc. B*, 361, 903~915.

Immenhauser, A., Nagler, T., Steuber, T. and Hippler, D.(2005) *Palaeogeogr. Palaeoclimatol. Palaeoecol*, 215, 221~237.

磯崎行雄(1995) 과학, 65, 90~100.

磯崎行雄(1997) 과학, 67, 543~549.

Kampschulte, A., Bruckschen, P. and Strauss, H.(2001) *Chemical Geology*, 175, 149~173.

Kump,L. R.(1989) *Amer. J. Sci.*, 289, 390~410.

Kump,L. R. and Arthur, M. A.(1999) *Chemical Geology*, 161, 181~198.

Larson, R. C.(1991) *Geology*, 19, 549~550.

Lemarchand, D., Gaillardet, J., Lewin, E. and Allegre, C. J.(2000) *Nature*, 408, 951~954.

Lowenstein, T. K., Timofeeff, M. N., Brennan, S. T., Hardie, L. A. and Demicco, RV.(2001) *Science*, 294, 1086~1088.

Lyons, T. W.(2008) *Science*, 321, 923~924.

Maliva, R. G., Knoll, A. H. and Siever, R.(1989) *Palaios*, 4, 519~532.

Marsh, N. and Svensmark, H.(2000) *Phys. Rev. Lett.*, 85, 5004~5007.

Nelson, D. M. and Dortch, Q.(1996) *Marine Ecology Progress Series*, 136, 163~178.

Pagani, M, Lemarhand, D., Spivack, A. and Gaillardet, J.(2005) *Geochim. Cosmochim. Acta*, 69, 953~961.

Palfy, J.(2003) In : *The Central Atlantic Magmatic Province. In sights from fragments of Pangaea.* Hames, W. E., McHone, J. G., Renne, P. R. and Ruppel, C., eds., Geophys. Monogr. Ser., 255~267

Pearson, P. N. and Palmer, M. R.(2000) *Science,* 284, 1824~1826.

Raab, M. and Spiro, B.(1991) *Chemical Geology,* 86, 323~333.

Racki. G. and Cordey, F.(2000) *Earth Sci. Rev.*, 52, 83~120.

Ridgwell, A. and Zeebe, R. E.(2005) *Earth Planet. Sci. Lett.*, 234. 299~315.

Ries, J. B.(2004) *Geology*, 32, 981~984.

Royer, D. L., Wing, S. L., Beerling, D. J., Jolley, D. W., Koch, P. L., Hickey, L. J. and Berner, R. A.(2001) *Science*, 292, 2310~2313.

Sandgren, C. D., Hall, S. A. and Barlow, S. B.(1996) *J. Phycol.*, 32, 675~692.

Schmitt, A. D., Stille, P. and Vennemann, T.(2003) *Geochim. Cosmochim Acta*, 67, 2607~2614.

Shaviv, N. and Veizer, J.(2003) *GSA Today*, 13, 4~10.

Siever,R.(1992) *Geochim. Cosmochim. Acta*, 56, 3265~3272.

Stanley, S. M. and Hardie, L. A.(1998) *Palaeogeogr. Palaeoclimatol. Palaeoecol.*, 144, 3~19.

Stanley, S. M. and Hardie, L. A.(1999) *GSA Today*, 9, 1~7.

Starnly, S. M., Ries, J. B. and Hardie, L. A.(2005) *Geology.* 33. 593~596.

Steuber. T. and Buhl, D.(2006) *Geochim. Cosmochim. Acta*, 70, 5507~5521.

Svensmark, H.(2006) *Astron. Nachrichten*, 327, 866~870.

Svensmark, H.(2007) *A&G*, 48, 118~124.

Takashima, R., Nishi, H., Huber, B. T. and Leckie, M.(2006) *Oceanogr.*, 19, 82~92.

Veizer, J.(1989) *Ann. Rev. Earth Planet Sci.* 17, 141~167.

Veizer, J., Ala, D., Azmy, K., Bruckschen, P., Buhl, D., Bruhn, F., Carden, G. A. F., Diener, A., Ebneth, S., Golderis, Y., Jasper, T., Korte, C., Pawellek, F., Podlaha, O. G. and Strauss, H.(1999) *Chemical Geology.* 161, 59~88.

von Allmen, K., Nagler, T. F., Pettke, T., Hippler, D., Griesshaber, E., Logan, A., Eisenhauer, A. and Samankassou, E.(2010) *Chemical Geology.* 269, 210~219.

Von Damm, K. L., Edmond, J. M., Measures, C. L., Walden, B. and Weiss, R. F.(1985a) *Geochim. Cosmochim. Acta*, 49, 2197~2220.

Von Damm, K. L., Edmond, J. M. and Gant, B.(1985b) *Geochim. Cosmochim. Acta*, 49, 2221~2237.

Von Damm, K. L. and Bischoff, J. L.(1987) *J. Geophys, R,*, es., 92, 11334~11346.

Walker, J. C. G. and Lohmann, K. C.(1989) *Geophys. Res. Lett,*,16, 323~326.

Wallmann, K.(2001) *Geochim. Cosmochim. Acta*, 65,2469~2485.

Yates,K. K. and Robbins, L. L.(2001) *In : Geological Perspectives of Global Climate Change.* Gerhard, L. C., Harrison, W. E. and Hanson, B. M., eds., AAPG, 267~283.

Zang, W.(2007) *Precam. Res.*, 156, 107~124.

Zhu, P. and Macdougall, J. D.(1998) *Geochim. Cosmochim. Acta*, 62, 1691~1698.

8. 인간권의 성립과 현대·근미래 환경의 방향

赤沢 威·南川雅男(1989)새로운 연구법은 고고학에 무엇을 초래하였는가. 田中 琢·佐原 眞 편집, 쿠바프로, 130~143.

Anthony, K. R., Kline, D. I., Diaz-Pulido, G., Dove, S. and Hoegh-Guldberg, O.(2008) Proc. Natl. Acad. Sci., 105, 17442~17446.

青森県(2002) 青森県史別編, 산나이마루야마 유적. 501p.

青森県교육위원회(2002) 특별사적(特別史跡), 산나이마루야마 유적, 年報 5, 50p.

Araoka, D., Inoue, M., Suzuki, A., Yokoyama, Y., Edwards,R. L., Cheng, H. Matsuzaki, H., Kan., H., Shikazono, N. and Kawahata, H.(2010) *Geochem. Geophys. Geosys.*, 11, Q06014, doi : 10.1029/2009GC002893.

Berger, A. and Loutre, M. F.(2002) *Science*, 297, 1287~1288.

Broecker, W. S. and Stocker, T. F.(2006) *EOS.* 87, 27.

Carey, S., Sigurdsson, H., Mandeville, C. and Bront,. S.(2000) *Geol. Soc. Amer. Spec. Pap.*, 345, 1~14.

Clarke, B. and King, J.(2004) *The Atlas of Water : Mapping the world's most critical resource.* Earthscan.

Cobb, K. M., Charles, C. D., Cheng, H. and Eswards, R. L.(2003) *Nature*, 424, 271~276.

Degens, E. T. and Ross. D. A.(1972) *Chemical Geology*, 10, 1~16.

deMenocal, P. B.(2001) *Science*, 292, 667~673.

전력중앙연구소 편(1998) 차세대 에너지 구상-이대로 가면 자원은 고갈되고 만다. 전력신보사, 21.

Edwards, J. D.(1997) *Amer. Assoc. Petrol. Geol (AAPG)* Bull., 81, 1292~1305.

EPICA community members(2004) *Nature*, 429, 623~628.

Habu, J.(2004) *Ancient Jomon of Japan.* Cambridge University Press, 332p.

Habu, J.(2008) *Antiquity*, 82, 571~583.

IPCC(Intergovernmental Panel on Climate Change, (기후변화와 관련된 정부간 패널) (2001) IPCC 제 3차 평가보고서. 기후변화 2001, 통합 보고서. 30p.

IPCC(Intergovernmental Panel on Climate Change, 기후변화와 관련된 정부간 패널) (2007) IPCC 제 4차 평가보고서 제 1작업 부회 정책결정물 요약, 25p. Climate Change2007 Synthesis report. Cambridge University Press.

海部陽介(2005) 인류가 걸어온 길 – "문화의 다양성"의 기원을 찾아서. NHK Books, 일본방송출판협회, 332p.

管 浩伸(2009) 溫暖化와 自然災害 – 世界 여섯 곳에서부터, 古今書院, 155p.

川幡穗高(2008) 지질뉴스, 641, 17~27

川幡穗高(2009) 지질뉴스, 659, 11~20.

Kawahata, H.(2009) *JpGU,* Abstract, J235~015.

Kawahata, H., Yamamoto, H., Ohkuchi, K., Yokoyama, Y., Kimoto, K., Ohshima, H. and Matsuzaki, H.(2009) *Quat. Sci. Rev.*, 28, 964~974.

川幡穗(2011) 지질뉴스, 678, 1~8.

Kitagawa, J. and Yasuda, Y.(2004) *Quat. Int.*, 123~125, 89~103.

鬼頭 宏(2007) 인구로 보는 일본의 역사, PHP, 229p.

鬼頭 宏(2010) 2100년, 인구 3분의 1인 일본. Media factory, 228p.

Kleypas, J. A., Buddemeier, R. W., Archer, D., Gattuso, J. P., CLangdon ,C. and Opdyke,B. N.(1999) *Science*, 284, 118~120.

Kleypas, J. A. and Langdon, C.(2006) In : Coral Reefs and Climate Change : Science and Management. 61, Phinney, J. T., Hoegh-Guldberg, O., Kleypas, J., Skirving, W. and Strong, A., eds., AGU Monograph Series, *Coastal and Estuarine Studies.* AGU, 73~110.

国土交通省(2010) http://www.mlit.go.jp/tochimizushigen/mizsei/c_actual/actual03.html.

小山修三(1984) 조몬시대-컴퓨터 고고학에 의한 복원, 中公新書, 206p.

小山修三·杉藤重信(1984) 국립민족학 박물관 연구보고, 9, 1~39.

Kuroyanagi, A., Kawahata, H., Suzuki, A., Fujita, K. and Irie, T.(2009) *Marine Micropaleontol.*, 73, 190~195.

Lambeck, K and Chappell, J.(2001) *Science*, 292, 679~686.

Leonard, W. R.(2002) Sci. Amer., 287, 106~115.(일본경제과학지(2003) 3월호, 43~52.)

Lomborg, B.(2001) The Skeptical Environmentalist Measuring the Real State of the World. Cambridge University Press, 540p.(山形浩生 번역(2003) 환경위기를 부추겨서는 안된다-지구환경의 정확한 실태. 문예춘추,671p.)

McDougall, I., Brown, F. H. and Fleagle, J. G.(2005) *Nature*, 433, 733~736.

町田 洋·新井房夫(2003) (신편)화산재 아틀라스-일본열도와 주변. 동경대학출판회, 360p.

町田 洋·大場忠道·小野昭·山崎晴雄·河村善也·百原 신편(2003) 제4기학. 朝倉書店, 336p.

Maddison, A.(2001) The World Economy : A Millennial Perspective, Development Center of the Oganization for Exonomic Co-operation and Development. OECD(金森久雄 감수 및 번역·정치경제연구소 번역, 경제통계로 보는 세계경제 2000年 역사. 柏書房. 441p.)

Maeno, F. and Taniguchi, H.(2007) *Geophys. Res. Lett.*, 24, 205~208.

Mann, M. E., Bradley, R. S. and Hughes, M. K.(1999) *Geophys. Res. Lett.*, 26, 759~762.

丸山茂徳(2008) 「지구온난화」론에 현혹되지 말자! 講談社, 192p.

松井孝典(2005) 우주생명, 그리고 「인간권」. work출판, 229p.

松島義章(2006) 조개들이 말하는 조몬시대의 해진, 有隣堂書店, 219p.

McCoy, F. W. and Heiken, G.(2000) *Geol. Soc. Am., Spec. Pap.* 345, 43~70.

Millero, F. J.(1995) *Geochim, Cosmochim. Acta*, 59, 661~677.

Milton, K.(1993) Sci. Amer., 269, 86~93(일본경제과학지(1993) 10월호, 82~92.)

南川雅男(2001) 국립역사민속박물관연구보고, 86, 333~357.

일본 제4기학회·町田 洋·岩田修二·小野 昭 편(2007) 지구 역사가 말하는 근미래 환경, 동경대학출판회, 274p.

沖 大幹(2003) http://www.kokudokeikaku.go.jp/share/doc_pdf/505.pdf.

Orr, J. C., Fabry, V. J., Aumont, O., Bopp, L., Doney, S. C., Feely, R. A., Gnanadesikan, A., Gruber. N., Ishida, A., Joos, F., Key, R. M., Lindsay, K., Maier-Reimer, E., Matear, R., Monfray, P., Mouchet, A., Najjar, R. G., Plattner, G. K., Rodgers, K. B., Sabine, C. L., Sarmiento, J. L., Schlitzer, R., Slater, R. D., Totterdell, I. J., Weirig, M. F., Yamanaka, Y. and Yool, A.(2005) *Nature*, 437, 681~686.

Raven, J., Caldeira, K., Elderfield, H., Hoegh-Guldberg, O., Liss, P., Riebesell, U., Shepherd, J., Turley, C. and Watson, A.(2005) *Ocean acidification due to increasingatmospheric carbon dioxide*. Policy Document 12/05, Royal Society, London.

Ryman, W. and Pitman, W.(1999) Noah's Flood. Simon&Schuster Publisher, 319p.(川上紳一·戸田裕之 번역(2003) 노아의 홍수. 集英社, 336p)

佐佐木高明(1991) 일본의 역사 탄생. 集英社, 366p.

佐藤恒夫·細矢治夫(1998) 기초물리화확문제의 해법. 동경화학동인, 368p.

Sigurdsson, H., Carey, S., Alexandri, M., Vougioukalakis,G., Croff, K., Roman, C.,

Sakellariou, D., Anagnostou, C., Rousakis, G., Ioakim, C., Gogou, A., Ballas, D., Misaridis, T. and Nomiou, P.(2006) *EOS*, 87, 337~339.

총무성통계연구소(2007) 일본의 통계 2007년 판.

Suzuki, A., Yokoyama, Y., Kanda, H., Minoshima, K., Matsuzaki, H., Hamanaka, N. and Kawahata, H.(2008) *Quaternary Geochronology*, 3, 226~234.

辻 誠一郎·宮地直道·吉川昌伸(1983) 제4기 연구, 21, 301~313.

辻 誠一郎(1995) 산나이마루야마 유적IX. 青森県, 205p.

U. S. Census Bureau(2010) http://www.census.gov/.

Van Andle, T. H.(1981) Tales of an Old Ocean. W. H. Freeman. 186p(水野篤行·川幡穂高 번역(1994) 海の自然史(바다의 자연사). 築地書館, 263p.)

Watanabe, T., Suzuki, A., Kawashima, T., Minobe, S., Kameo, K., Minoshima, K., Aguilar, Y. M., Wani, R., Kawahata, H. and Kase, T.(2011) *Nature*, 471, 209~211.

Weiss, H., Courty, M. A., Wetterstorm, W., Guichard, F., Senior, L., Meadow, R. and Curnow, A.(1993) Science, 261, 995~1004.

White, T. D., Asfaw, B., Beyene, Y., Haile-Selassie, Y., Lovejoy, C. O., Suwa, G. and WoldeGabriel, G.(2009) *Science*, 326, 75~86.

Wiesner, M. G., Wang, Y. and Zheng, L.(1995) *Geology*, 23, 885~888.

Winchester, S.(2003) Krakatoa; The day the world exploded, Sterling Lord Literistic(柴田裕之 번역(2004) 크라카타우(Krakatau)의 대분화 - 세계의 역사를 변화시킨 화산. 早川書房, 466p.)

安田喜憲(2004a) 문명의 환경사관. 中央公論社, 347p.

安田事懇(2004b) 기후변동의 문명사. NTT出版, 265p.

Yasuda, Y., Fujiki, T., Nasu, H., Kato, M., Morita, Y., Mori, Y., Kanehara, M., Toyama, S., Yano, A., Okuno, M., Jiejun, H., Ishihara, S., Kitagawa, H., Fukusawa, H. and Naruse, T.(2004) *Quat. Int.*, 123~125, 149~158.

吉田明弘(2006) 제4기연구, 45, 423~434.

Zielinski, G. A., Mayewsky, P. A., Meeker, L. D., Shitlow, S. and Twickler, M. S.(1996) *Quat. Res.*, 45, 109~118.

후면 참조 그림

Barnes, C., Hallam, A., Kaljo, D., Kauffman, E. G. and Walliser, O. H.(1995) *In : Global Events and Event Stratigraphy in the Phanerozoic*. Walliser, O. H., ed., Springer, 319~333.

Bluth, G. J. S. and Kump, L. R.(1991) *Amer, J. Sci.*, 291, 284~308.

Burke, W. H., Denison, R. E., Hetherington, E. A., Koepick, R. B., Nelson, H. F. and Otto, J. B.(1982) *Geology*, 10, 516~519.

Frakes, L. A.(1979) *Climates throughout Geologic Time*. Elsevier. 310p.

Frakes, L. A., Francis, J. E. and Syktus, J. I., (1992) *Climate modes of the Phanerozoic*. Cambridge University Press. 274p.

Hallam, A.(1984) *Ann. Rev. Earth Planet. Sci.*, 12, 205~243.

Hallam, A.(1992) *Phanerozoic Sea-level Changes*. Columbia University Press. 266p.

Holser, W. T.(1984) *In : Patterns of Change in Earth Evolution*. Holland, H. D. and Trendall A. F., eds., Springer, 123~143.

Holser, W. T. and Magaritz, M.(1987) *Modern Geology*, 11, 155~180.

International Commission on Stratigraphy(2009) *International Stratigraphic Chart*(http://www.stratigraphy.org/upload/ISChart2009.pdf)

川幡穂高(1998) 지질학논집, 49, 185~198.

Keto, L. S. and Jacobsen, S. B.(1987) *Earth Planet. Sci. Lett.*, 84, 27~41.

Kump, L. R.(1989) *Amer. J. Sci.*, 289, 390~410.

Maruyama, S.(1994) *J. Geol. Soc. Jpn*, 100, 24~49.

Morrow, J. R., Schindler, E. and Walliser, O. H.(1995) *In : Global Events and Event Stratigraphy in the Phanerozoic*. Walliser, O. H., ed., Springer, 53~61.

일본고생물학회 편(2010) 고생물학사전 제2판. 朝倉書店, 84p.

Sepkoski, J .J. Jr.(1995) *In : Global Events and Event Stratigraphy in the Phanerozoic*. Walliser, O. H., ed., Springer, 35~51.

Tissot, B.(1979) *Nature*, 277, 463~465.

Weissert, H.(1989) *Cretaceous Survey in Geophysics*, 10. 1~61.

APPENDIX | 방사성연대를 구하는 방법

AP1 연안퇴적물의 퇴적속도 결정(~100년까지)

동경만 등과 같은 높은 퇴적 속도(연간 수mm~cmyr⁻¹)로 100년 정도의 시간을 가질 경우에는 납 210(^{210}Pb)법이 자주 이용된다. ^{210}Pb는 대기 중에 있는 ^{222}Rn(반감기 3.83일)이 α 붕괴하면서 생성된다(그림 AP-1). Pb는 입자 모양의 물질로 에어로졸 혹은 강수와 함께 해수면을 거쳐 최종적으로 해저면에 도달한다. 해수 중에는 ^{226}Ra가 용액의 상태로 존재하는데 이것이 붕괴해서 생성된 ^{222}Rn도 마찬가지로 α 붕괴하여 ^{210}Pb를 생성시킨다. 이 ^{210}Pb는 해수 속에 있는 다른 입자에 달라붙어 계속 퇴적된다.

퇴적물 속에는 하천 등으로부터 공급된 암석쇄설물이 포함되어 있다. 여기에도 소량이긴 하지만 ^{226}Ra와, 그것과 평행을 이루는 ^{210}Pb가 포함되어 있다. 따라서 퇴적물 속의 친핵종인 ^{226}Ra와는 별개로 존재하는 과잉(excess) ^{210}Pb는 시간이 경과하게 되면 방사붕괴에 의해 감소되어간다. 그것을 기준으로 해저면에서 깊은 방향으로 주상퇴적물의 ^{210}Pb방사능 농도를 측정하여 얻은 감쇠율에서 아래의 식 AP-1에 따라 퇴적속도를 추정할 수가 있다.

$$A = A_0 \exp(-\lambda t) \qquad\qquad (\text{식 AP-1})$$

여기에서 A는 퇴적하기 시작하여 t시간이 경과한 후의 과잉 ^{210}Pb의 방사능, A_0는 퇴적물 표층의 방사능($t = 0$), λ는 ^{210}Pb의 붕괴정수(= 0.693/22.3yr = 0.311yr⁻¹), t는 시간(yr)을 뜻한다. 입자가 퇴적해서 t년

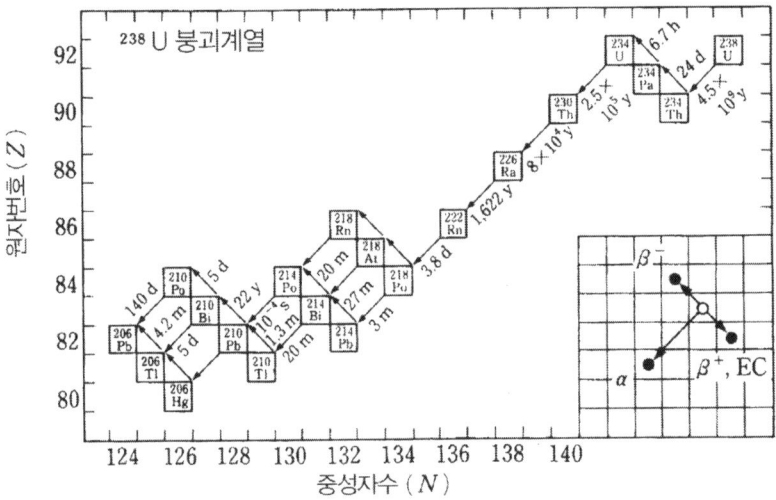

그림 AP-1 우라늄계열의 방사성붕괴. ^{238}U를 시작으로 해서 최종적으로는 ^{206}Pb가 된다. 그림에 각 붕괴핵종의 반감기를 숫자로 표시하였다. 오른쪽 밑에 삽입된 그림은 α붕괴, β^-붕괴, β^+붕괴 및 전자포획 결과 생성된 친핵종과 딸핵종의 상대적 위치를 벡터(vector)로 나타낸 것이다.

이 경과된 후에 깊이 z(cm)에 매몰되었다고 하면 퇴적속도 LSR(cmyr^{-1})은 $LSR = z/t$가 되므로 $\ln(A/A_0) = -\lambda/LSR \times z$가 된다. x축에 z를, y축에 $\ln(A/A_0)$을 고정시키면 직선이 되고 그 기울기로 퇴적속도를 구할 수 있다.

AP2 방사성 탄소연대의 원리(수만 년까지)

방사성탄소연대 측정법(^{14}C법)은 수만 년 동안 지구과학이나 고고학 등 여러 분야에서 가장 널리 쓰이고 있다. 우주선 조사(照射)로 인해 대기 중에 있는 ^{14}C는 다음 식과 같이 생성된다.

$$^{14}\text{N} + {}^1\text{n} \rightarrow {}^{14}\text{C} + {}^1\text{H} \qquad\qquad \text{(식 AP-2)}$$

대기에 생성된 ^{14}C는 산화되어서 $^{14}\text{CO}_2$가 되고 지구표층에 있는 탄소 저장소로 공급된다. 생물이 생존해 있는 동안에는 탄소 교환이 이루어지지만 생물 사후에는 외부로부터 공급되는 섭취가 중지되고 폐쇄계가 되어 ^{14}C는 5,730년 비율로 반감기를 갖게 된다.

$$^{14}\text{C} \rightarrow {}^{14}\text{N} + \beta^- + \text{n} + 0.156\text{MeV} \qquad\qquad \text{(식 AP-3)}$$

여기에서 β^-는 마이너스 전하를 가진 외핵전자와 동등하며 n은 불규칙하다. 친핵종 ^{14}C의 붕괴속도는 λ을 붕괴정수(decay constant)로 할 때 아래의 식 AP-4가 된다.

$$\text{d}^{14}\text{C}/\text{dt} = -\lambda\,{}^{14}\text{C} \qquad\qquad \text{(식 AP-4)}$$

위의 식을 적분해서 시간변화가 없는 안정동위원소 ^{12}C와의 비율을 적용하면 식 AP-5가 된다.

$$(^{14}\text{C}/^{12}\text{C})_t = (^{14}\text{C}/^{12}\text{C})_0\ \exp(-\lambda t) \qquad\qquad \text{(식 AP-5)}$$

여기에서 C_0는 붕괴가 시작되는 시점($t{=}0$)의 친핵종 수이다.

^{14}C분석은 최근 질량분석기(AMS; Acceleratoy Mass Spectrometry)를 이용하여 행해진다. 표준시약(시료)으로 시료 중인 ^{14}C비율의 프랙션 모던(fraction Modern)은 아래와 같이 정의할 수 있다.

$$F = N_0/N = (^{14}\text{C}/^{12}\text{C})_{\text{시료}} / (^{14}\text{C}/^{12}\text{C})_{\text{표준}} \qquad\qquad \text{(식 AP-6)}$$

여기에서 $(^{14}\text{C}/^{12}\text{C})_{\text{시료}}$는 분석하고자 하는 시료 내의 비율을 뜻하며 수목의 평균적 안정동위원소 비(PDB 스케일의 $\delta^{13}C$값) -25‰에 대해 보정을 마친 값이다. $(^{14}C/^{12}C)_{표준}$은 일반적으로 NBS옥살산(95%인 방사능을 가진 NBS옥살산으로, 1840~1860년 사이에 서식한 목재를 연대 보정한 것) 값을 나타낸 것이다. 그리고 시료의 방사성 탄소연대 $(T(^{14}C))$는

$$T(^{14}C) = -\tau \ln F \qquad\qquad\qquad \text{(식 AP-7)}$$

가 된다. τ는 Libby의 반감기(Mean Life)로, 5,568/ln 2=8,033년(Libby, 1952)이다. 방사성 탄소연대의 적용한계는 시스템의 기본적인 측정오차 등에 따라 다를 수 있지만 일반적으로 수 만 년 전까지 허용된다.

AP2. 1 방사성 탄소연대에 영향을 주는 인자

AMS에 따른 분석법은 정밀도가 높기는 하지만(±0.5% 정도, 예를 들면10,000±50BP의 경우, 9,950~10,050BP 사이에 오차 1σ) 아주 정확한 '시점(시계)'을 얻기 위해서는 ① 시료가 폐쇄계로 유지될 것 ② 대기 중 $^{14}C/^{12}C$ 비가 일정할 것 ③ 정확한 반감기로 계산할 것 등의 조건이 갖추어져야 한다.

대기 중 ^{14}C농도는 ^{14}C의 일정한 생성률에 의존하지만, 해양의 ^{14}C는 대기의 저장소에 비해 50배에 달하기 때문에 해양의 중심층 변동 또한 대기 중 ^{14}C 농도에 영향을 준다(Seattle: Quaternary Research Center, University of Washington. URL: http://radiocarbon.pa.qub.ac.uk/calib/calib.html). 대기 중 $^{14}C/^{12}C$농도는 1950년 기준 1.2×10^{-10}이었지만 이 값은 과거 1,000년 사이에 몇 %, 수만 년 전에는 몇 십 % 범위 내에서 변동하고 있었다.

방사성탄소(^{14}C) 연대를 나타낼 때 'BP(Before Physics 혹은 Before Present)'가 붙어 있는 경우가 있는데 이것은 1950년을 기준으로 한다는 의미이며, 두 가지 점에서 중요하다. 1) 1950년 이후에는 원자폭탄 실험으로 인해 대기 중 ^{14}C농도가 급속히 증가하여 ^{14}C를 일정한 값으로 가정할 수가 없었다. 그러므로 방사성 탄소연대는 1950년을 기준으로 해서 그로부터 몇 년 전을 세는 방식이 공식화되어 있다. 즉, 2005년에 측정한 시료에서도 1000년 BP라고 기재된 경우 1950년부터 1000년 전이 된다. 2) 현재까지 나와 있는 값 중 가장 정확한 반감기의 값은 5730±40년(Godwin, 1962)이지만 방사성 탄소연대 경우에는 국제관습에 따라 Libby가 최초로 도입한 값에서 2.9%를 벗어난 5568년이라는 값을 이용하고 있다(Mook, 1986). 이것은 과거에 발표된 자료를 비교할 때에 혼란이 빚어질 우려를 피하기 위한 것이며, 논문 등에서는 5730년을 이용한 종래의 방식대로 계산된 값이 게재되어 발표되는 경우도 있다.

AP2. 2 방사성 탄소연대를 책력연대(calendar age)로 보정하는 방법

빙상코어의 연대해석은 해저퇴적물 등에 대한 아주 오랜 과거 시간대의 해상도 자료를 비교하기 위해 책력연대(calendar age)로 환산하여 자주 사용되고 있다(그림 AP-2). 방사성 탄소연대를 책력연대로 보정하는 방법으로 지금까지 몇 가지 방법이 제안되었다. 각각 장단점이 있긴 하지만 과거에 가장 많이 사용된 보정 계산으로는 Stuiver 등(1998a, b)이 제안한 INTCAL98을 사용하는 계산법이 있다. 그 방법으로는 수목의 연령과 ^{14}C를 통해 구한 연대와의 관계를 토대로 0~24kyr까지 계산할 수가 있었는데 특히 10kyr에서는 10년 단위로 자료가 갖추어져 있어서

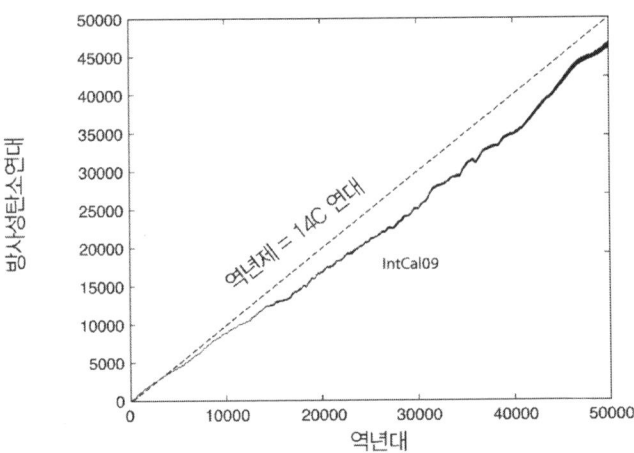

그림 AP-2 ¹⁴C연대와 책력연대(calendar age)의 환산 그림(IntCal09; Reimer 등, 2004)

아주 정밀한 보정이 가능했다. 그 후 Reimer 등(2004)에 의해 IntCal04가 발표되어서 교정곡선이 0~26kyr까지 연장되었고 최근에는 연대도 INTCAL98보다 높은 해상도를 구할 수가 있게 되었다.

더욱 오랜 연대에는 Bard 등(1993, 1998)에 의한 계산법을 적용해서 41,100calyrBP까지 연대환산이 이루어진 것이 있으며 45kyr까지는 호소 퇴적물에 있는 연대와 ¹⁴C연호연대, 산호의 우라늄계열 연대 등에 따른 대비를 시도하고 있다(Kitagawa and van der Plicht, 1998; Beck 등, 2001).

최근에 IntCal09에 의한 보정커브에서 ¹⁴C연대측정의 한계였던 50kyr까지 보정이 가능해지게 되었다(Reimer 등, 2009). 논문에 게재된 연대는 논문이 작성된 시기의 보정굴곡을 이용하여 계산된 것이므로 새로운 데이터를 참고로 해서 최신 보정굴곡으로 계산하길 바란다.

AP2. 3 유기분자 수준의 방사성탄소 연대

해저의 유기물은 해양에서 생성된 물질과 육지에서 생성된 물질 등 다양한 장소에서 만들어진 유기물의 혼합물이다. 최근에 지구화학시료를 가지고 분자수준으로 ^{14}C측정(CSRA; Compound-Specific Radiocarbon Analysis)을 하는 등의 응용연구가 여러 방면에서 행해지고 있다. 해양퇴적물 속에 있는 유기물분자 레벨에 대한 연구로는 해양퇴적물 속의 지방산, n-알칸, 스테롤, 비피탄(Enlinton 등, 1997), 알케논(Ohkouchi 등, 2002), 대기 에어로졸에 포함된 유기물, 지방산(Matsumoto 등, 2001), 대기 에어로졸(Currie 등, 1999) 등이 있으며 대기에 존재하는 유기물의 기원과 알케논을 형성하고 있는 식물플랑크톤의 연대를 측정하는 데 이용된다. 이들 결과에 의하면 표층 부근의 퇴적물에서 전암(bulk)의 유기물과 해양 유기물에 대한 분자수준의 방사성 탄소연대는 연대 차이가 두 배 정도 나는 경우도 있는 것으로 보고되었다(Ohkouchi 등, 2002).

AP3 우라늄, 악티늄, 토륨 계열 핵종을 사용한 연대 측정 (~수십만 년까지)

^{238}U, $^{235}U(Ac)$, ^{232}Th는 우라늄, 악티늄, 토륨 계열에 속하며 α 선이나 β 선 등을 방출하여 붕괴되었다가 최종적으로 ^{206}Pb, ^{207}Pb, ^{208}Pb로 된다. U은 강한 용해성질 가지는 반면에 그 밖의 중간핵종, 특히 ^{230}Th, ^{231}Pa는 용해되기 어려운 성질을 갖고 있어서 바닷물 속에는 거의 존재 하지 않고 퇴적물로 빠르게 흡착 또는 고정되어버린다. 예를 들면 산호 골격인 아라고나이트($CaCO_3$)와 해수와의 사이에는 분별이 일어나 방사평형에서 벗어나게 된다. 즉, 산호 골격의 화석에는 U이 풍부하고 ^{230}Th이나

^{231}Pa가 결핍되어 있기 때문에 시간이 흐름에 따라 그러한 중간핵종이 증가하게 되는 것이다. 또한 퇴적물에는 반대로 ^{230}Th, ^{231}Pa가 풍부하기 때문에 시간이 흐름에 따라 그러한 핵종이 붕괴하여 평형을 되찾게 되는 것이다. 평형 이동이 발생한 시점부터 연대를 결정하는 것이 우라늄 계열(비평형) 연대측정법이다.

  U-Th법은 화석산호에 많이 적용된다(그림 AP-1). 생물이 생존해 있는 동안에는 Th이 거의 포함되지 않았는데 사후 폐쇄계가 보존되었다고 한다면 ^{230}Th는 생물이 사멸된 후에 ^{238}U가 붕괴되면서 생성된 것이라고 가정할 수 있다. ^{238}U의 방사붕괴는 아래와 같다. 괄호 안의 숫자는 반감기(년)를 나타낸다. ^{238}U의 기간은 매우 길고 보통 ^{238}U과 ^{234}U가 방사평형을 이루고 있는 반면에 ^{234}U와 ^{230}Th는 평형을 이루지 못하고 있다. 게다가 ^{234}U에서 ^{230}Th까지의 반감기는 10^5년 스케일로, 플라이스토세의 표본에 대한 연대측정을 할 경우 적용된다.

$$^{238}\text{U} \xrightarrow{\qquad} {}^{234}\text{U} \xrightarrow{\qquad} {}^{230}\text{Th} \xrightarrow{\qquad} {}^{206}\text{Pb}$$
$$(4.47 \times 10^9 \text{년}) \qquad (2.48 \times 10^5 \text{년}) \qquad (7.5 \times 10^4 \text{년})$$

(식 AP-8)

  ^{230}Th − ^{234}U의 연대는 아래의 식에 따라 측정할 수 있다(Kaufman and Broecker, 1965; Edwards 등, 1987).

$$1 - ({}^{230}\text{Th}/{}^{238}\text{U})_{act} = \exp(-\lambda_{230}T) - \{\delta\ {}^{234}\text{U}(0)\ /\ 1000\} \times$$
$$\{\lambda_{230}\ /\ \lambda_{230} - \lambda_{234})\} \times \exp(\lambda_{234} - \lambda_{230}T) \qquad \text{(식 AP-9)}$$

여기에서 T는 연대, λ는 다음과 같이 각각의 붕괴정수를 가진다.

$$\lambda_{238} = 1.551 \times 10^{-10} \ yr^{-1}, \ \lambda_{234} = 2.835 \times 10^{-6} \ yr^{-1},$$
$$\lambda_{230} = 9.195 \times 10^{-6} \ yr^{-1} \hspace{3cm} \text{(식 AP-10)}$$

$\delta\ ^{234}U(0)$는 Edwards 등(1987)이 제창하였으며 아래의 식으로 나타낼 수 있다.

$$\delta\ ^{234}U(0) = \{(^{234}U\ /\ ^{238}U)\ /\ (^{234}U\ /\ ^{238}U)_{eq} - 1\} \times 10^3 \hspace{1cm} \text{(식 AP-11)}$$

여기에서

$$(^{234}U\ /\ ^{238}U)_{eq} = \lambda_{238}\ /\ \lambda_{234} = 5.472 \times 10^{-5} \hspace{1.5cm} \text{(식 AP-12)}$$

는 방사평형일 때의 원자 수에 대한 비율이다.

또한 폐쇄계가 성립되는 것을 확인하기 위해 변질이나 재결정을 확인할 필요가 있다. 생물기원 아라고나이트와 마그네슘이 풍부한 방해석(high magnesium calcite)은 변질되기 쉽기 때문에 XRD(X-ray diffraction, X선 회절) 분석 등이 효과적이다. 또한 최초로 결정화되었을 때 ^{230}Th가 혼입되어버리는 경우가 있다. ^{232}Th는 약 140억 년이라는 긴 반감기를 가지고 있으므로 Th동위원소 중 가장 존재량이 많다. 그러므로 ^{230}Th의 보정에는 ^{230}Th/^{232}Th 비가 사용된다. 산호의 경우에는 산호가 사멸된 후에 폐쇄계가 보전되었는지의 여부를 확인하기 위한 방법으로 $\delta^{234}U(0)$을 지표로 한다.

AP4 아이소크론(Isochrone)편년

아이소크론(Isochrone)편년도 친핵종이 폐쇄계가 된 시점부터 친핵종과 딸핵종과의 양에 대한 비율이 연대와 함께 변화하는 것을 이용한 것이다. 분석 시점의 방사붕괴에 의해 생성된 딸핵종 수를 D^*로 표시 하면 시간 t의 시점에 딸핵종 D 전체 수는 다음 식으로 나타낼 수 있다.

$$D = D_0 + D^* \qquad\qquad (\text{식 AP-13})$$

단, D_0는 시간 $t = 0$로 하여 과거로 거슬러 올라가 시간을 세는 시간 축이다. 시각 t 사이에 방사성 딸핵종 D가 생성되는 수량은 그 사이에 붕괴되는 딸핵종 P(시각 t 시점에 딸핵종의 수) 수량과 같으며 $D^* = P_0 - P$ 로 나타낸다. $P_0 = P\exp(\lambda t)$가 되고 식 AP-14로 표시할 수 있다.

$$D = D_0 + P\{\exp(\lambda t) - 1\} \qquad\qquad (\text{식 AP-14})$$

P와 D는 현재의 양이므로 측정이 가능하다. 보통은 방사붕괴에 직접 관계하지 않는 딸핵종의 안정동위원소 Ds와의 비를 측정하는 경우가 많으며 안정동위원소 Ds 수량은 시간에 따른 변화가 없기 때문에 $D_0 / Ds = (D / Ds)_0$가 된다.

$$D/Ds = (D/Ds)_0 + (P/Ds)\{\exp(\lambda t) - 1\} \qquad\qquad (\text{식 AP-15})$$

여기에서 D/Ds와 P/Ds는 측정이 가능한 현재 시점의 값이다. 그리고 λ는 이미 알고 있는 정수이고 $(D/Ds)_0$와 t가 미지수이다. 이 두 개의 분석 값을 가지고 미지수를 구할 수는 있지만 측정결과의 신뢰성 등에 대한 검증까지 감안한다면 최소한 네 개 이상의 자료 취득이 권장된다.

여기에서 D/Ds를 y축으로, (P/Ds)를 x축으로 도시하면, 동일한 $(D/Ds)_0$와 t에서 $t = 0$ 이하일 때 P와 D에 폐쇄계를 유지하는 시료는 직선상에 표시된다. 이와 같은 직선을 Isochrone(등시선 또는 동시선)이라고 하며 직선과 Y축과의 교차점은 $(D/Ds)_0$에서 초생식(또는 초생비)

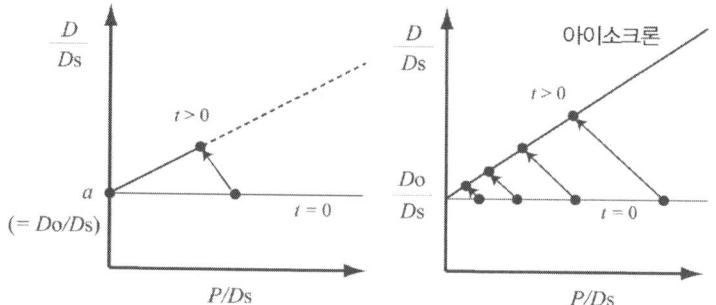

그림 AP-3 Isochrone 원리에 대한 그림(방사성핵종 *P*가 딸핵종 *D*를 생성할 때 구할 수 있는 식을 토대로 함). 왼쪽은 초생식을 미리 알고 있을 경우($(D/Ds)_0$ =a), 오른쪽은 초생식은 모르는 상태에서 Isochrone을 이용하여 그 기울기를 가지고 연대를 계산하는 경우로, 이 그림은 Isochrone그림이라고 한다.

(intial ratio)이 된다(그림 AP-3). 또한 모든 암석의 Iso-chrone연대를 구하는 것 외에 암석에 함유된 광물 각각의 생성시점 연대도 같은 방법으로 Isochrone연대를 구해서 추정하는 경우도 있다.

실제 자주 사용되는 예로는 Rb-Sr법이 있다. Rb-Sr은 표면 전이형 질량분석계(TIMS; Thermal Ionization Mass Spectometry)를 사용하는 방법으로 측정이 가능한 연대범위가 넓고 알칼리금속인 Rb와 알칼리토금속인 Sr은 화학특성이 서로 달라서 Rb/Sr 비의 범위가 커지기 쉽다는 장점이 있다. Rb에는 ^{86}Rb와 ^{87}Rb 두 가지 동위원소가 있으며 Sr에는 ^{84}Sr, ^{84}Sr, ^{87}Sr, ^{88}Sr라는 네 개의 동위원소가 있는데 각각 K이나 Ca을 치환해서 존재한다. 친핵종 ^{87}Rb는 반감기 488억 년일 때 β붕괴에 의해 ^{87}Sr이 된다. 안정동위원소 ^{86}Sr에 따라 규격화하면

$$^{87}Sr/^{86}Sr = (^{87}Sr/^{86}Sr)_t = 0 + (^{87}Rb/^{86}Sr)[\exp(\lambda_{87_{Rb}}t) - 1] \qquad \text{(식 AP-16)}$$

가 된다. 여기에서 $\lambda_{87_{Rb}}$는 ^{87}Rb의 붕괴정수이다.

표 AP-1 연대측정에 사용되는 방사성핵종의 특성

친핵종	붕괴방식*	반감기	안정 딸핵종
^{14}C	β^-	5.73×103	14N
^{40}K	E.C., β^-	1.25×109	40Ar, 40Ca
^{87}Rb	β^-	4.88×1010	87Sr
^{138}La	β^-, E.C	3.2×1011	138Ce, 138Ba
^{147}Sm	α	1.06×1011	143Nd
^{187}Re	β^-	4.3×1010	187Os
^{232}Th	$6\alpha + 4\beta^-$	1.40×1010	208Pb
^{235}U	$7\alpha + 4\beta^-$	7.04×108	207Pb
^{238}U	$8\alpha + 6\beta^-$	4.468×109	206Pb

*α: α붕괴, β^-: β붕괴, E.C.: 전자 포획

또한 K-Ar법처럼 초생식을 미리 알고 있을 경우, $((D/Ds)_0=295.5)$에는 시료가 한 개뿐일 경우라도 아래의 식에 따라 연대를 계산할 수 있다.

$$t = 1/\lambda \ \mathrm{Ln}(1 + D^*/P) \qquad\qquad (식\ AP\text{-}16)$$

고환경 해석 등에 이용되는 대표적인 친핵종과 딸핵종에 대해 정리한 것을 표 AP-1로 나타냈다.

Isochrone 그림에서 직선상에 나타나 있는 측정값이 반드시 Isochrone을 구성하는 것이라고는 할 수 없다. 직선상에 자료가 올라가 있다는 것은 보통 두 개의 단성분이 적당한 비율로 혼합되어 있는 경우가 많다. 그러한 경우의 자료는 직선상에 올려버린 '허위 Isochrone'이라고 부른다. 다른 원소 혹은 파라메타에 대해서도 도시화를 행하고 있는데 혼합선을 나타낸 것인지의 여부를 확인함으로써 식별이 가능하다.

대륙배치도

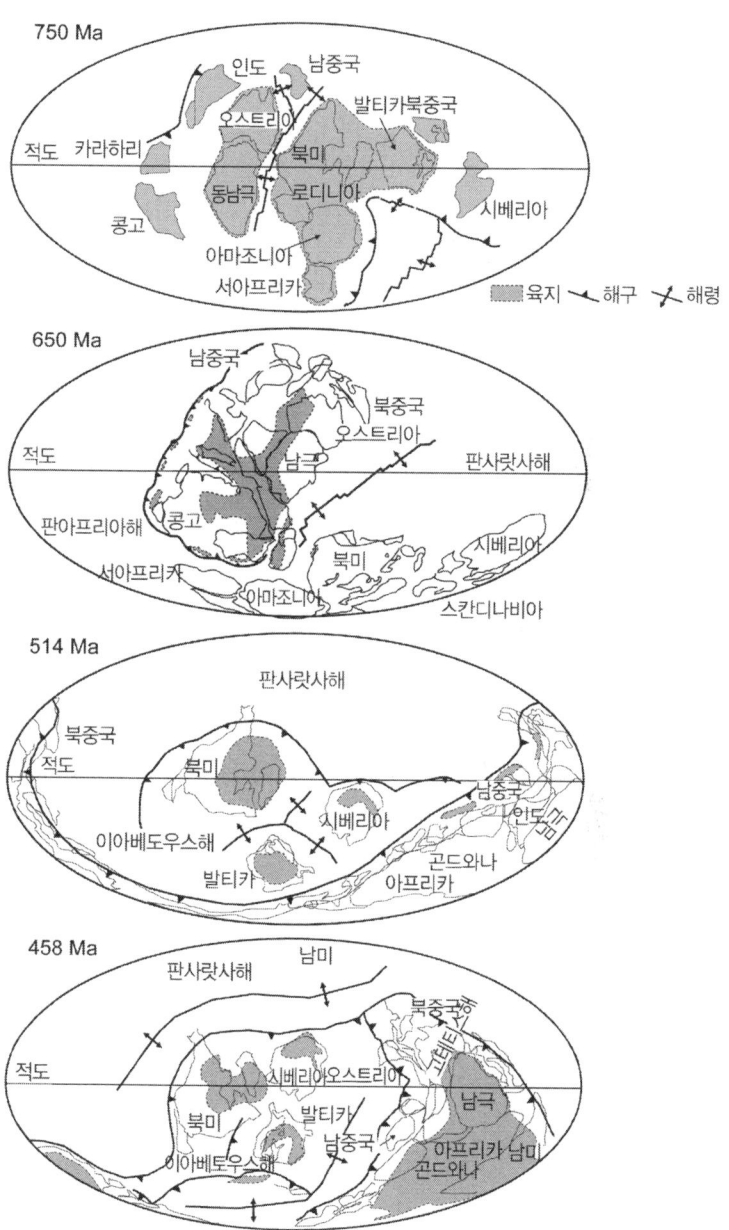

750 Ma
인도 남중국
발티카북중국
적도 카라하리 오스트리아
북미
동남극 로디니아 시베리아
콩고
아마조니아
서아프리카
육지 해구 해령

650 Ma
남중국
북중국
오스트리아
적도 남극 판사랏사해
판아프리아해
콩고
서아프리카 북미
아마조니아 시베리아
스칸디나비아

514 Ma
판사랏사해
북중국
적도
북미 남중국
이아베도우스해 시베리아 인도
발티카 곤드와나
아프리카

458 Ma
남미
판사랏사해
북중국
발티카
적도 시베리아오스트리아 남극
북미 발티카
이아베도우스해 남중국 아프리카남미
곤드와나

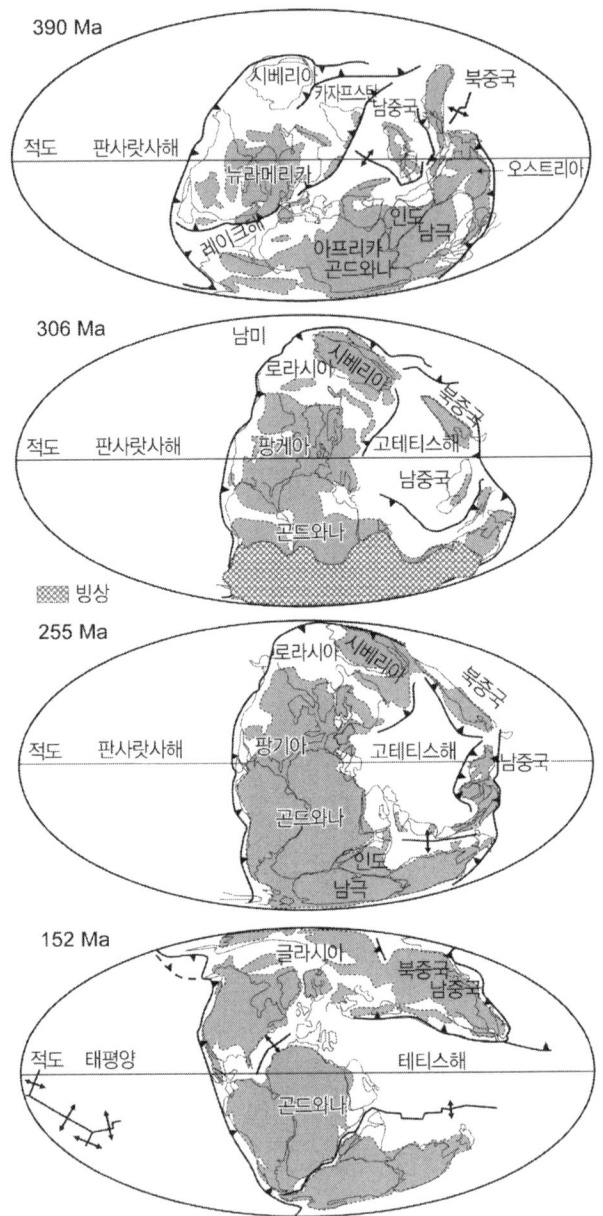

390 Ma

시베리아
카자프스탄
북중국
남중국
적도
판사랏사해
뉴라메리카
오스트리아
레이크애
인도
아프리카
남극
곤드와나

306 Ma

남미
로라시아
시베리아
북중국
적도
판사랏사해
팡케아
고테티스해
남중국
곤드와나

▨ 빙상

255 Ma

로라시아
시베리아
북중국
적도
판사랏사해
팡기아
고테티스해
남중국
곤드와나
인도
남극

152 Ma

클라시아
북중국
남중국
적도
태평양
테티스해
곤드와나

94 Ma

북극해

적도 태평양 대서양 테티스해 태평양

69.4 Ma

Chicxulubクレーター
(65.5 Ma)

북극해

대서양

적도 태평양 테티스해 태평양

인도양

50.2 Ma

적도 태평양 대서양 태평양

인도양

14 Ma

적도 태평양 대서양 티베트고원 태평양

인도양

(일본, 고생물학회, 2010)

색 인

지질연대표

<table>
<tr><th>累代
/
累界</th><th>代
/
界</th><th>紀
/
系</th><th>世／統</th><th>期／階</th><th>絕代年代
(Ma)</th></tr>
<tr><td rowspan="41">현생누대</td><td rowspan="23">신생대</td><td rowspan="9">제4기</td><td rowspan="4">플라이스
토세</td><td>홀로세</td><td>0.0117</td></tr>
<tr><td>Upper</td><td>0.126</td></tr>
<tr><td>"Ionian"</td><td>0.781</td></tr>
<tr><td>Calabrian</td><td>1.806</td></tr>
<tr><td>Gelasian</td><td>2.588</td></tr>
<tr><td rowspan="2">플라이
오세</td><td>Piacenzian</td><td>3.600</td></tr>
<tr><td>Zanclean</td><td>5.332</td></tr>
<tr><td rowspan="6">마이
오세</td><td>Messinian</td><td>70246</td></tr>
<tr><td>Tortonian</td><td>11.608</td></tr>
<tr><td>Serravallian</td><td>13.82</td></tr>
<tr><td>Langhian</td><td>15.97</td></tr>
<tr><td>Burdigalian</td><td>20.43</td></tr>
<tr><td>Aquitanian</td><td>23.03</td></tr>
<tr><td rowspan="14">제3기</td><td rowspan="2">올리
고세</td><td>Chattian</td><td>28.4±0.1</td></tr>
<tr><td>Rupelian</td><td>33.9±0.1</td></tr>
<tr><td rowspan="4">에오세</td><td>Preabonian</td><td>37.2±0.1</td></tr>
<tr><td>Bartonian</td><td>40.4±0.2</td></tr>
<tr><td>Luteian</td><td>48.6±0.2</td></tr>
<tr><td>Ypresian</td><td>55.8±0.2</td></tr>
<tr><td rowspan="3">팔레
오세</td><td>Thanetian</td><td>58.7±0.2</td></tr>
<tr><td>Selandian</td><td>~61.1</td></tr>
<tr><td>Danian</td><td>65.5±0.3</td></tr>
<tr><td rowspan="18">중생대</td><td rowspan="12">백악기</td><td rowspan="6">후기</td><td>Maastrichtian</td><td>706±0.6</td></tr>
<tr><td>Campanian</td><td>83.5±0.7</td></tr>
<tr><td>Santonian</td><td>85.8±0.7</td></tr>
<tr><td>Coniacian</td><td>~88.6</td></tr>
<tr><td>Turonian</td><td>83.6±0.8</td></tr>
<tr><td>Cenomanian</td><td>99.6±0.9</td></tr>
<tr><td rowspan="6">전기</td><td>Albian</td><td>112.0±1.0</td></tr>
<tr><td>Aptian</td><td>125.0±1.0</td></tr>
<tr><td>Barremian</td><td>130.0±1.5</td></tr>
<tr><td>Hauterivian</td><td>~133.9</td></tr>
<tr><td>Valanginian</td><td>140.2±3.0</td></tr>
<tr><td>Berriasian</td><td>145.5±4.0</td></tr>
</table>

<table>
<tr><th>累代
/
累界</th><th>代
/
界</th><th>紀
/
系</th><th>世／統</th><th>期／階</th><th>絕代年代
(Ma)</th></tr>
<tr><td rowspan="41">현생누대</td><td rowspan="13">중생대</td><td rowspan="11">쥬라기</td><td rowspan="3">후기</td><td>Tithonian</td><td>145.5±4.0</td></tr>
<tr><td>Kimmeridgian</td><td>150.8±4.0</td></tr>
<tr><td>Oxfordian</td><td>~155.6</td></tr>
<tr><td rowspan="4">중기</td><td>Callovian</td><td>161.2±4.0</td></tr>
<tr><td>Bathonian</td><td>164.7±4.0</td></tr>
<tr><td>Bajocian</td><td>167.7±3.5</td></tr>
<tr><td>Aalenian</td><td>171.6±3.0</td></tr>
<tr><td rowspan="4">전기</td><td>Toarcian</td><td>175.6±2.0</td></tr>
<tr><td>Pliensbachian</td><td>183.0±1.5</td></tr>
<tr><td>Sinemurian</td><td>189.6±1.5</td></tr>
<tr><td>Hettangian</td><td>196.5±1.0</td></tr>
<tr><td rowspan="6">트라
이
아
스
기</td><td rowspan="3">후기</td><td>Rhaetian</td><td>199.6±0.6</td></tr>
<tr><td>Norian</td><td>203.6±1.5</td></tr>
<tr><td>Camian</td><td>216.5±2.0</td></tr>
<tr><td rowspan="2">중기</td><td>Ladinian</td><td>~228.7</td></tr>
<tr><td>Ansian</td><td>237.0±2.0</td></tr>
<tr><td rowspan="2">전기</td><td>Olenekian</td><td>~245.9</td></tr>
<tr><td>Induan</td><td>~249.5</td></tr>
<tr><td rowspan="22">고생대</td><td rowspan="10">페름기</td><td rowspan="2">Lopingian</td><td>Changhsingian</td><td>251.0±0.4</td></tr>
<tr><td>Wuchiapingian</td><td>253.8±0.7</td></tr>
<tr><td rowspan="4">Guadalupian</td><td>Capitanian</td><td>265.8±0.7</td></tr>
<tr><td>Wordian</td><td>268.0±0.7</td></tr>
<tr><td>Roadian</td><td>270.6±0.7</td></tr>
<tr><td rowspan="5">Cisuralian</td><td>Kungurian</td><td>275.6±0.7</td></tr>
<tr><td>Artinskian</td><td>284.4±0.7</td></tr>
<tr><td>Sakmarian</td><td>294.6±0.8</td></tr>
<tr><td>Asselian</td><td>299.0±0.8</td></tr>
<tr><td rowspan="6">석탄기</td><td rowspan="3">Penn-
sylvarian</td><td>Upper</td><td>Gzhelian</td><td>303.4±0.9</td></tr>
<tr><td>Middle</td><td>Kasimovian</td><td>307.2±1.0</td></tr>
<tr><td>Lower</td><td>Moscovian</td><td>3117.±1.1</td></tr>
<tr><td rowspan="3">Missis-
sippian</td><td>Upper</td><td>Bashkirian</td><td>318.1±1.3</td></tr>
<tr><td>Middle</td><td>Serpukhovian</td><td>328.3±1.6</td></tr>
<tr><td>Lower</td><td>Tournaisian</td><td>345.3±2.1</td></tr>
<tr><td></td><td></td><td>359.2±2.5</td></tr>
</table>

左

累代／累界	代／界	紀／系	世／統	期／階	絕代年代(Ma)
현생누대	고생대	데본기	후기	Famennian	359.2±2.5
					374.5±2.6
				Frasnian	385.3±2.6
			중기	Givetian	391.8±2.7
				Eifelian	397.5±2.7
			전기	Emsian	407.0±2.8
				Pragian	411.2±2.8
				Lochkovian	416.0±2.8
		실루리아기		pridoli	418.7±2.7
			ludlow	Ludfordian	421.3±2.6
				Gorstian	422.9±2.5
			wenlock	Homerian	426.2±2.4
				Sheinwoodian	428.2±2.3
			landovery	Telychian	436.0±1.9
				Aeronian	439.0±1.8
				Rhuddanian	443.7±1.5
		오르도비스기	후기	Hirnantian	445.6±1.5
				Katian	455.8±1.6
				Sandbian	460.9±1.6
			중기	Darriwillan	468.1±1.6
				Dapingian	471.8±1.6
			전기	Floian	478.6±1.7
				Tremadocian	488.3±1.7
		캄브리아기	Furonigian	Stage 10	~492*
				Stage 9	~496*
				Paibian	~499
			Series 3	Guzhangian	~503
				Drumian	~506.5
				Stage 5	~510*
			Series 2	Stage 4	~515*
				Stage 3	~521*
			Terreneuvian	Stage 2	~528*
				Fortunian	542.0±1.0

右

累代／累界	代／界	世／統	期／階	絕代年代(Ma)
선캄브리아기	원생누대	신원생대	Ediacaran	542
			cryogenian	635
			tonian	850
				1000
		중원생대	stenian	1200
			ectasian	1400
			calymmian	1600
		고원생대	statherian	1800
			orosirian	2050
			rhyacian	2300
			siderian	2500
	신생누대	신시생대		2800
		중시생대		3200
		고시생대		3600
		효시생대		4000
	명왕대(비공식)			4600

지구표층환경의 진화_태고에서 근 미래까지

초판발행 2012년 12월 28일
초판 2쇄 2020년 7월 27일

저　　　자 가와하타 호다까(川幡穂高)
역　　　자 현상민, 김성렬
펴　낸　이 김성배
펴　낸　곳 도서출판 씨아이알

책임편집 박영지
디　자　인 송성용, 박영지
제작책임 김문갑

등록번호 제2-3285호
등　록　일 2001년 3월 19일
주　　　소 (04626) 서울특별시 중구 필동로8길 43(예장동 1-151)
전화번호 02-2275-8603(대표)
팩스번호 02-2265-9394
홈페이지 www.circom.co.kr

I S B N 978-89-97776-48-1 (93450)
정　　　가 25,000원